"十三五"国家重点图书出版规划项目

能源与环境出版工程（第二期）

总主编 翁史烈

上海市文教结合"高校服务国家重大战略出版工程"资助项目

资源化视角的污染控制
理论与实践

Theory and Practice of Pollution Control from
the Perspective of Resource Utilization

李光明 朱昊辰 编著

上海交通大学出版社
SHANGHAI JIAO TONG UNIVERSITY PRESS

内容提要

本书为"十三五"国家重点图书出版规划项目"能源与环境出版工程"之一。主要内容包括物质代谢视角下的废物资源化、城市生活垃圾收集管理系统与技术、雨水和工业废水的回收利用、城市有机垃圾管理与资源化、电子废物管理与资源化利用和废旧轮胎管理与资源化利用等典型废物资源利用的理论与技术发展以及相应的污染控制问题,并简要归纳了废物管理与循环利用的未来发展趋势。

本书可供从事环境治理、废物管理与资源化的工程技术人员及高校环境科学与工程专业本科和研究生学习,也可供政府机关和社区从事废物管理的工作人员学习和参考。

图书在版编目(CIP)数据

资源化视角的污染控制理论与实践 / 李光明,朱昊
辰编著. —上海:上海交通大学出版社,2019
能源与环境出版工程
ISBN 978 - 7 - 313 - 21963 - 3

Ⅰ.①资… Ⅱ.①李… ②朱… Ⅲ.①污染控制-资
源化-研究 Ⅳ.①X32

中国版本图书馆 CIP 数据核字(2019)第 200790 号

资源化视角的污染控制理论与实践
ZIYUAN HUA SHIJIAO DE WURAN KONGZHI LILUN YU SHIJIAN

编　著：李光明　朱昊辰
出版发行：上海交通大学出版社　　　　　　　　地　　址：上海市番禺路 951 号
邮政编码：200030　　　　　　　　　　　　　　电　　话：021 - 64071208
印　制：上海盛通时代印刷有限公司　　　　　　经　　销：全国新华书店
开　本：710 mm×1000 mm　1/16　　　　　　印　　张：23.75
字　数：444 千字
版　次：2019 年 12 月第 1 版　　　　　　　　　印　　次：2019 年 12 月第 1 次印刷
书　号：ISBN 978 - 7 - 313 - 21963 - 3
定　价：188.00 元

能源与环境出版工程
丛书学术指导委员会

能源与环境出版工程
丛书编委会

总主编

翁史烈（上海交通大学原校长、教授、中国工程院院士）

执行总主编

黄　震（上海交通大学副校长、教授、中国工程院院士）

编　委（以姓氏笔画为序）

马重芳（北京工业大学环境与能源工程学院院长、教授）

马紫峰（上海交通大学电化学与能源技术研究所教授）

王如竹（上海交通大学制冷与低温工程研究所所长、教授）

王辅臣（华东理工大学资源与环境工程学院教授）

何雅玲（西安交通大学教授、中国科学院院士）

沈文忠（上海交通大学凝聚态物理研究所副所长、教授）

张希良（清华大学能源环境经济研究所所长、教授）

骆仲泱（浙江大学能源工程学系系主任、教授）

顾　璠（东南大学能源与环境学院教授）

贾金平（上海交通大学环境科学与工程学院教授）

徐明厚（华中科技大学煤燃烧国家重点实验室主任、教授）

盛宏至（中国科学院力学研究所研究员）

章俊良（上海交通大学燃料电池研究所所长、教授）

程　旭（上海交通大学核科学与工程学院院长、教授）

本书编委会

主编

李光明　朱昊辰

编委（以姓氏笔画为序）

于佳雪　王天雅　王璐琰　孔令照　权家薇　朱云杰

朱昊辰　许江林　许君清　孙承亮　李艾铧　李光明

李雯靖　杨冯睿　肖培源　宋端梅　汪源源　张珺婷

范建伟　罗　兰　赵思琪　贺文智　黄菊文　曹　悦

总　序

　　能源是经济社会发展的基础,同时也是影响经济社会发展的主要因素。为了满足经济社会发展的需要,进入 21 世纪以来,短短 10 余年间(2002—2017 年),全世界一次能源总消费从 96 亿吨油当量增加到 135 亿吨油当量,能源资源供需矛盾和生态环境恶化问题日益突显,世界能源版图也发生了重大变化。

　　在此期间,改革开放政策的实施极大地解放了我国的社会生产力,我国国内生产总值从 10 万亿元人民币猛增到 82 万亿元人民币,一跃成为仅次于美国的世界第二大经济体,经济社会发展取得了举世瞩目的成绩!

　　为了支持经济社会的高速发展,我国能源生产和消费也有惊人的进步和变化,此期间全世界一次能源的消费增量 38.3 亿吨油当量中竟有 51.3% 发生在中国! 经济发展面临着能源供应和环境保护的双重巨大压力。

　　目前,为了人类社会的可持续发展,世界能源发展已进入新一轮战略调整期,发达国家和新兴国家纷纷制定能源发展战略。战略重点在于:提高化石能源开采和利用率;大力开发可再生能源;最大限度地减少有害物质和温室气体排放,从而实现能源生产和消费的高效、低碳、清洁发展。对高速发展中的我国而言,能源问题的求解直接关系到现代化建设进程,能源已成为中国可持续发展的关键! 因此,我们更有必要以加快转变能源发展方式为主线,以增强自主创新能力为着力点,深化能源体制改革、完善能源市场、加强能源科技的研发,努力建设绿色、低碳、高效、安全的能源大系统。

　　在国家重视和政策激励之下,我国能源领域的新概念、新技术、新成果不断涌现;上海交通大学出版社出版的江泽民学长著作《中国能源问题研究》(2008 年)更是从战略的高度为我国指出了能源可持续的健康发展之路。为了"对接国家能源可持续发展战略，构建适应世界能源科学技术发展趋势的能源科研交流平台"，我们策划、组织编写了这套"能源与环境出版工程"丛书，其目的在于：

一是系统总结几十年来机械动力中能源利用和环境保护的新技术和新成果；

二是引进、翻译一些关于"能源与环境"研究领域前沿的书籍，为我国能源与环境领域的技术攻关提供智力参考；

三是优化能源与环境专业教材，为高水平技术人员的培养提供一套系统、全面的教科书或教学参考书，满足人才培养对教材的迫切需求；

四是构建一个适应世界能源科学技术发展趋势的能源科研交流平台。

该学术丛书以能源和环境的关系为主线，重点围绕机械过程中的能源转换和利用过程以及这些过程中产生的环境污染治理问题，主要涵盖能源与动力、生物质能、燃料电池、太阳能、风能、智能电网、能源材料、能源经济、大气污染与气候变化等专业方向，汇集能源与环境领域的关键性技术和成果，注重理论与实践的结合，注重经典性与前瞻性的结合。图书分为译著、专著、教材和工具书等几个模块，其内容包括能源与环境领域的专家最先进的理论方法和技术成果，也包括能源与环境工程一线的理论和实践。如钟芳源等撰写的《燃气轮机设计》是经典性与前瞻性相统一的工程力作；黄震等撰写的《机动车可吸入颗粒物排放与城市大气污染》和王如竹等撰写的《绿色建筑能源系统》是依托国家重大科研项目的新成果和新技术。

为确保这套"能源与环境出版工程"丛书具有高品质和重大的社会价值，出版社邀请了杜祥琬院士、黄震教授、王如竹教授等专家，组建了学术指导委员会和编委会，并召开了多次编撰研讨会，商谈丛书框架，精选书目，落实作者。

该学术丛书在策划之初，就受到了国际科技出版集团 Springer 和国际学术出版集团 John Wiley & Sons 的关注，与我们签订了合作出版框架协议。经过严格的同行评审，截至 2018 年初，丛书中已有 9 本输出至 Springer，1 本输出至 John Wiley & Sons。这些著作的成功输出体现了图书较高的学术水平和良好的品质。

"能源与环境出版工程"从 2013 年底开始陆续出版，并受到业界广泛关注,取得了良好的社会效益。从 2014 年起,丛书已连续 5 年入选了上海市文教结合"高校服务国家重大战略出版工程"项目。还有些图书获得国家级项目支持,如《现代燃气轮机装置》《除湿剂超声波再生技术》(英文版)、《痕量金属的环境行为》(英文版)等。另外,在图书获奖方面,也取得了一定成绩,如《机动车可吸入颗粒物排放与城市大气污染》获"第四届中国大学出版社优秀学术专著二等奖";《除湿剂超声波再生技术》(英文版)获中国出版协会颁发的"2014 年度输出版优秀图书奖"。2016 年初,"能源与环境出版工程"(第二期)入选了"十三五"国家重点图书出版规划项目。

希望这套书的出版能够有益于能源与环境领域人才的培养,有益于能源与环境领域的技术创新,为我国能源与环境的科研成果提供一个展示的平台,引领国内外前沿学术交流和创新并推动平台的国际化发展!

翁史烈

2018 年 9 月

序

　　我国正处于工业化中期阶段,传统工业文明的弊端日益显现。发达国家一二百年间逐步出现的环境问题在我国快速发展的过程中集中显现,呈现出明显的结构型、压缩型、复合型特点。产品废物、生活废物、产业废物和农业有机废物等人类生产和消费产生的各类废物成了影响环境和健康的污染物,带来典型、突出的环境问题。这些污染物往往又具有资源利用价值,由此催生了再生资源产业。

　　从产业活动的目的来看,与传统产业的单向发展不同,再生资源产业可以有效推动经济系统的循环发展。传统产业从自然界获得原料,通过加工、制造,生产满足人类需求的产品,完成线性、单向的生产过程。而再生资源产业更加注重顺应自然,将人类社会经济活动所产生的废物转变为再生资源,并对无法再生的废物进行安全处置,构建新的物质循环流程,从而满足人类对资源和环境的需求。

　　从加工对象来看,与传统产业主要以原生矿产或半成品为原料不同,再生资源产业原料是人类生产生活产生的各类废物。原料的显著差异给再生资源产业带来了较大的复杂性和特殊性:一方面是原料的分散性和多样性导致原料的回收难度较大,回收流通成本较高,同时受人口流动、产业调整和科技水平等影响,再生资源产业原料的种类、数量、分布始终处于动态变化之中;另一方面是原料的累积属性,随着废物的不断产生,其累积量必然不断增加,且原料为废物,若得不到合理处置,将对环境造成潜在威胁。

　　从环境影响来看,与传统产业仅考虑企业所造成环境污染的影响不同,再生资源产业环境影响具有“两面性”。一方面,通过对废物的收集、资源化利用和无害化处置,在空间尺度上、时间尺度上均降低了废物污染环境的程度和可能性;另一方面,受生产工艺、技术及管理水平等因素制约,废物再生利用可能在一定区域内造成新的环境污染,因此也必须在废物资源化的过程中控制二次污染。

从产业生产过程来看,与传统产业相对单一的生产行为不同,再生资源产业涵盖范围较广,与多个传统产业相互交叉融合,同时综合了多种生产行为。再生资源产业加工对象包括废金属、废家电、废汽车、废塑料、废轮胎、一般工业固体废物等人类生产生活所产生的各类废物,并涉及废物的回收、运输、利用、深加工及安全处置等全过程,此外还包括了对传统产业副产品进行共生利用的生产行为。

从对科技的依赖程度来看,国家将再生资源产业列入战略性新兴产业,科技进步将使废物转化呈现出多途径、高附加值等特点。当前再生资源产业废物回收、分类及拆解工作仍然以重复性较高和社会性较强的劳动为主,从提高劳动生产率的角度来看,对科技创新和技术进步的要求更加迫切。

从管理角度来看,再生资源产业以循环经济理论为指导,产业管理涉及企业、园区和社会三个层面,呈现出多维度、复杂性强等特点。针对企业和园区的管理,再生资源产业侧重促进传统产业间的共生以及生产废物的资源化利用、无害化处理;针对社会层面的管理,主要通过对报废产品、生活垃圾和污水处理厂污泥等废物的再生利用,促进循环型社会的建立。

本书从资源化的角度阐述污染控制,抓住了再生资源产业发展的核心问题,具有一定的新意。比较难能可贵的是作者结合十多年从事环境科学与工程研究和教学工作的经验与心得,结合理论分析、系统视角和研发工作案例,从资源化的角度探索控制环境污染的本质问题和价值。本人认为本书对再生资源的理论发展、科技研发和产业进步具有重要的参考价值。

中国再生资源产业技术创新战略联盟　理事长

2019 年 5 月 27 日

前　　言

18世纪60年代英国发起的第一次工业革命开创了以机器代替手工劳动的时代。19世纪中期,在欧洲国家和美国、日本等国家开始的第二次工业革命使人类进入了"电气时代"。第三次科技革命以原子能、电子计算机、空间技术和生物工程的发明及应用为主要标志,是涉及信息技术、新能源技术、新材料技术、生物技术、空间技术和海洋技术等诸多领域的一场信息控制技术革命。工业化发展推动了社会和人类文明进步,引起了人类生活方式和思维方式的变革。

工业化生产和现代生活的消费方式是从地球获取各种资源,生产、加工成各种产品后供人们消费使用。生产和消费过程会不断产生各种废弃物,这些废弃物往往会成为影响环境和健康的污染物。但这些产品废物、生活废物、产业废物和农业有机废物又有可能作为资源重新获得利用,地球上资源有限或短缺又促进了废物资源再利用产业的诞生和发展。因此从资源化的角度来控制污染,实现资源再利用成为可持续发展和解决环境污染问题的必由之路。

本书作者结合十多年从事环境科学与工程研究和教学工作的经验与心得,结合理论分析、系统视角和研发工作案例,从资源化的角度探讨控制环境污染的本质问题和价值。本书共分8章,第1章概述了污染控制与资源化的一般问题,第2章讨论物质代谢视角下的废物资源化,第3至第7章结合案例介绍了城市生活垃圾收集管理系统与技术、雨水和工业废水的回收利用、城市有机垃圾管理与资源化、电子废物管理与资源化利用和废旧轮胎管理与资源化利用等典型废物资源利用的理论与技术发展,以及相应的污染控制问题,第8章简要归纳了废物管理与循环利用的未来发展趋势。

书稿由编委会成员共同完成,编写过程中参照引用了同行专业技术人员的相关文献和资料,以及所培养的毕业研究生的论文,在此一并向这些作者表示衷心的感谢。

由于本书涉及内容广泛、技术发展迅速,作者水平有限,书中存在的不妥和错误之处,恳请专家、学者和广大读者不吝指教。

目　　录

第1章　污染控制与资源化

伴随着人类文明的进步和社会的发展，人类的生产和消费能力逐渐提高，尤其是近代以来，生产力经历了数百年的跨越式发展，给地球带来了更多的人口、更多的消费和更剧烈的资源消耗及严重的环境污染问题。我国的现代化建设也伴随着资源环境问题，近年来随着城市化的进一步发展和居民生活水平的提高，社会和政府对环境问题也愈加重视。

党的十六届三中全会提出了坚持以人为本，树立全面、协调、可持续的发展观。之后，党的十六届四中全会提出构建社会主义和谐社会的战略任务，其中特别强调要坚持以人为本，实现人与人、人与社会、人与自然的和谐相处。党的十九大报告中将建设生态文明提升为"千年大计"，并指出新时代中国特色社会主义经济建设与发展不能以牺牲生态环境为代价，要充分运用现代科学技术手段，加强生态环保系统保护力度，集中全社会力量共同推进生态文明建设，并又一次强调了"推进资源全面节约和循环利用"。

1.1　生产和消费的资源环境问题

在人类社会阶段性发展的过程中，人们不断探索与自然相处的模式。随着生产力的发展，生产消费与资源环境的矛盾也愈发突出。

1.1.1　人类的文明进步与社会发展

从人类与自然的关系来看，可以将人类文明归结为四个阶段：原始文明、农业文明、工业文明和后工业文明（即生态文明）。人类文明进步的过程也是生产和消费需求增长的过程，其带来的后果就是日益严重的环境压力。

1.1.1.1　原始文明

原始文明时期是指人类诞生之初主要靠采集和渔猎为生，并且只会制造和使用一些简单劳动工具的历史阶段，这个阶段约有 300 万年[1]。此时人类的生产力水平极其低下，对自然环境的影响力和改造力都非常弱，只能依附适应自然。在漫长的原始社会时期,人类发明了骨器、石器、弓箭等工具以助生存,而取火能力的掌握让人类实现了从生食到熟食的飞跃,在一定程度上减少了疾病的产生,促进了大脑的发育,延长了人类的寿命。火的照明功能也为人类赢得了更多的生产和生活时间。有资料表明,在旧石器时代末,地球上总人口数不到300万,而到中石器时代,人口总数上升到1 000万,这个时期人类作为自然生态系统中食物链上的一个环节,完全依赖自然环境中的动植物资源[2]。

1.1.1.2 农业文明

距今约一万年前,原始农业和畜牧业的产生标志着人类开始进入农业文明时代。早期农业文明时代仍然是以"刀耕火种"为典型的生产方式,农业生产技术相当落后。为了满足不断增长的人口生存和发展需求,人类不得不砍伐森林、开垦荒地,对自然环境的索取导致局部地区的自然植被和生态平衡遭到破坏。到了以"精耕细作"为典型特征的晚期农业文明时代,人类已经可以熟练运用科技发明的成果——铜器、铁器等,并且懂得如何有效利用土地资源,因此促进了农牧业的迅速发展,粮食产量大幅提高。人类得以在一定程度上摆脱自然环境的制约,不再依赖自然界提供的现成食物,这使得人口数量急剧增加。与此同时,人类已经开始利用自然界的部分可再生能源,如畜力、水力、风力等,在一定程度上解放了人类的双手,促进了生产力的发展。

在农业文明时期,得益于大河冲积平原上充足的雨量、繁茂的植被、取之不尽的动植物资源以及温和湿润的气候,各类文明应运而生。其中最著名的有发源于黄河流域的华夏文明、尼罗河流域的古埃及文明、幼发拉底河和底格里斯河流域的巴比伦文明以及印度河和恒河流域的印度文明等[3]。古巴比伦文明、古埃及文明以及美洲的玛雅文明曾经都以其先进闻名,在繁荣灿烂过十多个世纪后,它们却都逐渐陨落消失了,只留下些许遗迹让我们得以窥见其中的辉煌。

美国社会学家乔尔·E. 科恩(Joel E. Cohen)[4]统计发现,在公元前8 000年左右的农业文明时期,全球人口数量在200万～2 000万范围内。但是到公元1年,全球人口数量已经达到2亿～3亿,1500年全球人口数量达到4亿～5亿,至1730年全球人口数更是达到了7亿。在部分地区,人口数量的迅速增加给自然环境带来了毁灭性的压力。玛雅文明的毁灭就是一个典型的案例。

印第安人在中美洲创造了玛雅文明,后来这个文明在今天的危地马拉多雨森林地带达到了巅峰。研究表明,玛雅文明起源于灌溉农业,其主要的种植作物是玉米、大豆、可可豆以及红薯之类的副食品,此外,玛雅人在天文历法方面有极高的成就。关于玛雅文明的陨落,考古学家有多种猜测,人口过载论是其中较为人们推崇的[5]。人类学家研究发现,从公元前100年开始,玛雅人口迅速增加,在公元前800年左右,玛雅人口的密度已经达到每平方公里500人,此后的17个世纪中,玛雅人口平均每

408年就增长一倍,到公元900年时,玛雅人口已经达到500万人。玛雅文明区大部分是喀斯特地貌,土地贫瘠,在农业生产上玛雅人仍然使用新石器时代的特征工具,以刀耕火种为主,生产效率和成果与人口增速不成正比,因此为了满足人类生存的需求,不得不进一步砍伐森林,开垦荒地,导致土壤侵蚀、水土流失加剧[6]。自然环境的破坏造成耕地生产能力的丧失,带来更加严重的饥荒,甚至在旱季连饮水也不能够保证。玛雅人四处迁移,但最终未能改变这个伟大文明覆灭的结局。

1.1.1.3 工业文明

18世纪60年代,蒸汽机和纺纱机的广泛使用标志着工业文明的诞生[6]。在整个长约300年的工业文明时期,三次工业革命无疑极大地促进了人类生活质量的提高以及社会生产力的发展。

从经济地理学的角度来说,工业文明发源于英伦三岛,而后向欧洲北美以及其他地区推进。英国虽不具备工业大国的基本条件,但却是工业革命的起点,这除了与早期工业革命的性质有关外,还与英国当时的特质有关。有学者[7]认为,早期工业革命是工厂手工业向大机器生产方式的自然过渡,规模有限。而当时英国近海、海湾和港湾众多,地理位置对航海业和商业优势明显;在自然资源方面,英国的煤、铁、铜、锡等工业资源丰富;加之18世纪英国的农业革命使农业的生产率有所提高,粮食增产带来的人口革命成为工业革命的强大助推力。

第一次工业革命从英国的纺织业开始,蒸汽机的发明和使用改变了生产技术和劳动工具,人类社会开始进入"蒸汽时代"。1771年,英国建立了第一个工厂,至1835年,全国棉纺织厂达到1 262家。从1770年到1840年的70年间,人均日生产效率提高了20倍。1796—1830年棉布产量从2 100码增产到34 700码(1码=0.914 4米),增长了15.5倍;1796—1840年生铁产量从12.5万吨增产到142万吨,增长了10.4倍;1700—1840年煤产量从260万吨增加到3 600万吨,增长了12.8倍[8]。这场工业革命对人口的增长也带来了很大影响。有研究表明,18世纪中叶之前,英国人口增长较为缓慢,1651年英格兰人口数为522万,到1751年人口数增加到577万,仅增长了10.5%。而工业革命期间,从1751—1851年,同样的100年时间,人口数却从577万增加到1 673万,增长了190%[9]。从18世纪80年代至19世纪30年代,英国人口数的增长突飞猛进,在1811—1821年,英国人口增长率达到1.8%,这种高速的人口增长称为"人口革命"[10]。此时,人口过剩问题已经开始凸显了。

19世纪60年代,电力的发明和应用标志着第二次工业革命的正式开始,人类从蒸汽时代走向了电气时代,从纺织时代走向了钢铁时代,真正开启了火车和轮船时代[11]。电气技术的兴起使电力代替蒸汽成为重要能源,同时推动了动力和通信的发展。发电机和电动机的问世扩展了人类利用能源的方式和种类,水力、燃料等多种资源均可利用[12]。内燃机的发明和应用则促进了汽车和航空工业的兴起,并且推动了石油工业的发展。化学工业和钢铁工业的蓬勃兴起成了第二次工业革命的重要特点,多种化学试剂的合成以及高分子材料的合成新技术纷纷出现,钢铁工业也通过技术革新、设备升级以及能源供应方式的改进实现了高产,工业产量迅速上升[13]。美国是第二次工业革命的主要发生地,具体体现在化石能源产量的变化。1865年美国的石油产量仅有250万桶,而到了1880年石油产量达到2 600万桶,1900年增加到6 360万桶,至1914年石油产量已经高达26 580万桶。石油产量迅速增长的同时也带动了有机化学工业的进步,煤的产量也从1860年的1 450万吨增长到了1890年的5 780万吨,增长了近3倍[11]。

20世纪以来,信息通信技术、纳米技术、新能源、新材料以及生物电子技术等的快速发展和推广应用,人工智能、数字制造、工业机器人等现代化制造技术不断更新,宣布第三次工业革命——"信息化"时代的到来[14]。与前两次革命相比,第三次工业革命的特点之一就是以机器替代脑力劳动,并高度替代体力劳动,信息技术开始向智能化迈进[15]。越来越多的智能化机器或者产品应用在各行各业,大大降低了劳动者的体力和脑力劳动强度。此外,新能源以及新材料与3D打印技术等数字化制造的应用是第三次工业革命的另一大特点。著名学者杰里米·里夫金认为第三次工业革命将互联网技术与再生能源系统结合,把人类带向绿色低碳的经济发展模式[16]。比如,大力投资新能源技术将氢能与其他能源储存技术结合植入到全国的基础设施中,让建筑可以自己产生能源;将使用内燃机的汽车替换成插入式电动汽车和燃料电池汽车,并建立能源因特网等[17-18]。在欧洲已经有几百万栋建筑可以在内部将太阳能和风能转化为可使用的能源,这些技术虽然目前的价格还比较高,但是势必会走向普及。而3D打印制造技术与新材料的结合,特别是纳米技术与3D打印技术的结合,在很大程度上节省了劳动力。有研究称,采用"增材制造"方式,即将纳米材料通过3D打印用于生产,可将工业生产所需的原材料降低到传统生产的十分之一,届时可大幅提高资源的利用效率。

时至今日,我们依然在享受着这三次工业革命所带来的成果。从经济学角度看,工业文明是人类文明史上的一大进步;但是从环境的角度来看,工业文明时期人类向自然的扩张、索取所带来的环境问题已经不容忽视。不断发生的环境污染事件已经对人类的生存和发展构成了威胁。在这样的情况下,人类应该探讨向新的文明模式,即生态文明转变。

1.1.1.4 生态文明

所谓生态文明是指人类在开发利用自然资源的同时,从维护社会、经济、自然系统整体利益的角度出发,实现人与自然相互协调共同发展的文明。在新的文明形态下,我们要重新审视人与自然的关系,以实现人与自然的和谐相处,实现可持续发展。

1.1.2　生产和消费的可持续发展问题

生产与消费过程既带来了经济的发展,也造成了资源的消耗和环境的污染,这一点在过去几十年中尤为突显。

1.1.2.1　资源的消耗

随着人口的增多与发展需求的增长,资源消耗问题愈加凸显,水资源、矿产资源与生物多样性等均受到不同程度的影响。

1) 水资源匮乏

虽然地球表面 70% 被水覆盖,但是其中真正可被人类利用的淡水资源仅占总水储量的 2.53%(见表 1-1),这其中有 68.7% 是目前难以利用的固体冰川和埋藏深度较大的深层地下水及永久冻土的底冰。每年大陆淡水资源净收入约为 4×10^4 km³,其中约 2.8×10^4 km³ 变成洪水,约 0.5×10^4 km³ 分布在无人居住的热带雨林区,因此人类真正能够利用的淡水资源仅为 0.7×10^4 km³/a[19],全球约有 20% 的人无法获得安全的饮用水[20]。

表 1-1　全球水资源储量

类　　别	水储量/×10⁴ m³	占淡水储量/%	占总储量/%
海洋水	1 338 000		96.6
地下水	23 400		1.7
地下咸水	12 870		0.94
地下淡水	10 530	30.1	0.76
土壤水	16.5	0.05	0.001
冰川与永久雪盖	24 064.1	68.7	1.74
永久冻土底冰	300	0.86	0.022
湖泊水	176.4		0.013
咸水	85.4		0.006
淡水	91.0	0.26	0.007
沼泽水	11.47	0.03	0.000 8
河网水	2.12	0.000 2	0.006
生物水	1.12	0.000 1	0.003
大气水	12.9	0.001	0.04
总计	1 385 984.6		
淡水	35 029.2		2.53

我国水资源总量丰富,位居世界第六位,但人均水资源量不足。根据水利部 2017 年中国水资源公报[21]数据显示,我国水资源总量为 $28\,761.2 \times 10^8$ m³,比多

年平均值偏多 3.8%。整合 2008—2017 年全国水资源总量、北方 6 区以及南方 4 区水资源总量的数据(见图 1-1)可见,10 年间全国水资源总量总体呈上升趋势,但是由于我国人口基数大,经济发展迅速,人口不断增长,人们生活水平不断提高,人均水资源量十分紧张。以 2017 年为例,全国人口 13.7 亿,人均水资源量仅为 2 099 m^3/a。另外,图 1-1 也反映了我国存在水资源分布不均的问题,南方的水资源总量远远多于北方。

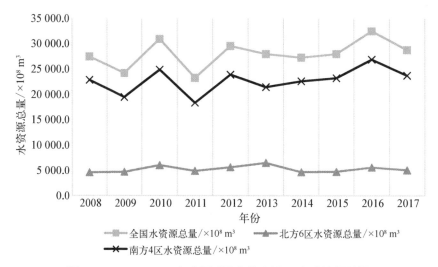

图 1-1 2008—2017 年全国以及南北方近 10 年水资源总量

我国用水结构主要分为生活用水、工业用水、农业用水以及人工生态环境补水等 4 个方面(见图 1-2),总用水量正在逐年增加,其中农业用水是我国用水量消耗最多的一个部分,2017 年我国农业用水占总用水量的 62.3%,这是由我国农业灌溉方式决定的[22]。

2) 矿产资源骤减

矿产资源属于不可再生资源,其开发利用的过程也是资源耗竭的过程。按照矿产资源的特点和用途可划分为 4 类,即能源矿产(11 种)、金属矿产(59 种)、非金属矿产(92 种)和水气矿产(6 种)。以能源矿产为例,2017 年全球一次能源消费增长 2.2%,增速高于 2016 年的 1.2%,高于近 10 年的平均增速 1.7%,而中国 2017 年能源消费增长高达 3.1%,已经连续 17 年成为全球能源消费增量最大的国家[23]。实际上,矿产资源的供需矛盾已经成为人类不得不考虑的问题。以稀土资源为例(见表 1-2),全球稀土资源的供求关系持续波动,市场不稳定,供求缺口依然存在[24]。

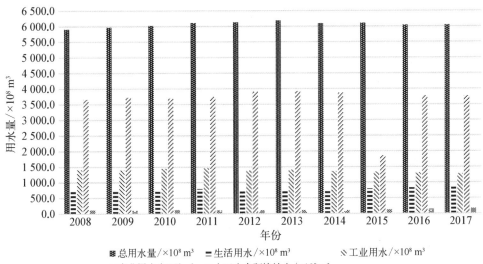

图 1-2　2008—2017 年我国总用水量及各项用水量

表 1-2　全球稀土供求态势

单位：吨

年　份	2013	2014	2015	2016	2017	2018
全球供给	110 000	123 000	124 000	125 116	129 700	138 568
全球需求	123 800	129 200	131 170	133 925	139 549	143 736
供给缺口	-13 800	-6 200	-7 179	-8 809	-9 849	-5 768

　　对我国而言,矿产资源的供需矛盾日益突出。2017 年,我国主要矿产资源中有 42 种查明资源储量增长,6 种减少。中国作为世界上第一大能源生产和消费国,2017 年一次能源生产总量为 35.9 亿吨标准煤,但消费总量却是 44.9 亿吨标准煤[25]。虽然能源查明储量有所增长,但能源一直处于供不应求的状态,供需缺口将会越来越大。

　　我国目前已经进入工业化中后期乃至后工业化时代,但受人口规模、GDP 增速、产业结构、技术水平等多种因素的影响,能源消费结构依然具有工业化初中期的特点,即以消耗煤炭资源为主。经过近几年国家在能源结构政策方面的不断改革与推动,2017 年煤炭在我国能源结构中的占比由 10 年前的 73.6% 降至 60.4%[26]。

　　3）生物多样性受损

　　生物多样性是多样化生命实体群的特征,每一级实体包括基因、细胞、种群、物种、群落乃至生态系统都存在多样性。生物多样性包括所有动植物、微生物物种以及所有生态系统及其形成的生态过程。在过去的几百年中,人类活动造成物种的灭绝速度相对地球历史上物种自然灭绝速度增加了 1 000 倍[27]。我国是世界上生物多样性极其丰富的国家之一。即便如此,长期以来我国人口的持续增长以及对自然资源的不合理利用仍然导致我国生物多样性严重受损。

20 世纪 90 年代,我国森林、草地以及湿地生态系统面积分别年均减少 0.05%、0.12%和 0.07%,而荒漠生态系统面积年均增加 0.02%[28]。

动物的物种多样性同样也受到了严重损害。将在全球尺度中取得了良好应用效果的红色名录指数(RLI,RLI 为 0 时指所有物种都灭绝;RLI 为 1 时指所有物种都不受威胁)作为评估物种濒危状况变化趋势的指标,崔鹏等[29]研究发现,1998—2004 年,我国淡水鱼类的 RLI 呈下降状态;1988—2012 年,我国鸟类的 RLI 年均下降 0.01%,整体上来说,我国物种的受威胁程度在加剧。有数据表明,中国现有脊椎动物 6 300 多种,除已经灭绝或濒临灭绝的野马、犀牛、高鼻羚羊以及白臀叶猴等珍贵物种以外,有报道表明仍有 430 多种濒危或生存受到威胁的脊椎动物[30]。

1.1.2.2　环境的污染

人口的高速增长、对自然资源的过度开采、温室气体的排放等正在给我们赖以生存的自然环境造成巨大危害。人类绝大部分的生产和消费行为都将自然界作为原材料的来源以及废弃物的去向,给局部地区甚至是全球系统都带来一定的环境风险。

在过去的几十年里,我国工业化水平迅速提高,在经济增长、人民生活水平提高的同时,也带来了严重的环境污染问题。例如化石燃料的开采、燃烧以及产品生产过程、消费利用方式等会产生有害物质或者气体,带来污染环境的风险;在交通运输行业,汽车、火车、飞机和船舶等交通工具排放的尾气也是大气污染源之一,甚至可能在太阳光的作用下形成二次污染,洛杉矶光化学烟雾事件就是典型的案例[31]。生产技术的不足、污水处理和预处理设施运行不稳定或者监管不当等会造成工业废水的排放不达标,某些工厂的偷排也给水环境带来了极大的影响。外部输入,如化学品、肥料以及农业灌溉等也是水体污染的一大来源。一些固体废弃物如电子产品,由于其中含有大量有害化学物质,如果不能妥善处理也会对自然环境和人类健康造成极大的威胁。

此外,人类在治理环境污染的过程中有时又造成了新的污染。以垃圾填埋场为例,我国生活垃圾中厨余组分含量高达 60%左右、水分含量高达 50%以上[32],因此我国垃圾填埋场普遍存在水位高、积水严重的现象,渗滤液水位高达几米甚至是几十米[33],而高水位会大大增加填埋场渗滤液的渗透速率以及渗透量,从而对地下水造成污染[34]。王莹莹[35]通过对西安市垃圾填埋场的渗滤液以及周边环境的研究发现,与我国老龄垃圾场渗滤液相比,此地填埋场渗滤液中化学需氧量(COD)和 5 天生化需氧量(BOD_5)含量较高;垃圾场出口污水结果显示(2006 年 2—12 月)COD 和

BOD_5 含量全部超标,更严重的是,周边土壤中的汞含量比修建前增加了 2 倍以上。

人类活动导致土地荒漠化、温室效应加剧、极端气候频发、臭氧层被破坏等诸多危害。为了应对并改善这些环境问题,就必须秉持生态文明的理念,积极推进可持续的生产和消费,实现人与自然的和谐相处,实现人类的可持续发展。

1.2　环境污染控制中的资源化

在全球人口较少的时期,技术未得到充分发展,人们的生产和消费能力不足以产生可观数量的生活垃圾、低值物品及废弃材料,生态环境尚未受到威胁。随着人类文明的发展和科技的进步,人口逐渐增长,人们的生活水平也在不断提高,生产和消费所产生的废弃物带来了诸多环境问题,环境污染控制与资源化成了当代科技发展关注的焦点。

1.2.1　污染控制的理念与技术

20 世纪的前 60 年,在经历了一系列重大公害事件对经济和社会发展带来的严重冲击后,人类努力寻求新的发展模式。在西方国家,曾以"反污染,争生存"为口号形成了声势浩大的环保运动。人们在这一时期对发展模式进行了思考,希望不再走"先污染,后治理"的老路,希望降低发展的环境成本。严重的环境问题、高涨的环保运动、环保启蒙思想运动催生了国际社会就环境问题召开的第一次世界性会议——联合国人类环境会议。此次会议于 1972 年召开,通过了《联合国人类环境宣言》(又称《斯德哥尔摩人类环境宣言》)。1987 年,世界环境发展委员会发布了《我们共同的未来》研究报告,批判了传统的发展模式,对"可持续发展"做出了经典性定义,即既能满足当代人的需要,又不对后代人满足需要的能力构成危害的发展。此后可持续发展成为解决环境问题的一项重要原则。

党的十六届三中全会提出了坚持以人为本,树立全面、协调、可持续的发展观。之后,党的十六届四中全会提出构建社会主义和谐社会的战略任务,其中特别强调要坚持以人为本,实现人与人、人与社会、人与自然的和谐相处。2013 年 5 月习近平总书记指出:"要正确处理好经济发展同生态保护的关系,牢固树立保护生态环境就是保护生产力、改善生态环境就是发展生产力的理念。"此番讲话以尊重自然、谋求人与自然和谐发展的价值理念和发展理念为精神,从生态观念、生态修复、生态规划等方面进行了深刻的阐述和要求,尤其在生态文明建设和保障方面,提出了"最严格的制度,最严密的法治"的要求,完善新时期环境保护战略,进一步强调环境保护是落实科学发展观、构建社会主义生态文明建设的内在要求,也是维护人民群众环境权益、增强可持续发展能力的迫切需要。党的十九大报告中将建设生态文明提升为"千年大计",并指出新时代中国特色社会主义经济建设与发展不能以牺牲生态环境为代价,要充分运用现代科学技术手段,加强生态环保系统保护力度,集中全社会力量共同推进生态文明建设,并又一次强调了"推进资源全面节约和循环利用"。生态环境部党组书记、部长李干杰指出,要将学习宣传贯彻党的十九大精神作为当前和今后一个时期首要政治任务和头等大事,以十九大精神武装头脑、指导实践、推动工作,全力打好生态环境保护攻坚战,更好肩负起建设美丽中国的时代使命。

1.2.1.1　大气污染控制

大气污染控制是针对大气污染物采取的污染物排放控制技术和控制污染物排放政策,各种工业排放的特殊气体污染物可以通过改变生产工艺或甚至关闭、迁移工厂的方式解决。而对于燃烧化石燃料产生的硫化物、烟尘和二氧化碳(CO_2),以及汽车尾气排放的一氧化碳(CO)、碳氢化合物(HC)和氮氧化物(NO_x)等大气污染物则须采用相应的大气污染控制技术[36]。

1) 脱硫技术

脱硫技术主要分为燃烧前、燃烧中以及燃烧后脱硫三种。燃烧前的脱硫主要是对煤炭燃料的液化、气化以及洗煤。其中对煤炭燃料的液化和气化的研发一直在不断地进行中,两者从工艺方面来讲更加经济简单,而洗煤作为脱硫的一种辅助措施加以应用。在以煤炭为主要燃料时,在燃烧过程中,为了更好地节约资源、减少成本、降低污染物的排放,我国通常采用燃料型煤炭用于小锅炉的燃烧方式。对于较大规模的锅炉燃烧通常需要对燃烧后的烟气采用脱硫技术,这对降低二氧化硫(SO_2)对大气的污染、控制酸雨的形成具有很大的作用。烟气脱硫技术通常包括硫氮联脱、干法、半干法以及湿法等。在烟气脱硫工艺中,荷电干式吸收剂喷射脱硫系统(CDSI)法、喷雾干燥法、石膏法技术应用比较广泛,发展也比较成熟。

2) 除尘技术

除尘技术主要包括生物纳膜抑尘技术、云雾抑尘技术及湿式除尘技术等。生物纳膜是层间距达到纳米级的双电离层膜,能吸引和团聚小颗粒粉尘,使其聚合成大颗粒状尘粒自重增加而沉降,该技术的除尘率可达 99% 以上。云雾抑尘技术是通过高压离子雾化和超声雾化产生 $1 \sim 100 \, \mu m$ 的超细干雾,超细干雾与粉尘颗粒碰撞并凝聚而形成团聚物,直至最后自然沉降,达到消除粉尘的目的。云雾抑尘技术所产生的 30%~40% 干雾颗粒粒径在 $2.5 \, \mu m$ 以下。湿式除尘技术是通过压降吸收附着粉尘的空气,在离心力以及水与粉尘气体混合的双重作用下除尘,独特的叶轮等关键设计可提供更高的除尘效率。

3) 机动车尾气控制技术

机动车在行驶过程中排放的尾气中含有氮氧化物、一氧化碳、多环芳烃颗粒物等污染物。随着机动车数量的增加,在发达城市中机动车尾气排放量剧增,城市大气环境的污染也日趋严重。为了有效缓解机动车尾气所造成的大气污染,可采用优化配方的全钯型三效催化剂及真空吸附蜂窝状催化剂的定位涂覆技术制备汽车尾气净化器。净化器对汽车尾气中一氧化碳、碳氢化合物和氮氧化物的净化效果可大于 95%,催化剂可供车辆行驶超过 1×10^5 km,达到相当于国六以上的尾气排放标准要求。

1.2.1.2　固体废弃物处置

固体废弃物是环境的污染源,除了直接污染环境外,还经常以水、大气和土壤为媒介污染环境。固体废弃物处置是固体废弃物污染控制的末端环节,是解决固体废弃物的归宿问题。一些固体废弃物经过处理和利用总还会有部分残渣存在,而且很难再加以利用,这些残渣可能又富集了大量有毒有害成分;还有些固体废弃物尚无法利用,它们都将长期地保留在环境中,是一种潜在的污染源。为了控制固体废弃物对环境的污染必须对其进行最终处置,使之最大限度地与生物圈隔离。

固体废弃物处置方法有海洋处置、陆地处置、焚烧和堆肥等。海洋处置主要有海洋倾倒与远洋焚烧两种方法。随着人们对保护环境生态重要性认识的加深和总体环境意识的提高,海洋处置已受到越来越多的限制。陆地处置包括土地耕作、工程库或贮留池贮存、土地填埋以及深井灌注几种。其中土地填埋法是一种最常用的方法。

1) 土地填埋处置

土地填埋处置是从传统的堆放和填埋处置发展起来的一项最终处置技术,因其工艺简单、成本较低、适于处置多种类型的废物,已成为一种处置固体废弃物的主要方法。土地填埋按填埋地形特征可分为山间填埋、平地填埋、废矿坑填埋;按填埋场的状态可分为厌氧填埋、好氧填埋、准好氧填埋;按法律规定可分为卫生填埋和安全填埋等。一般来说,填埋系统主要包括废弃物坝、雨水集排水系统(含浸出液体集排水系统、浸出液处理系统)、释放气处理系统、入场管理设施、入场道路、环境监测系统、飞散防止设施、防灾设施、管理办公室、隔离设施等。然而自 20 世纪 70 年代以来,填埋处理遇到了填埋场容量有限的问题。旧的填埋场封闭以后,新填埋场的选择非常困难,填埋处理在世界各国都出现地荒。因此世界各国都在设法尽量延长填埋场的寿命。填埋场由原始废物的直接填埋转向在填埋前先进行预处理,例如先经过焚烧,对焚烧残渣再进行填埋,这样可使填埋容积减少 80% 左右。

2) 深井灌注处置

深井灌注处置是将难以破坏、难以转化、不能采用其他方法处理或采用其他方法费用昂贵的废物先进行分散形成真溶液或乳浊液,然后采用深井灌注方法把流体注入地下与饮用水和矿脉层隔开的可渗性岩层内。深井灌注处置系统的规划、设计、建造与操作涉及废物的预处理、场地的选择、井的钻探与施工以及环境监测等几个阶段。

3）农用堆肥

农用堆肥是利用表层土壤的离子交换、吸附、微生物降解以及渗滤水浸出、降解产物挥发等综合作用机制处置固体废弃物，具有工艺简单、费用适宜、设备易于维护、对环境影响较小、能够改善土壤结构、增长肥效等优点，主要用于处置含盐量低、不含毒物、可生物降解的固体废弃物。如施污泥、粉煤灰于农田可以肥田，起到改良土壤和增产的作用。世界各国普遍采用的堆肥方法有静态和动态堆肥两种，如自然堆肥法、圆柱形分格封闭堆肥法、滚筒堆肥法、竖式多层反应堆肥法以及条形静态通风等堆肥工艺，这些方法都在不断发展和完善[37]。

1.2.1.3 水污染控制

水污染控制是通过物理、化学、生物的手段，去除水中一些生产、生活不需要的有害物质[38-39]。

1）物理治理

物理治理法是一种传统手段，主要指将污水里存在的悬浮物彻底分离清理以达到净化的效果。物理治理投资成本不多、操作简单，可根据不同的污水性质选取离心分离、重力分离、过滤等手段去除污水中的悬浮颗粒、乳化油、固化物或均匀水质和水量。

2）化学处理

化学处理常应用于工业废水，即通过化学反应使水中污染物转化并迁移分离出水体，实现净化水体的目的，基于化学工艺的不同可分为中和法、化学沉淀法、氧化还原法、吹脱法、电解法等。由于污水成分比较复杂，通常将多种处理方式结合使用以达到较好的处理效果。

3）物理化学处理

物理化学法包括气浮法、吸附法、离子交换法、电渗析法、反渗透法、超滤法等。气浮法用于除去低密度固体或液体颗粒；吸附法是将污染物从一种物质吸附到另一种物质上的方法，通常将固体吸附剂与废水接触，经过充分的吸附作用后再将吸附剂分离出来；离子交换是用离子交换剂中的离子和水中离子进行交换而除去水中可离解污染物的方法；电渗析通过外加直流电场，使水中离子通过离子交换膜定向移动去除污染，常用于水的脱盐；反渗透法是使用致密膜、非对称膜、复合膜，通过渗透压的作用处理污水，也应用于物质的浓缩；超滤法通过微滤膜的筛选作用可以除去水中的黏土、原生生物和藻类等。

4）生物治理

生物治理法是通过微生物的新陈代谢特征对城市污水中的各种悬浮物进行分

解处理,进而起到污水治理的效果。目前生物治理开始广泛应用于城市水污染治理中,如生物膜法、活性污泥法等,均在城市污水和工业废水治理中有着重要作用。

1.2.2　废物资源化利用的策略

随着科学技术的进步与处理处置方法的发展,在循环经济与资源化理念指导下的废物资源化利用策略应运而生。

1.2.2.1　循环经济与资源化理念

循环经济的思想自 20 世纪 60 年代提出以来持续受到世界关注,学术界对循环经济的内涵也在进行着不断地扩充。当前社会上普遍推行的是国家发展改革委员会对循环经济的定义:"循环经济是一种以资源的高效利用和循环利用为核心,以'减量化、再利用、资源化'为原则,以低消耗、低排放、高效率为基本特征,符合可持续发展理念的经济增长模式,是对'大量生产、大量消费、大量废弃'的传统增长模式的根本变革。"循环经济将清洁生产、资源综合利用、生态设计和可持续消费融为一体,运用生态学规律指导人类社会的经济活动。循环经济的根本就是保护日益稀缺的环境资源,提高环境资源的配置效率。

循环经济与传统经济相比较的不同之处在于传统经济是由"资源—产品—污染排放"所构成的物质单行道(one way)流动的经济。在这种经济中,人们以越来越高的强度索取地球上的资源,并将资源转化为产品,不仅导致了转化过程对环境的污染,所生产的产品经过流动和使用,又作为废弃物和污染物排放在大气、土壤和水体中,即一次性地利用资源。而循环经济所倡导的则是物质的不断循环利用,这种经济模式要求按照自然生态系统的模式进行经济活动,构建一个"资源—产品—再生资源"的物质循环过程,在这样的系统里,生产和消费会产生极少的甚至不产生废弃物。循环经济与传统经济最大的不同在于传统经济以将资源转换为废物实现经济增长,而循环经济的核心在于废物转化和资源的再生,前者最终会导致资源的短缺与枯竭。循环经济最主要的体现就是 3R 原则,即以"减量化(reduce)、再使用(reuse)、再循环(recycle)"为经济活动的行为准则。减量化原则要求用较少的原料和能源投入达到既定的生产及消费目的,在经济活动的源头就注意节约资源和减少污染;再使用原则要求产品和包装容器能够以初始的形式多次使用,而不是作为一次性用品;再循环原则要求生产出来的物品在完成其使用功能后可以重新变成可以再次利用的资源,而不是无用的垃圾。

资源化是指将废物直接作为原料进行利用或者对废物进行再生利用。随着资源的日益匮乏,单纯的末端治理技术不能满足要求,污染治理成本和生态破坏成本的总和早已超出预期,在国内生产总值中所占比重越来越大,严重违反了可持续发展的理念。资源化不仅可以减轻废弃物对环境产生的影响,还可以通过回收利用、转换利用、能源转化等方式实现较好的经济效益、环境效益和社会效益。

在我国,第二产业的发展已经走向新型工业化的道路,以自然资源或非废弃物作为原料的动脉产业在逐步提高资源利用效率、减少污染的排放,以废弃物资源化为主要模式的静脉产业也在积极探索发展循环经济的更多新技术。

1.2.2.2 技术和途径

目前固体废弃物的处理与处置所遵循的原则主要是减量化、资源化和无害化。资源化是指采取相应的管理和工艺措施从固体废物中回收有用物质和能源,创造经济价值,使之成为可利用的二次资源。这是《中华人民共和国固体废弃物污染环境防治法》中首先确定的固体废弃物污染防治的"三化"原则之一,是固体废弃物的主要归宿。

固体废弃物资源化利用包括三个范畴:一是物质回收,即处理废弃物,并从中回收指定的二次物质;二是物质转换,即利用废弃物制备新形态的物质;三是能量转换,即从废弃物处理过程中回收能量,包括热能和电能。火电厂中固体废弃物的资源化利用主要属于物质转换范畴,如利用炉渣生产水泥和建筑材料等。

1)物质回收

生活垃圾常作为无用或低值的废物进行回收处理,主要涵盖了废纸、废金属、废玻璃、废塑料、家庭有害垃圾等类别。其中的废纸、废金属、废玻璃、废塑料属于以材料循环利用为目的的价值分类收集,家庭有害垃圾属于以降低有害物质排放为目的的环保分类收集。生活垃圾的回收利用有三种:一是保持废品原有的使用功能,这种方法保持了废品原来的功能和形态,经一定的清洗处理后再次回到生活中使用;二是保持废品的材料性能,改变其功能和形态,以重新制得具有新功能的产品再次投入使用,如废金属、废纸、废玻璃等;三是改变其形态、功能以及材料性能,而保留废弃物的分子特性,将其利用于生物堆肥、厌氧发酵中。以资源利用效率对以上途径进行排序,首先应是以保持材料性能为基础的再利用,其次是生物堆肥及厌氧消化。对无法进行以上处理的废品送入垃圾焚烧厂焚烧,收集可以利用的余热。将无法处理的废弃物进行填埋,此为最不推荐的处理方式。环保分类收集目前没有被广泛应用,这是由于分类体系不完善、法律法规不健全、宣传力度不足、居民配合不足等原因造成的,后续还需要继续推广环保分类收集以进一步实现废弃物的减量化、无害化、资源化。

2)物质转换

我国冶金工业固体废弃物产生量持续增加。现阶段我国钢铁年产量约为5亿吨,其间将会产生大量的冶金渣,其年产量约1亿吨,总量庞大,对生态环境造成极大的压力,因此资源处理和综合利用可谓是当下亟待解决的重要问题[40]。化工矿渣主要来源于化学产品的生产过程,化工生产原料复杂、生产环节较多,所以会产生大量无法利用的废渣,这些废渣主要成分有硅、铝、镁、铁等,比普通的矿物质存在更大的污染性,需要使用无害化处理方式对矿渣进行处理。粉煤灰中含有大量的二氧化硅、氧化铝、三氧化二铁[41],会造成空气污染,其资源化途径主要是用来制作建筑原料。生产过程中产生的粉煤灰经过收集可以作为砖块状的填充土,这种填充土具有更好的牢固性,可以作为黏土和砂石的替代品;采矿废渣主要为一些废弃的岩石,将其击碎、细磨后,可以作为混凝土的原料增强混凝土的抗折强度,同时也能用于蜂窝煤的制作;磷渣可以作为矿化剂参与水泥的制备过程,其作用是增加水泥的易燃性,缩短水泥烧制时间从而减少能量的使用。

3) 能量转换

能量转换常应用于生物质废弃物的资源化利用中。在我国年产的 70 亿吨固体废弃物中,接近六成为生物质废弃物,这些废弃物主要采用厌氧消化、生物质发电、生物质气化、生物质固化等方法进行处理。生物质燃气是将生物质废弃物经过处理转化为可再生能源使用,既解决了污染问题,也提供了清洁能源。其中生物质气化是在一定的热力学条件下,借助空气(或者氧气)、水蒸气的作用,使生物质的高聚物发生热解、氧化、还原等反应,最终转化为一氧化碳、氢气和低分子烃类等可燃气体的过程,主要应用于供热、窑炉、发电、合成燃料以及燃料电池[42]。在我国,生物质气化的两个主要内容为气化发电和农村气化供气,目前已开发出多种利用木屑、稻壳、秸秆等废弃生物质气化发电的技术。但是生物质气化还存在一些问题,例如气化效率偏低、燃气质量较差等,考虑到生物质气化具有较强的适应性,若将现有的小规模处理进行优化并与企业建立联系,可以降低企业生产成本,显著提高经济效益。

随着人类对资源环境问题的持续关注,越来越多的研究从污染物治理转为科学的污染物治理上。我们在处置废弃物时所留下的"碳足迹"也会对环境产生不同程度的影响。从生命周期的角度考虑,资源化产物的耐久性同样是评价资源循环是否真正做到绿色低碳的因素之一,今后资源化技术的研发过程中还需要有更加全面综合的考虑。

1.3　废物资源化的污染控制

针对在废物资源化过程中可能产生的环境风险与二次污染问题,人们进行了许多管理手段与控制技术的探索。

1.3.1　废物资源化的二次污染问题

一些废物在管理、回收和处理处置等资源化过程中还会产生其他的污染物,导致对环境的其他负面影响,即二次污染问题,包括垃圾管理、生活垃圾焚烧、电子垃圾回收利用等过程。

1.3.1.1 垃圾管理

2014年杭州余杭区政府拟在当地建一个垃圾处理厂,而当地市民群起反对,造成交通堵塞、警民冲突。尽管当地政府解释垃圾处理的设备和技术都非常先进,但市民仍难以接受。垃圾处理厂引起的"邻避效应"已屡见不鲜,技术有保障但市民不买账的现实让很多地方政府扼腕长叹。而为什么国外城市垃圾处理厂造成的邻避效应可忽略不计?为什么日本很多垃圾处理厂建在市区内甚至政府周边?一个原因是日本早在20世纪60年代就进行垃圾分类,如今能保证垃圾百分百分类,提前分拣高污染物可使垃圾处理厂造成的污染很小,因此市民不用再担心二次污染。

垃圾的混合收集会导致填埋场渗滤液含有大量的重金属,焚烧烟气中二噁英浓度极高和堆肥处理效果不佳等结果。对垃圾进行填埋或焚烧处理前分类可有效降低渗滤液中污染物的含量和有害气体的排放。目前在我国,企业在后续处理生活垃圾之前都要先经过人工分选,耗费了大量人力、物力,处理效率低下。我国垃圾分类在管理方面存在着一些问题。

垃圾分类效果不尽如人意。在垃圾收集阶段,居民和管理人员对垃圾分类缺乏足够的认识,未充分利用分类垃圾收集箱;我国垃圾分类少,大多仅分为可回收垃圾和不可回收垃圾,而国外垃圾分类较多,如表1-3所示;在垃圾处理阶段,后续处理技术特别是资源化技术不能满足垃圾处理的要求。生活垃圾的处理除了填埋、焚烧等处理方式外,还应包括对废纸、金属等可回收物质的资源化利用技术。目前我国的垃圾资源化技术水平较低,即使前期分类收集,后续处理仍不能避免混合处理。在垃圾收集处理的过程中资金来源单一,主要靠政府,这不仅限制了资金投入的来源,也加重了政府的财政负担,且缺乏客观的垃圾处理收费依据,减弱了通过收费实现垃圾减量化的力度。

表1-3 垃圾收集分类方式

国　家	分　类　方　式
英国	杂草树枝树叶;报纸期刊;瓶瓶罐罐;不可回收垃圾
韩国	可回收垃圾;食物垃圾;大型废弃物品;其他
瑞士	玻璃、塑料、电池、绿色垃圾、报纸杂志、其他废纸、不可回收垃圾、特种垃圾等
德国	绿桶:厨余垃圾、生物垃圾、有机垃圾的收集;蓝桶:废旧报纸的收集;黑桶:其他垃圾;黄桶:塑料垃圾;特殊回收点负责收集玻璃

垃圾分类效果不佳归根结底是因为法律法规和配套措施的不健全。建立强制性的法律法规可以保证垃圾分类有效执行,促进投放、管理、处置各个环节成为体系,做到有法可循、可依。目前,我国垃圾分类方面的法律法规还处于建设之中。

住房城乡建设部于 2017 年 12 月发布了《关于加快推进部分重点城市生活垃圾分类工作的通知》,从规范生活垃圾投放和收集、加快配套分类运输系统和加快建设分类处理设施方面入手,加快推进 46 个重点城市的生活垃圾分类处理系统建设。预期在 2020 年底前,46 个重点城市基本建成生活垃圾分类处理系统,基本形成相应的法律法规和标准体系,形成一批可复制、可推广的模式。目前,各地方推行各种各样的管理办法或管理条例,试点工作进行得如火如荼。如芜湖垃圾分类投放获积分可抵物业费,海口将垃圾分类工作纳入各区及党政机关年终考核,南昌计划建设垃圾分类在线监控系统。截至 2018 年 11 月底,上海全程垃圾分类体系建设取得明显进展,上海全市湿垃圾分出量已达 4 400 吨/日,"两网融合"可回收物资源化利用量达 1 100 吨/日。2019 年 7 月 1 日,《上海市生活垃圾管理条例》正式实施,上海力争 2019 年全面建成生活垃圾分类体系,实现全市生活垃圾分类服务全覆盖,并于 2020 年全面达标。

1.3.1.2　生活垃圾焚烧

随着城镇化的发展和消费水平的提高,城市生活垃圾的产生量也急速增长。根据环保部《2017 年全国大、中城市固体废物污染环境防治年报》,2016 年 214 个大、中城市生活垃圾产生量为 18 850.5 万吨[43]。我国生活垃圾无害化处理的方式主要有三种,即卫生填埋、焚烧和其他。垃圾焚烧发电技术是一种用焚烧的方法回收其中能量的垃圾处理技术,具有良好的环境效益和经济效益,可有效地将垃圾容积减少 90% 以上,消灭垃圾中的病菌,回收热能,实现生活垃圾的"减量化、无害化、资源化"。但由于垃圾成分的复杂性和多样性,其焚烧时产生的污染物也会具有复杂性和一定的毒性,除了产生二氧化硫、氮氧化物、一氧化碳、二氧化碳、粉尘和灰渣等容易控制的常规污染物外,还会产生燃烧煤、石油等燃料时少见的污染物。当垃圾中有含氯塑料制品或其他有机物、无机物不完全燃烧时,不仅会产生甲烷、苯、氯化氢等物质,还会产生二噁英等有机氯化物,其具有强烈致癌、致畸作用。当垃圾中含有电池、电器、各种添加剂等,会增加焚烧产物的重金属含量,其可在生物体内富集或生成毒性更强的化合物。垃圾焚烧发电资源化过程会对环境产生二次污染,如垃圾焚烧产生的废气(含粉尘、酸性气体、二噁英等)、废水(垃圾渗滤水、生产废水等)、灰渣和噪声。

1.3.1.3　电子垃圾处理

随着科技的进步和电子信息产业的迅速发展,人们的消费观念也日益改变。电子与电器产品快速地更新换代导致了大量电子废弃物的产生。废弃电子电器设备(waste electrical and electronic equipment,WEEE),俗称"电子废弃物""电子垃圾",主要包括电冰箱、空调、洗衣机、电视机等家用电器和计算机等通信设备。2016 年,全球产生电子垃圾 4 479 万吨,其中,中国 WEEE 理论报废量达 407 万吨,2017 年达到

538.4 万吨[44]。电子垃圾本身是一种污染物,含有大量的金属和含溴阻燃剂,会对土壤和水体造成污染,甚至威胁人们生命健康。同时,它又是一种资源,电子垃圾中含有大量铜、铝、铁以及金、银、铂等贵金属,每吨电子垃圾的价值可达数万美元。从环境和经济的角度出发,其回收利用一直受到人们的重视。2017 年,电视机、电冰箱、洗衣机、空调机、电脑的回收量约为 16 370 万台,约合 373.5 万吨[45]。电子垃圾的回收与处理处置主要采用热处理、湿法处理、机械处理和生物处理等方法,由于处理工艺粗糙或工艺本身存在的缺陷,在处理的过程中通常会产生二次污染。

电子垃圾在加热过程中产生的挥发性有机气体会引发二次污染,尤其是电解液高温热解产生的气体污染性强、毒性大;湿法冶金回收技术消耗大量的酸、碱试剂,产生大量有毒和腐蚀性的废液;机械处理破碎、分选、回收过程产生大量的非金属粉尘等,如果处理不当,会对环境造成严重的二次污染。我国最大的电子垃圾回收基地广东贵屿镇每年可处理逾百万吨的电子垃圾。当地普遍采用破碎、水洗(用王水等强酸腐蚀)等原始手工工艺处理电子垃圾以提炼重金属,余下的电子垃圾被随意丢弃,直接污染了空气、水、土壤。当地居民身体健康受到严重的威胁,与其他非电子垃圾拆解地区相比,皮肤损伤、头痛、眩晕、恶心、胃病、十二指肠溃疡等病症在当地居民中发生率高。电子垃圾回收处理过程中产生的二次污染不容忽视。

1.3.1.4 其他

水经处理后回用的过程中也会经历管网二次污染,包括管网水自身的污染、腐蚀、结垢,沉积物的污染,防腐衬里渗出物的污染,回流污染以及二次供水设施的设计、施工、管理的不合理造成的污染等。废旧轮胎土法炼油产生二氧化硫、硫化氢(H_2S)、苯类等多种有害气体,严重污染大气环境,炼油废渣直接倾倒将严重污染地表水和土壤环境。再生胶生产过程会产生高浓度有机废水,燃烧再利用过程会排放有害废气等,都会对环境产生重要影响。此外,其他废物资源化过程中也存在二次污染问题。

1.3.2 废物资源化的二次污染控制

废物资源化的二次污染控制以清洁生产理念为指导,从本质上来说,是对生产过程和产品采取整体预防的环境策略,减少或者消除其对环境的可能危害,同时充分满足人类需要,使社会经济效益实现最大化。

1.3.2.1 基于清洁生产理念的二次污染控制

清洁生产是指不断采取改进设计、使用清洁的能源和材料、采用先进的工艺技术与设备、改善管理、综合利用等措施,从源头上减少污染,提高资源利用效率,减少或者避免生产、服务和产品使用过程中污染物的产生和排放,以减轻或者消除对人类健康和环境的损害。

1）管理

完善的管理保证二次污染控制有规章制度和操作规程可循,并监督其实施,如上节提到的垃圾分类问题和针对污染物的排放制定相关排放标准。

2）原料

尽量使用低污染、无污染的试剂代替有毒有害的添加试剂,如对电子垃圾处理、水处理有害试剂的替换。

3）工艺

不断改进设计,采用先进的工艺技术和设备,保证处理工艺清洁高效,减少有害环境废物的排放,如对排水管网的改进设计。

4）综合利用

对废物处理过程中的中间产物或处理后的产物进行回收或综合利用,提高利用率,如对雨水、工业废水的综合利用和对轮胎热解炭黑的高值化利用。

近年来,清洁生产应用范围已逐步扩展到更高的社会层次,实现了物质和能源的合理与持续利用。这种可以有效减少资源和环境压力的新理念及经济可行的污染控制方案不再仅局限于产品的生产过程,也适用于其他与环境资源相关的人类活动,已在更高的社会层次上实现了物质和能源的合理与持续利用。清洁生产理念指导下的废物资源化过程中的二次污染控制是对二次污染持续运用整体预防的环境保护战略。

1.3.2.2 二次污染控制的相关技术

以下列举三类典型二次污染控制技术进行阐述。

1）电子垃圾处理的二次污染控制技术

针对废弃线路板机械破碎时会产生大量粉尘,发出很大噪声,而且连续破碎时会发热,产生有毒有害气体等问题,张洪建等[46]提出应用湿法破碎处理,即通过洒水系统均匀喷洒常温下的水避免粉尘的扩散和局部温度过高的问题。德国 Daimler-Benz UIm 研究中心[47]提出采用液氮冷冻破碎法,这种低温破碎的方法可以使废弃线路板基材脆化,更容易破碎,并大幅减少产生的有毒气体。

针对火法冶金热处理时产生二噁英、呋喃等有毒有害物质而造成的二次污染,设计密闭回转焚烧炉的二次燃烧系统,避免了二噁英等有毒有害气体的产生,同时将溴苯、多氯联苯以及低级烃类降解为二氧化碳、一氧化碳和氢气（H_2）,尾气经处理后可达标排放。研究流化床焚烧过程中氢溴酸（HBr）的生成与脱除,结果表明,通过适当添加氧化钙（CaO）、控制加热速率和流化床温度等焚烧条件,可较好消除氢溴酸的危害。

针对湿法冶金会产生大量的有毒有害废液,腐蚀设备等问题,很多学者提出通过优化试剂和工艺来降低废液的毒性和对设备的腐蚀性。马传净[48]提出在双氧水氧化条件下采用硫氰酸盐法浸取废线路板中的金和银,在中性条件下,浸取时间为 1 h 时,金、银的浸取率分别达到 88.37% 和 78.43%。该方法具有浸出速度快、毒性小和成本低等优点,且在中性条件下进行,对设备的腐蚀性较小。刘展鹏等[49]选用可生物降解的柠檬酸为浸取液对废锂电池负极活性材料中的锂进行了分离回收。研究结果表明,在柠檬酸浓度为 0.15 mol/L,固液比为 1∶50 g/mL、反应温度为 90℃、反应时间为 40 min 的浸取条件下,锂的浸取率高达 99.5%。

除了传统的金属提取工艺,还有一些新技术、新方法如超临界流体技术可使阻燃剂、黏结剂以及有机溶液充分融合,再实现对金属和非金属各组分的分离。该方法可有效降低环境污染,减少能源消耗。生物冶金技术利用微生物对特定金属的作用使其浸出到溶液中,从而达到分离金属的目的。电弧等离子技术的等离子体火炬中心具有 3 000℃ 的高温,会对电子废弃物产生冲击,使被分解的物质重新组合成一种新的物质,将有害物质转化为无害物质,实现资源化和无害化处理。微波超声协同降解技术协同超声产生的时速极高的冲击波具有瞬态高温高压和微波加热时间短、能耗低等作用,使电子废弃物在较低的温度和较短的时间内就达到很高的降解率。

2) 废旧轮胎处理的二次污染控制技术

目前对废旧轮胎的回收利用途径包括生产再生胶、生产胶粉、燃烧再利用、翻新使用等。我国目前最大的废弃轮胎利用方向为再生胶生产。再生胶生产过程中的水油法、油法和国内广泛应用的高温高压动态脱硫法等都会产生二次污染。轮胎具有高热值,当成燃料燃烧再利用会产生有害气体等。

一些学者致力于寻求绿色工艺途径来避免废旧轮胎资源化过程中的二次污染问题。董诚春[50]比较了生产再生胶过程中采用的动态法、环保再生法、常压中湿法、密闭式捏炼机法和微波法的工艺特点。其中微波法可再生多种胶种、无污染、生产连续、再生胶物理性能优,与其他四种方法相比能耗也较低。生产胶粉是集环保与资源再生利用为一体的循环方式,也是循环经济的利用形式之一。郭根材等[51]利用胶粉制备改性沥青,在整个生产过程中采用的温度均不高于 170℃,在此温度范围内沥青完全不会老化,对沥青的黏性以及耐久性等性能不产生任何影响,且在此温度条件下的生产或施工过程中都不会造成有毒气体的逸出,可实现绿色环保。热解技术是废旧轮胎资源化处理发展的未来方向之一,具有广阔的市场前景。热解可将废轮胎分解成 45% 的燃料油、35% 的炭黑、10% 的钢丝和 10% 的可燃性气体,其经济价值很大,也可以实现废轮胎中各类资源的充分利用,并且对环境的影响较小。废轮胎的热解还可以根据需要的目标产物选择相应的技术方法,如干馏热解技术主要的热解产物是气相和液相;采用流化床热解技术热解废橡胶可处理整条或粗碎的废轮胎,工艺简单,主要回收热解炭黑和热解油;采用低温热解、过热蒸汽气提热解技术能够实现热解油的有效回收,产率较高;催化热解可降低反应的温度、降低成本。针对热解油和炭黑成分复杂难以有效利用、废轮胎单独热解时存在热解性能不佳等问题,一些学者提出将废轮胎与皂料、煤、生物质等原料混合热解,使热解效率和气体品质得到提升。

3) 有机生活垃圾二次污染控制技术

有机垃圾是指生活垃圾中含有有机物成分的废弃物,主要是纸、纤维、竹木、厨房菜渣等,在生活垃圾中占比50%以上。目前城镇有机垃圾资源化处理方式以焚烧、堆肥、热解较为常见。有机垃圾特别是餐厨垃圾由于含水量高、热值低和燃烧不充分会产生二次污染物。邓福生等[52]对有机垃圾焚烧、制作生物颗粒燃料和厌氧发酵产沼气热电肥联产等技术和经济效益进行了分析,发现园林垃圾制作生物颗粒燃料和混合有机垃圾产沼气热电肥联产是优选的处理模式,排放的CO_2可进行碳减排交易,实现了经济效益、社会效益和生态效益的统一。甲烷化处理堆肥产生生物质气过程中会排放温室气体,且甲烷化产生的生物质气成分复杂,如不进行气体分离难以得到高燃烧值燃料,而CH_4-CO_2重整技术则无须分离,生物质气可直接作为重整反应的原料使用,还可消化部分额外的CO_2,直接合成甲醇等液体燃料[53]:

$$CH_4(g) + CO_2(g) \rightarrow 2H_2(g) + 2CO(g) \qquad \triangle H_{298K} = 247.2 \text{ kJ/mol}$$

有机垃圾热解产生液态焦油、固态焦炭和燃料气,能够有效将有机物转化为可利用的形式,具有较低的二次污染排放。金晓静[54]通过控制热解条件研究 H_2S、HCl、NH_3 的析出特性。研究发现,能够减少 H_2S、HCl、NH_3 析出率的最佳热解终温为 700℃、500℃、500℃。

参 考 文 献

[1] 蒋国保.论人类文明的演进及人与自然关系的变迁[J].韶关学院学报,2008,29(8):109-112.

[2] 王国祥,濮培民.人类文明演化的生态观[J].生态学杂志,2000,19(4):57-60.

[3] 柴艳萍.古代农业文明兴衰的启示——生态环境呼唤科学发展观[J].道德与文明,2004,4:55-58.

[4] 科恩.地球能养活多少人?[J].陈卫,译.人口研究,1998,22(5):69-76.

[5] 刘静屏,刘广深.环境科学与人类文明[M].杭州:浙江大学出版社,2002.

[6] 王文彩.玛雅——贵州的喀斯特环境与其文明的进程[D].贵阳:贵州师范大学,2004.

[7] 许洁明.工业文明为什么起源于英国[J].世界历史,1993,2:65-73.

[8] 庄穆忧.世界上第一次工业革命的经济社会影响[J].厦门大学学报(哲学社会科学版),1985,4:54-60.

[9] 王章辉.论英国工业革命对人口再生产方式和分布的影响[J].史学月刊,1992,2:76-83.

[10] 傅新球.工业革命时期英国人口增长的几个问题[J].安徽师范大学学报(人文社会科学版),2016,44(05):590-596.

[11] 臧旭恒,李扬,贺洋.中国崛起与世界经济版图的改变[J].经济学家,2014,1:92-102.

[12] 陈雄.论第二次工业革命的特点[J].郑州大学学报(哲学社会科学版),1987,5:34-37.

[13] 龚淑林.美国第二次工业革命及其影响[J].南昌大学学报(人文社会科学版),1988,1:67-74.

[14] 黄群慧,贺俊."第三次工业革命"与中国经济发展战略调整——技术经济范式转变的视角[J].中国工业经济,2013,1:5-18.

[15] 贾根良.第三次工业革命带来了什么?[J].求是,2013,6:21-22.

[16] 杰里米·里夫金,张体伟,孙豫宁.第三次工业革命:新经济模式如何改变世界[J].学习月刊,2012,23:55.

[17] 闫海潮.第三次工业革命的特点及其对中国的启示[J].毛泽东邓小平理论研究,2013,3:69-74.

[18] 武魏楠,杰里米·里夫金.杰里米·里夫金:第三次工业革命改变能源世界[J].能源,2013,9:6-7.

[19] 石虹.浅谈全球水资源态势和中国水资源环境问题[J].水土保持研究,2002,1:145-150.

[20] 王春晓.全球水危机及水资源的生态利用[J].生态经济,2014,30(3):4-7.

[21] 中华人民共和国水利部.2017中国水资源公报[EB/OL].(2018-11-16)http://www.mwr.gov.cn/sj/tjgb/szygb/201811/t20181116_1055003.html.

[22] 郭妮娜.浅析我国水资源现状、问题及治理对策[J].安徽农学通报,2018,24(10):79-81.

[23] BP世界能源.2018版BP世界能源统计年鉴[R].(2018-07-30)https://www.bp.com/content/dam/bp-country/zh_cn/Publications/2018SRbook.pdf.

[24] 杨丹辉.资源安全、大国竞争与稀有矿产资源开发利用的国家战略[J].学习与探索,2018,7:93-102.

[25] 中华人民共和国自然资源部.2018中国矿产资源报[R].(2018-10-31)http://www.mnr.gov.cn/sj/sjfw/kc_19263/zgkczybg/201811/P020181116504882945528.pdf.

[26] BP世界能源.2018版BP世界能源统计年鉴中国专题[R].(2018-07-30)https://www.bp.com/content/dam/bp-country/zh_cn/Publications/2018Chinaonepager.pdf.

[27] J. A. 麦克尼利,K. R. 米勒,W. V. 瑞德,等.保护世界的生物多样性[M].薛达元,译.北京:中国环境科学出版社,1991.

[28] 徐海根,丁晖,欧阳志云,等.中国实施2020年全球生物多样性目标的进展[J].生态学报,2016,36(13):3847-3858.

[29] 崔鹏,徐海根,吴军,等.中国脊椎动物红色名录指数评估[J].生物多样性,2014,22(05):589-595.

[30] 葛家文.中国生物多样性现状及保护对策[J].安徽农业科学,2009,37(11):5066-5067.

[31] 於坛春,许宁,陈逊,等.近年城市大气环境污染成因及控制途径概论[J].中国卫生工程学,2006,3:180-183.

[32] 刘建国,刘意立.我国生活垃圾填埋场渗滤液积累成因及控制对策[J].环境保护,2017,45(20):20-23.

[33] 兰吉武.填埋场渗滤液产生、运移及水位雍高机理和控制[D].杭州:浙江大学,2012.

[34] 陈云敏,谢海建,张春华.污染物击穿防污屏障与地下水土污染防控研究进展[J].水利水电科技进展,2016,36(01):1-10.

[35] 王莹莹.西安市江村沟垃圾填埋场渗滤液对周边生态环境的影响研究[D].西安:长安大学,2008.

[36] 唐晓慧.大气污染的主要类型及防治技术探讨[J].科技与企业,2014,21:81.

[37] 张英民,尚晓博,李开明,等.城市生活垃圾处理技术现状与管理对策[J].生态环境学报,2011,20(02):389-396.

[38] 王福家.现代城市水污染处理的一般途径分析[J].资源节约与环保,2018,11:62.

[39] 谢红梅.环境污染与控制对策[M].成都:电子科技大学出版社,2016.

[40] 韩雪.冶金行业含铁固体废弃物资源化综合利用研究[J].中国资源综合利用,2018,36(11):58-60.

[41] 张燊.中国化工废渣污染现状及资源化途径[J].中国石油和化工标准与质量,2016,36(02):40-41.

[42] 王忠华.生物质气化技术应用现状及发展前景[J].山东化工,2015,44(06):71-73.

[43] 环境保护部.2017年全国大、中城市固体废物污染环境防治年报[R].[2017-12-08] http://huanbao.bjx.com.cn/news/20171208/866348.shtml.

[44] 中国家用电器研究院.中国废弃电器电子产品回收处理及综合利用行业白皮书2017[R].(2018-5-9)http://www.weee-epr.org/article/detail_133.html.

[45] 商务部.商务部发布《中国再生资源回收行业发展报告(2018)》[J].资源再生,2018,6:42-51.

[46] 张洪建,赵跃民,王全强,等.湿法破碎在废弃线路板资源化中的应用[J].环境工程,2006,5:60-63.

[47] Forssberg E. Intelligent liberation and classification of electronic scrap[J]. Powder Technology, 1999, 105(1-3): 295-301.

[48] 马传净.湿法技术从废弃线路板中提取金银的研究[D].青岛:青岛科技大学,2015.

[49] 刘展鹏,郭扬,贺文智,等.废锂电池负极活性材料中锂的浸提研究[J].环境科学与技术,2015,38(S2):93-95.

[50] 董诚春.废橡胶脱硫再生工艺的最新进展[J].橡塑资源利用,2015,1:26-31.

[51] 郭根才,林发金,王鸽.一种废旧轮胎粉改性沥青及其制备方法:中国,CN105419359A[P].2016-03-23.

[52] 邓福生,乔玮.深圳市有机垃圾资源化利用途径研究[J].环境卫生工程,2010,18(01):45-47.

[53] 黄洛枫,钟暖傍,黎一杉,等.城市有机生活垃圾的资源化利用[J].广州化工,2014,42(11):147-150.

[54] 金晓静.城镇有机垃圾热解气形成与污染物析出机理研究[D].重庆:重庆大学,2014.

第 2 章 物质代谢视角下的废物资源化

物质代谢本意为物质和物质之间的交换,可以理解为系统与自然环境之间资源和能量的输入、储存和输出。物质代谢理论源于 1857 年美国 Moleschott 博士的《生命的循环》一书[1]。随着时间推移,物质代谢理论逐步完善,逐渐引发了经济、市场和资源、环境间物质代谢的讨论和研究。1965 年 Wolman 在物质代谢基础上针对城市发展提出城市代谢概念以及物质代谢与社会经济融合的基本理论体系。美国学者 Ayres 于 1969 年和 1972 年分别提出"产业代谢"和"产业生态"的概念定义了经济系统物质过程,即经济系统与自然环境之间相互转化的过程。Frosch 和 Gallopoulos 于 1989 年提出了"工业代谢"一词[2],指出产业生产过程就是资源输入生产、系统储存和以废物形式向环境输出的过程。目前产业代谢方法研究主要集中在西方少数发达国家,其中较为成熟的理论研究主要来自美国、德国和世界资源研究所(WRI)等机构。2010 年国内学者郭静等[3]从生物学、生态学以及绿色经济学等视角诠释了产业物质代谢的定义。

物质代谢理论为解决积极发展与生态系统平衡问题提供了理论依据,并成为环境系统学理论的重要分支。不同的物质代谢评估方法应用在资源环境影响分析的领域,可有效建立起资源、能源消耗与社会经济产出间的相互关系,并在很大程度上指导提高资源利用效率,降低环境负荷。

固体废物资源化利用指的是通过各种转化和加工手段,使废物实现转化,并具备某种使用价值,同时消除其特定使用环境中的污染危害,是通过市场或非市场途径实现再利用的过程。固体废物资源化利用的措施以技术性的为主,非技术性的为辅。废物资源化过程涉及废物资源化的途径及废物资源化过程中二次污染的环境风险问题。

2.1 废物资源化途径与环境风险

根据环境科学的定义,凡人类一切活动过程产生的,且对所有者已不再具有使用价值而被废弃的物质统称为废物。废物是指在生产建设、日常生活和其他社会活动中产生的,在一定时间和空间范围内基本或者完全失去使用价值,无法回收和利用的排放物。人类生活及工业生产过程中未经过处理的排放物都不同程度地含有害物质而污染环境。由于工业生产的产品性质不同,三废的物理、化学性质也不同,对环境的污染程度也各异,因此废物具有不同大小和类型的环境风险。

但事物都有两面性,废物在具有环境风险的同时也具有资源化的潜力,资源化是指将废物直接作为原料进行利用或者对废物进行再生利用,随着现代工业的发展,资源化是循环经济的重要内容。

2.1.1　废物资源化途径

废物资源化的途径根据利用方式、转化处理深度和技术方法特征等可以进行不同的分类,每种分类方式的依据不同,但本质都是对废物资源化概念的不同角度的定义。下面将着重从技术方法的特征方面对废物资源化利用的方式进行介绍。

2.1.1.1　废物资源化层次

固体废物资源化利用按其技术方法特征,可分为多个层次。

资源化层次一可称为"产品回用"。其特征是以废弃产品或部件为对象,仅通过清洁、修补、质量甄别等手段,对废物进行简单处理后即可将其再次用于新的生产或消费。由于处理手段相对单一,固体废物通过产品回用实现资源化的适用范围较为有限。最有代表性的例子是玻璃饮料瓶的再灌装使用,牛奶、啤酒、可乐瓶的直接回用等。然而,进一步扩展这一资源化方式适用范围的尝试,例如电子类设备模块(插件)化设计、废旧设备单元插件在新的产品中循环使用等方法,仍基本停留在设想和规划阶段。

资源化层次二可称为"材料再生"。其特征是通过物理和化学的分离、混合和(或)提纯等过程,使废物的构成材料经过纯化和(或)复合等途径,恢复原有的性状或功能,再次用作生产原料[4],例如废纸回收造纸、废旧金属回收再冶炼等。几乎所有的金属、玻璃、无机酸、混凝土和纸类等大宗无机和天然纤维材料以及聚烃、聚酯和尼龙等不同种类的人工聚合物均可通过处理实现材料再生。但是,再生制品和一次材料相比的质量差异与废物的材料种类有很大的相关性。金属、玻璃、无机酸和纸类的再生制品与一次材料几乎没有质量差异;而混凝土和大部分人工聚合物的再生制品与一次材料相比有明显的质量衰减,只能应用于特定的场合。

资源化层次三可称为"物料转化"。其特征是通过物理、化学及生物的分离、分解和聚合等过程,使废物的组分转化成具有使用价值的材料或可储存的能源。通过物料转化方法实现资源化的固体废物种类广泛,覆盖的资源化技术途径众多。例如,煤燃烧后残余的粉煤灰和炉渣已成为我国建筑用砖的主要原料,有统计核算显示我国销售水泥制品质量的 60％左右来自以钢铁渣为主的冶炼工业废渣和燃煤废渣。物料转化资源化方法也适用于农业废物、生活垃圾及工业可燃废物等。农业废物和生活垃圾中的可生物降解废物可通过生物降解转化为腐殖肥料(堆肥)，或者通过厌氧途径降解成为气体燃料(沼气)；可燃的工农业废物和生活垃圾也可通过无氧或缺氧的热化学分解途径，回收不同物态的燃料或有机合成原料等。

资源化层次四可称为"热能转化"。该方法适用于可燃或以可燃组分为主的固体废物的资源化利用，通过燃烧过程将废物可燃组分的化学能转化为热能，再通过热能转化(如热电联供等)过程进行能量利用。普遍应用的生活垃圾焚烧发电以及北欧国家将林业废物加工为粉体燃料后用于燃气轮机发电均属此类的资源化实践[5]。

2.1.1.2　废物资源化主要技术及工艺系统

废物的存在形式多样，组成成分复杂，适用的资源化技术也不尽相同。垃圾中可回收再利用的废物质有废塑料、废纸、废玻璃、废橡胶、废电池和废金属等。此外，垃圾中的可降解有机物，包括厨房废物、家庭废物、农贸市场废物以及污水处理污泥等，都可用来生产有机肥料。回收利用垃圾中这些废弃资源不但可以减少最终需要无害化处理的垃圾量，减轻环境污染，而且能够节约资源，节省能源和减少垃圾的处理、处置费用。城市垃圾资源化是解决城市垃圾问题的一个重要途径。

实现城市垃圾资源化，需经收集、运输，分选、转换和最终处理、处置三大系统，如图 2-1 所示。该系统可分为两个过程：前一个过程是不改变物质化学性质，直接利用或回收利用资源，即通过破碎、分选等物理和机械作业，回收原形废物直接利用或从原形废物中分选出有用的单体物质为再生产原料；后一种过程是通过化学的、生物的、生物化学方法回收物质与能量。因此，实施城市固体废弃物资源化，只有根据城市固体废弃物(垃圾)数量、组成、性质和垃圾的物理化学特性，正确地选择各种处理单元操作技术，才能实现经济、有效的资源化。

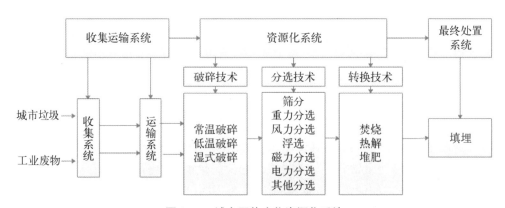

图 2-1　城市固体废物资源化系统

2.1.2　废物资源化过程的污染排放特征

废物资源化过程有可能带来污染问题,主要是第 1 章 1.3 节介绍的二次污染。与其他工业类似,废物资源化工业过程的污染由烟、气、废水和废渣组成,不同废物资源化过程的污染排放具有各自的特点。以下将以电子垃圾资源化、餐厨垃圾资源化及废旧轮胎资源化为例进行阐述。

2.1.2.1　电子垃圾资源化过程的污染排放特征

废弃电子电器是伴随着电子、电器工业的形成与发展产生的一类固体废弃物。电子废物又名电子固体废物,即各种被废弃不再使用的电器或电子设备,主要包括电冰箱、空调、洗衣机、电视机等家用电器和计算机、通信电子产品、音响或故障的高科技电子仪器等电子科技淘汰品。

与一般城市生活垃圾相比,电子垃圾含较高品位的金属、塑料、玻璃,能造成不同程度的环境危害和健康风险,如印刷线路板中含有多氯联苯、铅、汞、溴化阻燃剂等重金属或有毒组分,处理不当时,这些有毒物质会进入环境,危害人体健康。部分重金属具有生物累积效应,会对生态环境造成永久性伤害。同时,电子垃圾中含有不同含量的普通金属资源,甚至贵金属资源,据统计,1 吨随意搜集的印刷线路中含有约 272 千克塑料、130 千克铜、0.45 千克黄金、41 千克铁、30 千克铅、20 千克锡、18 千克镍和 10 千克锑。

电子垃圾资源化过程主要面临重金属泄漏和持久性有机污染物的排放问题。持久性有机污染物主要存在于废气当中,包含多环芳烃、多氯联苯和多溴联苯醚等物质,具有致癌、致畸和致突变作用,并能通过食物链发生富集。其主要产污环节包括电子电器产品中的变压器及电容的冷却剂和润滑剂等拆解以及塑料部分的不完全燃烧[6]。

重金属可能通过以上 4 种形式排放,电子垃圾拆解、回收或焚烧过程中均有可能出现重金属泄漏。印刷电路板拆解、回收过程及电线拆解、酸洗回收金属等过程均伴随着重金属的迁移和扩散,并形成含有高浓度重金属的工业粉尘、废水,造成土壤污染。

2.1.2.2　餐厨垃圾资源化过程的污染排放特征

餐厨垃圾是最主要的城市生活垃圾,由油、水、果皮、蔬菜、米面、鱼、肉、骨头等生物质有机物以及废餐具、塑料、纸巾等轻化工有机物构成。

餐厨垃圾产量大、含水率高、有机物含量高,易腐败变质,容易造成严重的市容问题及环境影响。但餐厨垃圾来源相对单一、不含有毒物质,在资源化过程中造成的环境压力较小[7]。

餐厨垃圾资源化主要包含堆肥、热分解、热裂解和酯交换生产生物柴油等工艺流程,这些流程均直接排放废水。在堆肥工艺中,设备老化等因素可能导致含有高浓度有机物的液体泄漏。根据资源化方式的不同,其废气可能含有的二氧化硫、二氧化氮、小分子醛酮酸等从而造成恶臭问题。

2.1.2.3 废旧轮胎资源化过程的污染排放分析

轮胎是通过化学交联不同橡胶(如天然橡胶、丁苯橡胶、聚丁二烯橡胶等)、钢丝帘线、聚合物纤维、炭黑和其他有机(促进剂、防老剂)/无机化合物(硫磺、氧化锌)而成的复杂混合物。

按照资源化层面不同,废旧轮胎的回用方式可分为直接利用(包括轮胎翻新、水土保持材料、船舶和车辆等的缓冲材料等)和间接利用(包括再生橡胶、胶粉、再生沥青和热裂解等)。

直接利用的工艺流程较为简单,将废旧轮胎已经磨损的地方割去,填补橡胶并进行硫化处理即可,该过程不直接产生废水,而切割过程中可能产生飞灰污染。

间接利用的反应则较为复杂,由于需要大量的热量和其他有机物质的投入,工艺过程中会产生大量二氧化硫和氮氧化物,并增加二氧化碳的排放量,该工艺流程仍旧不直接产生废水,仅在设备清洗和原料预处理的过程中产生清洗废水。

2.1.3 废物资源化过程的物质代谢分析方法

物质代谢分析遵循能量守恒定律和质量守恒定律,是对系统中的物质和能量的输入输出及迁移转化进行定量分析的一类方法的统称。

2.1.3.1 物质代谢分析方法和适用条件

目前主流的定量分析方法有物质流分析(material flow analysis, MFA)方法、能值分析(energy flow analysis, EFA)方法、生态足迹法(ecological footprint, EF)、全生命周期分析(life cycle analysis, LCA)方法等[8],不同方法各有利弊,面对不同问题,可针对性选用相应定量方法(见表2-1)以简化研究。根据现有的物质代谢分析条件,系统边界较为清晰、分析数据可获得性强、研究方法比较成熟的物质流分析法应用最为广泛。

表2-1 几种常用的物质代谢分析方法比较

分析方法	系统边界	分析内容	优缺点
物质流以及元素流分析	全球、国家、区域、城市、企业	代谢过程中资源的输入和输出	优点:核算方法简单,数据直观。缺点:只考虑物质迁移转化的量,对其环境影响评估不足;缺乏统一的核算标准,部分数据(如元素流分析所需的微观数据)获取难度较大

（续表）

分析方法	系统边界	分 析 内 容	优 缺 点
能值分析	国家、区域、城市、企业	系统物质代谢过程中的能量消耗,包括能级变化和能质变化	优点:同时考虑能源消耗量和质量变化的问题,可将生态价值与经济价值有效结合。 缺点:能值转化率不够统一,核算结果公信力不足
生态足迹法	全球、国家、区域、城市	物质代谢的生态影响	优点:可量化表征物质代谢与生态承载力的相互影响,核算方法直观、简单。 缺点:考虑要素单一,缺乏对代谢过程的技术评价和经济评价,政策指导性较小
全生命周期分析	行业、产品	基于资源开发、生产、产品报废、回收的全过程物质代谢环境影响评估	优点:物质代谢路径涵盖较全,包含物质在宏观系统中的完整迁移过程,并对其环境影响进行了有效分析。 缺点:系统边界、环境影响类别选取缺乏统一标准,数据获取难度极大

　　1995 年,Wernick 等首先提出了国家物质流分析方法(economic-wide material flow analysis, EW-MFA)[9],1997 年 Adriaanse 等[10]扩展了物质流分析方法的应用领域,使之能够满足生态工业和生态经济的定量要求。2001,欧盟设定"欧盟导则",将物质流定量过程拆分为输入流、贮存流、输出流、物质流代谢效率、物质流代谢强度等定量指标,用以评估系统物质代谢情况。

　　随着社会特征性资源或污染物引起人们的重视,物质代谢系统不断细化,到 1999 年,形成了以单一元素为核心的元素流分析(substance flow analysis, SFA)方法[11]。其分析框架与 MFA 分析框架基本类似,目前主要用于金属或者无机元素物质迁移转化全过程示踪和戴尔分析等。

　　元素流分析方法分析面较为狭窄,针对性强,数据获取容易受其他因素影响,主要适用于单质及微观系统的物质代谢研究。Gerald R. Smith 等每年对砷(As)、镉(Cd)、铬(Cr)、钴(Co)、铁(Fe)、铅(Pb)、镁(Mg)、汞(Hg)等近 20 种金属元素在美国的流动进行 SFA 分析,以研究物质消耗对环境的不利影响,获取了大量金属资源流动及消费结构的数据,为美国矿产资源的开采使用、有毒有害物质的排放监管起到了重要作用[12-13]。Bouman 等对物质流分析的三种模型进行了比较[14]。Serenella 等运用 SFA 与 LCA 相结合的方法对欧洲报废汽车中的铝(Al)元素进行了元素流代谢分析,综合评价了其对环境的影响,为铝的高效回收和循环利用提出了政策性建议[15]。

2.1.3.2　物质代谢系统边界及系统要素

　　目前研究中,物质代谢的系统边界正逐步涵盖全球大系统、国家(地区)及行业宏观系统,小型区域及城市的中观系统,以及针对家庭或企业,抑或是特定工艺流程的微观系统。全球层面主要针对资源的代谢、存贮及不同区域的物质转移进行研究,重点分析某一物质的全球资源利用情况,并评估这一物质的代谢过程对全球生态环境变化造成的影响,如针对全球范围内的铜、铝、铁等金属代谢分析,评估其利用率和资源存储量以及在资源消耗过程中对自然环境的输出。

国家和地区宏观系统主要着眼于国家经济系统的资源吞吐量及储存量,近些年开始逐步关注生产过程的环境影响,用以指导国家或地区的产业结构调整及市场经济宏观调控。以国家边界作为物质代谢系统的研究发起于德国、奥地利、日本等国家,目前有近几十个国家陆续开展了国家层面物质代谢研究[16]。城市系统的物质代谢主要用以评估城市发展的可持续性。中国现有的研究成果包括苏州城市案例研究,煤炭城市案例研究,意大利城市区域案例研究等[17]。

微观层面物质代谢主要集中在家庭和企业,其研究的系统边界相对较小,主要通过系统和环境物质相互交换过程的物质流代谢量分析,评估物质消耗强度和效率。微观层面主要指在企业(或园区)及家庭等系统中进行的废物循环。近些年来,微观层面的物质代谢研究不断加深,主要包括:① 针对具体的循环技术进行的物质资源消耗与环境影响的分析,包括废旧轮胎再利用产业[18]、餐厨垃圾回收过程[19]、飞灰与污泥循环利用技术的生命周期评价等;② 针对资源消耗及再利用过程中关键因素及环境影响进行评价,如园林垃圾用于堆肥过程中关键参数的最优化分析[20];③ 对物质循环过程中某一个(或某几个)环节的资源环境效应分析及关键影响因素的判定。

2.2 多尺度的废物资源化物质流分析

废物资源化的过程主要涉及物质的变化和能量的转化,对废物资源化过程中的物质传递、转化、迁移等过程进行研究是其中重要的内容,即废物资源化过程的物质流分析。

对废物资源化中的物质流进行分析的关键是从不同尺度进行分析,从宏观的生态系统到微观的细胞层次,通过多尺度的研究揭示其物质流特征。这对减少循环经济中的资源投入,实现资源的最大循环利用有着重大的意义。

2.2.1 全球系统中废物资源化的可持续性研究

对全球系统中废物资源化的可持续性研究主要是从物质和能量两个方面进行分析,并建立可以反映其特征的物质和能量模型,揭示废物资源化在全球系统中的可持续性特征。

2.2.1.1　废物资源化过程的物质循环

生态系统的物质循环可在三个不同层次上进行。一是生物个体层次,物质代谢是生命的基本特征,从有生命的单细胞到复杂的人体,都与周围环境不断地进行物质交换,这种物质交换称为物质代谢或新陈代谢,这是生物得以生存的根本。二是生态系统层次,生态系统的物质循环是其保持平衡的关键,在生产者、各级消费者及分解者的共同作用下,最终达成:① 能量与物质的输入和输出基本相等;② 生物群落内种类和数量保持相对稳定;③ 生产者、消费者、分解者组成完整的营养结构;④ 具有典型的食物链与符合规律的金字塔形营养级;⑤ 生物个体数、生物量、生产力维持恒定。三是最大的生态系统——生物圈层次,物质在整个生物圈各圈层之间的循环组成生物地球化学循环。正是由于生物地球化学循环的存在,使得人类活动的局部影响可能扩大到全球范围。

生物生产、能量流动、物质循环和信息传递是生态系统的基本功能。而在全球范围内,物质循环是实现生态系统功能的主要途径。对于任意物质从原料投入、生产、包装、消费、再利用都是完整的物质循环过程,不同的资源化路径对应不同的物质循环通路,但在全球系统范围内,根据物质守恒定律,物质的量不会发生变化,只会发生区域转移和存在形式变化。如在废弃液晶显示器(LCD 面板)中有机材料的水热资源转化过程中,对 LCD 进行拆解后可得无机玻璃、金属和有机成分。在废弃 LCD 面板的回收处理中,玻璃回收后多作为建筑材料使用,如用作混凝土的添加物等;可利用微波辅助螯合剂诱导回收法、溶液提取-电解精制法[19-21],或酸浸出-有机溶剂反萃取法等回收稀有金属,并将其重新投入电子工业;对有机成分进行热解可生产小分子酸等高值产品,成为化工行业的原料。将物质代谢的研究范围放到全球,即包含废 LCD 的产生和回收过程、处理过程和回用过程,并不考虑地理迁移,以贵金属铟为例,该物质从电子废弃物中分离出来,经过运输和再生产成为新的电子产品,其物质总量未发生任何变化,能实现完整的循环。

2.2.1.2　废物资源化过程的能量投入

资源化过程属于工业生产,是典型的不可逆过程,因此需要从外界输入物质和能量,通过对系统做功完成生产过程,即任何工业生产都是资源和能源消耗代谢的过程。根据物质和能量守恒定律,可假定在生产系统技术水平等参数确定的前提下,物质代谢效率越高则能耗越高。能源消耗一方面满足工业生产正常开展,另一方面能源浪费则直接影响生产成本和增加二次污染,进而影响工业生产的正常运转。

2.2.1.3　废物资源化过程对生态环境的影响

废物循环的资源环境影响结果的表征形式主要包括以下两种:一是直接生产过程中以各种物质资源消耗、污染物排放等的物质总量(如水、能源等的消耗量和 COD、CO_2 等的排放量)作为生产及再利用产业过程中资源环境影响的指标;二是通过对大量的因素进行优化整合,设计出环境影响因子,将物质量结果全部转化为对生态环境质量产生的影响,如引入生态效率、生态足迹等指标来量化表征环境影响结果,但环境因子的选取标准难以确定,复杂性高,难以直接用于决策指导。因此,目前基本的认识和做法[如欧盟的物质流方法学、国际有关驱动力-压力-状态-影响-响应(driving forces-pressure-state-response, DPSIR)模型的可持续指标等]仍是以物质流流量(压力)大小作为环境影响程度来体现,并广泛用于宏观问题和决策分析。

2.2.2 宏观系统中废物资源化物质流分析

物质流分析是在一个国家或地区范围内,对特定的某种物质进行工业代谢研究的有效手段[22],表征了某种元素在该地区的流动模式,可以用来评估元素生命周期中的各个过程对环境产生的影响。由于工业代谢是原料和能源在转变为最终产品和废物的过程中相互关联的一系列物质变化的总称,所以物质流分析的任务是弄清楚与这些物质变化有关的各股物流的情况以及它们之间的相互关系,以从中找到自然资源、环境与产业系统之间的平衡,推动工业系统向可持续发展的方向转化[22]。通过物质流分析可以控制有毒有害物质的输入和流动,评估资源利用效率及吞吐量、储存量,为环境经济和环境政策提供定量的方法和视角,为政府决策提供参考。

2.2.2.1 物质流分析方法

针对区域物质代谢系统的物质核算及资源环境影响的研究,所依据的理论基础和分析框架主要包括物质流分析方法(MFA)、生命周期分析方法(LCA)和投入产出分析(IOA)三个方面。

1) 黑箱模型

MFA方法是研究经济系统与环境系统相互关系的常用基础手段之一[23]。在经济系统中进行物质流分析的基本框架是欧盟在2001年发布的经济系统中的物质流核算导则[24],即"欧盟导则"(之后,欧盟在2009年和2011年[25]又分别颁布了更加详细的核算导则)。

最典型的分析模型为黑箱模型[26],将整个物质代谢过程当作一个整体,只关注模型两端的输入和输出,而不计算单独代谢路径下物质的损耗及污染的排放。这一模式操作简单,对数据要求较低,但精确度不足。

2) 基于LCA过程分析模型的物质代谢研究

LCA方法是一种能够有效评估产品从原料采掘、运输到生产、使用,再到废弃和废旧资源回收利用的整个过程的资源环境效应影响的研究方法。传统意义上的LCA指的是"过程分析模型",主要包括"目的与范围确定、清单分析、影响评价与生命周期解释"四个组成部分。

该模型在环境影响评价等方面有着广泛的应用,但是它在系统边界设定上存在局限,会产生"截断误差",这个问题随着研究层次的不断深入而越来越受到研究界的关注。为此,学者们在传统的 LCA 中引入了投入产出分析理论,发展出了基于投入产出分析的生命周期分析方法。

3）基于投入产出理论进行的物质代谢研究

物质代谢范畴的投入产出分析(input-output analysis, IOA),或称环境投入-产出模型是以价值型投入产出表为基础核算系统中污染物的排放量与废物的循环量,并表征目标系统各产品部门之间的关联。该模型的核心理论是 Leontief 的投入产出理论[27],主要包括中间流量矩阵、最终需求、增加值投入、总投入和总产出几个部分。基于价值型投入产出表的环境投入产出模型已经被广泛应用于实际案例中,如 Weisz 等人的研究[28]。但是价值型投入产出表的编制需要进行理想化假设,容易忽略部分影响条件,出现不符合经济规律的绝对价格假设,导致"集聚误差"[29];同时,系统中的废物流一项很难完全以处理费用这样的价值形态来充分地描述和表征。因此在涉及具体某一种产品或生产活动的资源环境影响评估以及废物循环利用等应用方面,环境投入产出模型存在很大的局限。

4）引入投入产出模型的物质流分析

物质流分析的进阶版在物质流分析框架中引入了投入产出分析理论[30],白化了原物质流的黑箱模型,主要包括实物型投入产出模型和混合型投入产出模型。

随着物质流研究的逐渐深入,针对特定单质或工艺过程关键因素的元素流分析(SFA)逐渐受到了关注。SFA 主要针对的是一些与特定环境影响相关的某一种或者某一组物质,通过元素流分析得出提高物质利用效率和减少废物排放的方法,从而指导产业政策和经济活动。SFA 又分为静态分析和动态分析,其中静态 SFA 模型以一年或一定的生产周期为时间范围来分析污染问题的源头、评估物质代谢现状以及记录资源利用和环境影响问题的发展情况;动态 SFA 模型则注重分析一段时间期限内元素代谢及污染产生的规律与趋势。根据代谢边界的不同,可建立符合不同层次研究需求的代谢模型及指标体系,对边界范围内的工业代谢进行定量分析,从而帮助减小系统环境风险。

2.2.2.2　物质流分析的应用

物质流分析与废物资源化有着密切的关系,基于物质流分析的管理政策和手段是发展循环经济的核心调控手段。目前我国废物资源化的实践在三个层面(区域、行业、企业)展开,而物质流分析的手段也可以在不同层次应用。结合我国循环经济发展的实践,下面就区域(国家)层次、行业层次、企业和产品层次三个方面介绍物质流分析的应用。

1) 区域（国家）层次

区域（国家）层次的物质流分析方法又称为总体物质流分析（bulk—MFA），主要研究区域经济系统的物质流入与流出[31]。随着人们可持续发展意识的不断增强以及经济全球化步伐的加快，基于国家经济系统的总体物质流分析方法在 20 世纪 90 年代中期开始逐渐成为研究和应用的主流。日本、奥地利、美国、丹麦、德国、意大利、芬兰、荷兰、瑞典和爱尔兰等国家目前已经建立了国家层次的物质流分析账户，并通过物质流分析得出的结果为政府部门提供决策支持。

监测资源与生态环境状况并分析其与经济发展的关系需要一套实用的定量指标，物质流作为定量的分析手段在这一领域备受关注。在构建我国的物质流分析账户时，应该充分借鉴国外一些已经完成的物质流核算经验，结合我国的实际情况，针对各行业、各地区拟定符合实际的评价指标和基本原则，并进行指标的标准化，以建立适合我国国情的物质流分析数据库。而通过对资源利用、能源消耗和环境影响进行物质流分析，可以为我国建立循环经济指标体系，确立具体而明确的循环经济发展目标提供直接而有力的施政依据。

2) 行业层次

对行业层次的物质流分析既可以采用物质流分析的方法，也可以采用针对单一元素的元素流分析法。该方法针对性强，研究的内容更为具体，周期较长，对环境评价体系的建立有重大意义。

目前，国内外学者对元素流分析做了大量的研究，已经形成了一套成熟的方法。这里介绍两种元素流分析方法。

元素流分析常用的方法有环境影响分配模型，即通过物质流分析与生命周期分析相结合形成的模型、元素流定点分析模型、元素流跟踪分析模型[32]，以及存量流分析（stockand flow analysis，STFA）物质流分析模型。针对企业入驻工业园区过程中遇到的一系列元素流相关问题，如元素流的环境影响、利用效率以及跨层面过渡过程中的元素流集成优化等，运用相关的数学模型对企业基本元素流进行分析，进而提出元素流调整和改善建议的过程[33]。针对元素流的利用效率以及环境影响等元素流优化问题，可从元素流流经的生产、回收以及环境 3 个基本单元出发，建立元素流分析的生产-回收环境——环境影响模型（production-recycling-environment——environment effective model，简称 PRE -环境影响模型），从而展开元素流的基本分析。

3) 企业和产品层次

企业层次物质流分析方法在企业层次应用的具体体现就是生产过程的物料平衡。物料平衡是清洁生产的一个重要组成部分，通过衡算，可以掌握投入的资源与能源的实际使用效率，并预测废弃物排放的质量和强度，发现工业生产过程中存在的问题。而进行"黑箱"之外的物质流分析有助于了解工艺模块的资源消耗和环境影响,从而更加科学地指导生产实践。通过对工艺模块的具体分析,各排放点的排放强度也会清晰地展现出来,为从源头上控制企业污染提供了理论基础。

物料衡算的数据常用三种方法获得:① 对实际生产过程进行直接测定;② 通过对技术文件的统计获得;③ 在不可能进行实测的地方,也可以根据化学计算法进行估算。必须注意,现场实测必须进行完整的 3 个以上的生产周期(或持续生产72 小时)才能获得比较准确的数据。当然物料衡算也可以引用一些经验值。衡算允许有很小的误差,但是如果差别很大,应加以复核和完善。一般说来,如果输入总量和输出总量之间的误差在 5% 以内,则可以用物料平衡的结果进行随后的有关评估与分析,反之则必须检查造成较大误差的原因,重新进行实测和物料平衡。

2.2.3　分子尺度的废物资源化物质流分析

分子尺度上的废物资源化的物质流分析主要聚焦在其中元素和分子的迁移过程研究,或建立相关的反应动力学模型以揭示分子尺度上废物资源化的物质流动过程特征。

2.2.3.1　资源化过程中的元素迁移过程

循环经济的核心是经济系统中的物质循环流动,在流程工业中,它通常伴随着主要元素(如钢铁厂的铁元素、有色工业企业的有色金属元素等)的流动而流动。为了便于分析生产流程的资源流动规律及其对经济和环境效益的影响,一般选用流程中的主要元素 M 作为典型元素,研究其流动规律。企业的生产流程是由性质、功能不同的诸多工序构成的系统,将整个流程划分为不同的物量中心或节点,则可表现为如下元素流路径:在传统型的生产流程中,获得的天然资源经过各个物量中心(节点),产生的半成品进入下一物量中心(节点)继续加工,直至产出成品。各节点资源的投入来源主要有两大类,即新投入的资源和从上一物量中心(节点)转入的资源。资源元素的流出路径也主要有两种,即产生的合格品和向环境排放的废弃物。基于元素流的物质流分析可揭示生产过程中的废弃物流动路径,采用技术性分析方法探讨提升资源利用效率的渠道与途径,以改善工序流程,实现生产过程的优化。

如废锂电池钴酸锂超声分离及修复过程,在不考虑废水、废气等污染物处理的情况下,可将其物质代谢分为两个子系统:钴酸锂超声分离系统,超声水热修复系统。其物质代谢路径、代谢种类和代谢效率等也主要是受这两个子系统影响,如图2-2 所示。

锂电池生产单元物质流代谢种类可分成系统产品流(P)、废物流(W)和生产单元内部的循环流(C 和 U)三大类,物质流种类在不同代谢路径发生了变化。对锂

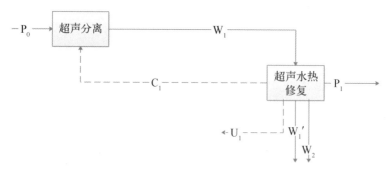

图 2-2　超声分离与超声修复系统

(Li)元素进行元素流分析,可通过 P_1 与 P_0 中锂元素的比值确定元素的回收效率。由于投入的其他资源部分可循环使用,C 与 U 两个值也可用于考察资源化过程的资源消耗。

2.2.3.2　资源化过程中的分子转化过程

工业过程的本质是物理化学过程,化学过程一定会涉及分子的转化。以废弃食用油脂制备生物柴油为例,化学酯交换在甘油三酯内部或物质间进行,直至反应达到热平衡。反应分为定向酯交换和随机酯交换两种。酯交换反应在甘油三酯的熔点以上进行时,所有的甘油三酯都参与了反应,达到完全随机,反之,未溶解的甘油三酯就不能参加反应。随着酯交换的进行,饱和甘油三酯就会结晶,一些生成物从溶液中析出有利于反应向该种生成物方向进行,从而形成相对的定向酯交换作用。本实验所选用的温度远低于甘油三酯的熔点,因此主要发生定向酯交换反应。在定向酯交换反应中,甲醇钾是最常用的催化剂,其他的催化剂还有金属钾、氢氧化钾、无机酸等。具体来说,甘油三酯与醇发生酯交换分为三个步骤:第一步是甘油三酯与醇反应生成甘油二酯和甲酯,第二步反应则是第一步反应中生成的甘油二酯与醇再度生成甘油一酯和甲酯,第三步反应则是第二步反应生成的甘油一酯与醇反应生成甘油和甲酯。这三步反应并不是依次进行的,而是同时且可逆进行的,如图 2-3 所示。

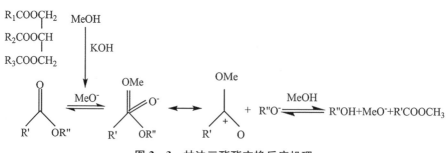

图 2-3　甘油三酯酯交换反应机理

分子转化过程决定了物料消耗的比例和物质代谢效率的理论值,对研究物质代谢具有重要作用。

2.2.3.3 资源化过程的动力学研究

对物质代谢过程进行分子层面的动力学研究可以在很大程度上指导工艺参数的选择,并能佐证理论能量消耗。根据实验结果和实际生产效率的不同,可将反应动力学过程拟合为伪一级反应、伪二级反应以进行活化能计算,确定反应能垒。

如在乙基对甲氧基二苯乙炔水热降解反应中,整个反应系统中水同时作为反应物和反应介质存在,即水在反应体系中过量,因此,可假设乙基对甲氧基二苯乙炔的水热降解过程为表观一级反应。其反应速率方程式如下:

$$\frac{\mathrm{d}C_t}{\mathrm{d}t} = -k_1 C_t \tag{2-1}$$

式中:t 为水热反应时间,$\min$;C_t 为水热反应时间 t 时刻乙基对甲氧基二苯乙炔的浓度,$\mathrm{mg/L}$;k_1 为乙基对甲氧基二苯乙炔降解反应速率常数,$\min^{-1}$。

对上式进行积分可得

$$C_t = C_0 \mathrm{e}^{-k_1 t} \tag{2-2}$$

式中:C_0 为乙基对甲氧基二苯乙炔水热降解反应的初始浓度,$\mathrm{mg/L}$。

将上述降解反应的速率方程等号两边同时除以乙基对甲氧基二苯乙炔的初始浓度 C_0,则可将乙基对甲氧基二苯乙炔的降解速率方程由以浓度为基准的方程式转化为以残余率为基准的方程式,如下所示:

$$X_t = \frac{C_t}{C_0} = \frac{C_0 \mathrm{e}^{-k_1 t}}{C_0} = \mathrm{e}^{-k_1 t} \tag{2-3}$$

式中:X_t 为水热反应 t 时刻乙基对甲氧基二苯乙炔的残余率。

在实际降解反应过程中,由于反应器与盐浴炉之间存在温度差,需要一段时间的升温过程,因此测定的表观反应时间与实际反应时间不同,两者之差为反应器中水热条件下的升温时间,记为 t_0;实验中表观反应时间记为 t。因此,

$$X_t = \mathrm{e}^{-k_1(t-t_0)} \tag{2-4}$$

式中:t 为水热降解过程中测得的表观反应时间,$\min$;t_0 为水热反应过程中的升温时间,$\min$。

通过对实验所测得的 X_t 和表观反应时间 t 进行一级反应方程曲线拟合,可得出乙基对甲氧基二苯乙炔降解反应速率常数 k_1,确定乙基对甲氧基二苯乙炔的反应速率方程式。根据实验数据可绘制表格(见表 2-2)。

表 2 - 2   乙基对甲氧基二苯乙炔的反应数据

反应时间/min	1	2	3	4	5
降解率	0.811 2	0.972 6	0.993 2	0.994 3	1
残余率	0.188 8	0.027 4	0.006 8	0.005 7	0

根据表 2 - 2 中所列数据和方程式,利用 OriginLab 对 275℃ 条件下的实验数据 X_t 和 t 进行一级动力学指数方程拟合,所得拟合方程式如下所示。

$$X_t = e^{(0.223\,01-1.890\,42t)} = e^{-1.890\,42(t-0.117\,97)} \tag{2-5}$$

2.3   废物资源化的全生命周期分析

全生命周期分析(LCA)是评价一种产品或一类设施从"摇篮到坟墓"全过程对环境影响的手段,是从区域、国家乃至全球的广度及可持续发展的高度来观察问题。因此,运用 LCA 对不同产品或设施的各个替代方案进行评估,就可以选择出优化方案。对废物资源化的工艺流程进行全生命周期分析可以得到对环境最友好的资源化方式,再结合经济学的统计分析可以得到最佳的资源化利用方式。

2.3.1   生命周期评价的基本原则和总体框架

生命周期评价作为一种核算某个产品或者工艺流程的物质能量输入输出及对环境客观影响的有利工具,近年来在环境领域得到了广泛应用。它遵循着一些基本原则,主要涉及评价因素的全面性、研究目的和范围确定的合理性、数据的准确性、方法的开放性等。生命周期评价的主体框架主要包含目标和范围的确定、清单分析、影响评价和结果解释四个部分。下文将对这部分内容进行详细阐述。

2.3.1.1   生命周期评价的起源与发展

生命周期评价起源于 20 世纪 60 年代末,至今已有约 50 年的发展历程。其最初称为资源与环境运用状况分析,于 1969 年应用于美国可口可乐公司对大约 40 类不同材质的饮料包装瓶在生产阶段的污染承载力分析。随后,类似的研究在欧洲一些国家的研究机构和咨询公司也相继展开。这一时期的研究结果仅局限于所耗能量和固体废弃物的计算,而很少侧重于产品潜在环境影响评价,同时研究结果仅作为企业内部产品开发和管理的决策工具,并未被政府和其他决策机构所使用。

由于发生于 20 世纪 70 年代初的石油能源危机,资源与环境运用状况分析的关注点由传统的污染物质排放研究转向关于能源的分析与规划。一些以能源分析法和物料平衡以及生态试验为基础的分析方法随之产生,如玉米燃料乙醇的净能量分析并得到应用。直到 20 世纪 70 年代末至 80 年代初席卷全球的固体废弃物处理与处置问题的出现,生命周期评价开始着重计算固体废弃物产生量和原材料消耗量,并且尝试为企业制订固体废弃物减量目标提供决策依据[34]。

20 世纪 80 年代中期至 90 年代初,随着环境保护思想的不断深入人心,以及 1992 年联合国环境与发展大会提出了可持续发展战略,一些环境影响评价技术与方法随之发展。1990 年由国际环境毒理学与化学学会(SETAC)首次主持召开了有关环境协调性评价的国际研讨会,确立了生命周期评价这个专业术语。随着多年实践研究的深入,国际标准化组织(ISO)于 1997 年颁布了生命周期评价的第一个国际标准——《生命周期评价原则与框架》(ISO 14040),并于 1999 年和 2000 年颁布了与之相应的两个配套标准。我国也随之分别颁布《环境管理生命周期评价原则与框架》(GB/T 24040—1999)、《环境管理生命周期评价目的与范围的确定和生命清单分析》(GB/T 24041—2000)、《环境管理生命周期评价生命周期影响评价》(GB/T 24042—2002)和《环境管理生命周期评价生命周期解释》(GB/T 24043—2002)。同时随着 ISO 对生命周期评价相关标准的整合,我国国家质量监督检验检疫局也将前述标准统一替代整合为《环境管理生命周期评价原则与框架》(GB/T 24040—2008)和《环境管理生命周期评价要求与指南》(GB/T 24044—2008)两个国家标准[35]。

虽然生命周期评价体系还存在着应用范围、分析方法、分析数据等方面的局限性,但是其作为一项有力的工具越来越多地应用到了产品的全流程设计,尤其是废弃阶段的处置。这与传统的污染末端治理模式不同,生命周期评价是对产品或工艺过程"从摇篮到坟墓"全过程的评价。

环境污染治理的理论和技术发展是当今全世界关注的热点,从资源化的角度控制污染、实现资源利用成了可持续发展和解决环境污染问题的必由之路。生命周期评价作为全过程的分析工具,在评价废物处置阶段的环境影响和选择合适的资源化处理方式方面有重要的应用[36]。

2.3.1.2 生命周期评价的概念与基本原则

1) 生命周期评价的概念

在生命周期评价相关研究工作的发展历程中,国际标准化组织以及其他相关机构都对生命周期评价的定义进行过相关描述和修正,虽然提法并非完全一致,但其核心思想基本相同,即生命周期评价是对产品、服务的全生命过程,包括原材料的提取和加工、产品制造、使用、再生循环直至最终废弃的环境因素的判别及潜在影响的评估和研究。

2) 生命周期评价的基本原则

在对某个产品或者工艺进行生命周期评价时,应当要遵守一些基本原则: ① 评价应当系统地、充分地考虑产品系统从原材料获取直至最终处置全部过程中的环境因素;② 研究的时间跨度和深度在很大程度上取决于所确定的目的和范围;③ 研究的范围、假定、数据质量描述、方法和结果应当透明;④ LCA 研究应当讨论并记载数据来源,并给予明确、适当的说明;⑤ 方法学上要保证其开放性,以便能兼容新的科学发现与最新的技术发展。

2.3.1.3 生命周期的技术框架

1993 年 SETAC 在《生命周期评价纲要:实用指南》中将生命周期评价的基本结构归纳为 4 个有机联系的部分,如图 2-4 所示:定义目的与确定范围、清单分析、影响评价和结果解释。目前 ISO 对 LCA 进行了规范:ISO 14040 确立了 LCA 的原则和框架;ISO 14041 规范了 LCA 的目的和范围的确立以及清单分析;ISO 14042 则规范了影响评价;ISO 14043 确立了解释的内容和步骤。

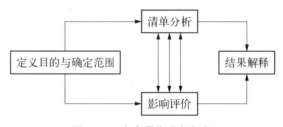

图 2-4 生命周期分析框架

定义目的与范围的确定将直接影响到整个评价工作程序和最终研究结论的准确度,甚至会导致结论的错误,是整个生命周期评价最重要的一个环节,要在明确说明 LCA 过程研究对象的基础上,提出研究目的。一般情况下,研究目的分为两类:产品生产过程中的生态辨识、工艺改进;清洁生产审核和环境管理认证。确定研究范围:确定研究系统边界,其边界的确定必须与研究目的相适应,并具有与之一致的深度和广度。该过程是随着数据资料收集以及信息反馈详尽程度而构成的一个反复和不断调整的过程。

2.3.2 废物资源化的生命周期清单分析

清单分析(LCI)是对产品生命周期过程所涉及的物质流和能量流的一种定性描述方法,是 LCA 的基础,也是关于 LCA 研究最完善的部分之一,其清单范围如图 2-5 所示。

图 2-6 为 LCA 清单分析图,清单分析过程贯穿产品从原材料的加工和提取至使用完毕后的废弃处理全过程,可用流程图形式进行表达。整个清单分析过程

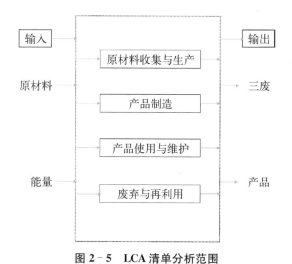

图 2-5　LCA 清单分析范围

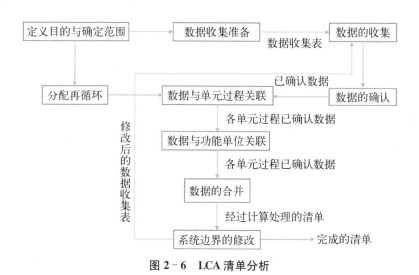

图 2-6　LCA 清单分析

的核心在于各个工艺过程的数据收集,同时由于大多数产品的生产工业过程并非为单一的线性模式,大多数产品(尤其是化工产品)都是将一些废物回收或再利用,可能衍生出新的产品,由此也就衍生出关于产品的负荷分配问题。

　　清单分析最重要的部分就是数据的获取。LCA 研究的目的和范围确定后,就能建立一个 LCI 的数据收集计划。不同的工艺过程或者产品数据收集表的内容和形式都不同。因为数据收集是 LCI 的一个重要部分,因此在一个项目进行之前就要准备好。但数据收集计划的核心部分应该包括明确数据质量目标,确定数据的来源和种类,建立数据质量的指示器,等等。

数据质量目标：一般研究中所说的数据质量目标是指分析中所用数据来源和数据值的可信程度，主要通过建立数据质量目标和收集计划略表来控制，表格样式如表2-3所示。

表2-3 数据质量目标和收集计划略表

项　目	内　　容
数据质量目标	详尽准确的原材料来源和输入、水资源耗用、气体排放、固体废弃物数据
数据来源	可信的工厂数据来源、文献调研、间接推算等
数据类型	经过初步测量的和未测量但经有经验的工程人员判断后得到的数据
相应的数据指示器	可接受性、偏差、完整性、比较性、代表性

确定数据的来源和种类：LCI数据集所包含的数据会随着数据来源（原始数据还是间接数据）、数据类型以及数据集合水平（如单个企业还是企业的平均值）的改变而进行相应的调整。清楚地了解这些数据的特性和它们如何影响LCI结果是非常重要的。

数据主要有原始数据和间接数据；数据类型主要有测算数据、模拟数据、非测算数据；质量指示器主要有可接受度、偏差、比较性、完整性、数据收集方法和局限性、精确性、参考性、代表性等。

数据的收集方法主要是自行收集，即结合所研究的对象和设计目标，按照产品的生命周期，自行收集数据，建立研究对象的产品数据库。例如，原材料提取和材料生产阶段的数据向矿藏开采商和材料制造商索取；产品设计和制造阶段的数据在企业内部收集；产品安装运输阶段的信息从制造商、运输单位以及用户获得；产品使用阶段的信息主要来自用户、维修企业等现有的生命周期分析数据库和知识库、文献数据、非报告性数据等。

表2-4和表2-5分别是废旧轮胎高值化工艺过程的LCA核查表和各单元过程数据输入和输出核查总表。

表2-4 废旧轮胎高值化工艺过程的LCA核查表

序　号	单元过程	主要输入物质	主要输出物质	备　注
①	热解			
②	密炼			
……				
制表人：			制表日期：	

表 2 - 5　各单元过程数据输入和输出核查总表

单元过程序号与描述					
输入物质 1	单位		数量	来源	备注
材料					
输入物质 2	单位		数量	来源	备注
水消耗					
……					
物质排放类别	名称	单位	数量	来源	备注
大气排放	SO_2				
	NO_2				
	PM_{10}				
地表水排放	COD				
	$NH_3—N$				
	石油类				
其他排放	噪声				
……					
制表人：			制表日期：		

在得到相应的基础数据后，要对得到的数据进行确认，即分析数据的有效性，这一步骤主要利用数据质量指示器来进行。

表 2 - 6 为数据质量指示器的谱系矩阵，数据缺失和数据缺乏时的处理方法为代替法和权重法。代替法：包括逻辑替代、演绎推理替代、平均值替代、随机值替代等。权重法：在补偿那些调查中没有响应的单元数据时，最常用的方法就是建立各种权重充实那些响应的单元。

表 2 - 6　数据质量指示器的谱系矩阵

指示器得分	1	2	3	4	5
可靠性	基于测量得到的数据并经过验证	部分基于假设的数据得到了验证或基于测量的数据没有得到验证	部分基于假设的数据没有经过验证	经过专家评估	没有经过专家评估
完整性	来自合适的期限和充足的样本点	来自合适的期限和少量的样本点	来自合适的样本点和较短的期限	来自较少的样本点和合适的期限	来自少量的样本点和较短的期限，其本身不完整

（续表）

指示器得分	1	2	3	4	5
时间相关性	少于3年	少于6年	少于10年	少于15年	不知时间
地理相关性	来自研究的地域	平均值来自更大的地域,所研究的区域包含在其中	来自相似生产条件的区域	来自部分相似的区域	区域不明
技术相关性	来自研究企业的工艺过程和原材料	来自研究的工艺过程和原材料,但来自不同企业	来自研究的工艺和原材料,但来自不同的技术	相同技术,但不同工艺和原材料	来自相关工艺和原材料,但不同技术

2.3.3 废物资源化的生命周期影响评价

影响分析评价是在完成目标界定以及清单分析之后开展的一部分工作,其目的是根据清单分析后所提供的物料、能源消耗数据以及各种排放数据对产品所造成的环境影响进行评估,其实质是对清单分析的结果进行定性或定量排序的过程。影响分析是 LCA 的核心内容,也是难度最大的部分。

2.3.3.1 生命周期影响评价的框架

ISO、SETAC 和美国环保总局(EPA)都倾向于把影响评价定为一个"三步走"的模型,这三步分别是分类、特征化和量化。

(1)根据清单数据确定影响分类 目前尚无相关标准或权威研究报道确定清单数据类型与潜在影响及环境负荷间的对应关系,主要原因是选择影响类型时,既可以根据传统的客观因素确定,也可以根据评价人员的主观评价目标修正来确定。一般情况下,影响类型一般分为资源消耗、人体健康和生态影响三个大类,每个大类又包括多个子分类。

(2)按照影响类型建立数据清单模型 这一过程将数据清单中造成相关影响类型的物质转换为一个统一的单元,并将这个单元的物质进行累加,最后得到量化指标结果。

(3)加权量化影响结果 在此阶段确定不同类型的影响对总环境潜在影响贡献度的大小,或者说计算各类环境影响的权重,最终得出对环境的相对潜在影响值,同时亦可对不同影响类型贡献的大小进行比较。本阶段的核心工作是利用层次分析法确定不同类型影响的权重。废旧轮胎高值化利用的生命周期分析将采用层次分析法进行,美国 EPA 针对 12 种环境影响因子提出了具体的计算方法和模型,可用于本研究的环境影响评估。

2.3.3.2　结果解释

图 2-7 为 LCA 结果解释框架。LCA 结果解释是将产品整个生命周期的环境影响在明确范围和目的的基础上对数据清单和影响评价进行归纳总结,并形成结论与建议的过程,即系统地评估在产品、工艺或活动的整个生命周期内能源、原材料使用以及环境释放,寻找削减能源、原材料使用以及环境释放的机会,并尝试进行工艺改造,向决策者和评价者提供建议。本过程识别重大环境问题,对清单结果进行评价(基于完整性与敏感性检查),得出最终建议。以废旧轮胎高值化利用为代表的废物资源化的影响评价为例,此阶段的目的是寻求废旧轮胎高值化利用过程中可以减少环境污染的环节,并针对这些环节或工艺尝试性地提出建议[37]。

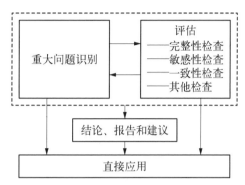

图 2-7　LCA 结果解释框架

2.3.4　生命周期评价在废物资源化中的应用

随着社会经济和科学技术的不断发展,人类社会的生产力水平得到了巨大的提高。然而,随着对大自然征服过程的不断深化,人类也越来越深地被这种征服带来的负面影响所困扰。资源枯竭、植被破坏、水土流失、人口激增、环境恶化引发了一系列危机,包括人口危机、能源危机、环境污染危机、气候变化危机等。其中由于工业的不断发展,人类产生的废物排放到环境中,引发了各种环境问题[38-39]。现代工业系统的运作如图 2-8 所示。

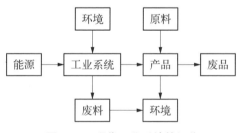

图 2-8　现代工业系统的运作

从图 2-8 可以看出工业系统的输入(原料和能源输入)是造成生态破坏和资源枯竭的主要原因,而系统的输出则是造成环境污染的原因。与这个系统相关联的很多环节,如原料生产过程、加工过程、燃烧过程、加热和冷却过程、成品整理过程等使用的生产设备或生产场所都可能成为污染源。各种工业生产过程排放的废水、废气、废渣、废热等会污染大气、水体和土壤,同时还会产生噪声、振动等危害周围环境。此外,工业产品在用过之后的废弃物和生活垃圾也会对环境造成污染和破坏。因此,人类目前所面临的生态环境问题是与工业系统密切相关的。为了保护环境,在 1987 年的东京会议上,人们发表了题为《我们共同的未来》的报告,首次明确提出了可持续发展的概念[40]。这项报告经第 42 届联合国大会辩论获得通过。紧接着,1992年在巴西里约热内卢召开的联合国环境与发展大会上,可持续发展列为大会的中心议题。会议通过的《里约热内卢宣言》和《21世纪议程》将可持续发展思想转换成一个付诸实践的全球性行为纲领[41]。

随着可持续发展思想向工业系统的不断渗透,在工业生产中,出现了面向产品生命周期的生态化管理模式,这种模式源于一种可以鉴定产品或者工艺的环境性能的原则和工具——生命周期分析法。

工业系统废物生命周期评价主要研究废物从产生到处置的每个阶段,即从工业系统废物的产生、收集、运输、中转、回收再利用直到最终处置,以及每个阶段所包含的每步操作或单元过程的物质和能量的利用,对相应的环境排放进行识别和量化其输入(原材料、资源与能源)和输出(环境排放物),评估各个阶段物质能源利用效率以及所排放废物的环境影响,从而设计出对环境有利、经济可行及社会可接纳的综合城市生活垃圾管理系统。通过加强可回收物品的循环再利用、处理工艺的优化设计等措施,将整个过程的环境影响降至最小[39]。

总之,生命周期评价考虑了废物处理各个阶段对环境影响的平衡,而不是某一阶段或工艺的环境影响。因此,需要采取有效的方式对废物进行综合管理与规划,同时还要对处理过程中排放的污染物质的环境影响进行评价。LCA方法作为废物管理和资源化利用的有效工具已在工业系统上得到了有效的应用[42]。

2.4　废物资源化过程的能量效率分析

2.2节中提到废物资源化的过程主要涉及物质的变化和能量的转化,对废物资源化过程中的能量利用进行研究也是其中的重要内容。对能量利用最重要的分析内容就是进行能量效率分析,利用经典力学和热力学的基本理论对其进行分析是基本手段。通过对废物资源化过程中的能量效率进行分析、从能量角度揭示废物资源化过程的能量流特征、在循环经济中实现能量减量化投入不仅可以解决资源紧张的问题,而且可以有效控制废弃物的排放,提高经济效益。

2.4.1　资源化过程的能量消耗及转化

从能量流动转化的角度对废物资源化过程中的能量进行分析是另一个重要的分析角度,主要涉及热力学分析、相关能量模型的建立和实例分析。

2.4.1.1　资源化过程的热力学过程

力是系统(或物体)之间的机械相互作用。在经典力学中,功定义为力与位移的标量积,即 $dW = F dr$,功就是机械能传递与转换的方式。而在热力学中,还需要考虑许多力学之外的现象,功的定义推广为:如果系统对外界作用的所有效果可以等价为提升一个重物,就称系统对外界做了功,即当系统与外界之间发生化学的、电的或其他非机械形式的作用时,只要其总的效果可以等价为提升一个重物(通过其他装置转换),就称系统对外界做了功,或者说系统与外界之间交换了能量。因此广义地说,功是能量传递与转换的途径之一。

系统与外界之间的热相互作用由温度描述,温度与熵的乘积就是热量,即 $\delta Q = T \mathrm{d}S$。当两者之间的温度不相等时,比如系统的温度高于外界的温度,就有能量以热量的形式从系统传向外界,系统的温度随之降低。当两者的温度趋于相等时,可称为达到热平衡状态,热量传递也随之停止。因此热量是能量传递的另一种方式,当系统与外界之间有热的相互作用时,能量的传递就表现为热传递。

功和热量与具体的过程有关。系统从一个状态到达另一个状态可以经由许多的过程,对应每一个过程系统与外界交换的热量和做功都不相同。由于功和热量取决于具体的过程,因此称它们为过程量。但实验又同时发现,在不同的过程中系统从外界吸收的热量(Q)与系统对外界所做功量(W)的差($Q-W$)都相同,也就说与过程无关。这说明 $Q-W$ 代表了某一个状态参量在系统两个状态之间的差值,这个状态量定义为能量,符合热力学第一定律,即 $E_2 - E_1 = Q - W$。

热力学第一定律表明做功和传热是改变系统能量的两种方式。因此,当系统具有了一定的能量时,系统就具有了对外做功或传热的能力,或者说系统具有举起一个重物或使外界温度上升的能力,这就是能量的物理意义。

2.4.1.2　热力㶲的概念

任何物质均包含了数量和质量两个属性,两者相互依存不可分割,并通过两项属性表征物质的使用价值。任何现实的用能过程离不开环境的约束,系统与环境相平衡的状态称为系统的寂态。㶲就是系统从某一给定的状态达到寂态时,理论上可以获得的最大有用功。传统的导出㶲计算式的基本思想是可以获得的最大有用功等于系统减少的能量减去系统对环境做的功和传的热。

从动力学角度分析,系统可能对外做功是因为系统有自动变化的可能性。如果系统之间存在着某种形式的不平衡,当它们发生作用时就可能自动地达到平衡,在这样的自发过程中就可能对外界做功。当系统偏离寂态时,系统与环境之间就存在着强度量差,在强度量差的推动下系统可以自动地达到寂态并对外做功,㶲就是这种做最大有用功的能力,这就是㶲的物理本质。系统偏离环境的程度越大,作为推动力的强度量差也越大,系统的㶲值也越大。

从㶲(exergy, Ex)的定义可以看出,热力学㶲分析具有如下几个特点。

(1) 㶲表达的是系统与环境之间达到相平衡(物理和化学)的状态参数,通过㶲将系统与环境直接关联,㶲表征的是系统与环境达到平衡状态的距离参数,因此㶲是相对值,取决于环境状态参数。

(2) 㶲值取决于环境状态与其组成物质形态。㶲值大小表征了系统对环境的最大做功能力,即系统改变环境平衡状态的潜力。㶲效率随着基准环境状态改变而改变。该基准环境是现实环境的模型化,是㶲核算的状态参数,主要涉及环境的基准温度、压力、平衡状态下环境中的基准物质组成。

(3) 系统的能量(E)与㶲(Ex)和㶲(energy,An)的关系为 $E=Ex+An$。系统㶲与㶲之间可相互转化,不可逆的系统㶲并不守恒。由于不可逆过程存在能量"质贬值"现象,㶲在系统过程中和始末状态是递减趋势,即出现系统㶲损。一切不可逆过程的系统内部㶲损总是大于零,即系统总是朝着㶲减少或者㶲增加的方向发展,而可逆过程的系统㶲守恒不发生㶲损。对于自发可逆过程则系统的㶲守恒;对于不可逆过程,出现"质衰退"造成可用能与不可用能之间的转化。

(4) 㶲具有可比性。㶲属于热力学参数,其计量单位与能量一致,用焦耳(J)表示。因此无论各类物质和能量以什么形式进入系统代谢过程,均可以统一为㶲的量纲进行比较。与此同时,现有大量㶲的应用实践表明,㶲效率随基准环境状态波动不大,基本属于工程可接受范围内[43]。因此,无论从资源和能源统一,还是不同环境基准状态效率核算,系统㶲效率评估均具有可比性。

2.4.1.3 资源化过程的㶲分析参数和指标

根据定义可知,㶲是个相对参数,取决于环境基准状态、基准物质选取、系统物质代谢种类和代谢量、系统自身的状态 4 方面参数的变化。

1) 环境基准状态参数选取

环境基准状态参数主要包括了环境的温度(T_0)和压力(P_0),一般分析时选取国际上通用的 $P_0=1.013\,25\times10^5\,\mathrm{Pa}$,$T_0=298.15\,\mathrm{K}$ 为环境基准状态。

2) 基准物质选取

环境模型中包括温度、压力和组成物质以及各自的基准浓度 3 个方面。当前,已经提出了不少环境模型,除个别之外,这些环境模型均取 $T_0=298.15\,\mathrm{K}$ 和 $P_0=1.013\times10^5\,\mathrm{Pa}$。就基准物质及其浓度而言,大体上可以将这些模型分为两大类:一类是西德学者 J. Ahrendts 提出的热力学平衡环境模型;另一类是其他学者提出的热力学不平衡模型。由于前者存在严重的缺点,因而未得到公认。后一类模型又可分为自然基准物质模型、寂态基准物质模型和专用模型[43-44]。当前研究常见的主流环境模型如表 2 - 7 所示。

3) 系统物质代谢种类和代谢量

系统物质代谢种类和代谢量指系统资源和能源消耗种类和代谢量等,主要参数包括各类资源和能源代谢量。

表 2-7　常用环境模型

模 型 名 称	模 型 类 型
Szargut 模型[44]	不平衡环境模型,以自然界中物质为基准
龟山-吉田模型[45]	寂态基准物质模型
Bachr 模型、L. Riekert 模型、袁一模型[46]	针对特定环境条件的物质模型

4) 系统自身的状态参数

系统自身的状态参数包括系统温度 T_s、压力 P_s、系统各类物质组成的摩尔分数 n_i 等,这些可根据资源化过程中各类生产工艺参数进行取值。

2.4.2　资源化过程的能量流模型

通过合理规划企业内部物质流实现资源减量化投入是发展循环经济的一个重要途径。资源减量化理念是在全球人口剧增、资源短缺、环境污染的严峻形势下提出的[47],为解决人类社会发展中出现的人与自然的尖锐矛盾找到了一条可行的途径。通过对废弃物的再利用、资源化最终实现原料资源的减量化投入,旨在减少物质流生产系统中对资源的过度消耗,规避因盲目投入导致的低产品率、高废弃率问题[48]。在企业生产流程中实现资源减量化投入不仅可以解决资源紧张的问题,而且可以有效控制废弃物的排放,提高经济效益。通过合理规划物质流系统流程实现减量化已经成为当今循环经济研究的重点。

对企业开展流程优化,提高减量化效率,前期的建模评估与仿真分析是重要前提[48]。企业内部物质流系统是物质、能量、信息、价值高度协同和交错的复杂系统,在充分论证可行性之前的流程优化改造具有风险性。因此,将实际生产流程进行模型化处理,并通过仿真软件进行仿真模拟是十分必要的,可以最大化地规避损失,提高优化效率。

在企业复杂物质流建模仿真领域,Petri 网工具具有重要优势。由于企业内部物质流系统复杂度高,普通的建模工具在复杂网络系统的描述能力上具有很大的局限性,一种图形表达能力强、能够实现高复杂度系统定量计算的建模工具是实现高效物质流分析所必要的。Petri 网凭借其强大的数形结合与分析能力,在投入产出的定量计算、流程规划、时间控制、物质流信息化层次建模方面具有巨大优势。以轮胎生命周期的能量流模型为例可以更好地对这一部分进行探讨。

2.4.2.1　能量消耗模型

轮胎生命周期的能量消耗模型基于热力学第一定律,但不同阶段的能量关系不尽相同,不可能建立一致的能量模型。为此,对生命周期每一个阶段的能量状态进行分析应建立相应的能量函数,得到生命周期各阶段能量消耗的量化模型,然后将每一个能量函数按照生命周期拓扑关系进行叠加,得到轮胎生命周期能量消耗模型,如下式所示[49]。

$$FE = FE_1 + FE_2 + FE_3 + FE_4 \qquad (2-6)$$

式中:FE 为轮胎在生命周期中消耗的能量;FE_1 为轮胎在生产阶段消耗的能量;FE_2 为轮胎在运输传送过程中消耗的能量;FE_3 为轮胎在使用过程中消耗的能量;FE_4 为轮胎废弃后资源化阶段所消耗的能量。

1) 生产阶段能耗

轮胎生产属加工工业,其生产阶段的能量消耗主要由消耗的能源和原材料决定,能量消耗为[49]

$$FE_1 = \sum i(PM\rho_i \times PM_i) + \sum j(PE\rho_j \times PE_j) \qquad (2-7)$$

式中:$PM\rho_i$ 为轮胎原材料 i 的能量密度;PM_i 为轮胎原材料 i 的消耗量;$PE\rho_j$ 为生产阶段能源 j 的能量密度;PE_j 为生产阶段能源 j 的消耗量。

2) 运输阶段能耗

轮胎生命周期中的运输过程主要有 3 个阶段,包括原材料到生产点、生产点到销售点和废旧轮胎收集到资源化处置点。运输阶段的能耗主要与运输方式、运输条件、运输距离和运输体积等因素有关,其能量消耗为[50]

$$FE_2 = TD \times TE \times TE\rho \qquad (2-8)$$

式中:TD 为轮胎运输阶段的平均行驶里程;TE 为运输阶段能源消耗量;$TE\rho$ 为运输阶段能源的能量密度。

3) 使用阶段能耗

轮胎使用阶段是轮胎整个生命周期的一个重要组成部分,这一阶段汽车行驶时轮胎用以克服滚动阻力、空气阻力、发动机内摩擦和加速阻力等的能量消耗为

$$FE_3 = UD \times UE \times UE\rho \qquad (2-9)$$

式中:UD 为轮胎使用阶段的平均行驶里程;UE 为轮胎使用阶段能源消耗量;$UE\rho$ 为轮胎使用阶段能源的能量密度[51]。

4) 资源化阶段能耗

轮胎资源化处理过程不仅消耗能量,而且还有能量回收。消耗的能量为

$$FE_4 = \sum i(RM\rho_i \times RM_i) + j(RE\rho_j \times RE_j) \qquad (2-10)$$

式中:$RM\rho_i$ 为资源化阶段物料 i 的能量密度;RM_i 为资源化阶段物料 i 的消耗量;$RE\rho_j$ 为资源化阶段能源 j 的能量密度;RE_j 为资源化阶段能源 j 的消耗量。

2.4.2.2　能量替代模型

在资源化阶段有产品的产生,将产品视为替代能量,能量值为直接生产该产品所需能耗,即

$$SE = \sum i(RPE\rho_i \times RPP_i) + \sum j(RPE\rho_j \times RPE_j) \qquad (2-11)$$

式中:$RPE\rho_i$ 为资源化阶段资源产品 i 的能量密度;RPP_i 为资源化阶段资源产品 i 的产量;$RPE\rho_j$ 为资源化阶段能源产品 j 的能量密度;RPE_j 为资源化阶段能源产品 j 的产量。

2.4.2.3　能量评价指标

1) 净能量盈余

废旧轮胎资源化阶段的能量输入与替代能量输出之间的关系可用净能量盈余 NE,即 1 t 轮胎在资源化阶段的净能量盈余来表示。

$$NE = SE - FE_4 \qquad (2-12)$$

2) 能量恢复率

在废旧轮胎资源化阶段,用能量恢复率 ERR 衡量各种资源化工艺对输入能量的恢复程度,其值为资源化阶段输出能量占输入能量的百分比。

$$ERR = \frac{FE}{FE_1 + FE_2} \times 100\% \qquad (2-13)$$

式中:FE 为轮胎在生命周期中消耗的能量;FE_1 为轮胎在生产阶段消耗的能量;FE_2 为轮胎在运输传送过程中消耗的能量。

2.4.3　资源化过程的节能途径

与一般工业过程相同,资源化过程可以通过一些特定的程序减少能源消耗,了解资源化过程的能量消耗环节并加以统计是实现节能的前提[52]。我国企业实现能源计量管理主要是通过能源计量器具和计量数据把企业的节能减排分为三个环节:生产总能、生产环节用能、生产后用能的变化。计量器具管理是能源计量管理中的基本工作,只有通过使用能源计量工具,才能实现充分的能源计量管理。计量器具管理主要是在生产过程中,通过能源计量工具精准计算出生产过程需要的总能,计算各个环节的用能,精确把握用能的变化,从而达到节能降耗的效果。

(1) 生产总能节能减排,即企业在整个生产过程中,通过使用能源计量工具对企业所有用能的列出,精确计量企业发展需要的能源总量,通过更新企业的生产设备和系统,科学地使用生产设备,做到不浪费、不乱排放,达到总体能源的缩减和预算,最终达到节能减排的效果。

（2）生产环节用能节能减排，即在企业生产的各个环节，通过使用能源计量工具，分别计算企业各个生产部门的用能，分析能源使用的最优化结果，促进企业生产环节做到稳且优，从而实现企业的节能降耗。

（3）生产后用能变化节能减排主要是指企业在生产过程后，通过能源计量管理工具计算和分析各个环节和过程所耗费的能源，通过提升能源的利用率和加强能源的循环使用、废物利用进而达到能源减排的效果。但是这需要科研部门不断地去创新发展，需要专业的设备和人员，需要投入更多的精力和财力，需要更多的研究者和学者为实现更好的节能减排而努力。

除了加强能量管理外，节能减排还需要一定的策略和技术[53]。在化工生产的过程中，物料成本占整个生产成本的 $40\%\sim80\%$，对于大多数精细化学品物料成本占比更高。而化学生产过程中往往因为工艺、设备等综合原因，整体物料转化率较低。因此，优化工艺、缩短工艺路线、提高物料转化率是化工节能的本质和核心。

（1）推行节能优化。在化工生产的各个环节，每时每刻都伴随着能源转换、传递和消耗，动力能源成本约占化工生产成本的 $15\%\sim40\%$。因此，化工企业节能的另一项重点内容就是节能优化工作。这也是化工企业节能最直接、最广泛、最容易、效益最明显的方式。

（2）注重整个生产系统的能源平衡。优化化工生产工序多，工艺复杂，装置与装置之间冷热温差梯级多，能源消耗、排放点多，因此，在装置内部做好能源优化的同时，从整体生产系统角度出发，进行系统能源匹配和整个用能平衡优化是更高层面、节能效益更加突出的节能优化。

（3）加大余能再利用。化工生产过程中使用的能量一部分转化为化学能，其余大部分则在能量传递过程中泄漏、散失，造成能源的消耗。在能源转换、传递过程中，伴随着能源利用，能源品质不断降低，利用难度不断增加，最终以低品位能源形式排放或耗散。生产余能再利用技术就是对泄漏、散失的能源实施二次回收和利用，从而提升能源的利用效率，如化工生产中的冷却循环水等。因此需要在能源梯级使用的基础上，开发低品位能源再利用技术，实施能源二次利用，以降低能源消耗，实现节能减排。

参 考 文 献

[1] 段宁.物质代谢与循环经济[J].中国环境科学,2005.25(3)：320-323.

[2] Frosch R A, Gallopoulos N E. Strategies for manufacturing[J]. Scientific American, 1989, 261(4)：601-602.

[3] 郭静,傅泽强.循环经济模式：国际经验及我国策略[J].生态经济,2009,1：113-116.

［4］胡国生.攀钢烧结烟气脱硫技术研究［J］.工业安全与环保，2002，28(8)：7－10.

［5］欧丽，邓新异，左燕君，等.江西省城镇污水厂污泥掺烧垃圾焚烧发电技术的研究［J］.江西科学，2016，34(6)：864－866.

［6］周启星，林茂宏.我国主要电子垃圾处理地环境污染与人体健康影响［J］.安全与环境学报，2013，13(5)：122－128.

［7］楼紫阳，施军营，安淼，等.我国餐厨垃圾处理问题与出路研究［J］.上海城市管理，2018，27(3)：90－94.

［8］严丽，刘晶茹.基于物质流分析的中国城镇家庭代谢核算［J］.资源科学，2017，39(9)：1682－1691.

［9］Wernick I K，Ausubel J H. National Material metrics for industrial ecology［J］. Resource Policy，1995，21(3)：189－198.

［10］Adriaanse A，Bringezu S，Hammond A，et al. Resource Flow：The material basis of industrial economies［C］. World Resources Institute，Washington：1997.

［11］党春阁，周长波，吴昊，等.重金属元素物质流分析方法及案例分析［J］.环境工程技术学报，2014，4(4)：341－345.

［12］Smith G R. Lead recycling in the United States in 1998［R］. U.S. Geological Survey，1998.

［13］刘明.基于WIO-MFA模型的中国产业间铁元素流动分析［D］.济南：山东大学，2015.

［14］Bouman M，Heijungs R，Voet E V D. Material flows and economic models［J］. IVEM-onderzoeksrapport (Netherlands)，1998，96：71－93.

［15］Serenella S，Mathieux F，Pant R. Life cycle assessment and sustainability supporting decision making by business and policy［M］. Hoboken：John Wiley & Sons，Ltd，2016.

［16］朱瑶.中国农业物质流的空间分布特征研究［D］.南京：南京财经大学，2012.

［17］曲力力.城市典型废物循环利用的资源环境效应分析模型及应用［D］.北京：清华大学，2015.

［18］Li W，Wang Q，Jin J，et al. A life cycle assessment case study of ground rubber production from scrap tires［J］. The International Journal of Life Cycle Assessment，2014，19(11)：1833－1842.

［19］Adi A J，Noor Z M. Waste recycling：utilization of coffee grounds，kitchen waste in vermicomposting［J］. Bioresource Technology，2009，99(2)：1027－1030.

［20］Kakati J P，Ponmurugan P，Rajasekaran N，et al. Effect of textile effluent treatment plant sludge on the growth metabolism of Green gram (Vigna radiata L)［J］. International Journal of Environment and Pollution，2013，51(1/2)：79－90.

［21］Kang H N，Lee J Y，Kim J Y. Recovery of indium from etching waste by solvent extraction and electrolytic refining［J］. Hydrometallurgy，2011，110(1－4)：120－127.

［22］肖序，陈翔.企业循环经济物质流-价值流原理与优化研究［J］.山东社会科学，2017，5：153－159.

［23］夏训峰，谢海燕，海热提.经济-环境系统的物质流分析方法比较研究［J］.上海环境科学，2006，3：113－116.

［24］Bartelmus P. Unveiling wealth — accounting for sustainability［M］. Berlin：Springer Netherlands，2002.

[25] Fischer Kowalski M，Krausmann F，Giljum S，et al. Methodology and indicators of economy-wide material flow accounting[J]. Journal of Industrial Ecology，2011，15(6)：855 - 876.

[26] Chico L B，Luengo F A. Material flow accounts and balances to derive a set of sustainability indicators[J]. SourceOECD Social Issues/migration/health，2004，11，283 - 313.

[27] Leontief W W. Quantitative input and output relations in the economic systems of the United States[J]. Review of Economics & Statistics，1936，18(3)：105 - 125.

[28] Weisz H，Duchin F. Physical and monetary input - output analysis：what makes the difference[J].Ecological Economics，2004，57(3)：534 - 541.

[29] Guilhoto J. Input-output analysis：theory，foundations (Análise de Insumo-Produto：Teoria e Fundamentos) [J]. Social Science Electronic Publishing，2011，3：390.

[30] 梁赛.多种政策对我国物质流和价值流变化的综合作用分析[D].北京：清华大学，2013.

[31] 邓泽林，刘花台.基于物质流分析的海洋生物园区环境准入——负面清单技术路线探讨[C].2017中国环境科学学会科学与技术年会.福建：2017.

[32] 梁敏聪.浅谈废水生物处理系统的物质流和能量流应用[J].资源节约与环保，2014，7：29.

[33] 张健，陈瀛，何琼，等.基于循环经济的流程工业企业物质流建模与仿真[J].中国人口资源与环境，2014，7：165 - 174.

[34] 李鹏.不确定条件下生命周期评价模型用于固体废物管理系统[D].北京：华北电力大学，2014.

[35] 陈冰，刘晶昊，邸达.生活垃圾综合处理模式生命周期评价[J].环境工程，2011，29(1)：102 - 106.

[36] 肖汉雄，杨丹辉.基于产品生命周期的环境影响评价方法及应用[J].城市与环境研究，2018，1：88 - 105.

[37] 霍李江.生命周期评价(LCA)综述[J].中国包装，2003，1：42 - 46.

[38] Guinee J B，Handbook on life cycle assessment — operational guide to the ISO standards [J]. International Journal of Life Cycle Assessment，2002，7(5)：311 - 313.

[39] Lauridsen C. Life cycle analysis of detergent enzymes[C]. 2006(第九届)国际表面活性剂/洗涤剂会议.上海：2006.

[40] Bonin C，Lal R. Bioethanol potentials and life-cycle assessments of biofuel feedstocks[J]. Critical Reviews in Plant Sciences，2012，31(4)：271 - 289.

[41] Reap J，Roman F，Duncan S，et al. A survey of unresolved problems in life cycle assessment[J]. The International Journal of Life Cycle Assessment，2008，13(5)：374 - 388.

[42] 徐杰峰.子午线轮胎生命周期评价研究[D].西安：西北大学，2010.

[43] 陈菁.环境影响㶲分析方法及安全基准环境模型的研究[D].重庆：重庆大学，2010.

[44] 陆晓初.能级分析初探[J].能源研究与利用，1992，2：9 - 12.

[45] 郑丹星，武向红，郑大山.㶲函数热力学一致性基础[J].化工学报，2002，53(7)：673 - 679.

[46] 刘日新.能量系统的能分析与㶲分析[J].云南冶金，1991，6：46 - 50.

[47] 陈海涛，齐林，何琼，等.资源循环复杂物质流系统的 Petri 网建模方法研究[J].中国环境管理，2016，8(5)：85 - 89.

［48］陈海涛,张健,齐林,等.基于时间 Petri 网的循环物质流动态投入建模与仿真优化[J].系统工程理论与实践,2016,36(8)：1993 - 2002.

［49］张璞,蔡茂林.气动执行器与电动执行器的生命周期评价研究[J].流体传动与控制,2008,5：48 - 51.

［50］王强,焦生杰.翻新工程机械轮胎生命周期的能量分析与评价[J].橡胶工业,2018,65(5)：108 - 112.

［51］王兆君,刘帅,李俊杰.基于生命周期评价法的我国轮胎产业碳排放量测算与分析——以子午轮胎产业为例[J].经济问题探索,2017,1：185 - 190.

［52］郝红兵.能源计量管理与企业节能降耗浅析[J].山东工业技术,2018,1：248.

［53］沈精平,李明,谢晓刚,等.化工企业节能技术进步对策及节能降耗技术的运用[J].化工管理,2018,487(16)：127.

第3章 城市生活垃圾收集管理系统与技术

城市生活垃圾是指在城市日常生活中或者为城市日常生活提供服务的活动中产生的固体废物,其来源主要包括居民生活垃圾,商业垃圾,集贸市场垃圾,街道垃圾,公共场所垃圾,机关、学校、厂矿等单位的垃圾(危险固体废物除外)。

3.1 城市生活垃圾管理的理念与实践

我国目前正处于经济增长时期,经济的迅速发展和城市化进程的不断加快使城市规模日益扩大的同时,城市垃圾量也成倍增长。居民日常生活及消费行为所产出的生活垃圾大有"围城"的趋势。图3-1展示了2000—2017年间全国生活垃圾清运量的变化情况。对城市生活垃圾进行科学管理逐步成为发展中国家乃至发达国家共同面临的问题。

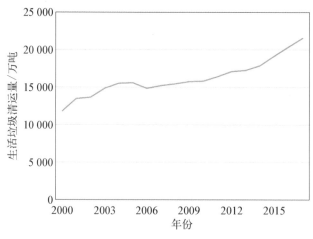

图3-1 全国生活垃圾清运量

3.1.1　城市生活垃圾的产生与危害

随着人类社会的发展,城市建设与环境保护之间的关系变得越来越紧密,两者之间的矛盾也越来越深。城市生活垃圾组成物质广泛,根据中华人民共和国住房和城乡建设部发布的《生活垃圾采样和分析方法》(CJ/T 313—2009),生活垃圾的物理组分界定及说明如表 3-1 所示。

表 3-1　生活垃圾物理组成分类一览表

序号	类　别	说　　　　明
1	厨余类	动植物类食品(包括各种水果)的残余物
2	纸类	办公生活过程产生的废弃纸张及纸制品
3	橡塑类	生活中废弃的塑料、橡胶制品
4	纺织类	生活中废弃的布类、棉花制品
5	木竹类	生活中废弃的木制、竹制产品
6	灰土类	炉灰、尘土等
7	砖瓦陶瓷类	废弃的砖块、瓦片、瓷器,损坏的瓷砖等
8	玻璃类	废弃的玻璃、玻璃制品
9	金属类	废弃的金属、金属制品
10	其他	废弃的电池、油漆、杀虫剂等
11	混合类	粒径小于 10 mm,按上述分类较为困难的混合物

城市生活垃圾主要存在两大问题:一是在收运过程中不可避免面临着垃圾暂存的需求,但是当前很多城市在实现小区收运的过程中,因为各种原因导致垃圾存在无序堆放的问题;二是由于城市生活垃圾种类繁多,组成复杂,对部分垃圾的处置方式不当。

1) 垃圾无序堆放

若垃圾的消纳能力低于垃圾的产生速度,则将导致生活垃圾清运效率低下,并使得无序堆放成为常态,这将导致以下危害:① 占地过多。堆放在城市郊区的垃圾侵占了大量农田,堆放在城市内的垃圾阻碍了小区内通道的通行。② 发霉变臭,产生有害气体,出现异味,污染空气。③ 发霉变质过程中产生有害液体,液体流入城市内河道、池塘将污染水体。④ 部分垃圾中存在可燃物,有火灾隐患。⑤ 滋生细菌。无序堆放的城市垃圾将成为有害生物的巢穴,滋生有害细菌的同时,为蚊子、苍蝇等有害生物的繁殖、生长提供有利条件。

2) 垃圾处置不当

一些城市生活垃圾具备一定的毒害性,不经及时、针对性的处理极易存在环境风险。一些典型的家庭生活用品,如下水道清通剂、厕所清洁剂、电池、过期药品等经废弃后存在包括腐蚀性、易燃性、生物毒性等在内的危害性。

概括而言,城市居民家庭生活和社会非生产性活动中使用工业品的种类与量的增加使城市固体废物中已必然地包含了一定数量具备毒害性的垃圾废物。对其实施有效的管理不仅是保障城市有序发展、减少"垃圾围城"现象的有力措施,而且是切实维护城市居民生活健康、保证市容环境整洁有序的重要手段。

3.1.2 国内外城市生活垃圾管理的实践

在不断提高城市生活垃圾管理处置水平的过程中,国内外诸多城市结合城市生活垃圾特点开展了不少实践工作,积累了一些值得借鉴的经验。

3.1.2.1 国外城市生活垃圾管理实践经验

国外发达国家对城市生活垃圾的管理起步较早,具体实施措施精细、到位,更为关注包含城市生活垃圾的产生、收运及处置在内的全过程管理。在管理对象上主要从政府、企业、居民不同方面入手,改善了垃圾管理处置状况。在管理内容上从提高垃圾收运、处理效率,降低垃圾中转、贮存时间和空间以及分列有害垃圾等方面入手,开展了城市生活垃圾处理处置方面的改革,以期最大限度地改善生活垃圾管理模式,实现垃圾资源利用,进而实现资源的循环利用,其成效与经验对我国垃圾分类处理的实施有着借鉴意义。其管理过程中的实践经验主要体现在提高垃圾收运效率、实现垃圾源头分类、促进公众参与管理3个方面。

1)提高垃圾收运效率

对城市生活垃圾的消纳管理主要包括"前段收运"和"后段处置"两大方面,如果垃圾收运的效率无法得到提升,即使处置手段多么丰富,处置能力多么强大,依然会面临"垃圾围城"的情况。同时垃圾的无序堆放对周边环境甚至是居民的身体健康都会造成不良影响。因此,很多发达国家非常重视对垃圾收运效率的提升。

比如,新加坡采用多种垃圾收集方式,直接收集和间接收集并行[1]。直接收集类似常见的收集方式,利用垃圾压缩车挨门挨户对一些商铺和住宅区的垃圾进行压缩、收集,然后送往垃圾转运站,进入整个垃圾收运网络。间接收集主要是针对高层建筑,利用公用的垃圾道收集各个楼层居民的垃圾,垃圾进入公共垃圾道,汇入中央垃圾仓,再通过小型车辆将垃圾运走,这种方法较大提高了居民垃圾的收运效率。

随着科学研究方法的进步,许多新的科学技术手段及研究方法也应用到了城市生活垃圾的收运管理中。例如模型优化的方法能够从预测、优化、评价等角度出发,解决垃圾量预测、处理设施选址和规模、车辆路径优化和调度等问题,其常见的方法有混合整数规划、动态规划、多目标规划、不确定规划、模糊规划、组合优化等。在收运路径管理优化方面,国外发达国家起步较早,主要的研究方向有中间设施选址和路径优化综合研究,考虑不同目标、引入复杂约束的垃圾收运路径优化,不同区域属性或不同垃圾类型的收运路径优化研究。近年来包括地理信息系统(geographic information system,GIS)等现代技术[2]也成为提高城市生活垃圾管理的重要手段,进一步提高了垃圾收运效率。如图3-2所示,在希腊地区,学者通过对面积约0.45平方公里,包含8 500名居民和80多个建筑街区在内的地块进行模型研究,利用 GIS 技术参与模型分析,更有效地分配了该地区内的垃圾箱,使垃圾箱的数量减少了30%以上,降低了废物收集和运输的成本。

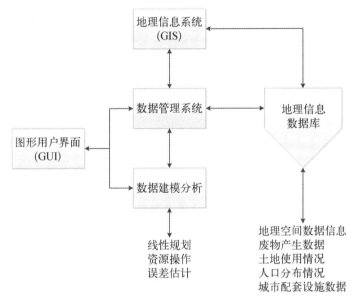

图3-2 希腊地区城市生活垃圾高效收运管理模式

2)实现垃圾源头分类

传统的垃圾收运将所有垃圾"一股脑"地全部收集再处理,一方面导致处理、消纳的垃圾数量庞大,有时超出处理单位的负荷;另一方面也不利于对有害垃圾、可再生利用垃圾进行针对性处理。以源头减量、回收和循环再利用为主导方向的垃圾管理理念最早在德国产生,该理念将尽可能避免垃圾的产生放在首位,在无法避免的情况下,尽可能对垃圾实施再利用,即循环使用,而只有以上两个方面都无法起作用时,才对垃圾进行处理。与此同时,实现垃圾的源头分类还有助于通过针对性的收集、处置,提高垃圾收运的综合效率。

德国、美国等不少发达国家在实现城市生活垃圾有序管理方面往往围绕"分类"一词展开改革,实现境内的全民垃圾分类。这成为城市生活垃圾管理最为重要的一个组成部分,包括了对生活垃圾的分类、回收、转运、处理等环节构成的全过程。早在20世纪90年代初,德国就通过了《废物分类包装条例》,规定生产厂家和分销商对其产品包装全面负责,包括回收废弃包装,再利用或再循环其有效部分;此后颁布的《循环经济与废弃物管理法》确立了"谁污染谁治理"的垃圾管理制度。针对垃圾回收问题,德国建立了"双向回收系统":一方面公司组织垃圾收运者集中回收该公司消费者产生的废弃包装,分类后能直接回收的则送返制造商,其他可回收包装送到资源再利用厂家进行循环使用;另一方面,成立专业回收中介公司,由垃圾回收部门和商品经销各方投资建立起统一的回收系统。

美国在 20 世纪 90 年代就确立了生活垃圾优先分级管理战略,并将其写进联邦法规。在优先分级管理战略的指导下,美国对生活垃圾实施分类管理,即源头分类收集—分类收运—分类回收利用与处理。各地的具体分类方式也有所不同,大体分为 4 类:可回收利用垃圾、有机垃圾、特殊垃圾以及其他普通垃圾。

3) 促进公众参与管理

发达国家在实现城市生活垃圾管理的过程中,不仅设有完善的垃圾分类设施,还配备高效的监督管理体系以强制要求居民在源头将垃圾进行分类,促进公众的参与。在德国,居民须按照所在城市规定的分类规则投放垃圾,否则会被拒收垃圾或者面临处罚。这一政策使公众对垃圾分类的参与度大大提高,从而提高了最终的垃圾分类效率。

日本政府在促进公众参与,加强垃圾分类管理中发挥了重要作用:一是日本在垃圾分类教育方面形成了政府带头、社会各界积极响应的宣传教育体系;二是日本政府对垃圾分类管理工作细致完善,如政府每年都会把印有垃圾分类投放日期的年历漫画发送给居民,并用不同颜色进行标注,如图 3-3 所示。日本社会也鼓

图 3-3　日本垃圾分类手册

励和提倡中小学生参与到垃圾分类的宣传工作中去,图3-4展示了日本小学生参与绘制的贴于公共垃圾桶侧的垃圾分类宣传画。图3-5为日本细分化的垃圾收集箱。因此,日本逐渐形成了以公民参与为中心的多主体协同治理机制,该机制实现了居民的积极参与和自我监督,使公民积极参与到垃圾回收的管理工作中,并让公民有权对他人进行监督,敦促他人对垃圾进行正确分类及投放。公民在参与垃圾分类时不仅受制度管束,亦有权监督法律、法规、政策的执行。图3-6展示了逢重大公共活动时所设置的临时垃圾箱,也按照垃圾分类的原则进行了分类收集与清运。

图3-4　由日本小学生参与绘制的
垃圾分类宣传画

图3-5　日本细分化的垃圾收集箱

图3-6　重大活动所设置的临时
垃圾分类收集箱

3.1.2.2 中国城市生活垃圾管理实践探索

我国在推进提高城市生活垃圾收运及处理处置的管理方面起步较欧、美、日等国家和地区晚,在城市生活垃圾管理规划体系的编制、法律制度的保障、公众参与的宣传以及现代信息化管理等方面尚处于起步、探索的阶段。但伴随着近年来可持续发展与绿色生态文明建设理念的不断深入,民众参与城市管理积极性的不断提高,以及国家及地方对城市生活垃圾处理处置管理规划与布局的重视,我国一些地区、试点城市经过多年努力,已经积累了一些有效的管理经验。

1) 强化城市再生资源回收利用制度

再生资源的利用是指将生产和消费过程中产生的废物作为资源加以回收利用。对城市生活垃圾中可再生资源进行合理利用有助于节约大量资源,降低生产成本,减少环境污染,同时减少城市生活垃圾的处理量。我国早期的生活垃圾再生资源利用集中在废旧衣物回收、废旧纸张回收等方面,开展面较窄,运营的企业或社区消耗资源、精力较多,能够再生利用的生活垃圾种类少,不成体系。为了从根本上实现垃圾收运、处理效率的提升,降低垃圾中转、贮存时间和空间,完善和加强城市生活垃圾的综合管理,必须对城市生活垃圾中再生资源的有效利用进行积极探索。

我国台湾地区政府在强化垃圾分类回收制度建设方面十分注重引导,根据形势出台了一些阶段性的政策:如1997年出台"资源回收四合一计划"(即实施全民参与的回馈式资源回收"四合一"办法),逐步实现可用资源与垃圾分开收集,整合社区民众、回收公司、地方政府(清洁队)、回收管理基金4个方面,共同建立开放、便民、有效的回收系统;2002年实行"限塑政策",推动资源减量;2005年推行垃圾强制分类及垃圾不落地政策;2007年推出"资源循环利用推动计划";等等。这些政策有效引导社会各界逐步提高对资源再利用的认识,培养良好的生活习惯,使分类回收、集中处置的管理模式深入人心。台湾地区垃圾再生资源利用发展历程如图3-7所示。

台湾地区政府对资源回收利用工作十分重视,形成了政府主导、民众参与、市场运作、基金补贴、监管严密且较为完善的、围绕再生资源回收与开发利用为核心的城市生活垃圾处理处置体系,其最终目标是实现垃圾资源全部回收,达到垃圾零填埋。再生资源的回收利用促进了台湾地区政府针对不同品种采取相应的回收与处理办法,有效提高了生活垃圾的处理效率和再利用率。

2) 建立具有区域针对性的综合管理模式

城市生活垃圾的综合管理是指根据垃圾成分或特性,遵循"分级处理、逐级减量,以废治废、变废为宝"的原理,结合地方特点,优化组合多种垃圾处理方式,进而实现城市生活垃圾的专业化管理和集约化处置。

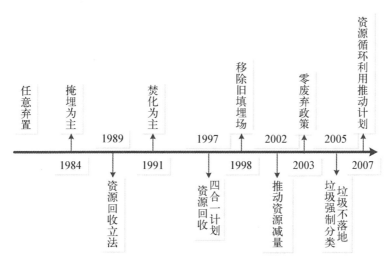

图 3-7　台湾地区垃圾再生资源利用发展历程

　　城市生活垃圾的综合管理绝非是处理技术与法规政策的简单叠加,在加强生活垃圾管理的过程中,其综合管理的理念也需要结合地区实际而不断丰富与发展。在发展相关理念的同时,既要注重处理手段的发展,也要考虑到不同区域的社会条件、经济条件、环境条件,尤其是垃圾特性差异。在设计垃圾管理方式、规划垃圾处理设施时,必须对当地的社会、经济、资源、环境等进行系统全面的调查分析,从地区的实际出发,因地制宜地配置运用有针对性的垃圾管理理念。

　　广州地区对城市生活垃圾原先采用单一的焚烧处理方式[3-4],后来逐渐发展为以"逐级减量,以废治废"为原则,通过丰富和发展生活垃圾综合管理理念,在生活垃圾的高效管理方面取得了一定成效。自 2010 年以来,广州市政府认识到仅凭行政命令很难达到理想效果,如果无法搭建行之有效的城市生活垃圾分类管理体系,城市生活垃圾的管理将依旧原地踏步。因此广州市政府以地方性法规的形式把相关制度和经验固化下来的同时,积极开展了"广州垃圾处理,政府问计于民"的网络问计活动,开展了垃圾分类进学校、进社区、进家庭、进单位等一系列活动,逐步明确了实行垃圾计量收费制度、可以拒绝接收制度、"两网融合"制度等针对性措施,进一步规范了生活垃圾管理的相关要点。

　　3) 推广再生资源与垃圾回收"两网融合"制度

　　近年来,我国政府正在积极探索和开展"两网融合"制度,主要是将再生资源回收利用网络与环卫清运网络进行有机结合,对原有两个体系从源头投放、收运系统、处置末端三个环节进行统筹规划设计,实现投放站点的整合统一、作业队伍的整编、设施场地的共享等。这样可以方便居民分类投放、交售废品,提升收运队伍专业化水平、服务,使不同类型垃圾能得到循环、再生利用和合理处置处理,资源利用效率达到最大化。

国家"十三五"规划纲要明确提出,健全再生资源回收利用网络,加强生活垃圾分类回收与再生资源回收的有效衔接。2016 年,由中国再生资源回收利用协会等 38 家机构共同发起,相关的企业、科研机构、行业协会等 97 家单位参与生活垃圾分类回收、处理、资源化利用。2017 年,国务院办公厅转发国家发展改革委住房城乡建设部《生活垃圾分类制度实施方案》的通知(国办发〔2017〕26 号),要求加快建立分类投放、分类收集、分类运输、分类处理的垃圾处理系统,努力提高垃圾分类制度覆盖范围。其后,2018 年中华全国供销合作总社出台的《关于加快推进再生资源行业转型升级的指导意见》指出再生资源企业要积极承担城乡生活垃圾分类减量运营任务,促进再生资源回收利用网络与环卫清运网络实行有效对接,在机制、人力资源、物流、设施、平台等 5 方面积极实施"两网融合"。

2018 年,上海市政府就促进"两网融合"制度的推广出台了一系列相关政策。上海市人民政府办公厅印发《关于建立完善本市生活垃圾全程分类体系的实施方案》(沪府办规〔2018〕8 号),并明确指出,到 2020 年底,基本实现"两网融合",生活垃圾资源化回收率达到 35%;上海市生活垃圾分类减量推进工作联席会议办公室印发《上海市两网融合回收体系建设导则(试行)》(沪分减联办〔2018〕3 号),明确提出了建设标准、建设规范、设施设备配置规范等;上海市人民政府办公厅转发市发展改革委等四部门出台的《关于建立健全本市生活垃圾可回收物回收体系实施意见的通知》(沪府办〔2018〕20 号),明确指出,到 2020 年,全市建成"点站场"体系完整、运行顺畅的生活垃圾可回收物回收体系。

3.1.3 城市生活垃圾管理原则和相关法规

我国的《城市生活垃圾管理办法》曾明确"城市生活垃圾的治理,实行减量化、资源化、无害化和谁产生、谁依法负责的原则"。在实现城市生活垃圾综合管理的过程中,必须明确管理的边界和框架,结合实际确定管理的原则,进而通过采取有利于城市生活垃圾综合利用的经济、技术政策和措施,提高管理效率,改进处置技术,实现高效的城市生活垃圾过程管理与最终处理处置。

3.1.3.1 城市生活垃圾管理的边界与框架

城市生活垃圾管理的边界一般包含了城市生活垃圾从输入到收集再到最终处置输出以及其中的物质回收、运输的全部环节[5](见图 3 - 8)。城市生活垃圾是城市生态系统向自然环境、其他生态系统中排放的重要废物。尽最大努力控制自身消费方式及行为、提高资源的再利用率、高效无害化处理废弃物是保障城市生态系统正常运转的重要手段。

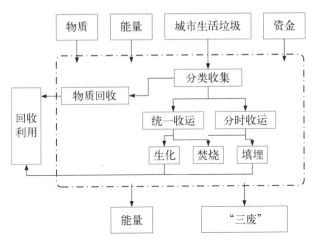

图 3-8　城市生活垃圾的处置及管理框架

对城市生活垃圾进行管理的实施框架主要包括三个部分：① 对输入的城市生活垃圾进行分类；② 对可回收的物质进行回收利用；③ 对不可回收的物质进行最终处置。在具体实施生活垃圾管理的过程中，既要对生活垃圾的分类、运输、最终处置实施管理，也要控制外部物质、能量以及社会资金的流入和废气等物质的输出。这就要求在实施城市生活垃圾管理的同时，认真考虑并积极协调管理边界内部的过程和外部的输入。

城市生活垃圾的产生及循环物流过程如图 3-9 所示。城市的工业生产、

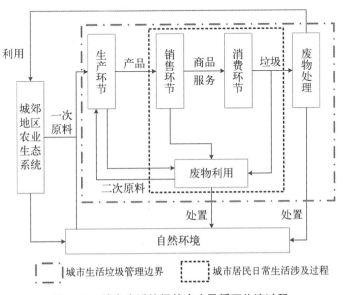

图 3-9　城市生活垃圾的产生及循环物流过程

销售及消费过程的原料直接来自自然环境或其他生态系统(如农业生态系统),在城市系统中原料经过生产环节的加工制造,成为可流通的商品进入销售环节。经消费者使用后的商品后产生或成为废弃物,进入废弃物处理处置环节,在这一环节中产生的废弃物主要为生活污水、生活废物和工业污水、工业废物两大类。废弃物经不同的处理、回用手段排放输出至自然环境中或重回农业生态系统中再利用[6]。

在城市的建设和发展过程中,必须严格按照生态学规律办事,这样既能够保证其他生态系统的生态平衡,也可以维护城市自身的生存和发展。而在这一过程中,必然需要遵循一些管理的原则,运用一定的手段,才能够遵照生态学的规律进行城市建设。

3.1.3.2 城市生活垃圾管理的"3R原则"及其应用

"3R原则"即垃圾处理的减量化(reduce)、再使用(reuse)和再循环(recycle),基于"3R原则"的垃圾处理是今后城市生活垃圾处理的正确方向。在此基础上,处理好政府、市场和市民间的关系是真正解决日益严重的"垃圾围城"问题的有效途径。随着城市生活垃圾规模的逐年扩大,特别是在人口规模较大的特大城市,由于常住人口基数大、产生垃圾总量高、环境承载力有限,对城市生活垃圾实行基于"3R"原则的垃圾管理十分必要。

1) 城市生活垃圾管理的"3R原则"

(1) 减量化 城市生活垃圾具有数量巨大、体积庞大、疏松膨胀等特点,不但增加运输成本费用,而且占用堆填场地大,挤占了有限的城市生活垃圾处理消纳场地。

减量化是城市生活垃圾管理的重要概念,也是垃圾管理的基本要求,是降低垃圾对环境危害的最终手段。需要注意的是,对城市生活垃圾实现减量化一般包含两种不同的理解:第一种理解是在源头上减少垃圾的产生量,例如倡导不使用一次性物品、超市塑料购物袋,减少消费品的过度包装等;第二种理解是减少垃圾的最终处置量,即在城市生活垃圾处理、转运的管理中,通过压实、破碎等物理手段,减少转运垃圾的容积,从而方便运输和处置,以及通过实施分类投放、回收、转运的手段,减少需要进入城市生活垃圾处理处置系统的垃圾数量。此第二种理解在城市生活垃圾管理的"3R原则"中应归为资源化和再循环。

(2) 再利用 城市生活垃圾再利用是指将废物直接作为资源化产品再次进行使用或作为原料进行利用或者对废物进行再生利用。再利用和资源化往往同时提及,在《中华人民共和国循环经济促进法》中就规定,"在废物再利用和资源化过程中,应当保障生产安全,保证产品质量符合国家规定的标准,并防止产生再次污染""企业事业单位应当建立健全管理制度,采取措施,降低资源消耗,减少废物的产生量和排放量,提高废物的再利用和资源化水平"。

（3）再循环　要想实现城市社区复合生态系统整体协调,且实现人与自然共同演进、和谐发展、共生共荣的可持续发展模式,在城市生活垃圾管理中必须以生活垃圾无害化处理、资源化回收、再循环利用为总原则,使资源不断循环和再生,最大限度地提高垃圾资源的再生和综合利用水平,并把垃圾对环境的污染降到最低。

在城市生活垃圾管理方面,实现合乎"3R 原则"的处理与管理模式既可以节约不可再生的矿产等资源,又有利于避免因堆放、填埋城市生活垃圾而占用宝贵的土地资源问题,同时降低对城市生活垃圾处理消纳能力的要求,是实现我国经济可持续发展的重要手段。实现城市生活垃圾再循环主要包括两个方面:① 原级再循环,即废品被循环用来产生同种类型的新产品,例如报纸再生报纸、易拉罐再生易拉罐等;② 次级再循环,即将废物资源转化成其他产品的原料。

2）"3R 原则"对城市生活垃圾管理处置的影响

城市生活垃圾的管理也必须符合环境生态化规律,垃圾处理应按照减量化、再使用和再循环的原则加强对垃圾产生、处理全过程管理。对城市生活垃圾的处理处置,"3R 原则"的确立能够起到引导垃圾处理技术的发展方向、引导分类管理的建立、驱动管理政策的进步等作用。

建立分类管理模式,实现垃圾减量化。"3R 原则"中减量化理念的确立启示我们在垃圾管理的过程中首先要做到源头减量,在垃圾产生的初始阶段,尽可能通过宣传、呼吁,减少居民生活垃圾的产生;然后借助垃圾分类管理,最大限度地改善生活垃圾管理模式,实现垃圾资源利用,进而实现资源的循环利用,减少垃圾的最终处置量;最后根据分类收集的垃圾分别选择综合利用、堆肥、焚烧和填埋等方法处理。

例如,对有机质垃圾（厨余垃圾）和自然界生态垃圾采用堆肥法处理,由于堆肥产品有机质含量较未分类收集堆肥产品高,其中重金属和玻璃等有害物质将大大降低,因此有利于提高堆肥产品的质量。该堆肥产品可用作绿化或农、林用肥。对不能回收再生的可燃垃圾和堆肥过程中产生的残余物采用焚烧法处理,分类收集的可燃垃圾发热值高。

优化改进管理政策,促使垃圾再利用。加强城市生活垃圾管理、提高生活垃圾再使用和再循环一是要通过法律强制,即通过环境法律法规的实施和地方城市生活垃圾管理条例的执行保障城市生活垃圾有序管理、促进垃圾分类收运;二是结合政策支持、利益驱动呼吁企业和社会公众参与到城市生活垃圾管理中去,实现全民参与。

表 3-2 展示了我国城市生活垃圾管理政策标准的发展。由此表可见,一直

以来我国十分重视城市生活垃圾管理政策的制定与引导,特别是2018年以来,我国政府结合时代特点、基本国情,不断补充和完善城市生活垃圾管理的配套政策和措施。由此可见,我国在制定城市生活垃圾管理政策的过程中,正逐步调整管理政策的侧重面,不断明确和细化城市居民及企业参与群体在城市生活垃圾管理和处置过程中的角色定位以及责任,鼓励全民参与,以提高生活垃圾再利用的比例。

表 3-2　我国城市生活垃圾管理政策标准的发展

时　间	编　号	文件/政策标准	主　要　内　容
2000 年	建成〔2000〕120 号	《城市生活垃圾处理及污染防治技术政策》	主要对垃圾减量、收集运输、综合利用等进行详细规定,要求加快处理设施建设等
2012 年	国办发〔2012〕23 号	《"十二五"全国城镇生活垃圾无害化处理设施建设规划》	
2018 年	发改价格规〔2018〕943 号	《关于创新和完善促进绿色发展价格机制的意见》	按照补偿成本并合理盈利的原则,制定和调整城镇生活垃圾处理收费标准;建立健全城镇生活垃圾处理收费机制;完善城镇生活垃圾分类和减量化激励机制

　　发展垃圾处理技术,保障垃圾再循环。在城市生活垃圾处理方面,传统的生活垃圾处理方式主要是通过简单填埋进行处理处置[7],而简易填埋的方式非常不适用于当前对城市生活垃圾处理生态化的要求,易导致二次污染,且不利于能源的再循环。伴随着"3R 原则"的不断发展和深入人心,以及人们对垃圾处理技术要求的不断提高,对一部分难以直接利用的生活垃圾进行再循环的要求促使垃圾处理技术的不断革新与发展。

　　目前很多城市考虑以焚烧处理代替一部分原来的填埋处理,作为城市生活垃圾的主要处置方式[8],这一定程度上是因为垃圾焚烧技术切实符合了减量化和再循环的要求。垃圾焚烧技术作为一种简单模仿燃煤过程的技术能够有效地处理分解固体废弃物,并通过对垃圾的翻滚、跌落等方式提高燃尽率,进一步减少城市生活垃圾的绝对数量,同时在焚烧过程中,其产生的热能能够进行发电等资源化利用。因此,如何提高城市生活垃圾焚烧效率、减少助燃剂的使用、加强对耐腐蚀锅炉热交换管材的开发,以提高锅炉传热效率、控制焚烧产生的恶臭和去除有害污染物等成为当前研究垃圾焚烧处理的热点。

　　总体而言,只有实现了垃圾分类回收、分类收运管理等,选择合适的利用方法,才能真正实现回收再生或再循环使用垃圾中的有用资源,保障城市生活垃圾管理的有序发展。与此同时,完善的法律法规和政策也是实现城市生活垃圾管理系统高效运行的重要基石。

3.1.3.3　城市生活垃圾管理的法规保障

城市生活垃圾的有效管理离不开国家相关法律法规的保障,表3-3是我国1993—2017年内主要的城市生活垃圾管理相关法规政策。

表3-3　我国城市生活垃圾管理相关法规政策一览表(国家范围)

发布时间	编　号	法规名称	说明/要求
1993年	建设部令第27号	《城市生活垃圾管理办法》	第一部专门针对城市生活垃圾管理的全国性法规
2000年	建成〔2000〕120号	《城市生活垃圾处理及污染防治技术政策》	引导城市生活垃圾处理及污染防治技术发展的技术规范文件
2002年	国科发农社字〔2002〕269号	《可持续发展科技纲要(2001—2010年)》	开展城市生活垃圾处理处置及资源化利用技术与装备
2007年	建设部令第157号	《城市生活垃圾管理办法》	确定了城市生活垃圾的治理,实行"减量化、资源化、无害化"和"谁产生、谁依法负责"的原则
2007年	发改投资〔2007〕1760号	《全国城市生活垃圾无害化处理设施建设"十一五"规划》	城市生活垃圾管理领域的纲领性文件
2010年	建城〔2010〕61号	《生活垃圾处理技术指南》	生活垃圾处理的技术规范
2011年	国发〔2011〕9号	《国务院批转住房和城乡建设等部门关于进一步加强城市生活垃圾处理工作意见的通知》	加大了政策支持力度
2011年	国发〔2011〕42号	《国家环境保护"十二五"规划》	提出要求提高生活垃圾处理水平。加快城镇生活垃圾处理设施建设,到2015年,全国城市生活垃圾无害化处理率达到80%,所有县具有生活垃圾无害化处理能力。健全生活垃圾分类回收制度,完善分类回收、密闭运输、集中处理体系,加强设施运行监管
2011年	国发〔2011〕26号	《"十二五"节能减排综合性工作方案》	健全城市生活垃圾分类回收制度,完善分类回收、密闭运输、集中处理体系
2013年	环发〔2013〕22号	《国家环境保护标准"十二五"发展规划》	修订了危险废物和生活垃圾焚烧等污染控制标准

（续表）

发布时间	编　号	法规名称	说明/要求
2016 年	中发〔2016〕6 号	《关于进一步加强城市规划建设管理工作的若干意见》	明确了一系列城市发展的"时间表"：用 5 年左右时间，全面清查并处理建成区违法建设，完成所有城市历史文化街区划定和历史建筑确定工作等；到 2020 年，基本完成现有的城镇棚户区、城中村和危房改造，力争将垃圾回收利用率提高到 35％以上等；力争用 10 年左右时间，使装配式建筑占新建建筑的比例达到 30％等
2016 年	—	《中华人民共和国国民经济和社会发展第十三个五年规划纲要》	健全再生资源回收利用网络，加强生活垃圾分类回收与再生资源回收的衔接
2016 年	—	《关于推进再生资源回收行业转型升级的意见》	推动有条件的城市创新工作体制机制，试点开展再生资源回收与生活垃圾分类回收体系的协同发展，鼓励在重点环节加强对接
2016 年	—	《住房城乡建设事业"十三五"规划纲要》	要求到 2020 年城市生活垃圾无害化处理率达到 95％
2016 年	建城〔2016〕208 号	《关于进一步鼓励和引导民间资本进入城市供水、燃气、供热、污水和垃圾处理行业的意见》	鼓励和引导民间资本进入市政公用行业
2016 年	发改能源〔2016〕2619 号	《可再生能源发展"十三五"规划》	要求稳步发展生物质发电，重点在具备资源条件的地级市及部分县城稳步发展城镇生活垃圾焚烧发电
2016 年	发改环资〔2016〕2851 号	《"十三五"全国城镇生活垃圾无害化处理设施建设规划》	要求以科技创新为动力，不断提高生活垃圾减量化、资源化和无害化处理水平
2016 年	国发〔2016〕65 号	《"十三五"生态环境保护规划》	提出治污减排目标任务超额完成：到 2015 年，城市建成区生活垃圾无害化处理率达到 94.1％。 要求发展资源节约循环利用的关键技术，建立城镇生活垃圾资源化利用、再生资源回收利用、工业固体废物综合利用等技术体系
2017 年	国办发〔2017〕26 号	《生活垃圾分类制度实施方案》	要求因地制宜，循序渐进，综合考虑各地气候特征、发展水平、生活习惯、垃圾成分等方面实际情况，合理确定实施路径，有序推进生活垃圾分类。

（续表）

发布时间	编 号	法规名称	说明/要求
			目标：到 2020 年底，基本建立垃圾分类相关法律法规和标准体系，形成可复制、可推广的生活垃圾分类模式；在实施生活垃圾强制分类的城市，生活垃圾回收利用率达到 35% 以上
2017 年	发改环资〔2017〕751 号	《循环发展引领行动》	加强生活垃圾分类回收体系和再生资源回收的衔接；统筹规划和建设区域内工业固废、再生资源、生活垃圾资源化和无害化处置设施，建设跨行政区域的资源循环利用产业基地；居民社区和医院、学校等公共机构开展生活垃圾资源化、无害化处理合作，促进生活垃圾与再生资源回收处理利用两个网络系统衔接发展
2017 年	建 城〔2017〕108 号	《关于规范城市生活垃圾跨界清运处理的通知》	要求加强城市生活垃圾清运处理管理，规范垃圾跨界转移处置行为。同时，还明确了跨界清运处置垃圾的审批程序和条件，并要求建立生活垃圾跨界清运处理联单制度
2017 年	国办发〔2017〕70 号	《国务院办公厅关于印发禁止洋垃圾入境推进管理制度改革实施方案的通知》	将打击洋垃圾走私作为海关工作的重中之重，严厉查处走私危险废物、医疗废物、电子废物、生活垃圾等违法行为。加快国内固体废物回收利用体系建设，建立健全生产者责任延伸制，推进城乡生活垃圾分类，提高国内固体废物的回收利用率，到 2020 年，将国内固体废物回收量由 2015 年的 2.46 亿吨提高到 3.5 亿吨
2017 年	建 城〔2017〕253 号	《关于加快推进部分重点城市生活垃圾分类工作的通知》	明确：2020 年底前，46 个重点城市基本建成生活垃圾分类处理系统，基本形成相应的法律法规和标准体系，形成一批可复制、可推广的模式。在进入焚烧和填埋设施之前，可回收物和易腐垃圾的回收利用率合计达到 35% 以上。2035 年前，46 个重点城市全面建立城市生活垃圾分类制度，垃圾分类达到国际先进水平。 要求：规范生活垃圾分类收集，加快配套分类运输系统，加快建设分类处理设施，加快推进生活垃圾分类处理系统建设

再生资源回收利用是近期国家城市生活垃圾管理的新趋势,表 3-4 是近年来我国在生活垃圾分类及再生资源回收等方面的主要政策。

表 3-4　国家生活垃圾分类及再生资源回收等有关政策

发布时间	名　称	批号或发文单位	主　要　内　容
2015 年	《再生资源回收体系建设中长期规划(2015—2020 年)》	商流通发〔2015〕21 号	围绕规范回收利用秩序,降低回收利用成本和提高回收利用率,着力加强再生资源回收管理法律法规建设,推进再生资源回收管理体制改革和回收模式创新,提升再生资源回收行业规范化水平和规模化程度,构建多元化回收、集中分拣和拆解、安全储存运输和无害化处理的完整、先进的回收体系
2016 年	《关于发起成立"'两网融合'(垃圾分类处理与再生资源利用)产业创新协作体"发起单位议事会的通知》	中国再生资源回收利用协会	围绕"两网融合"目标,推动各级政府主管部门管理模式创新及建立合理的利益分配机制,推动再生资源企业、环卫企业积极参与到"两网融合"中的实践中来;推动技术创新,构建从垃圾分类回收到废弃物资源化利用的完整产业链,凝聚和培育创新人才,合力推进我国"两网融合"的跨越式发展
2016 年	《关于推进再生资源回收行业转型升级的意见》	商务部等多部门	着力推动再生资源回收模式创新,推动经营模式由粗放型向集约型转变,推动组织形式由劳动密集型向劳动、资本和技术密集型并重转变,建立健全完善的再生资源回收体系
2017 年	《关于转发国家发展改革委住房城乡建设部生活垃圾分类制度实施方案的通知》	国办发〔2017〕26 号	到 2020 年底,基本建立垃圾分类相关法律法规和标准体系,形成可复制、可推广的生活垃圾分类模式,在实施生活垃圾强制分类的城市,生活垃圾回收利用率达到 35% 以上
2018 年	《关于加快推进再生资源行业转型升级的指导意见》	供销经字〔2018〕11 号	为贯彻落实党的十九大精神,更好地发挥供销合作社再生资源行业在加快生态文明建设和实施乡村振兴战略中的独特优势和重要作用,加快推进供销合作社再生资源行业转型升级

3.2　城市生活垃圾分类回收系统的构建

近年来随着我国城市居民生活水平的不断提高,市民对环境卫生质量提出了更高的要求。这一要求促使政府构建更加完善的生活垃圾管理系统。我国生活垃圾管理系统的不完善体现在诸多方面,其中之一便是生活垃圾混合收运处理方式。首先,垃圾混合收运处理系统不利于实现生活垃圾处理处置的"三化原则"(减量化、资源化、无害化),各类垃圾混合后相互污染,难以得到有效处置或再利用;其次,垃圾混合收运处理系统将使运输过程中垃圾渗滤液滴漏的风险大大增加[9],进而带来公共健康问题[10]。

3.2.1　城市生活垃圾源头分类需求与模式

将生活垃圾在源头进行分类投放,进而分类收运、分类处理,而非简单地全量填埋或全量焚烧,正是提升生活垃圾管理水平、改善环境卫生质量的有效手段。因此,生活垃圾分类收运处理成了目前中国许多城市管理者优先考虑实施的方式。科学合理地进行生活垃圾分类收运是一个复杂的系统工程,涉及分类投放、分类收集、分类运输等多个环节[11]。

3.2.1.1　城市生活垃圾源头分类需求

城市生活垃圾源头分类是指在进一步处理前,将城市生活垃圾在产生源按照垃圾的不同性质分为数类[12]。随着我国国民生产总值的增长,城市生活垃圾产量呈现出急速上升的趋势,而居民物质生活水平的提高也导致生活垃圾组成的变化。比如,经济收入提高后导致消费意识的变化,商品包装产业不断发展,商品包装形式、种类、数量越来越多,一次性的消耗品在餐饮、住宿等行业广泛使用,这就大大改变了城市生活垃圾的组成成分。在生活垃圾总量增长的基础上,垃圾成分的复杂化加剧了后续回收处理的难度,因此对城市生活垃圾源头分类提出了较高要求。城市生活垃圾源头分类需求主要包括协调垃圾收运和末端处置,识别和利用可回收物,控制生活垃圾污染 3 个方面。

1) 协调垃圾收运和末端处置

随着城市的迅速发展以及规模的不断扩大,垃圾收运系统覆盖的城区范围不断扩大,现代城市生活垃圾收运系统变得越来越复杂,城市生活垃圾产生源距垃圾处理处置设施的距离也越来越远。然而,长期以来我国城市生活垃圾管理系统建设的研究重点主要集中在垃圾的末端处理处置上,而对垃圾源头分类收运方面的研究相对滞后。系统、高效的垃圾源头分类管理体系可有效协同垃圾分类收运环节,从而提高生活垃圾管理效果。与此同时,目前焚烧、填埋、堆肥是处理垃圾的几种主要方式,这几种处理方法的效果同生活垃圾的源头分类率有着密切关系:垃圾分类率高,则焚烧、填埋、堆肥的处理效果好,环境污染小,甚至可以做到零污染;垃圾分类率低,则效果欠佳,环境污染程度高、危害大。因此做好垃圾源头分类工作可有效减少末端处置环节的垃圾量,同时提高垃圾末端处理效果。

2) 识别和利用可回收物

不同的国家与城市曾尝试过各种不同的城市生活垃圾综合管理策略,这些策略的关键在于能否成功地实施生活垃圾源头分类。源头分类是优化生活垃圾收集、处理的一个重要方式,且这一方式无论在以可回收物为主的分类系统中,还是在以有机垃圾为主的分类系统中,都被证明有获得良好经济效益的潜力[13-14],能显著提高垃圾中可回收物的资源化利用率[15]。可回收物,包括塑料、纸类、玻璃、金属、瓶罐等,可以满足回收要求,进入各工业部门进行加工再利用,产生经济效益;而在土地缺乏营养元素或严重依赖化学肥料的农业地区,有机垃圾,包括餐饮垃圾、厨余垃圾等,可以制成有机肥料加以利用,从而也能产生经济效益。然而,有效利用或针对性处理这些垃圾的前提是对生活垃圾进行有效的源头分类。混合收集或效果不佳的分类收集都将致使各类垃圾相互污染,很大程度上失去原有的利用价值。

3) 控制生活垃圾污染

生活垃圾源头分类还能使不同类别的垃圾得到针对性技术处理,从而使生活垃圾污染得到更有效的控制。因此,实施生活垃圾源头分类可以作为实现生活垃圾"减量化、再利用、再循环"的循环经济有效切入点。因此,城市生活垃圾源头分类收运系统作为与居民生活密切相关的一部分,其高效运行对城市生活垃圾合理分类、有效回收、资源化利用以及垃圾减量与无害化处置起着至关重要的作用。

3.2.1.2 居住区生活垃圾源头分类模式

居住区是生活垃圾分类的首要场所,也是与市民生活最息息相关的垃圾产生源头。居住区垃圾源头分类是垃圾管理过程中的重要一环,其实施的目的是实现垃圾管理的高效运行,实现垃圾减量、无害、资源化,它有赖于其他各个环节的建设和良好发展。

1) 主要源头分类模式

我国城市生活垃圾源头分类基本方案是根据《城市生活垃圾分类及其评价标准》(CJJ/T 102—2004)将生活垃圾分为六大类,包括可回收物、大件垃圾、可堆肥垃圾、可燃垃圾、有害垃圾和其他垃圾,根据垃圾各自理化性质差异选择不同的处理处置方式。目前城市生活垃圾主要的处理处置方式包括垃圾焚烧、卫生填埋和堆肥3种,不同处置方式对应的生活垃圾种类如表3-5所示。

表3-5 三种处理处置方式对应的生活垃圾种类

处理处置方式	生活垃圾种类
垃圾焚烧	可回收物、有害垃圾、大件垃圾、可燃垃圾、其他垃圾
卫生填埋	可回收物、有害垃圾、大件垃圾、其他垃圾
堆肥垃圾	可回收物、有害垃圾、大件垃圾、可堆肥垃圾、其他垃圾

根据不同地区生活垃圾处理处置方法的差异,目前主要形成表 3 - 6 中列举的 4 种垃圾分类方案:根据垃圾干湿性质可将其分为厨余垃圾和其他垃圾的两分类方案;根据垃圾是否可回收分为可回收物和其他垃圾的两分类方案;以及将厨余垃圾、可回收物、有害垃圾及其他垃圾分类的三分类和四分类方案。

表 3 - 6　我国生活垃圾源头分类常用方案

分 类 方 案	方案所含垃圾分类
两分类方案(干湿分离)	厨余垃圾、其他垃圾
两分类方案(是否可回收)	可回收物、其他垃圾
三分类方案	厨余垃圾、可回收物、其他垃圾
四分类方案	有害垃圾、厨余垃圾、可回收物、其他垃圾

2) 其他源头分类模式

事实上,即便使用四种经过适当简化的基本分类方案,效果也并不理想。在现有分类模式的基础上,生活垃圾分类"2+n"模式出现[11]。这种模式中"2"和"n"分别对应"垃圾源头分类"和"后端收运处理"两大要点,其核心是在源头分类环节和起步阶段采用两分法为主的分类方案,并在不同垃圾产生源或随分类工作深入细化分类方案。该模式包含"先易后难、先粗后细"以及"源头粗分、节点细分"两层含义。由于生活垃圾源头分类所涉及的参与人员十分广泛,属于"社会化"工作范畴,其管理难度相对较大,因此提出了"先易后难、先粗后细"的要求;而收运处理环节所涉及的参与人员基本都是受过专门培训的操作人员,属于"专业化"工作范畴,其管理难度相对较小,因此从全过程的角度提出了"源头粗分、节点细分"的要求。从本质上来看,生活垃圾分类"2+n"模式实际上是一种社会化与专业化相结合的"双轨策略"。

此外,从能量和熵的角度来看,达到相同收集效果时生活垃圾源头分类收集比混合后再分选收集所需输入的能量要少,在此基础上,可将我国生活垃圾分为快熵变速度的活性生活垃圾和慢熵变速度的惰性生活垃圾两类[16]。新鲜果蔬、厨余垃圾等化学性质活泼的活性垃圾组分采用"源头分类投放—收集—运输"的收运方式;纸张、树叶、纤维类,橡塑、玻璃、金属类,药品、电子废物等惰性垃圾组分采用"源头混合收集—运输—再分选"的收运方式。将两种收运方式有机结合在一起的生活垃圾分类收集模式既具有节约能源、操作方便,又具有方便居民实际操作等优点。

3.2.1.3　居住区生活垃圾全程分类收运模式

在居住区对生活垃圾进行源头分类后,需根据分类情况进行合理收运。生活垃圾的全程分类收运包含分类投放、分类收集、分类运输、分类处置等环节,居住区生活垃圾全程分类收运模式将居住区生活垃圾按照"大分流、小分类"进行分类管理。大分流,即对居住区产生的装修垃圾、大件垃圾、枯枝落叶进行专项分流管理,设置专用堆点,委托有资质的专业收运队伍按需收运,不得混入日常生活垃圾收集系统;小分类,即主要对居民产生的日常生活垃圾投放行为进行规定,厨余果皮、其他垃圾户内分类投放,有害垃圾、玻璃、废旧衣物等可回收物在居住区公共区域专项投放。有条件的居住区可以根据实际情况增加专项分类的品种,如将塑料、纸类等分别专项收集。

根据生活垃圾分类管理各类垃圾品种及政策延续的需要,规定各类容器采用统一的颜色、标识,具体分类类别设计方案如表 3-7 所示。

表 3-7 居住区生活垃圾分类类别设计方案

类 别			具 体 品 种	标识颜色
垃圾分类（小分类）	日常收运	厨余果皮	居民家庭产生的剩饭剩菜、菜皮果皮、茶叶渣、过期食品等	棕色
		其他垃圾	除厨余果皮、专项收运、废品回收以外的日常生活垃圾,如废弃餐巾纸、尿不湿、清洁灰土、污染较严重的纸、塑料袋等	黑色
	专项收运	有害垃圾	电池、灯管、油漆桶、墨盒、硒鼓等	红色
		玻璃	玻璃瓶罐、平板玻璃、镜子等	绿色
		废旧衣物	废旧的衣服、地毯、毛巾、床单等织物,废旧的包、鞋等皮革制品	蓝色
	废品回收	可回收物	较清洁的报纸、信封、账单、纸质包装盒等废纸及纸板,塑料瓶罐、塑料玩具、塑料包装袋等塑料制品,饮料纸包装、废金属等	蓝色
分流系统（大分流）		装修垃圾	装修过程中产生的碎砖石、废木料等	
		大件垃圾	家庭、单位产生的家具、沙发等体积较大的垃圾	
		枯枝落叶	绿化养护过程中产生的枯枝落叶、杂草等	

居住区生活垃圾全程分类收运模式具体包括源头分类投放环节、辅助分拣环节、居住区内分类短驳和分类收运 4 个部分。

1）源头分类投放环节

厨余果皮、其他垃圾的投放模式:① 楼层投放式,即在每个楼层设置厨余果皮、其他垃圾收集容器,供居民分类投放使用,一般用于较高档居住区;② 楼道外投放式,即在每个楼道外对应设置厨余果皮、其他垃圾收集容器,供居民分类投放使用,一般用于普通商品房居住区;③ 垃圾箱房投放式,即居住区内垃圾投放点设置在垃圾箱房内,在垃圾箱房设置数量比例合理的厨余果皮和其他垃圾投放容器,投口与容器排放位置对应,供居民分类投放使用,一般用于老公房居住区。

有害垃圾、玻璃、可回收物投放模式:① 公共区域投放式,即在居住区公共区域合理位置设置有害垃圾、玻璃、废旧衣物(或可回收物)收集容器,供居民分类投放,一般设置在门口、公共绿地、垃圾箱房边等处;② 专项回收日投放式,即设置每月绿色账户回收日进行回收,再由居住区保洁员纳入居住区分类投放容器。

2)辅助分拣环节

(1)垃圾投放点现场分拣　居住区保洁员在每个垃圾投放点进行分拣,这种分拣行为一般比较简单,不适合破袋作业,主要将体积较大的错误投放品种拣出,正确投放。例如分拣出厨余果皮容器中的纸盒、纸板、塑料瓶等,以及其他垃圾容器中的用棕色塑料袋装好的厨余果皮等。这种方式的主要好处是分拣较及时,可回收物组分受污染程度较轻。管理职责为物业。

(2)垃圾箱房或小压站分拣　保洁员将各垃圾投放点的各类垃圾分类短驳至垃圾箱房或小压站后,集中查看各类垃圾桶中的类别是否正确,进行分拣。由于垃圾箱房、小压站位置相对较偏僻、面积较大,且设置一定的分拣容器,因此分拣可适当采取破袋措施,分拣相对细致。管理职责可为物业或环卫作业企业。

(3)大型分拣中心集中分拣　在一定区域内设置集中分拣中心,如社区、街道、区(县)等,对居住区内进行粗分拣的厨余果皮、其他垃圾运输至分拣中心进行二次辅助分拣,这种分拣方式可借助一定机械装置,提高分拣效率,但需要一定场地。

3)居住区内分类短驳

保洁员将各收集点装满的厨余果皮、其他垃圾分类容器托至集中存放点(一般是环卫车辆运输对接点),再将其余空桶放置在原收集点,根据收集点的收集情况循环作业。另外一种是保洁员将两类空桶推至每个收集点,将收集点内的分类垃圾对应倒入空桶,收集点分类容器保持不动,空桶收集满后托至集中存放点。上述两种作业方式都需要居住区内有较多空余分类收集容器,便于循环使用。

(1)改进或新增短驳机具模式　根据分类需要,在居住区内增设厨余果皮短驳车辆(一般为三轮手推车),或改造原有短驳车辆,可分别驳运厨余果皮、其他垃圾。根据分拣品种,保洁员可用加挂储物袋等方式增加分拣品种,如分别存放塑料瓶、纸板等。

(2)分次驳运方式　将原来的一次混合短驳变为两次短驳的作业方式,即要求保洁员用原有短驳机具,增加作业班次,将厨余果皮、其他垃圾分类短驳至集中存放点。

4)分类收运

垃圾分类收运主要有以下 4 种模式。

(1)厨余果皮分类收运,电瓶车转运至小压站模式　专业收运队伍每天定时使用电瓶车进入居住区垃圾收集点,将厨余果皮分类容器运至小压站,并倒入厨余果皮专用压缩箱,倾倒后将容器清洗干净,送还至居住区。如容器数量充足,也可在小压站放置空桶,采取以桶换桶的方式。

(2) 收运车转运模式 环卫专业收运企业采用专用厨余果皮收运车(后装式压缩车、槽罐车)每日定时至居住区垃圾收运点,收集分类好的厨余果皮,运输至指定处置点。

(3) 有害垃圾、玻璃分类收运模式 有害垃圾、玻璃收运作业服务应由区县绿化市容管理部门委托辖区内专业生活垃圾作业企业提供。这些垃圾被收集后集中至区内中转点,由有害垃圾收运专业企业上门收运,并现场计量,严格执行联单等相关管理规定:① 定时收运,即固定收运时间,排定作业班次,每月收运频率至少一次;② 预约收运,即将收运企业联系电话告知居住区物业企业,居住区内收集容器装满后,由物业企业主动联系作业人员上门收运。这种方式执行过程中随意性较大,可作为定时收运的补充。

(4) 可回收物分类收运模式 垃圾分类中的可回收物目前是指废品回收市场能够自发形成系统的、经济附加值较高的垃圾品种。纳入废品回收系统的品种采取回收企业上门收集的方式,一般为预约收运,由物业或保洁员根据居住区内收集容器内负荷情况预约回收企业上门回收。鼓励居民自发将可回收物纳入废品回收系统。图 3-10 为一种典型的垃圾分类收运系统。

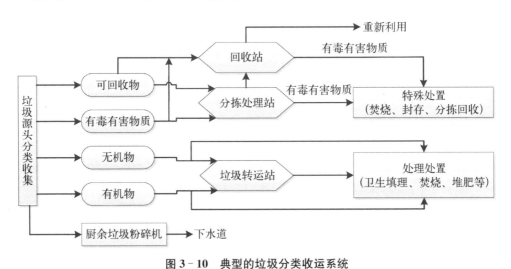

图 3-10 典型的垃圾分类收运系统

3.2.1.4 生活垃圾源头分类率影响因素及提升对策

生活垃圾源头分类率的直接影响因素包括居民生活垃圾源头分类观念、行为习惯和住宅环境等。城市居民作为垃圾源头分类的主体,其环境保护意识和垃圾处理知识很大程度上影响着居民能否自觉履行垃圾源头分类的行为。目前,居民对生活垃圾入袋的方式与原先混合倾倒习惯相比已有巨大进步,而短时间内对垃圾进行细致科学归类、按类收纳投放确实较难实现,需要具有较强力度的经济、行政手段进行激励,垃圾混合倾倒的现状才可能得以改善。同时,我国人口基数较大使逐户上门回收难以实现,且城市居民居住面积较小,难以保证有足够空间放置垃圾分类装置,这一现实条件限制了我国城市居民对垃圾进行源头分类。

城市生活垃圾源头分类的间接影响因素主要包括相关法律法规及政策体系的健全及生活垃圾分类奖惩机制的建立。目前实行的垃圾混合收集、运输的方式在一定程度上影响了居民源头分类的积极性。同时,生活垃圾的全过程管理没能吸引应有参与主体,即垃圾源头分类的主要参与主体城市居民和垃圾分类行业产业化的企业等,致使生活垃圾源头分类率整体提升不明显。因此,政府要采取有效措施促进垃圾运输、回收、利用等环节的产业化,可以通过招标等方式积极引导社会资本进入垃圾回收处理的行业:一方面可以节省政府成本,使政府不被琐事所累,提高行政效率,另一方面可以利用社会资金和企业成熟的管理技术,对垃圾进行最大效率的利用,促进垃圾行业产业化。同时政府还应出台法律、法规规范垃圾回收、运输、利用市场,并制定垃圾处理行业的技术标准,使垃圾价值得以实现的同时环境不遭破坏。垃圾管理各个环节的产业化建设能够使分类垃圾成为具有稳定需求的"商品",是垃圾源头分类的重要动力。提高城市居民垃圾源头分类率的对策分析如图 3-11 所示[17]。

在提升居民参与度方面,应对生活垃圾源头分类模式的设计提出科学性和实际操作性相结合的要求,使之既能够符合目前生活垃圾的组分特性、末端处置设施配套等实际情况,更要考虑到居民的理解和接受程度。要做好居住区生活垃圾分类必须实现全程分类,即居民做到分类投放,物业做到分类收集,运输企业做到分类运输,处理环节实现资源化利用、分类处理。为实现全程分类,需改变居民长期的生活习惯、专业运输生活垃圾、规范处理等,需设计合理、有效的考核评价激励机制,促使相关责任人规范分类操作。可采取如下相关机制及管理方式:① 倡导日常生活垃圾居民户内分类投放,加强宣传引导,明确各类垃圾的具体分类品种;可采取赠送户内厨余果皮、其他垃圾投放容器、分类垃圾袋等方式,强化日常分类垃圾品种宣传;为达到激励作用,发放垃圾袋可与居民的垃圾投放参与情况挂钩。② 在居住区内设置垃圾分类指导员,在居民投放垃圾高峰期进行现场分类投放指导、宣传,并对居民分类投放情况进行记录。③ 由居委会牵头对各居住区生活垃圾分类工作开展情况、家庭分类投放情况进行定期考评,并对积极参与分类的家庭进行物质、精神激励;将居住区的垃圾分类开展情况纳入居委会对居住区的考核评

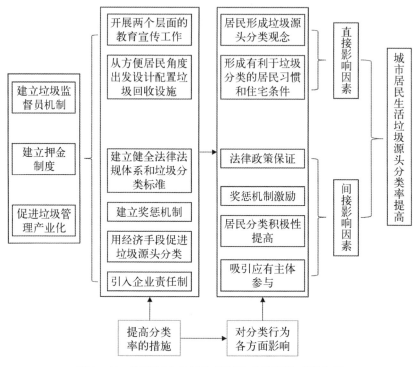

图 3 - 11   提高城市生活垃圾源头分类率的对策分析

价标准中。④ 核算居住区各类生活垃圾产生量,根据居住区生活垃圾源头分类计量情况对居住区进行分类减量工作考核,为对居住区生活垃圾工作考核、生活垃圾收费等政策的出台奠定基础。⑤ 根据辖区内居住区、企事业单位等产生源头的生活垃圾分类减量工作开展情况和生活垃圾处置总量情况对街镇进行考核,并将其作为街镇生活垃圾管理考核的主要依据。

3.2.2   城市生活垃圾分类收运管理系统

城市生活垃圾收运一般由收集、运输和中转三个环节构成,如图 3 - 12 所示。生活垃圾分类收运管理系统主要包含源头计量、分类收运设施设备、分类收运模式等要素。

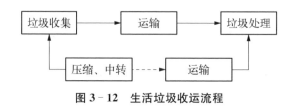

图 3 - 12   生活垃圾收运流程

3.2.2.1　城市生活垃圾源头计量

建立生活垃圾计量系统可将生活垃圾定量化管理从市、区管理模式延伸至市、区、街镇、居住区、企事业单位,是制定合理的生活垃圾收费政策、激励机制等的基本条件。城市生活垃圾源头计量系统能够掌握居住区、企事业单位等各产生源的生活垃圾产生量等第一手资料。生活垃圾源头分类计量需根据生活垃圾收运物流系统进行设计,并需在称重技术、身份识别技术、数据传输技术等方面进行突破和优化系统设计方案。生活垃圾源头计量数据涉及数据源多、数据采集量大、数据类型多样,需要信息管理系统进行数据收集、储存、分析、管理等,才能有效使用数据。

生活垃圾计量系统技术包含计量技术、身份识别技术和信息传输技术等[18]。根据各类居住生活垃圾收运模式分析,可采取平台秤(地磅)称重、车载称重、箱载秤称重等方式。上海作为中国城市的典型代表,在垃圾管理方面一直处于领先地位。目前,上海已建立生活垃圾收运处置计量系统,该系统虽尚不完善但为生活垃圾信息化管理系统的建立提供了前期基础和铺垫。目前计量系统主要采取 IC 卡身份识别技术以确定垃圾所属区县,地磅称重以确定垃圾重量,从而实现对全市各区县每日生活垃圾处置量称重、汇总等功能。目前全市的称重计量点主要有中转码头、处置厂(主要为焚烧厂、生化处理厂),计量管理流程如图 3-13 所示。

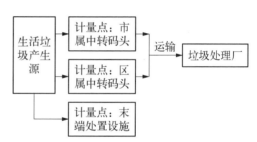

图 3-13　上海市生活垃圾处置计量管理流程

计量系统的建立为掌握生活垃圾处置情况、设计相关政策等提供了有力的基础数据支撑。生活垃圾计量系统的建立有利于生活垃圾计量管理政策的实施,政策的执行对促进区县加强生活垃圾管理、提高生活垃圾管理水平起到积极作用。

3.2.2.2　居住区生活垃圾分类收集设施配置

城市生活垃圾分类收集设施配置系统涉及居住小区(住宅)、机关和企事业单位办公场所以及各类公共场所,而社区治理是做好生活垃圾分类收运的最大突破口,故居住区生活垃圾分类回收设施配备是城市生活垃圾分类回收的重点。

居住小区宜按门洞(高层住宅)或每幢(多层住宅)在适宜位置设置分别收集厨余果皮(湿垃圾)、其他垃圾(干垃圾)的垃圾容器,并在一定规模居民户群小区的垃圾容器间或适宜位置再设置一组可回收物、玻璃、废旧衣物、有害垃圾等垃圾收集容器。生活垃圾通过短途驳运方式进入公用的小型压缩式收集站的居住小区应配置生活垃圾分类收集驳运车辆。新建的居住小区可设置一定面积的装修垃圾、大件垃圾、绿化枯枝落叶等临时分类堆放场所或专用容器,并设置明显标志,配置生活垃圾容器间或小型压缩式收集站。

居住区生活垃圾分类回收硬件配置系统在各个环节主要包括日常分类投放容器、专项回收投放容器、辅助分拣、分类短驳、分类收集、分类运输等设施。

1) 日常分类投放容器

日常分类投放容器改良布设分 3 种模式,如图 3-14 所示。第一,在居住区公共区域每个垃圾投放点增设厨余果皮投放容器,与原有其他垃圾投放容器成组摆放,投放点位置尽量与原来保持一致,符合居民原有投放习惯。第二,楼道内和楼道外投放的在原有投放点增设一个对应厨余果皮收集容器。第三,垃圾箱房投放的对垃圾箱房进行改造,一般每个箱房的一半调整为湿垃圾投放口,投口对应的垃圾桶也要调整为厨余果皮专用的棕色垃圾桶。

  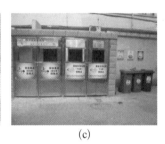

(a)   (b)   (c)

图 3-14　三种模式下容器布设情况

(a) 公共区域增设厨余果皮投放容器　(b) 楼道外增设厨余果皮收集容器
(c) 垃圾箱房增设厨余果皮垃圾桶

2) 专项回收投放容器

在居住区公共区域合理位置设置有害垃圾、玻璃、可回收物收集容器供居民分类投放,一般设置在门口、公共绿地、垃圾箱房边等处,如图 3-15 所示。其中,有害垃圾、玻璃收集容器主要为 120 升和 240 升的垃圾桶。

图 3-15　公共区域专项回收投放容器

3）辅助分拣设施

根据各居住区实际情况设计辅助分拣作业流程,发放必要的劳动防护用品,一般不设专门场地。保洁员在投放点或收集点进行二次分拣,确保各类生活垃圾与后续的分类运输、分类处置有效对接。

4）分类短驳设施

根据居住区原有短驳作业习惯增设短驳机具,图3-16展示了两种常见的居住区短驳工具:一类在原有基础上增设一辆手推车或三轮车,分别用于短驳干、湿垃圾;另一类是由街镇统一采购的平板电瓶车,每次载空桶至小区,以桶换桶,驳运厨余果皮垃圾至小压站,不需要短驳的居住区不增设这一环节。

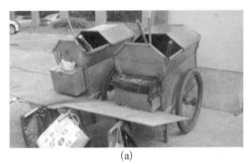
(a)

(b)

图3-16　居住区短驳工具

(a)手推车　(b)平板电瓶车

5）分类收集和运输设施

对于垃圾箱房投放式的居住区,垃圾箱房兼具投放和收集功能,分类管理实行初期进行投口改造、分类投放容器的配置。小型压缩站是垃圾收集的另一种形式,需居住区保洁员将垃圾分类短驳至小压站后分类收集。为配合居住区生活垃圾分类管理,小压站硬件设施改造是非常重要的工作环节。

以上海市浦东新区为例,生活垃圾管理部门对垃圾分类收集后的全程分类工作进行了配套,如图3-17所示。使用专用的车辆收运各种垃圾,干湿垃圾日产日清,专项回收的品种则按照一定频率分别进入对应的处理渠道:其他垃圾使用原有运输、中转和处置设施;厨余果皮使用小压站转运的增设厨余果皮运输用的拉臂车,中转站开设专用的厨余果皮压缩通道,最终进入厨余果皮处置场,纳入资源化利用;有害垃圾收运后统一存放,由上海市有害垃圾分拣中心清运分拣后纳入安全处置;玻璃收运后进入资源化利用;废旧衣物积满后由物业直接联系废旧物资回收企业,直接纳入废旧物资回收渠道,实现资源化利用。

3.2.2.3　城市生活垃圾分类收运模式

城市生活垃圾收运模式的优化可根据生活垃圾分类收运系统、分类管理机

(a)　　　　　　　　　　　　　　　　(b)

图 3 - 17　居住区垃圾箱房设施设备配置

(a) 厨余果皮垃圾箱　(b) 小压站

制等设计方案,通过在试点居住区改造、配置硬件设备,开展人员招募、培训,对居民进行宣传告知,建立激励机制等,完成试点居住区分类收运系统建设工作,改变试点原有的生活垃圾混合收运模式,形成生活垃圾分类投放、分类收集、分类运输常态化。

在居住区内,生活垃圾经过居民投放,由保洁员集中后,按照一定流程由环卫专业作业企业进行运输。根据收运流程、设备的不同,运输方式可分为以下几种类型。

(1) 直运　环卫作业企业采用后装式压缩车直接至居住区垃圾收集点运输垃圾。

(2) 小压站直运　居住区内有自用的小压站,保洁员将垃圾收集至居住区内小压站,压缩箱装满后,环卫专业企业用专用拉臂车进行运输。

(3) 短驳　物业企业保洁员将居住区内垃圾集中后短驳至附近小压站,然后用环卫拉臂车至小压站运输。

(4) 就地处理　居住区内设置生化处理机,将分类后的厨余果皮就地生化处理,垃圾收运、处置过程在居住区内完成。上述生活垃圾投放、收集、运输流程互相组合,可形成几种收运模式,如图 3 - 18 所示。

由于运输距离的不同,垃圾收运系统可分为有中转收运模式和无中转收运模式。同时结合运输距离和垃圾量的大小,中转模式在中转环节会利用中转站或压缩车对垃圾进行压缩处理,如上述居民区生活垃圾收运模式中后装式压缩车和拉臂车收装完垃圾后,再运送至大型中转站或处理厂,从而提高中长途运输的经济性。无中转收运模式常用压缩式垃圾车,适用于距离垃圾处理厂较近、人口密度低的中小城市或大城市的周边地区。实际收运时主要按照生产需要、技术通用、经济可行、环保达标 4 个原则进行收运模式选择和设备选型。

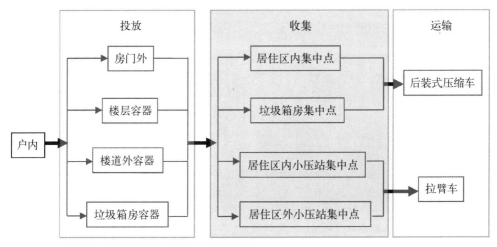

图3-18　居住区生活垃圾收运模式

3.2.3　"两网协同"生活垃圾收运模式

城市生活垃圾与再生资源都来自人类的日常活动,都要经过收集、分类、利用、处理这个过程。将再生资源回收网与垃圾清运网互相衔接可达到垃圾处理减量、回收资源增量、双网合作节能增效的目的。目前我国广州、北京、上海等8个城市正积极探索和实践城市生活垃圾分类与再生资源回收双网融合,初步形成各具特色的运营模式和盈利模式,为在全国全面实行垃圾分类收集提供借鉴。不同城市对生活垃圾的管理与处置总体可归纳为以下5种模式,均得到了良好的社会反馈和效果。

3.2.3.1　环卫回收一体化模式

环卫回收一体化模式是由一家运营主体承担垃圾分类、资源回收、环卫清运、路面保洁、厨余垃圾资源化利用、再生资源加工利用。

典型的环卫回收一体化模式包括珠海横琴生活垃圾产业化"三位一体"模式和"环卫+再生资源回收"模式。珠海横琴模式的特点是垃圾分类、环卫清运保洁、资源回收利用均由一家运营主体承担。采取政府购买服务的形式,通过招投标确定垃圾分类试点项目运营主体,企业则由政府购买服务获得持续运作效益。这是一种最全面、最彻底的"两网衔接"模式。平度桑德模式是"环卫+再生资源回收"模式的典型代表,即将垃圾分类、垃圾清运、路面保洁与可回收物的回收利用共同交由运营主体企业统一承担运作。企业通过政府购买服务获得财政补贴支撑前端运作,后端的加工则与启迪桑德的产业链条对接,获得高值化利用效益。企业在每个小区设置一个社区智能便民服务平台,平台提供废品智能回收、积分兑换、超市代购、快递收发、同城配送、代购代送等一体化智能服务,为社区居民提供各种生活上的上门快捷服务。图3-19与图3-20分别展示了此模式下的保洁工人所用的小三轮车与社区内的职能便民服务平台。

图 3-19 保洁工人前后两个厢的小三轮车　　　　图 3-20 社区智能便民服务平台

3.2.3.2 垃圾全产业链模式

环卫企业向后延伸打造垃圾全产业链模式：依托自身网线、人员、设施等资源优势，向后端延伸，介入资源回收加工，打造垃圾全产业链条。其优势是环卫企业资金雄厚，专业资源丰富，向后延伸扩张快，容易形成规模效益。

环卫企业延伸的全产业链模式的典型代表为京环模式。企业依托已有的物流、人员、网点等环卫资源优势带动社区分类回收，布局再生资源全产业链，纵向向社区垃圾分类延伸，横向向再生资源回收延伸，布局从回收到利用的全产业链。京环模式的垃圾智慧分类体系：以"互联网＋"思维，通过自主研发的e资源垃圾智慧分类云平台（微信客户端、e资源官网、回收员 APP、兼顾厨余垃圾和再生资源回收的统一积分平台等），搭建起一条由宣传教育激励体系、智慧分类系统、优化回收处理链条组成的"三位一体"的垃圾智慧回收分类体系。通过线下铺设再生资源回收柜和厨余桶、建立具有身份识别标识的厨余和再生资源统一积分账户（生态账户），将服务延伸到垃圾产生者身边，鼓励进行生活垃圾源头分类。

3.2.3.3 传统再生资源企业跨界转型模式

传统再生资源企业原是再生资源回收的运营主体，企业通过向前端延伸、采用智能分类技术或其他配套增值服务体系介入垃圾源头分类，形成分类、回收、利用一体化运作的再生资源与垃圾回收"两网融合"模式，实现传统再生资源企业向环境服务商跨界转型。

传统再生资源企业跨界转型模式下的典型代表为贵阳高远模式、广州模式、北京"绿猫"模式、北京盈创模式和山东永平模式。如高远模式采用"会员制""条形码""有偿回收""再生银行""电子商务"这5种措施，将垃圾分类与居民的经济利益挂上钩，调动居民源头分类的积极性和主动性，建立起试点小区生活垃圾分类投放模式,实现了厨余垃圾、可回收垃圾和不可回收垃圾源头分类的目标。

3.2.3.4　政府全面介入下的"两网衔接"模式

政府全面介入下的"两网衔接"模式一般都是由城管部门主导,全面介入分类、清运、回收、加工等环节的设计和布局,强力推动分类试点项目,地方政府在行政措施和财政资金上给予大力支持。因而,这种模式起步快,见效快,初期效果明显,适合局部试点。

这种模式的主要代表有广州越秀模式和苏州模式。广州越秀模式垃圾分类和减量工作主要由越秀区城管局全面介入推动,由环卫中心具体实施运营,区政府财政经费给予大力支持,形成了以社区为重点,以减量为目标,全社会参与的分类投放模式。区政府通过购买服务引入第三方社会力量,实现了低值可回收垃圾的资源化。苏州的垃圾分类和"两网衔接"试点由市城管局环卫处负责推动,由苏州再生资源投资开发有限公司(简称"苏再投")对接可回收物的回收。在非试点小区,苏州执行的是厨余垃圾不单独分类的三分法,即可回收垃圾、不可回收垃圾和有害垃圾,厨余垃圾归在不可回收垃圾里面。政府投资在全市设置统一标准的生活垃圾收集容器。

3.2.3.5　其他运营模式

其他典型的"两网协同"管理模式还有分布式处理模式和单品种全产业链模式等。分布式处理模式就是在中端环节与环卫高度融合,充分利用环卫系统遍布城区的网线、场地和设施等资源进行改造升级,就近、分散建立湿垃圾和可回收垃圾的加工中转站,做到厨余垃圾当天产生当天处理,变垃圾集中处理为分散就近处理。其优势是一场两用,场地设备小型化,运输距离短,场地成本和物流成本低,效率高,避免发酵、发臭、跑冒滴漏,对周边环境影响小,适合我国国情。单品种全产业链模式是针对某个品种单独设立回收站点,形成专业回收网络,同时在城郊建立加工利用基地,并与这个专业回收网络对接,形成单品种的回收、分拣、加工、利用、终端产品制造和营销一体化体系,由此获得集约化、规模化效益。这种模式适合废纺织品、废玻璃、大件垃圾(如废旧家具)等低值垃圾的资源化处理。

3.2.4　利用生命周期评价方法优化生活垃圾收运过程

城市环境问题的根本在于人工物流过程与自然物流循环过程产生的不协调,为评估和解决两者之间的矛盾,许多发达国家引入生命周期评价(LCA)模式。

3.2.4.1　生命周期评价在生活垃圾管理中的应用

生命周期评价法可以从系统的角度分析生活垃圾的管理,将生活垃圾管理的各个环节整合在一起。对一个系统而言,整个系统的前端流程会影响到后续流程的变化,后端的环节也会对前端造成影响,正如垃圾管理系统中回收方式的不同将对随后的末端处理产生很大影响,反过来末端处理方式的不同也会导致收运环节的变化。因此为了减少能量消耗和污染物的排放,垃圾管理有必要采用完整的系统性方法来进行分析。

在生活垃圾收运处理系统中,生命周期评价法将整合收集、运输、中转、处置各环节中产生的环境影响以及系统运作过程中的潜在影响,集中计算整个系统对环境产生的综合影响,从而对整个系统的能量输入和输出、温室气体溢出、废弃物排放、原料的投入和产出综合进行评价。整个系统对环境的影响包括运输工具排放能量、运输系统中输入能量消耗对应排放和溢出的温室气体量、处理转化过程中消耗的能量与废气排放、系统运作过程中能量的溢出损失以及生活垃圾经末端处置后对应等值的能量等。

整个生活垃圾管理过程中涉及的环节很多,如图 3-21 所示,包括垃圾的收集、运输中转、处理处置等。而其中每个环节中又涵盖了不同的方式,如收集环节中有气力管道收集、容器(垃圾箱)收集、上门收集等不同的收集模式。对上述 3 种收运模式潜在的环境影响进行生命周期评价的结果表明[19]:对大都市中的垃圾收集来讲,容器收集具有最低的环境风险,而气力管道收集在全球变暖、酸化、水体富营养化方面具有较高的环境风险,同时上门收集在臭氧层消耗、生物毒性方面具有最高的环境风险。此外在能源消耗方面,上门收集由于收集过程中的长距离运输所消耗的能源最多。气力管道收集模式中,管道铺设以及气力收运的能源消耗成为该模式高环境风险的主要原因。

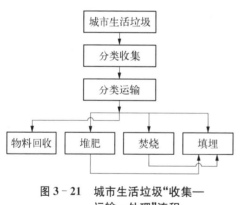

图 3-21 城市生活垃圾"收集—运输—处理"流程

除此之外,处理处置环节中,目前比较成熟的处理技术有卫生填埋、焚烧、生物处理等。处理方式的不同带来的环境影响也有所区别。相比之下,垃圾焚烧比垃圾填埋具有更低的负面环境影响[20-21],而且在能源消耗方面,也更为节约。在垃圾焚烧时采取带有能量回收的干烟气净化焚烧技术具有最低的环境风险[20],可以在保证能量回收利用的同时,最大限度地避免对自然环境的负面影响。

3.2.4.2 生活垃圾收运过程生命周期评价

对生活垃圾收运过程进行生命周期评价主要包括确定系统边界、进行清单分析、对环境影响分类三个主要步骤。

1) 系统边界

生活垃圾管理系统的生命周期评价范围界定是由研究目的、研究应用以及研究的深度和广度等因素所确定的。生活垃圾管理生命周期评价模型的系统范围从物质被丢弃进入生活垃圾流起,到物质转化为有用材料或最终处置结束。根据这一系统的边界,模型将对以下单元过程能量影响进行定量分析评估:① 垃圾收集、运输、中转;② 生化处理(堆肥);③ 焚烧(燃烧发电);④ 卫生填埋(填埋气后收集发电);⑤ 回收再利用。

2)清单分析

生活垃圾管理系统的清单分析是对系统内各种活动中的物质、能量的输入输出以及环境排放物(包括废气、废水、固体废物及其他环境污染物)进行量化分析。生活垃圾收运管理生命周期过程可分为分类收集运输、回收利用、生化堆肥、焚烧和卫生填埋等 5 个单元过程,将 5 个单元过程的物料和能耗分别进行衡算,获得整个垃圾管理系统的清单。

3)影响分类

影响分类是将生命周期的清单中输入与输出数据归到不同环境影响类型的过程。不同的环境影响类型受不同的环境干扰因子影响,同一干扰因子也可能会对不同的环境影响都有贡献,如氨气同时对酸化和富营养化有影响。由于环境影响最终造成的生态环境问题与环境干扰的强度及人类的关注程度有关,因此影响分类阶段的一个重要假设是环境干扰因子与环境影响类型之间存在着一种线性关系。生活垃圾管理系统生命周期评价影响类型归类如图 3 - 22 所示,产生的主要影响分为能源消耗和环境排放,其中环境排放可细分为全球变暖、酸化和富营养化 3 类影响。

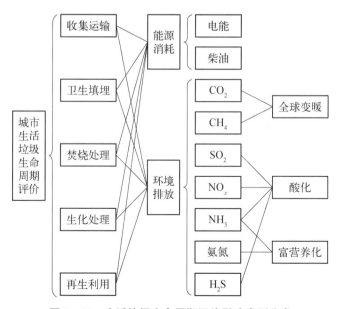

图 3 - 22 生活垃圾生命周期评价影响类型分类

3.3 信息化技术在生活垃圾收集管理中的应用

中国步入新常态以后,信息化和经济全球化相互促进,互联网已经融入社会生活的方方面面,深刻改变了人们的生产和生活方式[21]。我国正处在这个大潮之中,受到的影响越来越深。李克强总理在 2015 年的《政府工作报告》中提出"互联网＋"的概念,要求制定"互联网＋"行动计划,信息化已经与各行各业相结合,以信息技术为中心的新技术革命将成为世界经济发展史上的新亮点。

3.3.1 生活垃圾收运管理中的信息化技术

互联网等信息技术与环保行业结合已经是大势所趋,对生活垃圾采用信息化收运的方式将使垃圾收运效果显著提高[22]。城市生活垃圾信息化收运是指在城市垃圾收运系统中,基于物联网技术,在垃圾从产生源头到收集运输直至处置的全程中利用数据库技术、地理信息技术[23]、全球定位系统[24]、无线识别技术及其他信息化技术,实现全过程实物流和信息流的监控管理,并借用各项技术履行设计、统计、控制、监管等各项职能[25-28]。其实质是通过信息化技术将垃圾收运过程信息化,并以信息流的形式储存在数据库中,利用数据的实时性和可操作性对收集和运输过程中的实物流进行分析指导,并将所得结果反馈到实际操作中,以得到更高的收运效率和更好的处置效果[29]。

3.3.1.1 信息化收运的意义

城市生活垃圾实现信息化收运的意义主要在于提高收运效率、降低收运处理过程成本、节约人力物力,并将可持续发展观念贯彻到整个收运过程中[30]。

1) 提高效率

合理有效的信息化收运必然会提高整个垃圾收运处理系统的收运效率。信息化收运将收运过程中的困难转化到了大量的数据处理中,在对垃圾进行收运处置的各个环节中,信息化技术的应用无疑提高了数据采集的简易性、数据分析的复杂性、数据保存的准确性和持久性等。

2) 降低成本

信息化技术的投入使垃圾无害化和资源化市场得到了进一步拓展,人们在新技术的发展和进步中看到了广阔的市场价值。以餐厨垃圾为原料的生产链条得以完善,收运和处置过程的高自动化大大降低了系统处理的成本,使最终生产的再生原料质量得以提高,从而获得了更为广阔的投资市场。在政府的调控手段和监督体制之下,许多新兴企业将视线投放到垃圾的资源化领域,在探索与竞争中逐渐完善相关产业体系,并以自主研发投入的新技术为市场注入了新的活力。

3）方便监管

城市生活垃圾信息化收运系统将人力消耗从执行层提升到监管层,实现了大规模机器作业和集中人力监管,使管理人员在电脑上清晰地管控全局,促进环卫工作更直观、更高效地进行。

4）可持续发展

信息化技术的应用希望能够使城市垃圾收运处理过程中的各环节产生的副产物和二次污染物降低到最少。在全范围数据监控下,对整个收运过程进行合理的预设置能够保证收运过程中物料和运输的有效性和可控性,保证垃圾收运及时和完全,防止垃圾堆放过久,避免二次污染。收运过程中高效率的作业过程节约了大量资源和能源,实现了整个系统运转的可持续发展。

3.2.1.2　信息化技术在垃圾管理中的应用

城市垃圾信息化收运管理的实质是在垃圾收运过程中对信息化技术的应用和信息的应用[31]。信息化技术的应用主要在于信息的采集、分析和处理,以达到将初始信息加工为可利用信息的目的;而信息的应用主要在于管理决策,以便在实际应用中能够适时调整管理的策略和具体的管理措施。

目前以物联网和射频识别(radio frequency identification,RFID)技术为核心的信息化技术在生活垃圾收集中的应用主要集中在以下几个方面: 垃圾收费、垃圾收运监管、生活垃圾收运规划等。有资料表明,射频识别技术的使用可以提高垃圾回收率[32],提高垃圾监控效率[33-36],并且可以优化企业的废弃物管理供应链[37]。由于信息化技术的可视性特点,RFID在垃圾收运监管中具有广泛的应用。在国外,地理信息系统(GIS)曾应用于有害垃圾站点的监控管理[38]和对垃圾处理相关设施的规划和辅助决策,如决策垃圾填埋厂的选址、规划垃圾桶的布局及管理[39]、对城市生活垃圾新的管理模型探讨、有机材料的最大化回收和最小化填埋研究[40]和垃圾的个人分片管理方式[41]等。

在生活垃圾规划方面,地理信息系统由于具有直观全面分析对象的特点,成为研究垃圾收运规划的有力工具[42]。瑞典应用大数据和物联网进行垃圾处理;斯德哥尔摩基于30多家垃圾处理公司收集到的50多万条关于家庭垃圾收集的数据,识别城市垃圾分布形态,计算效益指数,借助地理信息系统技术实现地理编码,进而绘制垃圾处理车辆的路径图,最后经过计算,提出垃圾处理的改善方案[43]。在生活垃圾回收方案规划中,通过地理信息系统技术将回收行为以空间分布的地图形式表现出来[44]或对垃圾分类收运和管理进行研究说明了地理信息系统在生活垃圾规划方面的基础性意义[42]。

3.2.1.3　信息化收运系统构建原理

生活垃圾信息化收运系统的构建原理如下: 利用物联网的物物相连特性,信息化收运系统将不同产生源产生的生活垃圾数据收集和连接起来,组成一个物联网网络;再利用射频识别技术识别物体的特性,对垃圾产生源进行识别和信息读取;通过通用分组无线业务(general packet radio service,GPRS)数据将信息传送给平台,从而实现对整个收运系统的监管。整个系统构建中涉及的信息化技术主要包括物联网、无线通信和无线传输技术。

1) 物联网技术

物联网是新一代信息技术的重要组成部分,也是"信息化"时代的重要发展阶段。物联网有两层意思:其一,物联网的核心和基础仍然是互联网,是在互联网基础上延伸和扩展的网络;其二,其用户端延伸和扩展到了任何物品与物品之间进行信息交换和通信,也就是物物相息。

传感器技术是物联网应用中的关键技术,也是计算机应用中的关键技术。目前为止绝大部分计算机处理的都是数字信号,而计算机需要传感器把模拟信号转换成数字信号计算机才能处理。RFID标签是传感器技术的一种,它融合了无线射频技术和嵌入式技术,自动识别、协助物品物流管理,有着广阔的应用前景。嵌入式系统技术是物联网技术的另一项关键技术,它是综合了计算机软硬件、传感器技术、集成电路技术、电子应用技术为一体的复杂技术。经过几十年的演变,以嵌入式系统为特征的智能终端产品随处可见,小到人们身边的MP3,大到航天航空的卫星系统,嵌入式系统正在改变着人们的生活,推动着工业生产以及国防工业的发展。如果把物联网用人体做一个简单比喻,传感器相当于人的眼睛、鼻子、皮肤等感官,网络就是神经系统,用来传递信息,嵌入式系统则是人的大脑,在接收到信息后要进行分类处理,这体现了传感器、嵌入式系统在物联网中的位置与作用。

2) 无线通信技术

RFID技术是一种无线通信技术,可以通过无线电信号识别特定目标并读写相关数据,而无须识别系统与特定目标之间建立机械或者光学接触。RFID技术的基本工作原理是通过调成无线电频率的电磁场,把数据从附着在物品上的标签上传送出去,以自动辨识与追踪该物品。某些标签在识别时从识别器发出的电磁场中就可以得到能量,并不需要电池;也有标签本身拥有电源,并可以主动发出无线电波(调成无线电频率的电磁场)。标签包含了电子存储的信息,数米之内都可以识别。与条形码不同的是,射频标签不需要处在识别器视线之内,可以嵌入被追踪物体之内。标签进入磁场后,接收解读器发出的射频信号,凭借感应电流所获得的能量发送出存储在芯片中的产品信息(无源标签或被动标签),或者由标签主动发送某一频率的信号,解读器读取信息并解码后,送至中央信息系统进行有关数据处理。

一套完整的RFID系统是由阅读器、电子标签(也就是所谓的应答器)及应用软件系统3个部分组成,其工作原理是阅读器发射一特定频率的无线电波能量,用以驱动电路将内部的数据送出,此时阅读器便依序接收解读数据,送给应用程序做相应的处理。阅读器根据使用的结构和技术不同分为读或读/写装置,是 RFID 系统信息控制和处理中心。阅读器通常由耦合模块、收发模块、控制模块和接口单元组成。阅读器和应答器之间一般采用半双工通信方式进行信息交换,同时阅读器通过耦合给无源应答器提供能量和时序。在实际应用中,可进一步通过网络实现对物体识别信息的采集、处理及远程传送等管理功能。应答器是 RFID 系统的信息载体,应答器大多是由耦合原件(线圈、微带天线等)和微芯片组成无源单元。耦合方式以 RFID 卡片阅读器及电子标签之间的通信及能量感应方式来看大致上可以分成感应耦合及后向散射耦合两种。一般低频的 RFID 大都采用第一种方式,而较高频大多采用第二种方式。

3)无线传输技术

早期无线传输网络多采用第二代移动通信技术,即"2G"技术。在这之后,通信运营商又推出增强型数据速率 GSM 演进技术(enhanced data rate for GSM evolution,EDGE),这种通信技术是一种介于现有的第二代移动网络与第三代移动网络之间的过渡技术。EDGE 提供了一个从 GPRS 到第三代移动通信的过渡性方案,从而使现有的网络运营商可以最大限度地利用现有的无线网络设备,在第三代移动网络商业化之前,提前为用户提供个人多媒体通信业务。随着互联网技术的逐渐发展,时下正流行的数字移动通信终端,即 4G 技术,具备安全、高速和开放的特点,与前几代通信技术相比也更加复杂。

与传统的网络相比,4G 网络实现了多平台数据接入,其可运载的数据量比传统无线通信网络增加了数百倍之多,基本能够满足用户对信息运载量的需求。由于其频谱带宽相较于其他网络高,因此可实现高质量语音、图片、数据、通话的传输,具备较大的灵活性和保真性[45]。4G 无线通信技术利用光纤接入,可提供高速的传输效率,具有毫秒级的延迟和数百亿级别的设备连接能力以及超高移动性和流量密度,打破了地域空间的限制和产业单一化的局限性,创造了一种新型的智能生产模式。

目前,5G 无线通信技术出现,作为无线通信网络技术的升级和改造,它不仅继承了之前 2G、3G、4G 技术的优点,同时对之前技术进行了不断地完善,其中的各项技能实现优化,不断为用户提供优质和便利的服务。现阶段的 5G 技术主要使用的是纳米技术、隐私保密技术等[46],同时 5G 无线通信技术更加重视隐私性和安全性,不仅实现速度的提升,而且降低了资源的消耗,具有传输速度更快、兼容性更好的特点。

3.3.2　生活垃圾信息化识别和计量

在城市固废管理行业中通常利用 RFID 技术自动远距离识别的特性实现生活垃

圾的信息化识别,将 RFID 标签贴附在聚对苯二甲酸乙二醇酯塑料(polyethylene terephthalate, PET)或者玻璃材质的瓶子上,提高分类和回收利用效果,能够使整个收运过程自动化,且记录准确性高。

3.3.2.1 生活垃圾信息化识别

德国是最早把 RFID 技术运用在固废收运管理中的国家之一,通过应用无线射频技术对垃圾收集器进行识别,以便征收垃圾处理费用[47-48]。

在生活垃圾车载自动识别系统中,电子标签通信方式是最重要的一个环节,几乎左右了整个系统的性能。电子标签分为有源电子标签及无源电子标签:前者识别信号发射功率较强,识别距离为 0～80 米,需电源供电(电源寿命 3～5 年),一次投入高;后者识别距离近(20 毫米),无须电池供电,使用寿命长。

在生活垃圾收运系统中,信息化识别主要是指确定垃圾收集量对应的居住区信息,根据垃圾收运流程,可采用保洁员携带、垃圾收集容器安装、垃圾短驳机具安装、地理位置确定等方式进行身份识别。电子标签安装在垃圾收集容器、垃圾短驳机具上。由于上述硬件的维护、更新、交替使用等成本较高,并较难在物业企业、街道进行协调,因此采取有保洁员携带 RFID 方式。在考虑综合性能指标、应用环境、更换维护等多种因素后,通常选用有源超高频标签,主要原因包括以下几个方面。

(1) 超高频作用范围广,最先进的物联网技术都是采用超高频电子标签技术,该频段读取距离比较远,可以满足在环卫收运车上放置标签,中转、处置场所固定读卡器直接读取车辆识别信息的需求。

(2) 超高频电子标签存储数据量大,传送数据速度快,单标签读取速率可达170 张/秒。

(3) 灵活性强、数据传输速率高,读卡识别容易,在很短的时间内可以读取大量的电子标签,具有防冲突机制,适合于多标签读取,单次可批量读取多个电子标签。

(4) 可以使用固定或手持读卡器对超高频电子标签进行批量读写操作,读卡器读取电子标签数据时,支持通过 WIFI 或 GPRS 实时上传至数据库。

(5) 手持读写器相当于一台掌上电脑,通过读取超高频电子标签数据,在手持读写器完成读及写动作,且可在手持读写器即时查询标签数据(如收运人员工号、小区收集点编号、生活垃圾称重等)。

(6) 超高频电子标签具有全球唯一的 ID 号,安全保密性强,不易被破解,且数据保存时间长,一般可达到 10 年以上。

综上所述,利用超高频电子标签的优势以及读卡器多功能、多接口、便携式的特点,有利于将垃圾信息与生活垃圾称重系统应用的传感器、全球卫星定位系统(GPS)、计量系统相融合,完成数据的无缝对接,实现生活垃圾动态物流数据的采集,为生活垃圾分类物流信息的实时监控、查询分析提供数据支持。

3.3.2.2　生活垃圾信息化称重和计量

生活垃圾的信息化称重和计量数据主要通过信息化称重计量设备获得。常见的生活垃圾称重计量设备包括车载称重设备和平台秤。其中,针对目前生活垃圾收运车辆使用的主流车型,可将车载计量设备分为箱载计量设备和底盘称重计量设备两类。

1) 车载称重设备

(1) 箱载计量设备　箱载计量设备可以准确计量每桶垃圾重量,也可以计量大铁斗的重量,便于垃圾的规范化收集与收费,为垃圾数据信息管理提供有效的数据源头。计量设备由称重传感器、数据采集器、称重仪表3部分组成。称重传感器负责感知车辆载重重量;将每个传感器的重量信号进行处理;负责系统的标定,并将称重数据传给GPS终端,使计量仪表显示称重数值。

箱载秤称重传感器的安装结构如图3-23所示。在原箱式车辆固定支架旋转处加装传感器模块,并通过仪表的双线性感知被称量的物料对象。其中传感器采用特殊不锈钢材质,精度高,抗腐蚀性强,具有良好的抗震性,适合恶劣环境下使用。传感器可以准确计量每桶垃圾重量,也可以计量大铁斗的重量。

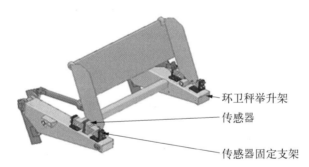

环卫秤举升架

传感器

传感器固定支架

图3-23　箱载秤称重传感器的安装结构

(2) 底盘称重计量设备　底盘称重计量设备一般由传感器、车载计量单元和车载显控终端三大模块组成,如在收运过程中增加RFID识别,则应根据需求增加配套手持设备。各模块的功能如下。

① 传感器　传感器是车载计量称重系统中的关键部件,称重系统传感器安装于车辆附梁上,暴露在自然环境之中,一般工作条件很恶劣(如在使用过程中温度年变化量最高可达70℃),在车辆行驶时承受较大的冲击,所以要求传感器具有使用温度范围宽,密封防潮,过载能力强,长期稳定可靠等特点。车载计量设备一般选用高可靠优质模拟不锈钢称重传感器。称重传感器一般由弹性体、电阻应变片、引线及外壳等部分组成,弹性体承载重力并有与重力成正比的形变,电阻应变片粘贴在弹性体上并与弹性体有相同的形变,由此产生电阻变量R。一般一只传感器贴四片电阻应变片组成一桥路,在供桥电源U作用下桥路的输出端产生与重力成正比的电压。根

据车辆型号及最大称重要求确定传感器数量,并根据需要可选择合适的量程。

② 手持设备(可选) 手持仪表由操作工人随身携带,用于读取垃圾箱或垃圾收集点上相关的 RFID 标签内的信息,并通过无线通信模块将有关信息经由车载测控箱传送至车载终端。垃圾箱或垃圾收集站点上的 RFID 标签所记载内容包括卡号、垃圾箱或垃圾收集站点编号等有关识别信息。

③ 车载计量单元 车载计量单元对安装于车辆辅梁上的多个重量传感器的采集数据进行数据处理,并传输到车载终端中,由主控机进一步进行校验修正,从而得出实际重量并保存记录信息。

④ 车载显控终端 无线通信模块起到系统接入网关的作用,也是与其他相关设备进行机器对机器(machine to machine,M2M)信息传递的关键部件。当前的车载终端具备 GPRS 与 SMS(短信服务)两种通信方式,用于将车载计量系统中保存的重量记录通过无线方式传载至相关服务器。在车载终端工作时,终端利用 GPRS 网络与车载信息数据服务器进行通信,以实时传递有关信息。当车辆行驶至垃圾中转或处置场所进行垃圾卸运前,通过处置场安装的 RFID 车辆识别系统触发相应站点计量管理系统对车载终端进行控制,将所需的垃圾装运信息上传至相关数据服务器。当遇到通信故障时,系统将根据实际情况切换到 SMS 模式,将关键数据及时准确地上传到环卫数据中心。

2) 平台秤

随着企业的发展,平台秤广泛应用于生产的各个环节。在生活垃圾收运过程中,一般采用的平台秤是介于台秤和汽车衡之间的电子衡器。称重范围可以根据实际需求进行选择,一般量程为 1~10 吨。根据称量物体价值的不同分为普通型、中精度型及高精度平台秤。同时根据使用环境又分为普通型和防爆型平台秤。图 3-24 中

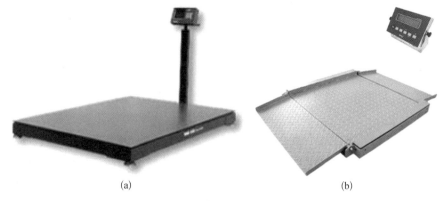

(a)　　　　　　　　　　　　(b)

图 3-24 常见的电子平台秤

(a) 普通平台秤　(b) 中高精度平台秤

展示了两种常见的平台秤。

3.3.2.3　生活垃圾信息化计量方案

为实现生活垃圾收运环节的称重数据采集,基于目前生活垃圾源头分类收运处置模式的多样性,针对不同的业务流程、作业模式、收运车辆车型以及选用的计量设备可形成 3 种生活垃圾计量方案。在生活垃圾收运阶段,运用车载称重系统和小压站平台秤结合的方式采集收运量称重数据。在中转及处理处置环节,则通过在中转站、中转码头、处置场所设置地磅秤对转运车辆称重以采集中转量、处置量数据。

1) 车载计量方案

车载计量系统是最常见的生活垃圾称重计量系统。若要使用生活垃圾收运车辆车载称重计量系统,则首先需要对收运车辆进行改装,根据各种收运车辆车型的不同,在支撑面或支撑点上安装至少四通道的称重传感器,通过数据采集模块采集数据并进行一定的数据处理,数据采集模块将测量结果通过串行接口发送到驾驶室内的终端机。数据经过处理后存入存储器,辅以称重仪表提供友好的人机界面,驾驶员可以通过对称重仪表的操作实现称重查询、数据打印、区点选择、时间记录、重新测量等功能。通过 GPRS 方式将数据上传到市局中心机房,存入生活垃圾称重数据库,提供远程用户的数据查询,并为生活垃圾物流平衡分析提供收运环节的数据。

整个计量系统通过后台预设每个小区的电子围栏,结合收运车辆上安装的 GPS 卫星定位终端来更新实时的位置数据。当收运车辆进入及离开预设的小区时,计量仪表会读出该时刻的实时称重数据,并通过 GPRS 无线数据传输方式回传给系统,由后台系统记录并计算每次进出小区的称量数值差,即得出从每个小区收集的分类垃圾重量。这样便于对垃圾的规范化收集与计费,更为垃圾数据信息管理提供有效的数据源头,并防止乱倒现象,同时,也为垃圾收运处置的合理收费提供了有效保障。

在对该系统具体实施过程中,根据各个小区的实际情况,分别选用以下两种小区生活垃圾收运量数据采集方案。

(1) GPS 自动识别方案　方案执行时,可以使用 GPS 结合电子围栏来识别上传的称重数据归属小区。需要在后台预设监管区域内所有小区的具体范围,所有的收运车辆安装 GPS 卫星定位设备,系统实时接收车辆的位置信息。然后在收运车辆进入或者离开预先框定的某小区电子围栏范围内时,自动采集并上传当时的称重数据,由后台系统计算,取进出小区称重数据的差值为该小区一次的垃圾收运量。

(2) RFID 技术识别方案　方案执行时,需要向小区门房发放 RFID 电子标签,每个小区都有唯一的识别号记录到电子标签内。在收运车辆进入及离开小区时,使用 RFID 读卡器读卡,识别所在的小区,同时上传车载的称重数据。然后由后台系统计算,取进出小区称重数据的差值,得到指定小区一次垃圾收运量的数据。

图 3 - 25 展示了上述两种小区生活垃圾收运量数据采集方案下车载计量系统的设计方案。

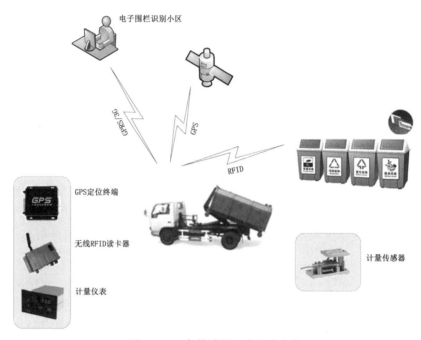

图 3 - 25　车载计量系统设计方案

2) 底盘称重计量方案

底盘称重计量系统能够实现对车辆重量、位置等数据的本地信息处理、监控,及为信息管理平台完成前端数据的获取工作。底盘称重计量设备主要应用于户外作业现场,系统主要功能包括垃圾重量的获取、保存,车辆装载率、位置等信息的实时跟踪,以及通过多种方式将各种相关数据上传至各级数据中心。关于收运称重数据所属小区的识别方案,除了箱载计量系统方案中所介绍的,即支持 GPS 结合电子围栏识别以及 RFID 识别两种方式之外,若选用手持仪表设备,则可以由作业人员在收运称重时读取垃圾箱或垃圾收集点上相关的 RFID 标签内的信息,即可识别所在的小区。

3) 平台秤计量方案

针对较为大型拥有独立垃圾分类房的小区,或者是拥有小压站等固定的垃圾分类场所,特别是小区到小压站采取的是小推车运输、不涉及收运车辆的小区,可以采用固定地磅秤称重的方式。

方案实施时需要给各个收运作业人员发放 RFID 电子标签,在进行生活垃圾分类称重时,作业人员先刷卡,然后分别对满载以及空载时的小推车进行称重。称重数据通过 GPRS 方式上传数据到中心机房,然后由后台系统计算去除称重皮重,得到该小区采集点或者小压站的实际收运量数据。

3.3.3　生活垃圾信息化物流监管

城市生活垃圾物流是将城市中所产生的生活垃圾根据需要进行分类、收集、转运、回收和处理时所形成的实体流动。

3.3.3.1　城市生活垃圾物流

生活垃圾物流具有一般物流的特征,如具有一定的流向、载体、流速等,同时也具有独特的性质,使其有别于其他物流体系。这些特性主要表现在:① "产生源高度分散、处置高度集中"的逆物流特性;② 生活垃圾产生量与物理组分的不特定性;③ 生活垃圾经济效益低,缺乏收集主动性;④ 产生源过于分散导致收运网络的复杂性;⑤ 在收运过程中易产生二次污染,因此具有时间、空间限制性。

同时,由于城市化发展进程的加快及城市规模的不断扩大使垃圾收运系统覆盖的城区范围也越来越大,导致现代城市生活垃圾收运系统变得越来越复杂,垃圾处理处置设施与城市生活垃圾产生源的距离也越来越远。因此对现代城市生活垃圾收运系统进行总体优化是十分必要的。

城市生活垃圾从源头产生到最终处置,一般会经过图 3 - 26 所示的流程。城市生活垃圾产生源是相对分散的,而城市生活垃圾的处理处置却要求垃圾的集中,因此城市生活垃圾收运系统的主要功能就是完成一个从分散到集中的转换。一般城市生活垃圾收运系统包含了收集、中转、运输 3 个阶段。其中,中转站在垃圾收集运输过程中占据重要的地位。通过中转站,城市生活垃圾收集运输被分成两阶段,即中转站之前的收集运输阶段和中转站之后的中转运输阶段。

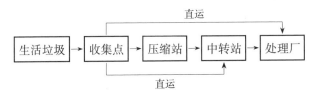

图 3 - 26　城市生活垃圾收运流程

中转站之后的运输路线在中转站和处理厂的位置确定后均采用直运的方式。而在中转站之前的收集阶段,把每个堆放点的垃圾按照一定的顺序收集起来,收集顺序的不同会造成不同的收集路程,从而导致最终收运费用的差别。可以看出,因为中转站与处置厂位置和路线均固定不变,所以垃圾收运成本优化的空间只能存在于压缩收集车收运各堆放点垃圾的过程,如何分配收集点到车辆、如何决定车辆的收集路线成为优化的主要问题。因此,垃圾收集阶段的路线选择问题可以描述如下:给定一系列的垃圾收集点和车库,车辆从原点(中转站或车库)出发,在满足一定约束的条件下,有序地通过这些收集点完成垃圾收集的任务,最后返回指定的位置,使总路程最小。

3.3.3.2 生活垃圾物流监管

随着社会的不断发展,生活垃圾处理也正逐渐从单一的卫生填埋向堆肥、焚烧等多元化处理模式发展,其物流监管包括对物流流向和物流流量两部分的监管。

1) 物流流向监管

物流流向监管需建设集全球卫星定位系统(GPS)、射频识别(RFID)、地理信息系统(GIS)以及无线通信技术于一体的综合监管平台,实现对生活垃圾运输车辆的实时监控、调度,以及对收运垃圾源头小区、街道、小压站的识别。

安装在车辆上用于采集、测量、上报信息以及提供通信和其他辅助功能的卫星定位终端为生活垃圾运输车辆管理提供了一个可靠的、强有力的前端平台。车辆上安装的无线 RFID 读写器读取向各小区门房、小压站操作人员等发放的 RFID 信息,识别生活垃圾收集点,完成生活垃圾源头收运时间、路线、收集点信息的采集。无线通信链路用来实现数据传输。传输的数据包括车辆定位、收运时间、生活垃圾收集点以及作业指令等信息。生活垃圾运输车辆监控管理采用 GPRS 数据服务方式实现数据车载移动终端与控制中心的无线传输。

最终由特大城市生活垃圾收运与处理管理平台实现对生活垃圾运输车辆的全程跟踪和管理,形成整个生活垃圾收运与处理的物流网络。管理平台可以提供对生活垃圾运输车辆的信息化管理,尤其是在处理突发环卫事件时,能够很好地应对和调度;同时能够实时监控全市生活垃圾从源头收集、中转运输到处理处置的物流流向,利用高科技手段最大限度优化生活垃圾物流信息管理。

2) 物流流量监管

掌握生活垃圾收运处理的物流量是实现生活垃圾减量化、无害化和资源化的基础,也是建立生活垃圾全过程管理的重要数据支撑,为科学、准确分析垃圾分类收运处理设施的使用效率和制订科学的作业规划发挥着积极的作用。

对生活垃圾源头主要采用运输车辆车载计量系统和小压站地平秤称重方式进行收运量数据的采集,包括以 GPS 等卫星定位、RFID 读卡、压力称重等传感器测量等各种技术设计,以及无线 RFID 读写器、手持机读写器、车载计量单元和车载计量仪表等构成的计量系统。中转、处置阶段的称重主要以接入中转站、中转码头以及处理处置场所已安装的地磅秤采集的称重数据为主;再通过无线通信链路传输数据,包括识别车辆信息、收集点信息、称重数据等,主要采用 GPRS 数据服务方式实现车载及固定点称重计量数据到控制中心的无线传输。

通过车载计量称重系统的应用,结合在小压站安装的地平秤和接入中转站、中转码头、处理处置场所的地磅秤数据,可以及时、准确地掌握各个小区、街道、区县每天的生活垃圾分类收运量,能够为各个区域居民生活垃圾生产量、中转运输量以及分类处置量提供可靠的数据,形成全市生活垃圾物流量的平衡模型,为市容管理部门对全市生活垃圾车辆的合理调配、中转处置场所的重复利用提供数据指导。

3.3.3.3　生活垃圾物流优化

对生活垃圾物流进行优化有助于提高其中转运输和处理处置的效率,物流优化包括对收运流程和收运路线两部分进行优化。

1) 收运流程优化

图 3-27 描述了基于物联网技术的城市生活垃圾收运流程,其中 RFID 技术使从收集垃圾到居民缴纳垃圾处理费整个垃圾收运流程自动化,并在垃圾收运的各个环节自动完成相关信息的录入[48]。美国一家名叫回收银行的公司利用物联网系统回收生活垃圾,当回收车辆提起可回收物垃圾箱时,车载称重设备自动称量垃圾箱的重量,由 RFID 技术完成自动记录并上传至管理中心。管理人员根据在各居民处收集到的可回收物重量向居民提供相应比例的垃圾收费优惠。这种奖励居民的政策为增加垃圾回收率提供了一种新颖的可借鉴方法[49]。

图 3-27　基于物联网技术的城市生活垃圾回收流程

有资料[50-52]表明,RFID 技术、GIS 系统以及 GPS 系统在固体废弃物管理系统中有很重要的应用。GIS 系统可将现有的卫生系统、道路、水体、街区和垃圾处置点的位置数字化,GPS 系统可定位垃圾箱和车辆的位置,再通过 RFID 技术自动记录下垃圾箱的重量,并通过无线电网络将电子信息传送至管理中心,由管理人员根据垃圾重量向居民收取费用,实现了整个收运过程的全程可视化和自动化管理。

2)收运路线优化

随着物联网技术的不断发展,将 RFID 系统、GIS 系统和 GPS 系统相结合组成车辆实时监控系统[53-54]已成为可能,此系统可以提供物流服务过程中的实时信息,并由此来安排车辆的最佳路线。垃圾收运路线优化属于车辆路径问题(vehicle routing problem,VRP),是物流配送优化中的核心问题。车辆路径问题(见图 3 - 28)由 Dantzig 和 Ramser 于 1959 年首次提出[55],一般定义如下:对一系列发货点或送货点,组织适当的车辆行驶路线,使车辆有序地通过它们,在满足一定的约束条件下,如货物需求量、发送量、车辆容量限制、行驶里程限制等,达到一定的目标,如路程最短、费用最小、时间尽量少、使用车辆数尽量少等[56]。

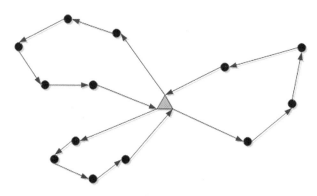

图 3 - 28 车辆路径规划问题

典型 VRP 模型可以表述如下。

基本条件:现有 m 辆同种车型的车停在一个相同原点 v_0,它需要给 n 个客户提供货物,客户分别为 v_1,v_2,…,v_n。

模型目标:确定所需车辆的数目 N,并指派这些车辆到不同的收运路径中,同时也包括路径中的各个客户的安排和调度,从而使总运输的费用 C 最小。

限制条件:N 不得大于 m;每一个订单均要送完;每辆车完成各自任务后都要回到原点;送货重量不得超过车辆的容量限制;特殊问题还需考虑时间窗的限制。

城市生活垃圾的收运过程主要以社会、环境效益为重,收运过程中应尽量不影响居民的正常生活,保持良好的生活环境,同时尽可能地使生活垃圾减量化、无害化和资源化,从而减少对环境的危害。结合典型车辆路径问题,此处主要以生活垃圾收运的经济性为目标,减少生活垃圾收集运输费用,同时结合车辆路径问题的基本数学模型[57],将生活垃圾收运模型描述如下。

目标函数：

$$\min z = T(d) = \sum_{k=1}^{m} \sum_{i \in V} \sum_{j \in V} x_{ijk} d_{ij} \tag{3-1}$$

约束条件：

$$\sum_{i=1}^{m+n} \sum_{j=1}^{m+n} weight_i x_{ijk} \leqslant \max weight \tag{3-2}$$

$$\sum_{k} \sum_{j \in V} x_{ijk} = 1, \ \forall i \in [1, m+n] \tag{3-3}$$

$$\sum_{i \in V, i \neq 0} x_{i0k} = 1, \ k = 1, 2, \cdots, m \tag{3-4}$$

$$\sum_{j \in V, i \neq 0} x_{0jk} = 1, \ k = 1, 2, \cdots, m \tag{3-5}$$

$$\sum_{i \in V, i \neq h} x_{ihk} - \sum_{j \in V, i \neq h} x_{hjk} = 0, \ \forall h \in [1, m+n], \ k = 1, 2, \cdots, m \tag{3-6}$$

$$\sum_{j \in V} \sum_{i=1}^{t} x_{ijk} \leqslant 1, \ k = 1, 2, \cdots, m \tag{3-7}$$

其中：$V = \{1, 2, \cdots, t, t+1, \cdots, m+n\}$ 为道路网络图的所有顶点的集合,中转站标记为 0 点,虚拟收集点(停车场)标记为 $1 \sim t$ 点,t 为总车辆数;d_{ij} 为 i 到 j 距离,$x_{ijk} = \begin{cases} 1, & i \ 到 \ j \\ 0, & 否则 \end{cases}$;$weight_i$ 为 i 点垃圾的重量;$\max weight$ 为垃圾收集车的最大载重量;m 为总的车次数。

式(3-2)限定了所有垃圾堆放点(包括虚拟收集点)必须且只能访问一次;式(3-3)限定了每车次中访问垃圾收集点的垃圾重量总和必须低于垃圾运输车的载重量限制;式(3-4)限定每一车次的路线必须从 0 点(中转站)出发;式(3-5)限定每一次车必须返回 0 点;式(3-6)限制每车次若进入一个垃圾收集点,则必须从该点出来;式(3-7)限制任意车次 k 最多通过一次虚拟收集点,从而保证每辆车都可经过虚拟收集点。

3.3.3.4　生活垃圾信息化物流监管

综合生活垃圾物流及收运过程中各个环节,结合对生活垃圾各个分类收运处理流程的分析,得出对厨余垃圾、有害垃圾、可回收垃圾以及废弃油脂 4 类常见生活垃圾进行收集、运输、中转、处置全过程的物流、信息流监管的流程框图。

1) 厨余垃圾

厨余垃圾的一种信息化物流监管流程如图 3-29 所示。

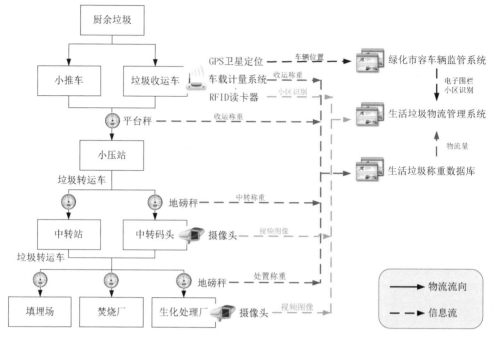

图 3–29　厨余垃圾信息化物流监管流程

2）有害垃圾

有害垃圾的一种信息化物流监管流程如图 3–30 所示。

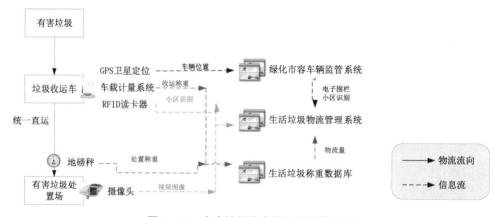

图 3–30　有害垃圾信息化物流监管流程

3）可回收垃圾

可回收垃圾的一种信息化物流监管流程如图 3–31 所示。

4）废油脂垃圾

废油脂垃圾的一种信息化物流监管流程如图 3–32 所示。

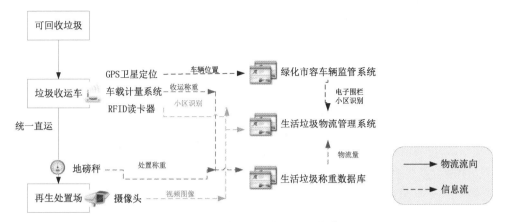

图 3-31　可回收垃圾信息化物流监管流程

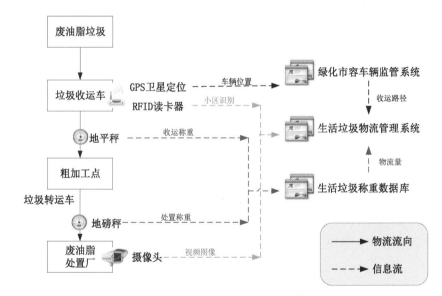

图 3-32　废弃油脂信息化物流监管流程

3.3.4　生活垃圾信息化收运管理系统

生活垃圾信息化收运管理系统是辅助垃圾管理部门进行垃圾相关设施监管的一套系统,与此同时也可以帮助优化垃圾收运路线与运输调度等。

3.3.4.1　系统功能概述

对于垃圾收运而言,生活垃圾信息化收运管理体系的设计思想是即时收集信息系统的各类数据,实现收运过程的科学化、社会和环境效益最大化,同时兼顾生活垃圾的"减量化、资源化、无害化"。而从管理层面来讲,生活垃圾信息化收运管理体系的设计思想是为管理部门提供高效、直观的管理方式,并完成对垃圾收运量以及垃圾相关的收运、中转、处理设施的监管,保证垃圾收运的规范作业,是一种集信息化、智能化、模块化为一体的现代垃圾物流管理体系。其主要功能包括以下几个方面。

(1) 垃圾收集点的识别定位、垃圾自动称量与数据上传 基于 RFID 技术、GPS 系统、GIS 系统完成对垃圾收集点的识别定位,并完成对垃圾的自动称量,将重量数据上传至终端。

(2) 垃圾信息属性管理及操作 基于 GIS 系统以可视化的方式实现垃圾收集点、小型垃圾压缩站、大型垃圾转运分流中心以及相关处理厂的信息查询,实时统计查询一定区域内的垃圾收运量。

(3) 垃圾收运车辆实时监管 通过 GPS、GIS 和无线通信技术,完成对收运车辆的实时跟踪监管,保证车辆规范作业,不能跨区作业,不能遗漏垃圾收集点,做到日产日清。

(4) 垃圾收运调度优化 基于 GIS 系统和特定的优化算法提供两垃圾位置点间的最短路径,并对一系列垃圾收集点的收运顺序进行优化。

(5) 数据分析功能 生活垃圾信息化收运管理体系具有根据统计的垃圾相关信息进行分析、统计的功能。

3.3.4.2　方案体系结构

生活垃圾信息化收运管理体系采用层次化设计方案,按照逻辑分为 5 层,分别为设备层、通信接口层、数据层、应用支撑层和应用层,如图 3 - 33 所示。

生活垃圾信息化收运管理体系采用 J2EE 技术路线及跨平台的开放式体系结构,基于大型分布式数据库,运用 JAVA、JAVA 服务器页面(JSP)、EJB、多层次体系结构等技术手段,实现电信级系统平台的高可靠性、高可用性、高伸缩性,并基于 WEB 方式的矢量化电子地图进行可视化数据显示和操作,可进行电子地图自动生成、导入、编辑、路径规划、区域设置和地图组态等,可接入第三方的标准电子地图服务(如谷歌地图、百度地图),可满足室外定位监控的需要。

设备层将来自电子监控站以及其他设备的实时垃圾信息通过通信接口层的无线局域网等数据传输设备送至数据层;数据层由数据库组成,为系统提供数据支持,并接受来自设备层的实时垃圾信息,更新数据;应用支撑层借助 WEB-GIS 等组件式开发工具调运数据库信息,实现体系的整体功能,并通过应用层向管理部门提供友好交互界面。

3.3.4.3　信息化管理平台

生活垃圾信息化管理平台可实现实时监控、统计报表、数据分析 3 个一级功能。生活垃圾信息化管理平台可从市、区、街道 3 个层面对生活垃圾的收运进行监管。对市、区级的监管主要集中在垃圾产生量方面,实时了解垃圾的产生量情况;

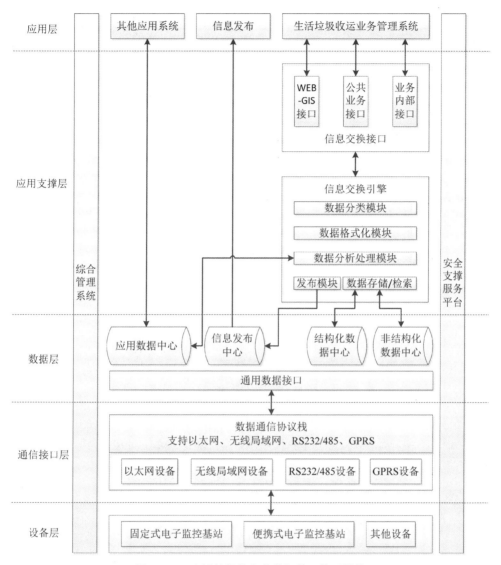

图 3-33　生活垃圾信息化收运管理体系结构

而对街道主要集中在某一街道的小区组成以及此街道的垃圾量变化趋势；还可以对收运车辆进行路径上的监控，了解收运车的收运动向，做到实时监管。生活垃圾信息化管理平台可对收集到的生活垃圾数据进行统计，具体包括区县统计、功能区统计、街道统计、小区统计、小压站统计，统计的信息主要包括各区县、功能区、街道、小区、小压站的厨余垃圾和其他生活垃圾两项。生活垃圾信息化管理平台还能够完成生活垃圾数据的分析，具体包括产生量逐年变化、产生量逐月变化、理化特性分析、含水量逐月变化、各区域产生密度、各区域产生量同期对比等。

1）实时监控

此功能侧重对实时采集的生活垃圾分类计量信息和作业轨迹信息提供监控。如图3-34所示,该信息化平台实时监控分为三个子功能实现。

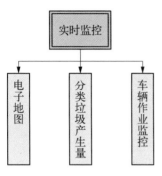

图3-34　信息化平台实时监控功能框架

（1）电子地图　对小区、街道、城管署、区县实现基于地理信息的空间检索与统计,支持地图的漫游、放大、缩小、定位等基本操作。

（2）分类垃圾产生量　利用采集的生活垃圾分类信息,基于电子地图支持计量数据的查询和汇总,自动生成变化趋势图。

（3）车辆作业监控　利用卫星定位数据对电瓶车实现作业路线监控,同时根据车载计量的无线上报获取车辆在小区内的收集量。

2）生活垃圾分类收集量分类统计

生活垃圾信息化管理平台可对收集到的生活垃圾数据进行统计。结合业务管理要求,按管理级别分成区县、功能区、街道、小区4级汇总数据,同时对分类收集的集中点——小压站提供反向汇总,具体如图3-35所示。

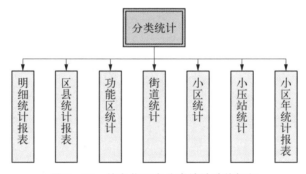

图3-35　信息化平台分类统计功能框架

3）数据分析

生活垃圾信息化管理平台还能够完成生活垃圾数据的分析,利用逐年采集的历史数据,并结合历次理化分析的结论和垃圾产生小区的地理位置信息,设计6个功能,完成数据汇总分析。汇总数据具体包括产生量逐年变化、产生量逐月变化、理化特征分析、含水量逐月变化、各区域产生密度、各区域产生量同期对比等,如图3-36所示。

3.3.4.4　案例分析——上海市浦东新区生活垃圾信息化收运

上海市浦东新区在借鉴上海世博会上展现的先进城市垃圾管理理念与技术的基础上,改善生活垃圾源头分类模式,建立了基于现代信息技术的、覆盖生活垃圾

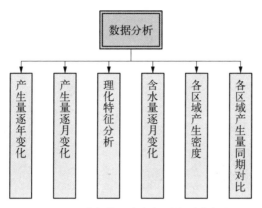

图 3-36　信息化平台数据分析功能框架

全程的物流信息和资源化管理系统,建成了一批分类设施标准化、分类收运规范化的示范居住区,为在特大型城市中有效推进生活垃圾"减量化、无害化、资源化"提供了管理支撑。

浦东新区试点区域信息化收运系统,通过无线射频识别技术、全球定位技术、地理信息技术整合集成了源头信息采集系统、生活垃圾物流监管系统、餐厨垃圾监管系统,实现了源头生活垃圾分类计量数据的采集(厨余垃圾、其他垃圾)、小压站生活垃圾收集量的信息采集,并可以将区域内的所有垃圾收集点分布情况以及相关信息资料集成在一个监管平台,实现生活垃圾分类统一监管的系统原型,以及对收运作业车辆、废弃油脂收运与转运车辆的统一监管,掌握分类生活垃圾的物流流向,提高监管效率与生活垃圾全程管理。

浦东示范小区已初步实施了垃圾分类,即将居民小区垃圾分为厨余垃圾(湿垃圾)、玻璃、废旧衣物、可回收物、有害垃圾和其他生活垃圾(干垃圾),并对各类垃圾进行分类收集、分类运输、分类处置,在此基础上,湿垃圾和干垃圾已经借助信息化的手段达到信息化管理的目的。

浦东新区目前存在两种生活垃圾收集模式,每种模式的信息化收运流程就存在一定的差异性,两种信息化收运模式如下。

1) 垃圾收集车+小型压缩垃圾房+集装箱拉臂车模式

此种收集模式中的垃圾源头计量从小型压缩垃圾房开始。浦东新区现已完成部分分类生活垃圾小压站的设备改造,选用小区识别读卡仪、箱载动态计量仪(湿垃圾)或地磅称重(干垃圾)以及 GPRS 通信模块,并进行集成,实现各小区垃圾的实时动态计量与数据采集,计量采集方式如图 3-37 所示。工作流程分为 4 步:首先,进行小区 IC 卡(integrated circuit)识别,记录通过人力驳运方式送到压缩垃圾房垃圾的来源;其次,对满载垃圾的驳运车采用地磅称重;再次,对倾倒垃圾后的驳运车进行二次称重;最后,由小压站终端计算出此次收集到垃圾的重量,并完成数据上传,如图3-38所示。

(a)

(b)

图3-37 计量采集方式

(a) 箱体动态计量仪 (b) 地磅称重

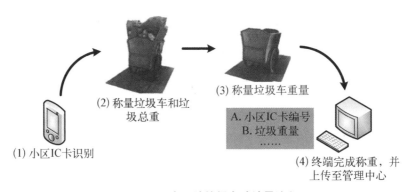

图3-38 小压站垃圾自动计量流程

2) 垃圾收集车＋袋装垃圾房＋压缩后装车形式

对新建成的居住小区和商业办公楼、商业住宅楼,物业公司通过垃圾收集车采用大的垃圾袋上门收集,然后运至垃圾房,环卫公司采用后装式压缩车清运。在后装式压缩车的车身底部加装数据采集模块即车载动态计量仪,在驾驶室放置数据处理及车辆GPS定位模块,同时集成了GPRS通信模块,再配以小区垃圾收集点识别IC卡读卡系统,组成了车载自动识别和动态计量一体化设备,实现生活垃圾收运实时计量、实时定位与实时数据采集。车辆称重系统及IC卡识别器如图3-39所示。此种垃圾收集模式的工作流程分为5步:第一步,车载动态计量仪对车辆自身及已收集到的垃圾称重;第二步,到达下一个垃圾收集点后,采用手持IC卡识别仪对垃圾收集点的IC卡进行身份识别;第三步,收装垃圾;第四步,完成对车辆的二次称重;第五步,由车载数据处理模块进行垃圾重量分析,并通过车载GPRS通信模块将数据上传,车载自动识别和动态计量一体化设备的工作流程如图3-40所示。

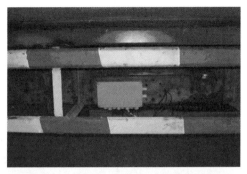

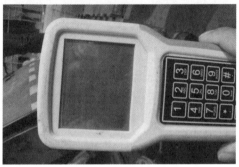

图 3‑39　车载称重系统和 IC 卡识别器

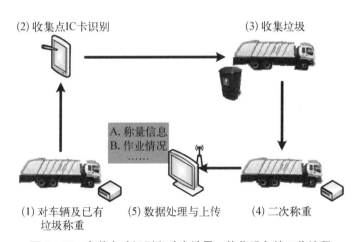

图 3‑40　车载自动识别和动态计量一体化设备的工作流程

参 考 文 献

［1］韩蕙,刘艳菊,余蔚青.新加坡固体废物收运系统[J].世界环境,2018,5:51‑54.

［2］Karadimas N V, Loumos V G. GIS-based modelling for the estimation of municipal solid waste generation and collection [J]. Waste Mamagement & Research，2008，26(4)：337 - 346.

［3］罗艺.广州市生活垃圾分类管理政策执行研究[D].广州：华南理工大学,2018.

［4］陈琼.广州市城市生活垃圾分类管理政策研究[D].成都：电子科技大学,2013.

［5］蔡玉斌.城市生活垃圾资源生态化管理研究[J].中国科技信息,2007,9：18.

［6］杜倩倩.中国城市生活垃圾分类实施进展、困境解析及建议[J].科学发展,2018,8：72 - 78.

［7］姜万田.国内外城市生活垃圾处理处置技术及发展趋势[J].海峡科技与产业,2017,11：135 - 136.

［8］田华文.中国城市生活垃圾管理政策的演变及未来走向[J].城市问题,2015,8：82 - 89.

［9］Ağdağ O N. Comparison of old and new municipal solid waste management systems in Denizli，Turkey [J]. Waste Management，2009，29(1)：456 - 464.

［10］Ramamoorthy R，Gopalsamy P，Sunil K，et al. The role of non-governmental organizations in residential solid waste management：a case study of Puducherry，a coastal city of India [J]. Waste Management & Research，2014，32(9)：867 - 881.

［11］杨龑.基于"2+n"模式的生活垃圾分类收运处理系统两级决策研究[D].武汉：华中科技大学,2017.

［12］Yang L，Li Z S，Fu H Z. Model of municipal solid waste source separation activity：a case study of Beijing [J]. Journal of the Air & Waste Management Association，2011，61(2)：157 - 163.

［13］Bonk F，Bastidas-Oyanedel J R，Schmidt J E. Converting the organic fraction of solid waste from the city of Abu Dhabi to valuable products via dark fermentation — Economic and energy assessment [J]. Waste Management，2015，40：82 - 91.

［14］Lavee D. Is municipal solid waste recycling economically efficient? [J]. Environmental Management，2007，40(6)：926 - 943.

［15］Chung S S，Poon C S. A comparison of waste-reduction practices and new environmental paradigm of rural and urban Chinese citizens [J]. Journal of Environmental Management，2001，62(1)：3 - 19.

［16］周英,石德智,向先熙,等.基于能量分析的生活垃圾分类收集方式探讨[J].环境科学与技术,2014,37(S1)：300 - 303.

［17］焦晶.我国城市生活垃圾源头分类管理的对策研究[D].天津：天津商业大学,2013.

［18］王震,邹华,林智颖,等.居住区生活垃圾源头分类计量系统示范研究[J].再生资源与循环经济,2014,7(9)：28 - 31.

［19］Iriarte A，Gabarrell X，Rierasevall J. LCA of selective waste collection systems in dense urban areas [J]. Waste Management，2009，29(2)：903 - 914.

［20］Mendes M R，Aramaki T，Hanaki K. Comparison of the environmental impact of incineration and landfilling in São Paulo City as determined by LCA [J]. Resources，Conservation and Recycling，2004，41(1)：47 - 63.

［21］韦保仁,王俊,Kiyotaka T,等.苏州市生活垃圾两种处置方法的生命周期影响评价[J].环境工程学报,2009,3(8)：1517 - 1520.

［22］Scipionoi A，Mazzi A，Niero M，et al. LCA to choose among alternative design solutions：

The case study of a new Italian incineration line [J]. Waste Management，2009，29（9）：2462 - 2474.

[23] 赵振."互联网＋"跨界经营：创造性破坏视角[J].中国工业经济,2015,10：146 - 160.

[24] 王腾."互联网＋"时代下我国环境监管面临的机遇与挑战[J].环境保护,2015,17：48 - 51.

[25] 李劲,王华.基于 GIS 的城市生活垃圾规划管理智能决策方法[J].安全与环境学报,2006,2：57 - 60.

[26] Herron P P. A revolution In global positioning system (GPS) technology：towards the new horizon together[C]. Proceedings of The 5th World Congress on Intelligent Transport Systems，Seoul：1998.

[27] 吴劲松.物联网发展情况研究[J].广西通信技术,2011,4：57 - 60.

[28] 梁玄晔.城市生活垃圾收运智能管理研究[D].大连：大连理工大学,2015.

[29] 李秀丽,周明远,樊丽,等.城市生活垃圾智能分类收集系统的探索研究[C].中国环境科学学会学术年会,成都：2014.

[30] 李劲.城市生活垃圾规划管理智能决策支持系统[D].昆明：昆明理工大学,2008.

[31] 余宁.物联网技术在垃圾收运监管体系中的应用[J].环境工程,2013,4：130 - 132.

[32] 郭娟,贺文智,吴文庆,等.物联网技术在城市生活垃圾收运系统中的应用[J].环境保护科学,2013,39(1)：45 - 49.

[33] 谢梦阳,李光明,张珺婷,等.信息化技术在城市生活垃圾收运管理中的应用[J].环境科学与技术,2016(S1)：318 - 324.

[34] Lee C K M，Wu T. Design and development waste management system in Hong Kong[C]. International Conference on Industrial Engineering and Engineering Management，Bandar Sunway：2014.

[35] Ali M L，Alam M，Rahaman M A N R. RFID based e-monitoring system for municipal solid waste management[C]. 7th International Conference on Electrical and Computer Engineering (ICECE)，Dhaka：2012.

[36] Purohit S，Bothale V M. RFID based solid waste collection process[C]. Recent Advances in Intelligent Computational Systems，Kerala：2011.

[37] Hannan M A，Arebey M，Begum R A，et al. Radio frequency identification (RFID) and communication technologies for solid waste bin and truck monitoring system [J]. Waste Management，2011，31(12)：2406.

[38] Arebey M，Hannan M A，Basri H，et al. Solid waste monitoring system integration based on RFID，GPS and camera[C]. International Conference on Intelligent and Advanced Systems，Manila：2010.

[39] Nielsen I，Lim M，Nielsen P. Optimizing supply chain waste management through the use of RFID technology[C]. International Conference on RFID-technology and Applications，Guangzhou：2010.

[40] Estes J E，Mcgwire K C，Fletcher G A，et al. Coordinating hazardous waste management activities using geographical information systems [J]. International Journal of Geographical Information Science，1987，1(4)：359 - 377.

[41] Ahmed S M，Muhammad H，Sivertun，et al. Solid waste management planning using GIS

and remote sensing technologies case study aurangabad city[C]. International Conference on Advances in Space Technologies, Islamabad: 2006.

[42] Tinmaz E, Demir I. Research on solid waste management system: to improve existing situation in Corlu Town of Turkey [J]. Waste Management, 2006, 26(3): 307 - 314.

[43] 王羽.GIS在城市垃圾收运规划研究中的应用[J].江苏环境科技,2002,2:28 - 30.

[44] Shanrokni H, Van Der Heijed B, Lazarevic D, et al. Big data GIS analytics towards efficient waste management in Stockholm [C]. The 2nd international Conference ICT for Sustainability, Stockholm: 2014.

[45] 刘莉,李晓红,王里奥.GIS在城市生活垃圾回收方案规划研究中的应用——以重庆市主城区为例[J].环境科学与技术,2006,7:52 - 54.

[46] 孙俊立,吴琼,郑静雯.4G无线通信技术在智能工厂中的应用[J].科技风,2018,2:24.

[47] 黄小凯.5G无线通信技术概念分析及其应用研究[J].数字通信世界,2018,7:194 - 195.

[48] 邱江,赵静,周倚天.RFID技术在固体废物收运管理中的应用[J].环境卫生工程,2009, 6:2.

[49] Thomas V M. Environmental implications of RFID[C]. International Symposium on Electronics and the Environment, San Francisco: 2008.

[50] Kanchanabhan T E, Mohaideen J A, Srinivasan S, et al. Optimum municipal solid waste collection using geographical information system (GIS) and vehicle tracking for Pallavapuram municipality [J]. Waste Management & Research, 2011, 29(3): 323 - 339.

[51] 韩泽治,薛华.地理信息系统(GIS)在城市生活垃圾管理中的应用[J].辽宁城乡环境科技, 2003,23(4): 48 - 49.

[52] 刘炳凯.基于GIS技术的城市生活垃圾物流管理优化研究[D].上海:上海交通大学,2009.

[53] Wang S J, Liu S F, Wang W I. The simulated impact of RFID-enabled supply chain on pull-based inventory replenishment in TFT-LCD industry [J]. International Journal of Production Economics, 2008, 112(2): 570 - 586.

[54] Wang Y, Ho O K, Huang G Q, et al. Study on vehicle management in logistics based on RFID, GPS and GIS [J]. International Journal of Internet Manufacturing and Services, 2008, 1(3): 294 - 304.

[55] Uysal F, Tinmaz E. Medical waste management in Trachea region of Turkey: suggested remedial action [J]. Waste Management & Research, 2004, 22(5): 403 - 407.

[56] 杨树强,王峰,陈火旺.面向对象的3级数据模型[J].软件学报,1997,8(7): 505 - 510.

[57] 宋伟刚,张宏霞,佟玲.有时间窗约束非满载车辆调度问题的遗传算法[J].系统仿真学报, 2005,17(11): 2593 - 2597.

第4章 雨水和工业废水的回收利用

地球表面 70％的面积被水覆盖,受太阳和地球活动的影响,水在气态、液态和固态的转变过程中在地球上空、地表以及地下周而复始地进行迁移,从而形成地球水圈[1]。水是生命的源泉,水资源是人类赖以生存的根本,也是现代社会发展最为重要的物质资源之一。随着我国城市化进程的快速推进,城市水资源需求量的增加和有限的城市水资源供应水平之间的矛盾成了一个不可忽视的问题。

4.1 城市雨水的收集与利用

在城市化建设过程中,对城市地面的改造活动使原先具有透水、涵水功能的自然地表被不透水的硬化成分取代,形成了一道隔绝雨水进入土壤的屏障,而原先被地表植被和土壤覆盖的透水地块面积越来越小。这种改变导致自然水文循环机制和水资源供需平衡被破坏;使雨水径流改变导致地下水得不到充分补充、局部地区发生干旱、地表发生洪涝灾害;引起地表漫流从而带来相应的污染问题。其中,城市内涝、水体污染、沉降漏斗是中国城市目前面临的最为严重的 3 个雨水问题[2]。同时,降水也是一种重要的淡水资源,充分利用降水不仅可以有效缓解城市水资源短缺问题,而且对城市可持续发展起到经济环保的支撑作用,因此城市雨水管理是未来城市环境治理的一个重要方面[3]。

4.1.1 城市雨水管理的技术措施

城市雨水管理是指为了预防或者减少由于土地开发利用导致的负面环境影响,运用各种处理技术和设施,以人工或自然的方式对城市范围内的降水以及对相应地表径流进行控制、处理和有效利用,从而改善城市水环境和生态环境。城市雨水管理包含几个方面:首先是对城市范围内降水的收集和储存,然后通过利用人工设施和自然水体对降水以及径流进行调蓄和净化,最后以直接或间接的方式利用这些水资源。这样一方面解决污染和洪涝问题,另一方面提高了城市水环境和生态环境。另外,城市雨水管理是一个漫长的过程,这个过程既需要通过工程切实解决雨洪问题,也需要通过公众教育、权责界定、管理体系完善等非技术手段保证城市降水可以得到长期可持续的管理和利用。

传统的城市雨水管理目的在于将城市降水快速排出,从而应对强降雨带来的洪涝问题。但是由于硬质地面的存在,降水无法直接渗透进入地下,一方面导致洪涝问题依旧有可能发生,另一方面导致地下水得不到补充引起地下水位下降,并产生潜在的地质问题。此外,地表径流会将地面物质(如颗粒物或杂物)带入水体,这种未经处理就进入自然水体的过程会引发严重的水体污染问题[4]。因此,现代城市雨水管理是一种以可持续、近自然和多功能兼顾的多目标综合性管理措施,在因地制宜的前提下,需要考虑城市经济、环境和社会多重效益,既要从根本上解决洪涝问题和污染问题,又要站在长远的角度思考如何减轻处理负荷、改善城市生态。

国外城市雨水管理发展进程从时间上大致可分为3个阶段(见图4-1),即排涝蓄洪阶段、点源污染治理阶段和雨水可持续管理阶段[5]。排涝蓄洪阶段的城市雨水管理在20世纪初便已开始,其目的在于尽快将雨水排走,其本质是通过水量管理避免积水问题和洪涝问题,通过修建管渠工程和污水处理厂实现城市雨水的定向转移并避免污染问题。在此过程中,由于工业化推动着城市化飞速发展,城市排水工程建设速度跟不上城市发展速度,水处理容量增长无法匹配水处理需求的提升,城市供水与污水处理也没有联系到一起。因此,洪涝问题并未得到解决,只是地理位置的转移,城市水体污染问题日益严重,并且形成点源污染,人类健康受到严重威胁。第二个治理阶段始于20世纪60年代,该阶段下的雨水管理将重心放在排解上一阶段集中暴露的问题上,通过铺设污水管网、增设污水处理厂、提高污水处理能力以期在短期内解决洪涝问题和污染问题。但是这种方式忽略了人与自然的关系,导致雨水冲刷带来的土壤侵蚀、水土流失以及水污染问题进一步加剧。点源污染治理只是单纯抬高城市雨水处理总量以匹配短期的城市发展规模,而城市发展目标是随着技术升级而不断变化的,因此这只是一种治标不治本的管理方式。为了实现城市的可持续发展,欧美国家从20世纪70年代末开始制定完整的雨水总体规划并致力于源头控制,一方面不断发布新的水体污染治理法案,建立相关的规章制度和配套实施方案以完善雨水管理体系,另一方面从保护生态环境、实现经济环境双赢的角度切入,打造环境友好型城市雨水管理体系,形成雨水可持续管理,这个阶段称为雨水可持续管理阶段。随着计算机技术的提升,建立了水文模型和水力学模型模拟和分析流域内降水情况,并且在互联网技术不断普及的情况下,建立了全面的检测体系来表征受降水引发的潜在水体污染问题,保证了雨水管理可及时到位地付诸实践。

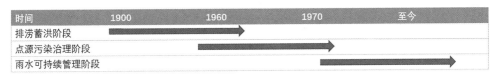

图 4-1 20 世纪以来国外雨水管理的三个发展阶段

4.1.1.1 世界雨水管理现状简介

由于时空分布不均的特点,现代城市雨水管理是通过直接利用与间接利用相结合,通过地表水、地下水调蓄,以循环利用的方式实现长期综合利用的。目前国外在城市雨水管理上首先立足于城市建设与人类生活需求,从可持续化的角度切入,力求系统化管理城市降水。

美国的雨水管理主要包括最佳管理措施(best management practices,BMP)、低影响开发(low impact development,LID)、绿色基础设施(green infrastructure)和绿色雨水基础设施(green stormwater infrastructure,GSI)。其中雨水最佳管理和低影响开发更加注重使城市土地开发尊重自然生态条件的恢复,通过拓展雨水调蓄集中吸纳大量雨水。这样一方面避免对生态环境的负面影响,另一方面保证城市发展在人类活动和生态环境之间寻找平衡点。最佳管理措施诞生于 1972 年,从自然生态的角度思考城市发展,在城市范围内涉及降水的水循环过程中,通过规划地块的雨水径流信息和地质信息建立城市水环境容量模型,从流域、街区、场地等不同尺度分析恰当的源头控制措施,并通过监控和管理实现城市雨水管理稳定、可持续地实施。在流域尺度上,城市雨水管理应与城市发展目标相结合,通过降水信息模拟结果确定当地水文特征,并影响城市土地利用规划方案的制定。在街区和场地尺度上,基于已有的基础设施和场地功能,进行针对性的设计,利用多种渗透技术增加雨水的渗透、收集和集中利用,从而实现合理有效的雨水管理。低影响开发基于雨水资源循环利用的理念,结合生态化技术,在维持城市水文循环的前提下提高对雨水资源的开发利用。美国源头管理的理念减少了对雨水管道和末端治理系统的依赖以及对土地资源的占用,并有效控制了污染源的转移和扩散,有效补充了地下水。另外,美国对雨水管理的关注时间较长,早在 1901 年就颁布了《联邦水法》,并在第二年成立垦务局;1928 年颁布了《防洪法》;1965 颁布《水质法》,规定各州水质标准及相应措施;1972 年出台《清洁水法》,提出了用排放限值控制水资源污染、浪费的方法。1987 年美国颁布《水污染防治法》修正版,提出第一批雨水水质标准。1990 年美国环保署针对服务人口超过 10 万人的城市雨水管道系统的管理和 11 类工业生产区的径流排放带来的非点源污染问题颁布了第一代雨水控制规范——《水污染防治法》。1999 年美国颁布了第二代雨水控制规范,将最佳管理措施分为 6 部分,即场地建设的雨水径流控制、违法排放的检查和去除、污染预防和家庭管理、施工后雨水管理、公众教育、公众参与,每一部分都制定了相应的导则。在州级层面,从 20 世纪 70 年代开始,包括科罗拉多州(1974 年)、佛罗里达州(1974 年)、宾夕法尼亚州(1978 年)、弗吉尼亚州(1999 年)在内的美国多个州和地区规定雨水调蓄应根据 5 年一遇的强降水洪峰流量水平制定雨水管理条例,要求"就地"滞洪蓄水,并通过税收、债券、补贴、贷款、投资分扣等方式辅助雨水管理法规的执行[6]。2000 年后,美国颁布了一系列与海绵城市雨水管理相关的政策和法规,如 2002 年美国马里兰州乔治王子郡发布《低影响开发设计策略》,2003 年美国住房城市发展部发布《低影响开发实践》,2004 年美国国防部发布《低影响开发统一设施标准》,2006 年美国通过了《美国市长会议绿色基础设施决议》,2007 年更是相继发布《绿色基础设施主旨声明》《绿色基础设施行动策略》《ECoS07 - 10》决议,可以看到美国的雨水管理从低影响开发向绿色基础设施转移,生态设施的研究更加深入。

英国气候属于温带海洋性气候,与北大西洋暖流相邻,全年气温变化幅度较低,但环境湿度高、降水连绵频繁,雨水分布平均。因此,英国需要不断地消化降水,否则就会引发经常性的洪水问题以及城市内涝问题。自 20 世纪 70 年代,英国开始普及可持续排水系统(sustainable urban drainage system,SUDS),基于保护和改善水质并兼顾当地需求的情况,协调城市与环境的关系,根据当地水文特性尽可能保留自然生态的排水渠道,并利用已有的池塘和湿地收集汇存雨水。出于对水质、水量和环境生态的综合考虑,要解决雨水管理问题,一方面要通过技术和工程延长雨水在"降水、集水、汇水、排水"的时间,另一方面要通过法律框架、实施评价、发布报告等方式将雨水管理理念输送给民众,增加民众参与度、监管力度和可持续发展程度。在工程方面,英国可持续排水系统主要由预防措施、源头控制、场地控制、区域控制组成,管理范围依次扩大,通过过滤带、透水铺装、渗透系统、滞留塘等雨水管理技术体系,并利用沉淀、过滤、吸附和生物降解等自然过程,对雨水进行就地处理。在非工程方面,2007 年英国政府在发生洪水灾害后发布《皮特调查:从 2007 年洪灾中吸取的教训》,并在 2009 年成立"洪水预报中心",2010 年颁布《洪水与水管理法案》,并且英国建造行业研究与信息协会出版了技术规范和指导手册。一连串的行动反映了英国治洪治水的决心、全面监管的力度、完善法律框架的进步以及对雨水管理工程进行支撑的辅助作用。可持续排水系统的建立能够平衡经济发展和环境保护,使城市水循环保持健康,同时解决了传统排水系统快速将雨水从落地点汇集至排放系统中从而导致的雨水资源浪费问题和洪涝问题。

德国水资源丰富,且非常注重水资源管理,同时也是目前雨水管理水平最高的国家。从 20 世纪 80 年代开始,德国就开始探索雨水管理方法,以建筑系统、屋面雨水利用、未受污染雨水的分散式回灌系统为主要研究和发展对象,其间逐步建立和完善雨水利用技术、行业标准和管理制度,出台了《雨水利用设施标准》(DIN1989),形成了一套系统的法律法规框架和宣传体系来号召和督促雨水管理的公众参与。另外设置"雨水费"制度鼓励私人和共有建筑设置专用的集水设施,雨水经过处理后达标排放或采取雨水利用措施[7]。德国雨水管理坚持生态保护、预防洪涝、减少排水压力、维持可持续发展的原则。目前德国的雨水管理可称为"雨水利用和雨洪管理"(storm water harvesting and storm water management)。这一管理体系从 20 世纪 80 年代发展至今已经经历了三代雨水利用技术的发展,逐步加入对雨水利用设施的统计、当地水文状况、政府新增政策等手段。结合雨水资源利用、城市景观设计、城市环境生态 3 方面,通过屋面雨水利用、雨水屋顶花园利用、道路雨水截污与渗透、生态小区雨水利用、"洼地-渗渠系统"5 种主要的雨水资源利用途径,雨水管理体系分别用于非饮用用水、削减暴雨径流量、非点源控制、水体污染控制、生态景观营造、补充地下水、支持城市水圈的良性循环。德国水务局统一负责雨水管理和雨水资源利用,将雨水、地表水、地下水等水循环的各个环节与城市供水和污水处理联系到一起,统一度量制定标准,并引入市场经济运作模式,在公众监督下完善雨水管理。德国主要通过源头控制、中途转输、末端调蓄 3 个过程实现城市雨水管理,利用下凹式绿地实现雨水滞留和消纳,通过高低起伏的绿坡设计过滤雨水径流,同时解决植物浇灌和生态景观问题[8]。"洼地-渗渠系统"是"径流零增长"排水设计理念的实践,旨在平衡城市化前后降水径流差距,通过分散式的储水和渗透机构形成有效的雨水就地下渗网络,可补充地下水、预防地面下沉、保证城市水文生态系统的健康[9]。

受淡水资源条件限制,日本政府十分重视水资源的收集和利用。自 20 世纪 50 年代起,为满足工业需求,同时避免地震、海啸、台风等灾难频发导致城市内涝问题,日本开始大力发展水利工程,但这一举措带来了地下水资源过度开发和利用效率过低等问题,并且导致了污染问题和地质问题。因此日本开始将雨水资源的利用作为城市规划的一部分,改善原有恶劣局面的同时提高水资源供应和利用水平。1980 年,日本开始推行雨水储存渗透计划,该计划核心是"雨水地下还原对策",并在 80 年代末成立"日本雨水储存渗透技术协会"。中央和地方政府采取多种措施,以补贴、企业债、下水道使用费的方式从政策上支撑雨水管理[10]。1992 年,日本颁布"第二代城市下水总体规划",由国土厅负责,建设省、环境厅等部门共同协商执行,将雨水当作城规建设中综合考量的一部分进行设计规划。规划要求商场、运动场、高楼等大型建筑设置雨水排蓄设施,并且在大型公共设施下设计具有雨洪调蓄能力的地下水库,这些水库通过管道与地下水体相连,利用势能补充地下水;根据地表地势差异,选择在地理位置较高的地段设置渗水井,而在地理位置较低的区域设置排水泵站,实现纳水、避洪;结合人与自然和谐共生的理念,在城市区域进行雨水调节池的设计和建造。"雨水储存渗透计划"的核心是调蓄,一方面可削减洪峰流量,减少洪涝灾害[11],另一方面将雨水资源利用起来,补充自然水体,丰富生态景观。1996年,日本建立补助金制度,促进雨水利用技术的普及。2000年,日本制定了新的《全国综合水资源计划》。经过几十年多个时期的雨水管理发展,日本目前雨水管理侧重于调蓄渗透、调蓄净化后利用和利用人工或自然水体调蓄雨水3种主要方式,且积累了丰硕的成果,在拥有大量绿地资源的公园、棒球场、网球场等场地中建立人工或天然水体和大量的雨水公园[12]。日本根据5年期、10年期、50年期的高峰降雨量制定相应的雨水调蓄渗透措施,因地制宜、自然和谐,对雨水资源进行有效的收集和集中利用。从就地雨水消化能力来看,日本在亚洲国家中属于超前水平,尤其对多功能调蓄设施的推行在亚洲起到示范作用,同时也提高了日本民众的雨水利用意识,使雨水管理的实施变得长效持久。

澳大利亚采用的"水敏感城市设计"(water sensitive urban design,WSUD)受暴雨管理启发后逐渐发展成为以水资源管理为核心,以"将城市的发展对水环境的影响降到最低"为目的,结合城市规划与雨水管理具体措施,形成一套针对性强、适用范围广的管理体系。水敏感城市设计将城市水圈看作单个整体,将雨水、城市供水、城市污水等统筹起来,基于维护生态系统的目的,思考雨洪管理、污染控制、经济发展三者之间的关系,通过鼓励利用雨水收集储存装置减少对城市水圈的负荷,并调节径流水量,减少洪峰流量和径流污染,再利用多功能绿地将城市水循环与城市自然景观相结合,形成自然和谐的城市生态。"水敏感城市设计"的主体是暴雨径流管理,作为城市规划的一部分,水敏感城市设计要考虑到确保暴雨收集和水质改进符合城市发展的需求和城市基建的情况。其基本原则是水资源体系规划要以土地利用总体规划为基础,兼顾生物多样性和生态完整性,基于有效保存、保护和利用水资源的目的,提出因地制宜的解决方案,确保雨水管理兼顾实用性、经济性和美观性。水敏感城市设计包括3个层面,即源头控制、运输控制和汇集控制。源头控制通过增加地面集水设施达到收集雨水的目的,主要通过生物滞留系统或创造并利用地势的方式来实现。前者以生态滞留洼地和生态滞留盆地为主,辅以渗透沟渠和透水铺装;后者利用沉积盆地、人工湿地、洼地和缓冲带以及大规模水面进行雨水的滞留处理[13]。雨水收集过程中,利用滞水池和生化池对暴雨雨水就地处理,防止水体污染并满足城市供水需求,包括雨水回灌、中水回用等。运输控制的主体是联结集水区域的排水系统,根据地表渗透装置的分布,进行排水系统的设计,衡量输水过程中的水质变化,并降低输水管道坡度,尽可能增加雨水汇集时间,缓解水处理压力。汇集控制即将雨水引流至水池或盆地的过程,并在源头控制达到饱和时,为分担集水压力采取必要的排水措施。水敏感城市设计技术手段决策由多学科设计团队和相关利益主体共同协商决定,通过开展交流、论坛的方式使相关利益主体和设计团队接触沟通,并且增加民众对城市水资源的关注,再通过评价的方式积累成功经验,形成多个示范工程,吸引投资进行推广。澳大利亚相继出台了《雨水排放许可制度》《雨水管理和再利用的国家导则》《雨水收集器使用标准》,完善雨水资源的法律法规框架,并且通过联邦、州、地方政府三级管理机构细化雨水管理责任,分别负责全国水资源规划和国家政策制定、州级水资源利用法规制定和居民取水许可证发放、地方雨水管理政策执行。

中国现代城市雨水管理也是从 20 世纪 80 年代开始的,但是由于缺少完善的监管体系和市场机制,导致中国的雨水管理始终存在技术落后、缺乏系统性法律法规框架、洪涝削减力度不足、水体污染严重等问题。近 10 年随着经济飞速发展,中国城市化进程加快,污水处理负荷和水资源需求增加,雨水的处理与利用变得十分迫切。因此基于城市雨水的水量、流速、水质和雨水径流信息,中国雨水管理开始系统性地着手规则制定与技术研发。其间,各地方政府相继出台雨水利用规划、雨水利用与景观工程实施导则、工程用地雨水资源利用、雨洪资源利用、雨水收集利用规定等,完善雨水管理和利用的法律法规框架,并且积极推行海绵城市建造计划,普及海绵城市概念和知识,将城市生态与生活品质联系到一起,让民众关心城市生态、参与雨水监管。在工程上,中国各地开始在建筑用地上配套相应的绿地面积,推行文化旅游的同时修整扩建当地公园和绿地,通过评比全国卫生城市刺激政府争相提高污水处理水平、提高雨水管理的水质质量、建设城市雨水资源收集利用示范区。由于我国地域辽阔,城市发展水平参差不齐,自然条件也是多种多样,因此每个城市的雨水管理都需要进行针对性的降水分析,然后因地制宜地制订雨水管理计划和布置雨水收集渗透设施。

4.1.1.2　城市雨水管理主要理论

通过对澳大利亚、日本和欧美发达国家雨水管理手段的汇总以及对中国城市可持续雨水管理发展目标的分析可以发现,城市雨水管理的理念是相同的,其管理体系也大同小异:主要有 3 个目的,即"削减洪涝、环境友好、雨水利用";主要采用的是"源头管理—输送管理—排水管理"的三段式管理体系;城市雨水管理计划应根据地块尺度进行不同层级的设计,包括"流域尺度、街区尺度和场地尺度"[14];主要的 3 种雨水收集技术为"落点透水、坡度集水、管网缓汇";雨水落地后主要去处有"绿地回灌、城市供水、清洁外排";雨水管理的规划需要结合"城市发展目标、当地基建状况、片区规划方案";雨水管理的维持与发展主要通过"法律监管、金融奖惩、科普教育"来实现。

分流理论（split-flow methods）最早由美国宾夕法尼亚州立大学 Stuart Echols 教授提出，通过组合容纳、渗透、排放与分流器形成一套自调节雨水收集装置，根据当地降雨量情况，进行雨水的收集、蒸发、渗透、排放[15]。分流理论关注降雨过程中的各个方面，即蒸发、下渗和径流。这种更加倾向遵从自然水分子迁移规律的雨水分流管理使雨水管理和生态景观的结合更为密切，而分流体系中的截留设施、溢流结构、分流器和渗透排放系统的结合可将雨水管理的灵活性表现出来。其中，分流理论的重点在于由于其截留水量固定的特点，雨水下渗量和雨水排放量可根据当地降雨强度和持续时间进行相应的调整。

雨水自动分流器结构上主要由弃流控制器、主体、截污过滤腔体、排污执行单元、排污出水口、收集出水口、进水口、雨量传感器、降雨频率记忆器、溢流口等构成。雨水自动分流器具有整个雨水收集处理系统紧凑，占地少，管线用材少，施工安装简单，系统集成和控制一体化自动运行等特点。对于小型区域的雨水收集，可整装一体化现场安装，配合雨量、雨频记忆和水质（选配）收集水量，可根据收集区域的环境水流质量和用水量实时调控设定收集水量，并且可与景观用水、循环补水及其他水体补水联动，达到雨水利用最大化。

从设计特点来看，雨水分流器可通过 PLC 控制，采用手动和自动两种操作方式，实现景观水体、雨水收集、水池处理设备集成一体化运行。雨水分流器主体腔内采用双排口设计，无初期雨水留存，无淤泥杂质留存，无二次污染。设备故障或水流不畅时，保证水系排水安全，暴雨水流过大时自动从溢流口分流、泄流。水质、水量和雨频的间隔控制可实现排污、弃流和收集。设备集弃流、分流消能、过滤、排污和旋流除砂一体化改变了传统雨水弃流处理系统的格栅、截流井、安全井、弃流装置、初期过滤和沉砂池等多井多点式处理，使雨水收集更合理、占地少、管理方便，减少施工量和工程投入。

艺术化的雨水管理（ARD）最早由斯图尔特·埃科尔斯（Stuart Echols）和伊丽莎·彭尼帕克（Eliza Pennypacker）共同提出，其雨水管理体系的设计应兼顾 5 个目标，即教育、娱乐、安全、公共关系和审美。教育目标在于雨水管理理念的普及，明白雨水管理可以带来经济效益和环境效益双重保障；娱乐目标侧重生活品质的提升，通过雨水管理与景观生态相结合，营造更具有品质感的生活环境和娱乐场地；安全目标旨在减少雨水管理中民众参与过程的危险因素，关心径流水量状况、水体上方建筑设施、雨水储蓄设施等是否会对参观和游览过程中的民众造成伤害；公共关系目标是指雨水管理设计与民众愿景的协调，雨水管理设施的设计理念可以通过图纸或实景就能直接让公众理解，实现管理和科普双重功能；美学目标注重通过雨水设施的外形和材料设计来引起公众关注，从而助推科普和公众参与监督[16]。

艺术化的雨水管理设计理念是将雨水视为资源运用于不同角度,从感官、互动、审美、乐趣等方面来提高公众对雨水管理的兴趣,同时又效仿自然的水循环,在城市雨水管理设计中尽量避免大量铺设排水管道,鼓励建设公园、绿地等具有美学气息的公共娱乐场所来实现雨水就地处理[17]。在艺术化的雨水管理设计中,生态驳岸、微地形、植物造景等趣味互动性雨水管理设施最为常见。生态驳岸为游人提供亲水游憩平台,同时又用耐湿植物替代水泥和石块,一方面更为美观,另一方面可过滤进入自然水体之前的雨水;微地形的营造可以让雨水接触地面后按照设计好的方式一边补充地表植物水分,一边均匀渗入沿途地面,补充地下水,还能在设计好的路径上汇集成雨水径流,同时这种汇集路径又可以通过设计变得更具美感,吸引游客驻足玩耍;植物造景是园林设计的重点和亮点,植株种类的搭配既要考虑四季变换下人的视觉审美,又要兼顾雨水管理中的截留效果。

4.1.2　基于城市雨水资源综合利用的海绵城市建设

城市具有人口密度高、资源需求高等特点,也有人与自然和谐相处的需求,因此海绵城市是现代城市可持续发展的重要途径之一。2017 年 3 月 5 日在中华人民共和国第十二届全国人民代表大会第五次会议上,李克强总理在政府工作报告中提到,统筹城市地上地下建设,再开工建设城市地下综合管廊 2 000 公里以上,启动消除城区重点易涝区段三年行动,推进海绵城市建设,使城市既有"面子"、更有"里子"。

4.1.2.1　海绵城市的特点

海绵城市,顾名思义,既能储水,又能把水挤出来,换言之,海绵城市既能将大量的水储存起来,又能够在需要的时候将这些水提供出来。这种特性让城市在应对气候变化时显得更有"韧性",这种韧性体现在对降雨的吸纳能力和对缺水的补充能力上[18]。同时,海绵城市还能通过自然净化的过程避免降水带来的水质问题。海绵城市的核心是应对城市降水问题,包括雨洪灾害问题、水土流失问题、雨水径流污染以及城市缺水问题[19]。

海绵城市建设需要遵循 3 个原则:对城市已有生态系统的保护,对自然生态的恢复和修复作用以及低影响开发原则。这 3 个原则所针对的是城市开发前的自然水文特征、已开发区域对自然生态环境的破坏程度以及城市必需的生态用地面积。海绵城市的建设具体应该考虑城市防洪排涝、缓解城市供水、降低排水负荷、修复原有生态系统等需求。海绵城市建设结合了防洪、排涝、蓄水、渗透、滞留等措施,延缓地面径流汇集速度,削减洪峰流量,延后洪峰出现时间,降低洪水的严重程度,减轻城市排水系统水利负荷,避免城市内涝的发生。由于城市发展加速人口迁移,城市人口密度不断上升,因此雨水资源的利用是必须的。另外城市原有的硬质铺装阻碍降水透过地表,从而阻碍了地下水的补充,因此改用透水铺装的海绵城市建设可实现补充城市供水和地下水的功效。海绵城市可以直接消化降水,因此无须增设排水管网,节约了排水系统的建造、运营和维护成本。而且消纳降水的建筑设施其本身就是生态环境的一部分,如湿地、湖泊、林地、草地等不仅可以维持城市水圈的正常循环,又为城市生态带来了生命力。海绵城市的建设与作用示意图如图4-2所示。

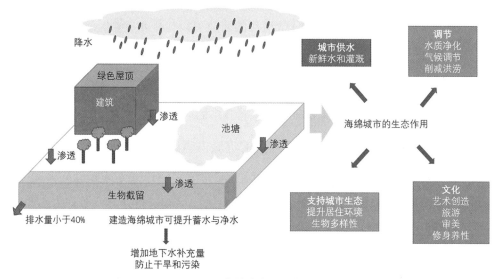

图4-2 海绵城市建设与作用

4.1.2.2 海绵城市对城市雨水资源的综合利用方式

2014年10月由住建部发布的《海绵城市建设技术指南——低影响开发雨水系统构建(试行)》(以下简称《海绵城市建设技术指南》)吹响了中国推广海绵城市建设的号角,海绵城市建设试点全面铺开。2015年和2016年我国分别公布两批海绵城市试点名单,时至今日,虽然海绵城市建设推广工作还未到5年,但是推广力度非常大,可见中国建设可持续发展型城市的决心。

从《海绵城市建设技术指南》中可以看出,我国海绵城市建设遵循低影响开发(low impact development,LID)的原则,采用源头控制和分散式措施来维持场地开发前的水文特征。海绵城市建设——低影响开发雨水系统构建的基本原则是规划引领、生态优先、安全为重、因地制宜、统筹建设。其核心是维持场地开发前后的水文特征不变,低影响开发水文原理如图4-3所示。低影响开发雨水系统构建主要分为5个步骤。第一步,确定海绵城市建设的责任主体为当地政府,政府主要负责城市规划、排水管网设计、透水道路设计、园林设计、交通规划等方面的工作。第二步,确定规划方案,总体规划应基于低影响开发理念;确定具体的实施目标与策略;然后制订专项规划和详细规划,其中专项规划涵盖城市水系、绿地系统、排水防

涝、道路交通等方面,详细规划则侧重于
指标控制、布局控制和实施要求的制定。
第三步,要制定相关政策,构建法律法规
框架,确定实施办法,制定导则和奖惩办
法等。第四步,海绵城市设计应根据设
计任务书中指定的设计原则、技术要求、
落实指标进行针对性的设计;设计过程

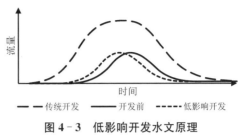

图 4-3　低影响开发水文原理

应考虑设施布局、设施设计、工程预算;设计内容涵盖建筑与小区、道路、绿地与广
场、城市水系等方面。第五步,设计完成后再进行海绵城市建设与雨水管理措施的
实施,并且保持长期稳定的运行维护工作。在设计、建设实施和运行维护阶段应通
过审查监督保证每一个环节都做到位。

　　海绵城市建设——低影响开发雨水管理系统的控制目标一般包括径流总量
控制、径流峰值控制、径流污染控制、雨水资源化利用等(见图 4-4),并结合水环
境现状、水文地质条件等特点,合理选择其中一项或多项目标作为规划控制目
标。鉴于径流污染控制目标、雨水资源化利用目标大多可通过径流总量控制实
现,各地低影响开发雨水系统构建可选择径流总量控制作为首要的规划控制目
标。径流总量控制目标应根据多年平均年径流总量减去蒸发、下渗水量确定。径
流排放量计算应考虑地表类型、土壤性质、地形地貌、植被覆盖率等因素,结合当地
水资源禀赋情况、降雨规律、开发强度、低影响开发设施的利用效率以及经济发展
水平等因素,以尽量减少排放量为前提,通过透水铺装、下沉式绿地、生物滞留设
施、蓄水池、雨水罐、湿塘、雨水湿地等下渗减排和集蓄利用措施控制年径流总量。

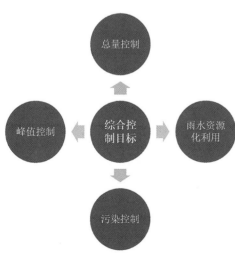

图 4-4　低影响开发控制目标

径流峰值控制应参考特大暴雨发生频率
和雨量,基于错峰、延峰理念进行计算,
设计参数仍然应当按照《室外排水设计
规范》(GB 50014—2016)中的相关标准
执行。低影响开发雨水系统是城市内涝
防治系统的重要组成,应与城市雨水管
渠系统及超标雨水径流排放系统相衔
接,建立从源头到末端的全过程雨水控
制与管理体系,共同达到内涝防治要求。
径流污染控制以地表水水质指标为准,
根据年径流总量和污染物指标进行计
算。控制目标的选择应根据当地降雨特
征、水文地质条件、径流污染状况、内涝

风险控制要求和雨水资源化利用需求等方面,结合当地水环境突出问题、经济合理性等因素,有所侧重地确定低影响开发径流控制目标。

海绵城市低影响开发规划遵循保护性开发、水文干扰最小化、统筹协调的原则。结合所在地区的实际情况,开展低影响开发的相关专题研究,在绿地率、水域面积率等相关指标基础上,增加年径流总量控制率等指标,将其纳入城市总体规划。规划应兼顾保护水生态敏感区、集约开发利用土地、合理控制不透水面积、合理控制地表径流、明确低影响开发策略和重点建设区域。

4.1.2.3 海绵城市规划

海绵城市专项规划包括城市水系、绿地系统、排水防涝、道路交通等方面。城市水系规划应依据城市总体规划划定城市水域、岸线、滨水区,明确水系保护范围;划定水生态敏感区范围并加强保护,确保开发建设后的水域面积应不小于开发前,已破坏的水系应逐步恢复;保持城市水系结构的完整性,优化城市河湖水系布局,加强自然渗透、净化与调蓄功能,实现自然、有序排放与调蓄。根据河湖水系汇水范围优化水域、岸线、滨水区及周边绿地布局,明确低影响开发控制指标。

城市绿地专项规划应提出不同类型绿地的低影响开发控制目标和指标,明确公园绿地、附属绿地、生产绿地、防护绿地等各类绿地低影响开发规划建设目标、控制指标和适用的低影响开发设施类型。合理确定城市绿地系统低影响开发设施的规模和布局,充分发挥绿地的渗透、调蓄和净化功能。城市绿地应与周边汇水区域有效衔接,尽量满足周边雨水汇入绿地进行调蓄的要求。规划应符合园林植物种植及园林绿化养护管理技术要求,合理设置绿地下沉深度和溢流口,实施局部换土或改良增强土壤渗透性能,选择适宜乡土植物和耐淹植物等。在径流污染较严重地区设置雨水弃流、沉淀、截污等预处理设施。充分利用多功能调蓄设施调控排放径流雨水,在占地面积较大的地区可采用湿塘、雨水湿地等低影响开发设施实现多功能调蓄。

城市排水防涝综合规划应根据排水系统总体评估和内涝风险评估结果明确低影响开发径流总量控制目标与指标。根据城市雨水径流污染程度确定径流污染控制目标及防治方式。明确雨水资源化利用目标及方式包括确定雨水资源化利用的总量、用途、方式和设施。发挥低影响开发雨水系统对径流雨水的渗透、调蓄、净化等作用,并与城市雨水管渠系统及超标雨水径流排放系统有效衔接。应利用城市绿地、广场、道路等公共开放空间,在满足各类用地主导功能的基础上,优化低影响开发设施的竖向与平面布局。

城市道路交通专项规划应利用不同等级道路的绿化带、车行道、人行道和停车场建设下沉式绿地、植草沟、雨水湿地、透水铺装、渗管、渗渠等低影响开发设施,通过渗透、调蓄、净化方式实现道路低影响开发控制目标。在考虑承接道路雨水汇入功能的前提下,通过建设下沉式绿地、透水铺装等低影响开发设施提高对道路径流污染及总量等的控制能力。道路交通规划应体现低影响开发设施,涵盖城市道路横断面、纵断面设计的专项规划以及低影响开发雨水系统与城市道路设施的空间衔接关系。

4.1.2.4　海绵城市建设——低影响开发雨水系统构建技术框架

海绵城市建设中低影响开发雨水系统构建技术框架主要包含城市总体规划、控制性详细规划、设计等方面。城市总体规划应根据当地城市状况进行相关专题研究,提出城市低影响开发策略、原则与目标要求,并确定低影响开发控制目标与指标,包括绿地率、水域面积率、年径流总量控制率等方面,然后进行水系、绿地系统、排水防涝、道路交通等方面的专项规划,最后提出用地布局及相关要求,确定低影响开发设施重点建设区域。在控制性详细规划中要首先确定各地块控制目标,统筹综合指标和单项指标,确定单位面积控制容积与下沉式绿地率。修建性详细规划应对应建筑、道路交通、绿地、水体和排水防涝等方面,确定低影响开发设施选择、布局和规模,确定下渗、储存、调节容积,以及弃流量和排放量。《海绵城市建设技术指南》对城市建筑与小区、道路、绿地与广场以及水系的低影响开发雨水系统建设项目包括径流类型、雨水管理设施、雨水去向等方面在内的设计做了系统的介绍。

建筑与小区的设计应因地制宜、经济有效、方便易行,结合小区绿地和景观水体优先设计生物滞留设施、渗井、湿塘和雨水湿地等,用透水铺装替换不透水硬化面,在建筑、广场、道路周边宜布置可消纳径流雨水的绿地。景观水体补水、循环冷却水补水及绿化灌溉、道路浇洒用水的非传统水源宜优先选择雨水。同时景观水体要兼具雨水调蓄功能,景观水体的规模应根据降雨规律、水面蒸发量、雨水回用量等通过全年水量平衡分析确定。雨水进入景观水体之前应设置前置塘、植被缓冲带等预处理设施,同时可采用植草沟转输雨水,以降低径流污染负荷。景观水体宜采用非硬质池底及生态驳岸,为水生动植物提供栖息或生长条件,并通过水生动植物对水体进行净化,必要时可采取人工土壤渗滤等辅助手段对水体进行循环净化。

城市道路径流雨水应通过有组织的汇流与转输,经截污等预处理后引入道路红线内、外绿地内,并通过设置在绿地内的以雨水渗透、储存、调节等为主要功能的低影响开发设施进行处理。低影响开发设施的选择应因地制宜、经济有效、方便易行,如结合道路绿化带和道路红线外绿地优先设计下沉式绿地、生物滞留带、雨水湿地等。

城市绿地、广场及周边区域径流雨水也应通过有组织的汇流与转输,经截污等预处理后引入城市绿地内的以雨水渗透、储存、调节等为主要功能的低影响开发设施,以消纳自身及周边区域径流雨水,并衔接区域内的雨水管渠系统和超标雨水径流排放系统,提高区域内涝防治能力。低影响开发设施的选择应因地制宜、经济有效、方便易行,如湿地公园和有景观水体的城市绿地与广场宜设计雨水湿地、湿塘等。

城市水系在城市排水、防涝、防洪及改善城市生态环境中发挥着重要作用,是城市水循环过程中的重要环节。湿塘、雨水湿地等低影响开发末端调蓄设施也是城市水系的重要组成部分,同时城市水系也是超标雨水径流排放系统的重要组成部分。城市水系设计应根据其功能定位、水体现状、岸线利用现状及滨水区现状等进行合理保护、利用和改造,在满足雨洪行泄等功能条件下,实现相关规划提出的低影响开发控制目标及指标要求,并与城市雨水管渠系统和超标雨水径流排放系统有效衔接。

低影响开发单项设施主要包括透水砖铺装、透水水泥混凝土、透水沥青混凝土、绿色屋顶、下沉式绿地、简易型或复杂型生物滞留设施、渗透塘、渗井、湿塘、雨水湿地、蓄水池、雨水罐、调节塘、调节池、传输型植草沟、干式或湿式植草沟、渗管、渗渠、植被缓冲带、初期雨水弃流设施、人工土壤渗滤设施等。其中雨水湿地和人工土壤渗滤设施适合用于集蓄利用雨水;透水铺装、生物滞留设施和渗透设施适合用于补充地下水;渗透塘和调节池适合用于削减洪水峰值流量;草沟适合用于雨水净化和传输。从控制目标来讲,大部分低影响开发设施都兼具径流总量控制、径流峰值控制和径流污染控制功能,处置方式以分散式处理为主,初期建造费用较高,但是维护费用较低。低影响开发设施通常通过组合的方式实现更好的径流总量、径流峰值和径流污染控制。基于当地汇水区特征,包括平面位置、地质条件、地下水位、地形地势、空间条件、径流污染特性、土壤渗透性、土地利用类型等方面,结合低影响开发单项设施的对应功能、控制能力、建造维护费、景观效果等特点,最终确定低影响开发设施的设置和组合方式。

4.1.3 城市雨水系统数学模拟及案例分析

如今城市雨水系统的设计离不开对当地降水水平和容水体量的评估,因此也有众多的城市雨水评估模型应运而生,有些模型直接评估降水情况,有些模型结合了海绵城市的要求进行统筹。

4.1.3.1 城市雨水系统模型发展与应用方法

城市水质污染源包括点源污染源和面源污染源。点源污染主要包括居民的生活污水与集中式的工业废水,单位面积污水产量高,适合集中处理。面源污染则是城市雨水管理的重点,主要针对地表水体中污染物质的积累和转移问题进行处理。当今海绵城市雨水综合利用是根据雨水管理相关模型计算结果进行针对性设计的,对城市的了解需要通过数据表征才更为直观,因此针对各个评估主体研发出了许多的雨水管理模型,其对比可参照表 4-1。如 SWMM 模型(暴雨洪水管理模型)应用广泛,可用于城市规划;MUSIC 模型(城市雨水改善概念模型)侧重城市排水系统和雨水处理能力。

表 4-1　开源城市雨水系统数学模拟程序[20]

模　型	全　　称	低影响开发模拟
SWMM	stormwater management model	基于低影响开发的进程,水质 LID 模拟尚不可用
MUSIC	model for urban stormwater improvement conceptualization	可用于水质模拟
HEC-HMS	the hydrologic modelling system	通过更改属性进行聚合模拟
L-THIA-LID	L-THIA low impact development	LID 筛选工具,使用曲线编号分析
StormWISE	stormwater investment strategy evaluation	LID 筛选工具,应用管理科学和运筹学领域的优化方法,开发数学模型和计算机软件工具,以确定项目的优先级
Rainwater+	Rainwater+	使用 NRCS 曲线数法计算径流深度,可用于早期 LID 设计

　　雨水系统数学模拟程序虽然侧重点不同,但是其计算思路大同小异,都是根据当地地理水文情况以及城市基建现状来进行模拟分析的,这里以 SWMM 模型为例,其模型结构如图 4-5 所示。SWMM 是一维水动力模型,能较好地模拟各种降雨条件下的下渗、蒸发、地表径流及排水管网一维水动力等过程。SWMM 与 GIS 软件结合进行二次开发后形成了二维模型,通过降雨、温度、统计、联合和绘图模块表征径流和输送情况。这样就可以通过当地水文、管网、下垫面和排水出口边界构建一个较为完整的城市雨洪模型。其中,水文资料包括雨型、降雨径流、蒸发数据;管网数据包括管道属性,管道始末端高程,雨水井、检查井和泵站水闸等设施的分布;下垫面数据包括土地利用类型和地形数据,用来计算汇水区的不透水率、土壤下渗率以及子汇水区坡度等参数;排水出口边界与河道等水体相连,需要对比潮位或者河道水位等信息。

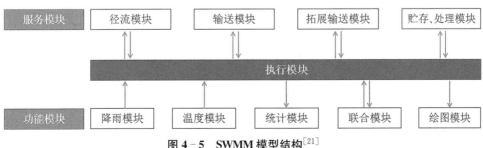

图 4-5　SWMM 模型结构[21]

SWMM 数学模型包括降雨、产流、汇流和管网水动力模型[22],如图 4-6 所示。降雨模型结合实时降水数据人工合成雨型,然后根据植被截留、地表填洼、流域蒸散发、土壤下渗数据形成产流模型,再根据管网等汇流设施建立城市汇流模型,最后根据管网水动力模型输出模拟结果。其中,SWMM 模拟对象包括水文、水力、水质、数据处理和数据对象 5 个方面。水文包括雨量计、子汇水区间、含水层、雪堆和单位线等方面;水力包括对管道连接节点、管道末端排放口、雨水分流器、雨水储蓄单元等设施的计算;水质包括水体污染物和土地污染;数据处理根据 LID 控制目标计算处理函数;数据表征包括增长曲线、时间序列、时间模式和控制规划。

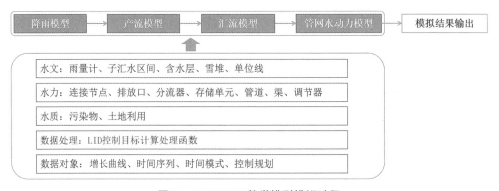

图 4-6 SWMM 数学模型模拟过程

4.1.3.2 城市雨水管理模拟案例

中国是人口大国,又有科教兴国战略,因此校园在中国的发展非常迅速。截至 2017 年 5 月 31 日,全国高等学校共计 2 914 所,其中,普通高等学校 2 631 所(含独立学院 265 所),成人高等学校 283 所。高校本身就具有追求学术氛围和学科前沿的属性,可以接受在自己校园内进行海绵城市建设试点工作。同时很多高校具有较大的绿地覆盖面积,如草坪、足球场、树林,又有小型湖泊和大量的低层建筑,因此可以更好地进行改建工作的尝试,研究雨水分流理念与艺术化的雨水管理理论相结合的设计思路。另外,高校内丰富的雨水管理试验场相对科研人员的居住地距离更近,可进行长期、频繁的研究工作,体系简单、数据完整,更适合当作模型场地进行模拟。此外,校内资源共享更为容易,学校建立统一的数据上传平台可将多个模拟成果结合起来,形成一套完整的场地海绵城市规划与建设成果集,甚至成为示范点。

从设计和规划思路来看,高校海绵城市规划首先要明晰当地降水概况与高校排水现状。降水概况包括城市地处的气候特性、年均降水量与降水量年际变化、气温变化、雨型等信息。而高校排水现状则包括下垫面类型,如绿地、裸地、铺装、广场、体育场、道路、停车场,以及排水系统分布和现存排水问题(如地表塌陷和低地势的积水问题)。然后形成区域高程与坡向分析图,并结合子汇水区排水管网概化情况和 SWMM 模拟得出子汇水区径流分布与相应径流量状况。最终可得每一排水节点的最大负荷情况。以哈尔滨市区某高校的海绵城市设计规划为例,原有的排水系统无法完美地做到排水负荷平均分布,如何通过制订设计策略,优化空间布局改变排水负荷分布,并形成统一的雨洪管控? 在哈尔滨市区某高校案例中,受哈尔滨冬季严寒气候影响,排水系统易因冻融问题而发生管道破裂,除了在建筑群中合适的位置设置雨水桶和砾石收集系统外,道路交通层面和绿地广场层面的空间布局设计起到了串联的作用。一方面道路路面进行改造后通过下凹绿地与植草沟的高低落差和湿地作用直接消纳部分雨水,并且优化道路透水铺装结构以预防下渗造成的冻融破坏;另一方面将这些下凹绿地与大面积绿地串联起来之后,形成轴线式的雨洪整体调控体系,达到更为系统性的雨洪管理。在哈尔滨案例中,进行规划的根本是对当地气候特征、降雨水平以及排水系统进行调查以制订相关策略。数字模拟在其中起到"排头兵"的作用,将三方面基本信息整合到一起后就能明白哪个点是负荷超载的,哪个点又有足够的余量可分担负荷,哪些地块还有多余空间可建设雨水管理设施以及如何做出雨水管理设施的选用决策,哪些地块可以节约下来用于其他目的。子汇水区的设定可以实现既单独计算又整体分析的效果。

随着计算机技术的提升,需建立水文模型和水力学模型来模拟和分析流域内降水情况,并且在互联网技术不断普及的情况下建立全面的检测体系来表征受降水引发的潜在水体污染问题,预防水体污染。地表污染物通过积累和冲刷影响水质并且被管网转移。通常雨水花园、透水铺装和绿色屋顶因具有雨水吸收能力强、避免雨水直接与土壤接触、控制径流的特点,较为适合用于应对雨水管理污染问题。以佛山市新城区依云水岸小区为例[23],数学模拟在其中起到重要作用:首先将积累和冲刷模型与节点水深结合,确定模型效率系数和评级指标;然后根据水文参数确定排水管网概化情况;最终根据 1 年一遇、3 年一遇、5 年一遇和 10 年一遇的降雨量评价污染物削减效果。同样,数学模型也可直接用于研究城市水体污染削减。以成都市典型黑臭河道研究为例[24],通过分析不同降雨条件下受纳水体中的典型指标(如 COD、氨氮、总磷等指数)的最大值以及随降雨时间变化过程,可以反映区域内降雨过程中产流、汇流情况以及各种污染物浓度变化规律,为城市建设过程中防洪排涝、地表水环境保护提供支持和帮助。其中,降雨强度与地面不透水面积是直接影响径流量和污染物总量的两个关键因素。另外,雨水管理设施的分布和消化能力对雨水管理削减污染的整体能力有着密切的联系,因此将这些设施的参数代入数学模型可较为直观地得出不同设计规划方案的污染削减能力差距。以下凹式绿地为例[25](见图 4-7),通过筛选关键性参数,包括土壤水力传导率、绿地所占百分比、降雨时长、降雨强度、冲刷系数、冲刷指数等数值,计算各参数对污染物的削减率,从而评价下凹式绿地对指定污染物的去除效果。

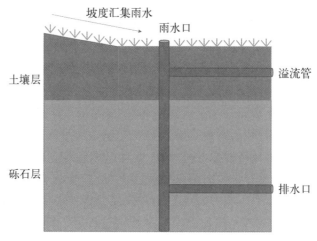

图 4-7　下凹式绿地结构

4.2　分散式工业污水管理

　　我国目前主要的污水处理方式是集中式处理,即通过庞大的排水系统将污水输送到集中式污水处理厂进行集中式处理,将处理后的水进行达标排放或通过供水管网传输给用户再次使用。这种方式主要应用于城市生活污水、经预处理的工业废水等,其主要特点是统一收集、统一运输、统一处理。随着污水处理需求的不断扩大,集中式污水处理的缺点也逐渐显露出来。大规模的污水处理厂往往需要配套相当体量的管网系统,造价和运行维护费用昂贵;污水在管网输送的过程中会出现渗漏[26]。同时,部分位于城郊、乡镇地区的工业企业资金实力有限,而且铺设管网受到地理环境限制较多,因而集中式污水处理系统无法满足这一情形下的排污需求。另外,部分城市的排水系统采用雨污合流制,在暴雨期间,大量未处理的污水还可能随着雨水溢流而排入受纳水体中造成污染。因此,对污水进行分散式处理势在必行。

4.2.1　分散式工业用水的概述

　　分散式处理是指将小区或工厂排出的污水分别收集、分别处理,同时强调就近处理,运用低成本、可持续的处理系统进行污水净化,并将处理后的出水直接排放到环境中或者回用到生产、生活中的过程。分散式污水处理系统是一个独立的系统,不依赖其他大型污水处理厂的后续处理,处理后的出水可直接向环境排放或者回用。同时分散式污水处理系统具有小型化的特征,一般是处理能力为 500 m^3/d 的小型污水处理设备,集污水处理工艺各部分功能为一体[27],可广泛应用于不能纳入城市污水收集系统的居民区、旅游风景区的污水和独立工业区或工业企业的废水处理。

中国城乡住宅建设部和国家环境保护总局早在2000年就发布了《城市污水处理及污染防治技术政策》,要求"对不能纳入城市污水收集系统的居民区、旅游风景点、度假村、疗养院、机场、铁路车站、经济开发小区等分散的人群聚居地排放的污水和独立工矿区的工业废水,应进行就地处理达标排放"。我国分散式污水处理研究和应用始于20世纪80年代末,许多形式各异的无动力或微动力的低能耗型一体化污水处理装置在农村生活污水处理中得到应用,而在工业污水处理中的应用相对较少。

分散式工业用水管理是以回用工业污水为目的的分散式处理模式。对工业企业或者工业园区而言,分散式处理回用途径相比集中式再生水厂回用途径更加广泛。集中式再生水厂回用途径一般为冷却水,分散式处理回用设施回用途径除了冷却水之外,还可用于特定的生产工艺环节。分散式工业用水管理具有以下优势:能根据小范围内污水特性和回用需求有针对性地选择污水处理工艺,增强污水处理效果,且便于技术优化;系统自主建设,运行和维护管理较为方便;处理规模便于调节,能很好地缓解新增污水的压力,且对水质有较高的抗冲击负荷能力;不依赖大规模管网系统等复杂的基础设施,节约资金且受外界影响小。

我国正处于新型工业化的快速发展阶段,尤其在我国各地区存在普遍性水资源短缺的前提下,分散式工业用水管理的理念对工业生产过程中的水质控制和水回用,对减少环境污染排放、提高资源利用效率具有重要的指导意义。

4.2.2　分散式工业用水的技术及设备

分散式工业用水处理技术主要有物化法、生物处理法和生态处理法。物化法较为传统,具有成熟的工艺,可快速应用于各种污染问题的处理,同时也更适合在基于原有技术的基础上进行设备改造,符合分散式处理的特点。生物处理法和生态处理法则兼具反应处理条件温和和可长期有效地解决分散区域污染问题的优点。

4.2.2.1　物化法

混凝沉淀法是物理化学法中最常用的方法之一,其原理是将化学试剂投入到有机废水中,使颗粒状物质和胶体凝聚、沉降,还可以去除部分溶解性污染物。混凝法的优点主要是:工艺简单且见效快,污染物在较短时间内可以被消减,便于操作,运用灵活,处理工艺设施占地面积小,混凝剂来源广泛且成本低廉。此法一般用于废水的预处理,同时也可以用于废水的最终处理。利用混凝沉淀法处理有机废水的局限性主要表现在:对可溶性污染物达不到很好的去除效果;处理的过程中会产生大量不易被降解的化学污泥;化学药剂污染环境,长期使用会对环境造成危害,产生二次污染。Dovletoglou 等[28]用 FeSO$_4$、Al$_2$(SO$_4$)$_3$ 和聚合氯化铝(PAC)对几种涂料废水进行混凝处理,探究了混凝剂用量和 pH 值对混凝处理效果的影响。试验得到 FeSO$_4$、Al$_2$(SO$_4$)$_3$ 和 PAC 处理效果最佳时的 pH 值分别为9.7、7.4 和 7。在各混凝剂的最佳 pH 值下,当 FeSO$_4$ 投加量为 2 000 mg/L 时,对涂料废水 COD 的去除率为 30%～80%,浊度去除率为 70%～99%;当 Al$_2$(SO$_4$)$_3$投加量为 2 500 mg/L 时,对涂料废水 COD 的去除率为 70%～95%,浊度去除率为90%～99%;当 PAC 投加量为 4 000 mg/L 时,对废水 COD 和浊度的去除率均为98%左右。由此可见,PAC 对不同涂料废水的处理效果最好,对废水中污染物的去除率更加稳定、高效。随着对混凝剂研究的深入,也有学者发现一些天然混凝剂如仙人掌、马钱子等对涂料废水的处理效果与常规混凝剂相当,甚至可以降低絮渣的产量,可作为传统混凝剂在涂料废水处理中的有力替代物。混凝过程中往往会生成较小的矾花悬浮在水样中,通过添加助凝剂,可以增加絮体密度,改善混凝沉降效果。Ennil[29]以 FeCl$_3$ 为絮凝剂,以石灰石、浮石、海泡石、膨润土、贝壳等天然基材为助凝剂处理油漆废水。试验结果表明,助凝剂的投加对废水色度和电导率处理效果较佳。Aboulhassan 等[30]以 FeCl$_3$ 为混凝剂,采用 Polysep 3000(PO)、Superfloc A - 1820(SU)和 Praestol 2515 TR(PR)为絮凝剂,研究其对涂料废水中有机物和色度的混凝去除效果。结果表明,与单独使用混凝剂相比,投加混凝剂和絮凝剂可明显提高对涂料的浊度和色度的去除率,出水 COD 更低,产生的絮渣体积也更小。对污染物去除效果和絮渣产生量的影响取决于使用的具体助凝剂,因此,选择合适的混凝剂和絮凝剂的组合非常重要。

高级氧化法是在高温高压、电、声、光辐射、催化剂等作用下,产生具有强氧化性的羟基自由基(HO·),将大分子有机物氧化降解为小分子有机物,甚至使水中的有机污染物完全矿化的过程。目前常见的高级氧化技术包括 Fenton 氧化法、臭氧氧化法、电催化氧化法、湿式氧化法和超临界水氧化法等。Mamadiev 等[31]对比了混凝和 Fenton 氧化法对高污染水性涂料废水的处理效果,废水 COD 浓度为 55 000～144 000 mg/L,悬浮固体(SS)浓度为 9 500～32 000 mg/L,采用 Fenton 氧化法对COD 和颜色的去除效果较好。当 H$_2$O$_2$ 浓度为 2 mol/L 且 H$_2$O$_2$ 与 Fe^{2+} 的摩尔比为 10 时,COD 的去除率为 81%。Fenton 处理产生的污泥量比混凝产生的污泥量少,但仍需进行有害化学污泥的处理。行瑶等[32]在混凝预处理后对伪装涂料废水进行 Fenton 处理,发现 Fenton 氧化出水后,废水 COD 的总去除率达到 98.7%,可达到《污水排入城市下水道水质标准》(CJ 3082—1999)的排放要求(不大于 500 mg/L)。Consejo 等[33]对比了臭氧氧化、臭氧-过氧化氢联用、光芬顿处理、混凝等工艺对涂料污水的处理效果。结果表明,在进水 COD 为 4 000～6 000 mg/L 时,混凝法对COD 的去除率仅为 20%,在混凝处理后增加活性炭处理,可使 COD 去除率提高至

50%。而采用臭氧氧化、臭氧-过氧化氢联用、光芬顿处理等技术的不同组合工艺处理这类废水,对废水 COD 无明显改善作用。这可能是由于涂料中存在某些抗氧化物质,抗氧化剂的高稳定性和持久性导致即便使用先进的氧化技术也无法有效降解废水 COD。

采用水解酸化-接触氧化气浮工艺处理酿造废水具有成功的工程实例。水解酸化阶段的主要微生物为水解菌和产酸菌,可以强化微生物对难降解有机物的分解能力。经水解酸化预处理后,BOD_5/COD(污水可生化降解指标)大为提高,并进一步通过好氧、气浮工序脱除色度和大部分有机物,使排放污水水质稳定达标,且治理费用在企业可接受范围内。该技术运行管理方便,设备占地面积小,适合北方寒冷地区室内处理废水。采用厌氧接触氧化工艺处理高盐腌制废水,以不同污泥作为菌源进行驯化对比研究,并考察盐度和溶解氧对好氧和厌氧处理能力的影响。结果表明,盐度由 10 000 mg/L 提升到 20 000 mg/L 时,对工艺运行的影响较小,厌氧和好氧代谢能力呈现缓慢下降的趋势,厌氧处理效果受盐度影响较大;当盐度不高于 1 300 mg/L,且进水 COD 不大于 3 000 mg/L 时,出水水质达到该行业污水排入处理厂的排放标准。

4.2.2.2 生物处理法

生物法处理废水主要是通过微生物的新陈代谢作用达到降解污染物的目的。根据生物处理系统中微生物的存在状态,生物法可分为悬浮生长的活性污泥法和固着生长的生物膜法两大类。由于生物法的反应条件较为温和,无须投加药剂,相对来说成本上也更经济,是目前城镇污水和有机废水处理中的主流工艺。

活性污泥法是较为成熟的生物处理工艺,工艺流程相对比较简单,运营比较正常,驯化比较成熟,能够很好地去除 BOD 和 COD 等相关的有机污染物,在各种废水处理中已经得到了广泛的应用。在传统活性污泥法处理工艺中,废水经过管道进入曝气池,与活性污泥接触吸附氧化后进入二次沉淀池,部分活性污泥回流,剩余污泥将排掉。传统活性污泥法流程如图 4-8 所示。

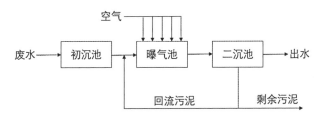

图 4-8 传统活性污泥法流程

传统活性污泥法是用二沉池进行泥水分离的,所以存在以下不足:二沉池沉淀效果不太好,出水携带很多悬浮污泥,导致水质不佳;考虑到泥水分离是在重力式沉淀池中实施的,所以曝气池中混合液悬浮固体浓度(MLSS)不能太高;处理装置容积负荷低,占地面积大,传氧效率低,能耗高,易发生活性污泥膨胀,管理操作复杂;剩余污泥量大,污泥处置费用高;出水水质易受进水水质的影响,出水水质不稳定。

费西凯等[34]通过设定运行参数,将参数分别控制如下:溶解氧(DO)浓度为 $0.5\sim1.0$ mg/L,活性污泥浓度为 $1\,500\sim3\,000$ mg/L,活性污泥池 BOD 容积负荷确定为 $0.15\sim0.3$ kg/(m^3·d)。在此条件下,低污泥浓度有利于提高氧的传质效率,降低曝气量,减少动力消耗。当 DO 浓度低时,丝状菌污泥微膨胀,能够网捕悬浮物质及有机物质,加强氧化分解能力,有利于二沉池出水水质的提高,减少深度处理过程的费用。活性污泥法提升水利停留时间(HRT)至 $8\sim15$ h,BOD 容积负荷相应地降低至 $0.15\sim0.3$ kg/(m^3·d),结合低 DO 丝状菌污泥微膨胀,此时出水水质相对较好,可以减少曝气量,减少动力消耗。由于污泥内源消化,能够减少污泥排放量,实现节能减排。

序批式活性污泥法(SBR)是活性污泥法的改良工艺。SBR 通过人工曝气使活性污泥和污水充分接触,降解污水中的有机污染物,从而达到去除污染物的目的。SBR 去污流程如图 4-9 所示。

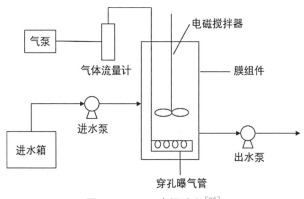

图 4-9 SBR 去污流程[35]

膜生物反应器(MBR)是一种由膜分离单元与生物处理单元相结合的新型水处理技术,以膜组件取代二沉池,可在生物反应器中保持高活性污泥浓度,提高生物处理有机负荷,减少污水处理设施占地,并通过保持低污泥负荷减少剩余污泥量。MBR 去污流程如图 4-10 所示。

MBR 处理工艺在日本、加拿大等许多国家已得到较好的运用。MBR 与传统的活性污泥处理工艺相比存在如下优点:工艺流程短,占地省,小型化系统放置场所不受限制;轻巧、小型的装置中生物处理机能和膜分离机能被一体化,省去了二

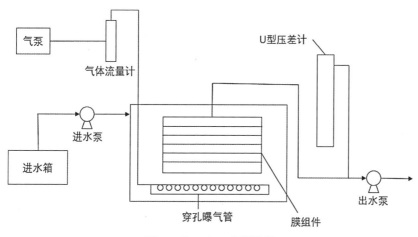

图 4-10　MBR 去污流程

沉池,占地面积小,约为生物处理法的一半;出水 BOD_5、氮、磷和悬浮固体浓度很低,不含细菌、病毒、寄生虫卵等,出水水质符合三级处理标准,可直接回收或补充地下水;可以使水力停留时间和污泥龄完全分开,运行控制更灵活、稳定;利于世代时间长的硝化细菌的增殖,从而提高硝化效率;污泥浓度高,从而传氧效率高达 $26\%\sim60\%$,节省能耗;反应器内 MLSS 可高达 $15\ 000\sim30\ 000\ mg/L$,装置处理容积负荷大,占地减少,也便于传统活性污泥法的改造;膜生物反应器利用其高的MLSS 可以保证有机负荷高峰期的出水水质,且在低峰期污泥可以进行自身消化(内源呼吸)使剩余污泥量比常规活性污泥法处理量少 $50\%\sim80\%$,可以减小剩余污泥处置费用。

　　膜生物反应器中涉及的膜分离技术常用于水质的深度处理,它不用像臭氧活性炭等方法需要调整加药量来应对水质变化浮动,具有出水水质稳定,操作简单等优点。膜分离技术在国内外水厂的应用步伐加快,已经成为研究和应用的热点。根据孔径大小的不同,膜分离技术可分为微滤、超滤、纳滤和反渗透等。超滤可截留进水中悬浮颗粒、胶体物质和蛋白质等大分子物质,让无机盐、小分子物质以及水通过,从而保障水质安全,但超滤对金属离子和小分子有机物几乎没有去除能力。如果从分散式工业污水中水回用角度来说,超滤足以达到该指标。

　　利用生物膜法对污水进行处理是指利用污水流经附着在填料上的生物膜,达到净化水质的目的。生物膜是由高度密集的好氧菌、厌氧菌、兼性菌、真菌、原生动物以及藻类等组成的生态系统,其附着的固体介质称为滤料或载体。生物膜自滤料向外可分为厌氧层、好氧层、附着水层、运动水层。生物膜法的原理是:生物膜首先吸附附着水层有机物,由好氧层的好氧菌将其分解,再进入厌氧层进行厌氧分解,流动水层则将老化的生物膜冲掉以生长新的生物膜,如此往复来完成废水的净化。根据废水与生物膜接触形式的不同将生物膜反应器分为生物滤池、生物接触氧化、生物转盘、曝气生物滤池和生物流化床等,其中生物滤池是早期出现并至今仍在发展的污水生物处理技术。生物膜法的污水处理工艺如图 4-11 所示。

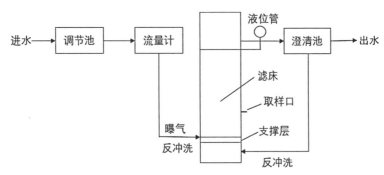

图 4-11 生物膜法的污水处理工艺

作为污水处理的二级生化处理,生物膜法具有独特的优点:对污水水质、水量的变化有较强的适应性,管理方便,不会发生污泥膨胀;微生物固着在载体表面、世代时间较长的微生物也能增殖,生物相对更为丰富、稳定,产生的剩余污泥少;能够处理低浓度的污水。但是生物膜法也有一些不足之处,由于载体材料的比表面积小,反应装置容积有限,空间效率低,导致生物膜法处理效率比活性污泥法低,且不如活性污泥供氧充足,容易缺氧。另外,生物膜载体增加了系统的投资。尽管如此,生物膜法在高浓度有机废水处理中仍有较广泛的应用。

曝气生物滤池(BAF)法对负荷抗冲击的能力比较强,容积的负荷比较高,不但占地面积比较小、处理效果好,而且低温的适应性也比较好。但是,将生物填料加入以后,增加了建设的费用,通常应该反冲洗,如果选择的载体不得当,容易造成堵塞和短流,处理磷的效果也非常差。

4.2.2.3 生态处理法

人工湿地处理技术是一种典型的生态处理法,最早可追溯到 1903 年,英国在约克郡建立了世界上第一个用于处理污水的人工湿地,距今已有 100 多年的历史[36]。人工湿地处理技术在欧洲应用较多,20 世纪 80 年代我国开始陆续在北京等地建设了数 10 座人工湿地工程,对水污染控制起到了一定的积极作用[37]。人工湿地是由人工建造和控制运行的与沼泽地相似的地面,利用生态系统的物理、化学与生物的三重协调作用,经过滤吸附、离子交换、沉淀、植物吸收与微生物分解,实现对生活污水的高效净化。按污水的流经方式,人工湿地分为垂直潜流湿地(VFW)、水平潜流湿地(SSFW)和表面流湿地(SFW)。其中,SFW 不需要砂砾等物质做填料,造价较低,但其水力负荷通常也较低;SSFW 的保湿性较好,对有机物与重金属等污染物去除效果较好,受季节影响较小,但其控制较复杂,氮磷去除效果相对较差;VFW 综合了 SFW 和 SSFW 的特点,但其建造要求较高,至今尚未普遍使用。人工湿地的优势主要如下:投资少,建设、运营成本低廉,污水处理系统组合多样,具有独特的绿化环境功能。人工湿地的建设成本和运行成本约为传统污水处理厂的 1/10～1/2,按污水中污染物的类别、特点可灵活选用不同基质与植物的组合,以达到最佳的去除效果。人工湿地的污染物去除效率高,一般 BOD_5 的去除率为 85%～95%,COD 去除率高于 80%,氮去除率约为 60%,磷去除率高于90%。人工湿地因栽种大量的水生植物,从而对环境起到绿化作用[38]。人工湿地也存在一些缺点,主要如下:受气候影响较大;占地面积相对较大;容易产生淤积饱和现象;人工湿地逸出的 NH_3、H_2S 以及各种挥发性有机物会产生一定异味[39]。

4.2.3　分散式工业用水的处理工艺和案例分析

工业用水的处理工艺是根据工业园区中企业的生产类型和废水特点来进行针对性地设计的。而分散式工业用水的处理在达到无害化和减量化的同时,还要追求零排放和循环利用的目标。这一目标让部分处理能力强、占地面积小的处理工艺受到关注,并作为生产环节的一部分而设计进入生态工业体系中去。

4.2.3.1　工业园区废水处理研究案例

昆明市富民县工业园区是典型的分散式工业园区。根据"十二五"规划要求,该工业园区需新建一座集中收集与处理的废水处理厂。工业园区主要排污企业为 3 个钛白粉生产厂以及其他类型工业企业,如再生纸制造厂、啤酒厂、机械加工厂、食品加工厂等。其中钛白粉厂的废水为该污水处理厂来水的主要部分。工业园区废水处理厂工程建设总规模为 50 000 m^3/d,分两期建设,近期工程规模为 15 000 m^3/d,远期工程规模为 35 000 m^3/d。工业园区废水处理厂尾水排放标准为《城镇污水处理厂污染物排放标准》(GB 18918—2002)一级 A 标准。该废水处理厂近期工程完成后,60% 的日处理水量将作为该园区工业生产回用水,故该部分尾水还需达到《城市污水再生利用　城市杂用水水质》(GB/T 18920—2002)回用水标准[40]。

钛白粉生产工艺流程包括钛铁矿的粉碎、酸解、浸取还原、沉降、结晶、晶体分离,钛液的浓缩、水解、过滤洗涤、盐处理、过滤、煅烧,粉碎为成品等阶段。整个生产过程包含化学和物理工艺,并未投加有机物(硫酸法生产工艺)[41]。且根据国家相关法律法规,该种企业由于生产使用后的尾水为酸性(经检测 pH 值为2～5),故企业必须对该部分尾水进行中和处理后才能排放。主要采用 $Ca(OH)_2$制配的碱性溶液对生产尾水中和,采取曝气搅拌,在处理的同时削减了废水中部分COD 含量。对其生产工艺过程分析可以看出,该部分废水属于无机类废水,需进行物化处理[42]。该园区废水处理厂的来水还包括香料厂、食品加工厂、再生纸制造厂、洗涤厂、机械加工厂、啤酒厂以及其他小型生产企业等 30 多家工厂。由于该部分废水水量较小,故对其水样进行混合分析。通过对其水质进行分析,可知这部分废水属于高浓度有机废水,可通过生化处理。钛白粉厂及其他工厂生产废水水质分析如表 4-2 所示。

表 4-2　钛白粉工厂及其他工厂生产废水水质分析

(单位:除 pH 值外均为 mg/L)

项　目	COD_{Cr}	BOD_5	悬浮固体(SS)	总磷(TP)	总氮(TN)	氨氮(NH_3-N)	pH 值
钛白粉污水	200	40	200	1.5	20	15	6～9
其他生产污水	500	210	400	8	25	12	6～9

从表 4-2 可知,钛白粉污水的进水水质 $C(BOD_5)/C(COD_{Cr})=0.2$(C 表示浓度),属于较难生化污水;$C(BOD_5)/C(TN)=2$ 表示污水中没有足够的碳源提供给反硝化菌利用。由此可明确该部分废水为不可生化处理的无机废水,所以在污水处理厂工艺设计中应该采用多级物化方式处理钛白粉厂尾水。其他生产废水为高浓度有机废水,进水水质 $C(BOD_5)/C(COD_{Cr})=0.42$,属于较难但可生化污水;$C(BOD_5)/C(TN)=8.4$,表示污水有足够的碳源提供给反硝化菌利用,可通过生物处理。

由于钛白粉生产企业在最终排水时虽然要求酸碱中和,但并未进行严格监管,故外排废水中的 pH 值并未能达到理想值,因此应在污水处理厂内再设置一个中和调节池,在保障 pH 值的同时还能进行水量的综合调节。由于钛白粉企业外排废水中仍含有 Fe^{2+},故应在物化处理部分加入臭氧氧化处理,利用臭氧的强氧化性,将 Fe^{2+} 氧化为 Fe^{3+},再通过混凝和絮凝作用将其分离出水体。其他工厂的生产废水为高浓度有机废水,需要特别注意园区中香料厂的外排废水。根据排污要求,该企业同样需要对废水进行处理以达到排放要求。香料厂的生产废水中 COD 含量非常高,企业在排放前应将其进行一定程度的降解,而剩余部分则为大分子且难降解的 COD,可在进行生物处理前利用臭氧氧化或者水解酸化的方式将其中的大分子转化为小分子物质进行预处理,后端则可采用传统活性污泥法进行生化处理[43]。

若该园区建设两根截污干管,则能将该园区内不可生化的无机废水和可生化的高浓度有机废水进行分散式收集。该做法虽然提高了管网建设成本且大幅增加了管网施工的难度,但可使污水处理厂进行分级处理,保障了污水处理厂的稳定运行。污水处理厂的工艺路线应考虑以下问题:钛白粉厂的污水为无机酸性废水,含磷量低,对氧化非常敏感,而且其制造工艺决定了其酸性强,可生化性极差,不适合生化处理工艺,对污水厂的生化处理系统将有致命的影响。近期钛白粉企业排放的水量占本工程处理水量的 70% 以上。该废水基本属于无机废水,COD$_{Cr}$成分中 60% 左右为 Fe^{2+} 等还原性物质,单一地采用生化处理极有可能无法保证出水水质的稳定性和达到标准要求。

本工程可汇入污水厂处理的可生化性较好的有机废水水量很小,现阶段实际能接入的废水统计量仅为预估近期能收集的峰值流量。由于水量不足,若对该部分可生化处理的废水仅设计一组满负荷反应池,则无法有效满足生化反应所需碳源;由于该废水处理厂在处理工艺中投加了多种药剂进行混凝,废水中含有大量混凝剂,因此建议采用板框式压滤机,以保证在日常运行中顺利排出剩余污泥,同时减低能耗成本。根据以上分析,推荐将本污水厂分为两路工艺处理路线。设计规模分别为钛白粉污水 10 600 m³/d,其他有机废水 4 400 m³/d。

具体工艺路线可以考虑以下两种方案。

分质处理工艺路线一(见图 4-12)　钛白粉污水处理工艺采用"调节池反应沉淀臭氧,氧化型滤池加氯消毒";其他有机废水工艺采用"旋流沉砂调节池水解酸化改良沉淀,反应型滤池加氯消毒"。

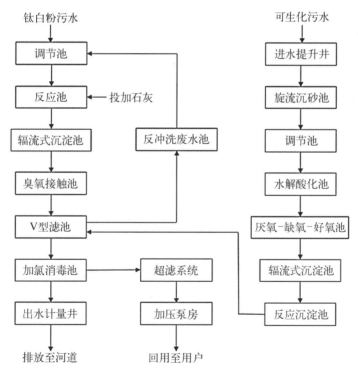

图 4-12　工业废水分质处理技术路线一

分质处理工艺路线二　由于园区的排污企业监管存在漏洞,存在不达标排放的情况,如钛白粉生产企业存在酸性废水外排,造纸厂企业和其他生产企业均存在超标排放的情况,且外排废水为碱性。因此,建议在两条工艺路线前端分别加入中和调节池,对废水进行前端中和处理。对其他高浓度可生化尾水采用臭氧活性污泥的方法进行处理,臭氧接触氧化的目的主要是通过臭氧的作用将 COD 难降解物质的变为可降解的形态,以提高后续活性污泥法的效率。由于在监测中仍然监测到 COD 的存在,且大部分为非生物降解,为确保最终排放达标,可设置臭氧接触氧化池,在降解 COD 的同时也可以达到脱色的效果。

4.2.3.2 一体式 UASB-MBR 反应器处理高浓度有机废水

我国工业废水的处理多采用传统的厌氧/好氧工艺(A/O 工艺),其缺点是占地面积大、运行费用高且效果不够稳定,因而迫切需要开发高效、经济、节能、技术先进可靠的污(废)水处理工艺和技术,在这种情况下一体化高效污水处理技术应运而生。总体而言,国内外对一体化组合工艺处理工业污水的工程案例报道较少。哈尔滨工业大学环境生物技术中心自主开发了一体式 UASB-MBR 反应器(上流式厌氧污泥床-膜生物反应器)。该反应器将好氧段置于厌氧段之上,以立体的形式向空间发展,除了节省占地面积,还能利用好氧段的曝气和微生物作用,有效地去除因厌氧反应而产生的臭气,避免了二次污染和臭气的单独处理,能较为经济、高效地处理工业园区以及小城镇的工业废水[44]。

原水选用啤酒、NH_4Cl 和 $KH_2PO_4 \cdot 3H_2O$ 按照 $C(C):C(N):C(P)=(200\sim500):5:1$ 配制而成,其 COD 为 $3\,500\sim10\,500$ mg/L,pH 值为 7 左右,碱度为 $2\,200\sim2\,500$ mg/L(以 $CaCO_3$ 计)。一体式 UASB-MBR 反应器的结构包括厌氧段和好氧段。其中厌氧段(A 段)即 UASB 的总容积为 15.8 L,反应区的有效容积为 7.8 L;好氧段(O 段)即 MBR 的总容积为 3.8 L,有效容积为 3.3 L,内置中空纤维膜组件,膜材质为聚丙烯,膜孔径为 0.1 μm,膜的表面积为 0.5 m^2,膜组件长度为 15 cm。A 段的温度控制在 (31 ± 1)℃;O 段不设温控装置,A 段的出水直接进入 O 段,水温随季节有所变化 $(22\sim26$℃$)$,该段的溶解氧(DO)控制在 $2\sim4$ mg/L。

4.3 工业园区的供排水网络

工业园区的供排水网络主要考虑园区尺度下工业水系统的基本组成,从而设计合适的工业共生水系统,并且向生态工业方向靠近。在此基础上,工业园区水系统集成优化应遵从区域的工厂配置,从统计的角度去寻求优化的方向。

4.3.1 园区尺度下的工业水系统

工业园区内的工业水系统包括工业水供应和工业废水处理回用体系,从生产到废弃的过程中所有主链和支链上的环节都处于共生的模式当中。因此从生态的视角来看待工业水系统,其在处理废水的同时有效利用热能和副产物,可以实现工业水系统的优化。

4.3.1.1　工业共生的水系统

社会和环境压力的日益增大迫使工业部门必须减少其用水量和废水量。这除了要在源头降低污染物的排放量以及尽可能地在工厂内实现水资源循环利用以外,还有一个值得关注的角度就是,在生态工业园区中,企业互助合作可以实现工业废水的利用和循环,很好地利用各种废水资源和副产品,并减少新鲜水的用量。这无疑能有效地降低用水和废水处理的成本,取得相应的经济和环境效益。尤其是目前在我国工业企业"退城入园"的大势下,从园区尺度开展水系统综合利用的研究与实施工作具有广阔的发展前景。

废水可以通过"工业共生"在企业内部或不同企业之间使用。"工业共生"是一种工业组织形式,某一生产过程的废物可以用作另一生产过程的原料,从而最高效地利用资源和最大限度地减少工业废物。企业内部可以直接使用一些废水,例如使用工艺用水进行冷却或加热,使用屋顶收集的雨水进行冲厕、冲洗或洗车等。当拓展到不同企业之间时,则以循环经济理论和生态工业理论为指导,着力于企业间生态链和生态网的建设,最大限度地提高资源利用率,从工业源头上将污染物排放量降至最低,实现区域清洁生产。与传统的"设计—生产—使用—废弃"生产方式不同,"工业共生"仿照自然生态系统物质循环方式,遵循"回收—再利用—设计—生产"的循环经济模式,使不同企业之间形成共享资源和互换副产品的产业共生组合,使上游生产过程中产生的废物成为下游生产的原料,达到相互间资源的最优化配置。这包括交换生产用水或者回收利用经过处理的废水,其目的与工厂内循环使用废水的目的相似,不同企业之间也可互相利用蒸汽或者热废水、含有机物质和营养物质的废水以及水中一些可回收物质。

凯隆堡工业共生体就是一个很好的实例[45]。在这个封闭的循环中,一个企业的副产品会被其他企业用作资源。这个工业共生体始于 1961 年,在经济优势驱动下,不同企业之间开展合作,在几十年间不断发展。这个共生体会交换各种材料,包括废水。Asnaes 发电厂每年从挪威国家石油公司接收 70 万立方米的冷却水,用作锅炉给水;接收 20 万立方米处理后的废水作为清洁用水。冷却水变成蒸汽后又被挪威国家石油公司以及其他公司冲洗利用,比如供给当地的养鱼场使用等。工业共生最初的动机是经济利益,凯隆堡工业共生体的意义在于它证明了环境利益与经济利益可以共存,这正是工业生态的理论假设。

4.3.1.2　生态工业园区的水系统

工业园区在发达国家和发展中国家都已存在一段时间,大多数工业园区是经过严格的规划与设计而建成的,但也有一些是自然发展的结果。工业园区使企业的竞争力更强,也带来更多的社会、经济和环境效益。生态工业园区(eco-industrial park,EIP)可以保障水资源的有效管理,同时有效进行液体和固体废物的回收。它们可以保障规范供水;提供更好的废水回收和处理方案,最大限度地利用和再利用水资源及其他资源;最大限度地减少碳排放,并遵守相关法规;使整个水循环与工业园内企业的生产价值链紧密相连。工业园区一体化水环境管理模型如图 4-13 所示。

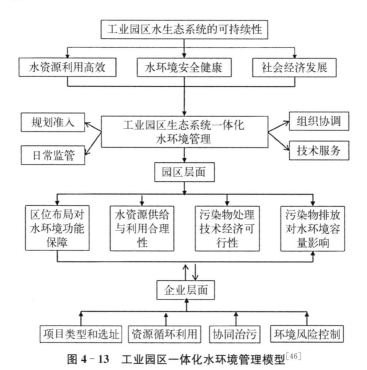

图 4-13　工业园区一体化水环境管理模型[46]

在生态工业园区(EIP)中,工业共生体最为显著。EIP 是自然生态系统和人工生态系统融合的复杂系统,能有效地共享资源(信息、物资、水、能源、基础设施等),寻求能源、原材料和废物的最小化,实现经济效益和改善环境质量,而水网络系统正是这种联合的纽带。按照生态工业园区的发展理念,应加强企业之间的废水交换和梯级利用,权衡废水集中处理与分散处理,加强用水和水处理在基础设施方面的共享,通过梯级利用使水综合利用率最高、对外部供水需求最小。

上海化工工业园就是一个很好的案例。这个工业园将一些氯产品化工企业集合起来,其服务商中法水务投资公司是一家提供整套供水、废水和废物处理服务的企业。在设计阶段,工业园将专业设计的优势体现得淋漓尽致,整合可利用的最先进技术,采用合理的分散风险方式,最大限度地发挥未来科技的优势,并为投资者的资金提供安全保障。在运行阶段,工业园充分发挥专业运营的优势,提供高水平的运营和管理技术,通过园区内的专门实验室对质量进行严格控制,并设有研发基地以提高研发水平。一些国家为保护特定工业而出台的废水处理规定促进了当地工业园的形成,例如土耳其的图兹拉皮革工业园区项目。也有一些国家为避免传统工业区因环境保护区的扩张而受到威胁,通过水与废水处理的一体化管理使其得以持续。

生态工业园区废水管理的好处与内部循环利用的优点相似,缺点则包括需要长期承诺来证明初始资本支出的合理性。比如凯隆堡工业共生体中平均每个项目的回报周期约为 5 年,这就要求参与内部循环的各个企业之间要建立信任并保持开放性态度,才能够实现有效合作。此外,废水需要进一步处理以满足一些行业的需求和可能的监管审批要求,这也必然会涉及企业内部的分散式废水处理系统以及园区层面的集中式废水处理系统。

4.3.1.3 我国对工业园区排水系统的政策要求

"十一五"以来,我国生态工业园迅猛发展,省级以上化工园区数量增长近 20 倍。工业园区已经成为我们国家工业发展的重要载体。2016 年,国家级的园区经济总量高达 17 万亿,各级各类工业园区经济总量占全国工业总量的 60% 以上。在我国"史上最严"的《水污染防治行动计划》(简称水十条)中,明确规定了有关工业园区排水系统的要求:到 2017 年底前,工业集聚区应按规定建成污水集中处理设施,并安装自动在线监控装置,京津冀、长三角、珠三角等区域提前一年完成;逾期没有完成的一律暂停审批和核准其增加水污染物排放的建设项目,并依照有关规定撤销其园区资格。据生态环境部通报称,截至 2018 年 9 月底,全国 2 411 家涉及废水排放的经济技术开发区、高新技术产业开发区、出口加工区等工业集聚区污水集中处理设施建成率达 97%,自动在线监控装置安装完成率达 96%,推动 950 余个工业集聚区建成污水集中处理设施,新增废水处理规模 2 858 万吨/日。同时推动各地加大了工业集聚区环境治理力度,国家和各省(区、市)共对 136 个有问题的工业集聚区实施了限批措施并要求限期整改。

近年来,我国持续促进园区工业共生体的发展,"十三五"规划纲要明确提出:"按照物质流和关联度统筹产业布局,推进园区循环化改造,建设工农复合型循环经济示范区,促进企业间、园区内、产业间耦合共生",要求推动 75% 的国家级园区和 50% 的省级园区开展循环化改造。从 2012 年到 2018 年,6 年间国家累计支持了 140 多家园区开展循环化示范试点工作。在工业园区水资源管理方面,《"十三五"水资源消耗总量和强度双控行动方案》《全民节水行动计划》《节水型社会建设"十三五"规划》等文件中均明确指出推动高耗水企业向工业园区集中,建设节水型园区。《节水型社会建设"十三五"规划》提出,"新建园区在规划布局时要统筹供排水、水处理及水梯级循环利用设施建设,实现公共设施共建共享,鼓励企业间的串联用水,分质用水、一水多用和循环利用。已有园区应将节水作为产业结构优化和循环改造的重点内容,推动企业间水资源利用,强化节水及水循环利用设施建设"。《全民节水行动计划》提出,"工业废水必须经预处理达到集中处理要求方可进入污水处理设施。加强园区供、排水监测,提高园区污水处理市场化程度,搭建园区节水、废水处理及资源化专业技术服务支撑体系和服务平台,推动节水型工业园区建设"。

4.3.2 工业园区水系统集成优化

水系统集成优化技术是将整个用水系统视为一个有机的整体,系统地分配各用水过程的水量和水质,通过定量计算使全系统的水重复利用取得最优结果,同时使废水的排放量最少。水系统集成优化技术可以在现有水处理和水利用技术条件下使用,水系统取得最大的节水效果和经济效益主要包括废水回用、废水再生回用、废水再生循环利用,其方法主要有水夹点方法和数学规划法。

4.3.2.1 水夹点方法

夹点技术是一种换热网络合成技术,主要用于解决换热网络系统中的瓶颈问题——温度夹点问题,属过程集成技术早期的一个重要进展。由于传质和传热过程的类似性,夹点技术的基本理论逐渐应用于用水网络中,用来求解用水系统新鲜水最小用量和废水最小排放量。极限水曲线、极限水复合曲线等概念的提出为图解方法奠定了基础,形成了比较完善的水系统集成方法。此后,该领域的研究成为热点,以水夹点技术为工具,对过程工业用水网络优化设计的分析和应用大量涌现,包括水回用网络构建;应用水源图进行节水网络研究;将水夹点和数学规划法结合应用,并在节水过程中考虑了成本因素;通过基因工具箱算法将计算机科学中的遗传算法与水夹点技术结合起来,使水夹点技术的功能得到进一步增强等相关研究。水夹点技术使新鲜水用量最小,建设改造成本最少以及回用水网络连接数最少,使用水网络优化更接近实际应用。20世纪90年代,国内"水夹点"技术的研究开始起步,研究聚焦在提高水夹点技术在工业用水网络的节水率上。这种基于图形的方法能够直观地给予设计者整个系统所需的最小用水量。当同时考虑最小新鲜水需求量和多种用水操作的水回用选择时,对每个用水操作应用一个通用模型,将操作过程描述为一个从富杂质过程流股到水流的传质过程。在这种情况下,两股过程流股从相反的方向逆流接触。

水夹点方法采用类似于能量集成中构造冷热复合曲线的方法构造极限水复合曲线。该曲线以水中的污染物浓度为纵坐标,需要去除的污染物质量负荷为横坐标,供水曲线斜率的倒数代表供水量。水流的极限进出口浓度 $C_{i,\text{in}}^{\text{lim}}$ 和 $C_{i,\text{out}}^{\text{lim}}$ 可以分别用过程流股的出口浓度和进口浓度来代表,该用水单元的实际进出口浓度必须低于上述的极限浓度(见图 4-14)。

对于第 i 个用水操作,其基本约束因素为进口污染物浓度 $C_{i,\text{in}}^{\lim}$;出口污染物浓度 $C_{i,\text{out}}^{\lim}$;污染物传质负荷 Δm。

传质发生于富污染物过程流股和水流之间,垂直浓度差为用水操作的推动力,质量传递模型如图 4-15 所示。显然,污染物浓度的传质过程发生在流股的污染物浓度大于水流中污染物浓度的情形下,则位于极限曲线下方的供水线均可以满足生产用水的要求。为了达到用水网络的全局最优化,必须从整体上考虑整个系统

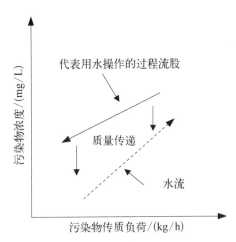

图 4-14　污染物浓度与污染物传质负荷

的用水情况,所以,需要将所有用水单元的情况用复合曲线分析。位于复合曲线下方的供水线均可满足整个系统的用水要求。假定供水线的进口浓度为 0,要使生产过程所用的新鲜水量达到最小,应该尽可能增大供水线的出口浓度,即增大供水线的斜率。当供水线的斜率增大到在某点与复合曲线开始重合时,传质推动力最小,出口浓度达到最大,新鲜水用量达到最小。重合的位置就是所谓的"水夹点"。

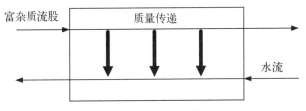

图 4-15　质量传递模型

水夹点对用水网络的设计具有重要的指导意义。水夹点上方用水单元的极限进口浓度高于夹点浓度,不使用新鲜水;水夹点下方用水单元的极限出口浓度低于夹点浓度,不排放废水。我们将其他用水单元排出的废水作为工序用水的单元称为水阱,将用水单元的排水可以作为其他用水单元用水的单元称为水源。水夹点技术取得了较好的实际应用效果。1994 年,英国威尔士的孟山都公司首次开发使用水夹点技术,使其新鲜水消耗量节约 30%,污水处理量减少 75%,新建的废水设施处理投资从 1500 万美元降为 350 万美元,并且使每年的总操作费用和原材料成本费用降低了 100 万美元。研究表明,将水夹点技术应用于化工厂中,夹点技术能最大限度地重复利用水资源,从而降低新鲜水的用量和废水的排放量,降低投资消

耗,并且水的循环利用率最大化,从而减少了废水量,取得了很好的经济效益,并满足了环保要求。

4.3.2.2 数学规划法

另一种优化水网络的方法是数学规划法,这种方法假设每个用水单元既可以作为水源又可以作为水阱,即每个用水单元都可以接受其他单元来的废水,也可以将自身产生的废水提供给其他单元使用,由此构建出用水网络的超结构模型(见图4-16)。目标函数是最小用水量,根据进出口处污染物浓度、流率、连接管数等约束条件进行求解。数学规划法主要有以下步骤:将所有用水单元综合为用水系统,构建用水网络超结构模型;确定目标函数,根据进出口浓度、流率、连接管数等数据,确定约束条件,建立数学模型;采用数学规划软件进行求解;根据计算结果进行用水网络设计。数学规划法得到的结果不但给出了目标函数的最小值,也显示出用水单元之间水的回用方式和回用量,可以直接进行用水网络设计。

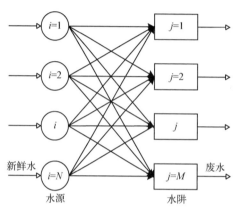

图4-16 水网络超结构模型

国内外学者将数学规划法应用到实际工厂用水网络进行节水减排的研究,并取得了一定的经济效益和环境效益。如将数学规划法应用于不同的工厂进行水网络优化和废水零排放研究,制定详细的工程设计和经济评价体系,可预测水回用效果,并减少新鲜水用量和废水排放,最终取得了一定的节水效果。虽然水夹点法和数学规划法均存在不足,目前也有众多学者对新方法进行研究和开发,但水夹点法和数学规划法是水系统集成优化中最基本的两种设计方法,是众多新方法研究、开发及综合的基础。表4-3给出了目前几种常用优化方法的对比结果。

表4-3 几种常用优化方法的对比结果

方　法	优　　点	缺　　点
水夹点法	形象、直观、物理意义明确,除了能够确定最小新鲜水流量目标并建立相应用水网络外,还为进一步节约新鲜水和最小化废水量提供了指导。针对单杂质用水网络,可以求得最优解	由于二维图形的限制,使其在解决多杂质水系统集成问题上存在困难,并且无法解决与水质、水量无关的目标或约束,设计过程中主要凭借设计者经验

（续表）

方　法	优　点	缺　点
数学规划法	可用于具有多杂质的复杂系统,而且可以通过设定不同的目标及约束条件,使用水网络具有所期望的性质	求解过程为黑箱模型,不直观,物理意义不明确,求解依赖于初值的选取,且由于模型多解性,使用者难以控制优化网络的生成
中间水道技术	简化网络的设计、运行和控制;通过增加中间水道提高网络的柔性;能够手工计算,不受求解规模的限制;求解简单,易于操作	针对小规模用水网络,此种方法得到的效果往往不如常规用水网络,往往不能得到全局最优解
数学规划法与现代算法结合	在单杂质用水网络和多杂质用水网络中均可应用;在建立的数学模型中,可加入其他约束,以便得到最好的结果;求解得到的结果直接是目标函数和相对应的用水网络结构	设计优化程序时较难

4.3.2.3　厂际间联合水网络

适合园区的水系统集成优化技术被称为厂际间联合水网络(IPWI)。其主要分析思路和理论基础如下:厂际之间的每一个水网络都可以根据不同的用水过程或者根据不同的地理位置进行分组,这样,水源就可以在一个网络(或几个网络)重复利用或者回用到另一个网络(或几个网络)中去。厂际间联合水网络可分为两个不同模型,即"直接"和"间接"的水网络优化模型,其优化过程使用的是数学分析的优化技术。

对于直接整合模型,如图 4-17(a)所示,水是从不同的企业内部直接通过跨厂的管道集成从而实现交换和再利用的。在这个过程里,使用混合线性规划(MILP)模型实现水网络优化,从而进一步实现全局最优。任何企业中用水单元的流股以水源和水阱的方式直接通过跨企业的管线进行集成优化。因此,这种方式无企业边界的概念,即跨企业多个水网络等同于一个更大的水网络。为了获得最大的节水减排效果,整个水网络会被高度集成,使各用水单元之间连接紧密,此时如果生产中有某一企业的某用水单元的水量、水质状况发生变化时,将直接影响其他用水单元的运行。如此,由于水网络过于复杂,有可能导致网络柔性不足,不便于运行和控制,同时其管道成本也相对更高。

而对于间接整合模型,如图 4-17(b)所示,水从不同的网络中通过一个集中枢纽实现整合。水通过集中收集或再生处理后,进行重新分配回到各个工厂。这种方法在处理大量的水网络时显然更为实用。因为不同的水网地域之间的距离通常远远大于一个单一的水网络内部的距离,所以,厂际间的水网络可以通过集约每个

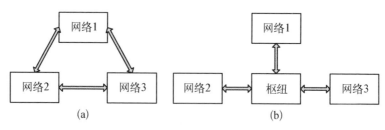

图 4 - 17 **IPWI 的两个不同模型**

（a）"直接"模型　（b）"间接"模型

厂家的出水以降低管道的成本。该方式中企业有明显的系统边界概念。作为缓冲罐的公用工程设施可以是一级或多级储罐，或者是一级或多级再生设备，抑或是集中或分散存在的若干储罐与若干再生设备的组合。与此同时，由于所有用水单元只与公用工程设施相连接，彼此之间相互不能相通，因此可避免生产过程中一些用水单元的水质发生波动对其他用水单元产生直接影响，这使得系统的柔性增加，系统中水质的控制以及操作易于进行。在水网络优化过程中常常出现的可控性问题也因为流量和浓度波动的减少而减少了。间接集成模型可利用混合非线性规划（MINLP）的松弛线性化技术来获得最佳的水网络方案。应用该策略进行跨企业多个水网络集成优化使新鲜水用量会减少，废水排放量也相应地减少。如果设置更多公用工程设施，则新鲜水会进一步减少，但是也增加了网络的复杂性，投资也会相应地增加。研究结果表明，与直接集成相比，间接集成的年均总成本高，消耗的新鲜水量也更大，但是整个水网络的柔性和实用性增强，而且在给定集中式公用工程设施数情况下，集中式公用工程较多时年均总费用较少。

众多研究表明，基于工业共生思想的 IPWN（间植水网）策略比单企业的水集成策略节水多。但是，在进行跨企业水网络集成时，需要考虑各企业间的相互作用以及参与水网络集成的各企业业主自身的利益等因素，从而使跨企业水网络集成更加有效。虽然上述的传统集成优化方法可以使新鲜水用量或运行成本最小化，但是不能保证所有参与集成的各个水网络业主利益的最大化，也不能完全反映各个业主按自身利益运行时会不会与跨企业水网络集成的总目标发生矛盾。实际上，由于企业的多样性和对水质要求的不同，企业间既存在较大的共生关系，又存在水资源量和水质的分配利益冲突问题。

合作博弈亦称为正和博弈，是指博弈双方的利益都有所增加，或者至少是一方的利益增加，而另一方的利益不受损害，因而整个社会的利益有所增加。合作博弈研究人们达成合作时如何分配合作得到的收益，即收益分配问题。相关研究通过用博弈论方法分析了采用直接集成策略集成的跨企业水网络，参与集成的各个厂区均为理性参与者,求解得到全局 Pareto 最优解;又考虑了生态工业园管理者的干预对跨企业水网络的影响,将博弈方法用来分析采用间接集成策略集成的跨企业间接水网络。结果表明,采用该合作博弈策略得到的各个参与者的收益胜过非合作博弈策略各个参与者的收益。另外,一些专家通过对园区内水资源梯级利用模式开展博弈分析,从微观经济学的角度对各利益主体参与水资源梯级利用的动因和积极性进行了经济学的分析,得出生态工业园区中水资源梯级利用体系能否达成"物尽其用、废物最小化"的目标取决于不同利益者的博弈结果的结论。水资源价格和排污收费价格的提高可以减少新鲜水资源的购买量和最终的排污量,有利于促进园区内企业间的水资源梯级利用。而梯级利用的过程也是各级消费者之间的一场博弈,博弈结果将决定再生水资源的售出价格。

此外,建立生态工业园的不同企业水网络的 MINLP(混合非线性规划)模型可以改进厂区内和厂区间的水网络结构,如替换或重新布置已有废水处理单元、提高已有废水处理单元的处理效率、增设公用废水处理设施等。案例分析结果表明:设计的生态工业园水网络与单个改进的水网络相比,年均总费用可节省 19%,新鲜水量消耗减少 47%,废水排放量减少 47%;设计的生态工业园水网络与现有的水网络相比,年均总费用可节省 47%,新鲜水消耗量可减少约 67%,水排放量减少67%,具有很好的经济和环境效益。

跨企业水网络集成优化可能会导致额外的投资和操作费用,另外,还有一些实际问题的约束。如某些企业的产品可能根据市场和季节的变化会有所调整,从而导致下游企业的水网络也相应地变化;参与跨企业水网络集成的各个企业的相互作用以及水价等因素对园区水网络也会产生影响;等等。

4.3.2.4 跨部门水回用

工业园区是多个工业企业和过程的集合,在工业园区尺度上既存在着过程尺度上的水优化管理问题,也需要对区域尺度上的水资源优化加以考虑。不同水资源的不同用途所需水质要求不同,这为水资源的优化利用带来了更多的可能性,例如生活废水可以回收用于洗涤和冷却。在许多国家,这种跨部门的水回用正在迅速增长。一般来说,工业园将工厂集群与生活区和其他社会活动区域分隔开来,然而这并不是普遍适用的情况,例如,设在中国的中国-新加坡苏州工业园就是由 60家世界 500 强企业与 60 万人口的居住区共同组成的。在这种类型的工业园区中更应考虑对不同部门水系统的综合管理。

在国际上,也有一些跨部门水回用的成功案例。西班牙加泰罗尼亚南部的塔拉戈纳地区有一个水再生利用机构,它将两个城市废水处理厂的二次污水处理过后供工业用户使用。塔拉戈纳地区用水非常紧张,水资源匮乏阻碍了该地区的进一步发展。工业园区(石油化工综合体)的水循环利用将开放现有的原水权,以满足未来地方用水(市政和旅游)的需求。最终目标是工业园区 90％的水需求由循环利用的水满足。在荷兰西南部,陶氏化学泰尔纳曾公司原本计划以海水淡化水为水源,但是由于这种方式存在水质不佳、管道腐蚀和成本高等其他问题,因此这家工厂联合附近的城市废水处理厂,利用废水处理厂提供的每天 1 万立方米的再生水生产蒸汽并供应给制造环节。蒸汽使用之后,凝结成的水再次用于冷却塔中,直到最终蒸发,实现了二次"再循环"。与常规海水淡化所需的能源成本相比,泰尔纳曾已通过回收利用城镇废水,将能源消耗减少了 95％,相当于每年减少 6 万吨的二氧化碳排放量。陶氏化学目前正在美国得克萨斯州的弗里波特市将这一从欧洲获得的经验进行推广。

参 考 文 献

[1] 范世香,刁艳芳,刘冀.水文学原理[M].北京:中国水利水电出版社,2014.

[2] 朱燕飞.海绵城市理念下厦门居住区雨水系统设计研究[D].厦门:华侨大学,2017.

[3] 邹雨玲.云南昆明市公园绿地雨水管理策略研究[D].苏州:苏州大学,2017.

[4] 王思思.国外城市雨水利用的进展[J].城市问题,2009,10:79-84.

[5] Brown R R. Impediments to Integrated Urban Stormwater Management:The Need for Institutional Reform[J]. Environmental Management,2005,36(3):455-468.

[6] 钱易,刘昌明.中国城市水资源可持续开发利用[M].北京:中国水利水电出版社,2002.

[7] 张亮.我国水资源短缺的对策研究[M].北京:中国发展出版社,2015.

[8] 李璇,曹磊.当代城市公园雨水收集的景观要素——以德国城市公园为例[J].装饰,2015,3:89-91.

[9] 张书函,丁跃元,陈建刚.德国的雨水收集利用与调控技术[J].北京水务,2002(3):39-41.

[10] 刘华.国外应对城市内涝的智慧:从"驯服"到"巧用"[J].公民与法治,2016,16:39-42.

[11] 汉京超,王红武,张善发,等.城市雨洪调蓄利用的理念与实践[J].安全与环境学报,2011,11(6):223-227.

[12] 车伍,李俊奇.城市雨水利用技术与管理[M].北京:中国建筑工业出版社,2006.

[13] 王鹏,亚吉露·劳森,刘滨谊.水敏性城市设计(WSUD)策略及其在景观项目中的应用[J].中国园林,2010,26(6),88-91.

[14] 威廉·M·马什.景观规划的环境学途径[M].朱强,黄丽玲,俞孔坚,等译.北京:中国建筑工业出版社,2006.

[15] CIRIA. Sustainable Urban Drainage Systems:Best PracticeManual. Report C523[R]. London:Construction Industry Reseachand Information Association,2001.

[16] 武炜瑶,吴雪萍.城市环境中雨水景观设计的途径[J].农业科技与信息(现代园林),2015,5:382-386.

[17] Richman T,Bicknell J. Start at the Source:Site Planning and Design Guidance Manual for Storm Water Quality Protection[C]. American Society of Civil Engineers 29th Annual Water Resources Planning and Management Conference,Tempe:1999.

[18] 住房城乡建设部.住房城乡建设部《海绵城市建设技术指南(试行)》(摘要)——低影响开发雨水系统构建[J].建筑砌块与砌块建筑,2015,1:45-50.

[19] 武中阳,丁庆福,徐涵,等.基于SWMM模型的海绵校园雨洪韧性提升策略研究——以哈尔滨某高校校园为例[C].共享与品质——2018中国城市规划年会.杭州:2018.

[20] Eckart K, Mcphee Z, Bolisetti T. Performance and implementation of low impact development — A review[J]. Science of The Total Environment, 2017, 607-608:413-432.

[21] 王建辉,辛思雨,林爽,等.暴雨管理模型SWMM的应用现状[J].吉林化工学院学报,2018,35(09):87-90.

[22] 周晓喜.城市雨水管网模型参数优化及应用研究[D].哈尔滨:哈尔滨工业大学,2017.

[23] 陈莎,陈晓宏.城市雨水径流污染及LID控制效果模拟[J].水资源保护,2018,34(05):17-23.

[24] 陈新拓,陈琳,佘佳,等.成都市典型黑臭河道水质特征的SWMM模型分析[J].环境科学与技术,2018,41(S1):212-217.

[25] 袁溪,李敏.基于SWMM模型的下凹式绿地污染物削减效应分析[J].环境科学与技术,2016,39(3):49-55.

[26] 陆宾.浅谈分散式污水处理技术及发展趋势[J].江西建材,2013,4:78-79.

[27] 吕宏德.分散式污水处理系统的特征及其应用[J].环境科学与管理,2009,34(8):113-115.

[28] Dovletoglou O, Philippopoulos C, Grigoropoulou H. Coagulation for treatment of paint industry wastewater[J]. Environmental Letters, 2002, 37(7):1361-1377.

[29] Ennil T B. Reduction dye in paint and construction chemicals wastewater by improved coagulation-flocculation process[J]. Water Science & Technology, 2017,76(10):2816-2820.

[30] Aboulhassan M A, Souabi S, Yaacoubi A, et al. Improvement of paint effluents coagulation using natural and synthetic coagulant aids[J]. Journal of Hazardous Materials, 2006, 138(1):40-45.

[31] Mamadiev M, Yilmaz G. Treatment and recycling facilities of highly polluted water-based paint wastewater[J]. Desalination and Water Treatment, 2011, 26(1-3):66-71.

[32] 行瑶,程爱华.混凝-Fenton氧化法处理伪装涂料废水研究[J].工业水处理,2016,36(7):48-51.

[33] Consejo C, Ormad M P, Sarasa J, et al. Treatment of wastewater coming from painting processes: Application of conventional and advanced oxidation technologies[J]. Ozone: Science & Engineering, 2005, 27(4):279-286.

[34] 费西凯,王清艺,赵文鸽,等.活性污泥法处理工业废水发展趋势现状[J].船海工程,2010,39(6):68-70.

[35] 吴春英.膜-生物反应器(MBR)和序批式生物反应器(SBR)去除城市污水中典型药品和个人护理品的对比[J].环境化学,2013,32(9):1674-1679.

[36] Vymazal J, Lenka Krpfelová. Growth of Phragmites australis and Phalaris arundinacea in constructed wetlands for wastewater treatment in the Czech Republic[J]. Ecological Engineering, 2005, 25(5):606-621.

[37] Chen Z M，Chen B，Zhou J B，et al. A vertical subsurface-flow constructed wetland in Beijing[J]. Communications in Nonlinear Science and Numerical Simulation，2008，13(9)：1986-1997.

[38] 范旭红.人工湿地污水处理系统及其应用[D].南京：东南大学,2006.

[39] 孙桂琴,董瑞斌,潘乐英,等.人工湿地污水处理技术及其在我国的应用[J].环境科学与技术,2006,29(B08)：144-146.

[40] 郭玉梅,吴毅晖,万太寅,等.昆明市富民县分散式小型工业园区废水处理方案研究[C].2014 中国环境科学学会学术年会.成都：2014.

[41] 黄帅,杨敏.硫酸法钛白粉生产废水处理工艺研究[J].广东农业科学,2009,7：190-191.

[42] 王浩源,缪应祺.高浓度硫酸盐废水治理技术的研究[J].环境导报,2001,1：22-25.

[43] 吴俊奇,李燕城.水处理实验技术[M].第 3 版.北京：中国建筑工业出版社,2009.

[44] 王琳,任南琪,吴忆宁,等.一体式 UASB—MBR 反应器处理高浓有机废水[J].中国给水排水,2006,22(15)：33-36.

[45] Domenech T，Davies M. Structure and morphology of industrial symbiosis networks：The case of Kalundborg[J]. Procedia — Social and Behavioral Sciences，2011，10：79-89.

[46] 陈颖,杨淇微,葛方龙,等.面向工业园区水生态系统的水环境准入管理构想[J].环境工程,2016,S1：126-128.

第5章　城市有机垃圾管理与资源化

城市生活垃圾是中国城市环境主要污染源之一,随着城市化的快速发展和人民生活水平的提高,垃圾产生量也迅速增加,环境污染日益严重。尽管近年来垃圾处理设施建设快速发展,"垃圾围城"现象有所缓解,但是,目前仍有许多城市缺乏必要的垃圾处理设施,而且大部分已建成的城市生活垃圾处理设施的技术标准也还不高,有些地方存在严重的二次污染。本章将讨论城市垃圾的来源和管理要求,并介绍城市有机垃圾资源化技术。

5.1　城市有机垃圾资源环境问题

在城市面临"垃圾围城"困境的背景下,一方面需要继续加大垃圾处理设施的建设力度,另一方面要加强垃圾源头管理,提高垃圾管理水平和管理效率。垃圾的管理从末端治理向着前端减量化和资源化的方向发展,这种管理理念在各国垃圾管理中已有广泛的实践,同样也是我国城市生活垃圾管理的发展方向。

5.1.1　城市有机垃圾定义及其来源

有机垃圾是我国城市生活垃圾的主体,约占城市生活垃圾总量的60%左右。有机垃圾又称湿垃圾,是指生活垃圾中含有有机物成分的废弃物,主要是纸、纤维、竹木、厨房菜渣等。由于种种原因,目前我国城市生活垃圾的收集方式基本仍为混装收集,其中厨余垃圾比例高达37%~62%,有机质占干物质的95%以上,水分含量达85%~90%。

5.1.1.1　城市有机垃圾分类

根据城市生活垃圾的组成成分和来源进行分类,可将其分为厨余垃圾、绿化垃圾、灰土泥沙、纸类、塑料、金属、玻璃、织物等。厨余垃圾和绿化垃圾具有类似的理化性质和组成成分,并且都具有来源广、产生量大的特点,可将其归为一类,定义为城市有机垃圾。居民日常产生的有机垃圾绝大部分为厨余垃圾,其特征表现在:

① 感观性状上表现为油腻、湿淋淋,对人和周围环境造成不良影响,影响人的视觉和嗅觉等的舒适感和生活卫生。② 含水率高,对收集、运输和处理都带来难度;厨余垃圾渗沥水可通过地表径流和渗透作用污染地表水和地下水。③ 有机物含量高,在温度较高的条件下,能很快腐烂发臭,引发新的污染。④ 存有病毒、致病菌和病原微生物,如不加以适当的处理而直接利用,则会造成病原菌的传播和感染等。⑤ 富含有机物、氮、磷、钾、钙以及各种微量元素。⑥ 组成较简单,有毒有害物质(如重金属等)含量少,有利于再利用。

减量化、资源化和再利用是当前社会普遍关注的循环经济研究的三大重要原则。垃圾的减量化便涵盖了源头削减和回收再利用两个方面,因此用循环经济的思路来指导解决城市垃圾问题就是要在一定经济条件下,寻找垃圾源头、垃圾再生利用、垃圾最终处理三者之间的合理比例关系。它从更高层面诠释了城市垃圾这一传统问题的解决思路,应该具有较大的研究潜力和空间。

城市有机垃圾易被微生物利用,含水率高(65%~95%),尚未形成一套规范的管理系统,只有部分进入城市生活垃圾收集运输系统,因此对环境具有较大的危害和污染性。混合垃圾焚烧和填埋处理时热值较低,填埋场渗滤液污染物浓度高,从而导致焚烧和填埋处理时出现相应的问题。因此如果将有机垃圾在源头上分离出来,进行单独收集与处理利用,则不但可以实现城市垃圾减量化,减少中转和运输费用,而且有利于城市垃圾的焚烧和填埋处理,还可以对垃圾中的有机质回收利用。

5.1.1.2 城市有机垃圾来源

在城市有机垃圾中,餐厨垃圾和园林垃圾是其主要组分,两者均来自人们的日常生产活动过程。

餐厨垃圾主要指食品加工和饮食消费过程中产生的易腐败、易生物降解的废弃物。一般在食品加工过程中产生的食物残余称为"厨余",而在饮食消费后的食物残余称为"泔脚"。前者成分主要为菜叶、果皮,碳水化合物含量高(干基约50%);后者以淀粉、蛋白质、脂肪为主,同时还表现出高含盐量(湿基0.8%~1.5%)、游离态脂肪(干基20%~30%)比重大的特点。易腐性有机垃圾易被微生物利用,含水率高(65%~95%),主要产生源包括以下几个方面:① 城市居民家庭、城市公共场所和旅游景点的垃圾收集点等;② 各类食品批发和零售市场;③ 餐馆、快餐店和各类小吃店等;④ 政府机关、企事业单位和学校等单位的食堂等;⑤ 中央厨房,即具有独立场所及设备、集中完成食品成品或半成品加工制作并直接配送到餐饮服务单位的食品提供者。

绿化垃圾是指杂草、落叶、树枝等有机废物。在春秋两季,这种垃圾占市政垃圾的15%~30%,来源主要是在园林绿化、植物修剪过程中所产生的大量的废弃枝条和叶子。由于各地的气候条件不同,园林植物类型也有所差异,所以修剪后的园林垃圾类型也会有所不同;以灌木为主的绿化区主要是碎枝条和嫩树叶,以乔木为主的绿化带主要是大型枝条和树叶,草坪修剪后会产生大量的碎草叶。由此可见,园林绿化垃圾的来源与城市气候和绿化植物的类型有直接关系。

5.1.2　城市有机垃圾构成与组分

5.1.2.1　城市有机垃圾构成

韩文艳[1]通过问卷调研和半结构式访谈方式探究了兰州市餐厨垃圾的构成,如图 5-1 所示,结果表明剩饭剩菜仍是城市餐厨垃圾中最为重要的组成部分。

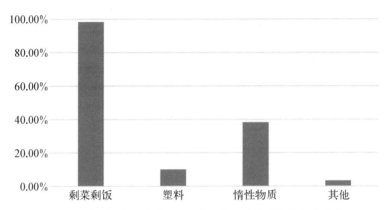

说明:惰性物质包括蛋壳、茶渣、骨、扇贝等,塑料包括塑料袋、包装盒。

图 5-1　兰州市餐厨垃圾构成

崔文谦[2]对青岛市城市餐厨垃圾进行了全年四季度的取样分析,并对比各个季度的餐厨和厨余垃圾的组分变化,结果如表 5-1 和表 5-2 所示。

表 5-1　餐厨垃圾物理组分　　　　　　　　　单位:%

季度	样本	厨余	塑料	竹木	纸类	金属	贝壳	骨头	织物
春	A	91.33	4.05	0.03	1.28	0.00	0.97	1.43	0.08
	B	90.85	5.63	0.01	1.19	0.00	0.19	0.14	1.16
	C	93.36	1.53	0.24	2.92	0.00	0.49	0.86	0.27
	平均值	91.85	3.74	0.09	1.80	0.00	0.55	0.81	0.50
夏	A	89.06	2.39	0.05	1.82	0.07	0.79	2.99	0.75
	B	86.07	5.55	0.29	1.48	0.46	0.61	1.45	0.81
	C	89.29	3.51	0.06	1.58	0.00	0.57	2.85	0.23
	平均值	88.14	3.82	0.13	1.63	0.18	0.66	2.43	0.60

（续表）

季度	样本	厨余	塑料	竹木	纸类	金属	贝壳	骨头	织物
秋	A	93.00	3.25	0.06	3.13	0.04	0.21	0.24	0.00
	B	94.63	1.59	0.02	2.01	0.00	0.00	0.56	0.00
	C	91.46	0.63	0.05	1.97	0.00	0.00	0.52	0.00
	平均值	93.03	1.82	0.04	2.37	0.01	0.07	0.44	0.00
冬	A	89.06	0.49	0.00	0.67	0.06	0.56	5.82	2.01
	B	91.54	0.36	0.02	0.32	0.00	0.72	5.21	0.49
	C	89.32	1.19	0.80	3.43	0.00	0.76	2.42	1.05
	平均值	89.97	0.68	0.27	1.47	0.02	0.68	4.48	1.18
	平均值	90.75	2.51	0.14	1.82	0.05	0.49	2.04	0.57

表 5-2 厨余垃圾物理组分 单位：%

季度	样本	谷类糊状物	鱼肉	蔬菜	果皮
春	A	58.40	2.80	36.70	1.50
	B	56.00	2.70	27.80	10.40
	C	52.70	1.79	38.90	4.40
	平均值	55.70	2.43	34.47	5.43
夏	A	56.14	2.17	38.87	1.08
	B	28.34	2.34	42.06	6.18
	C	64.00	2.13	27.28	3.86
	平均值	49.49	2.21	36.07	3.71
秋	A	47.53	2.92	44.07	4.75
	B	68.70	1.44	16.27	2.53
	C	67.16	1.94	23.68	6.14
	平均值	61.13	2.10	28.01	4.47
冬	A	71.69	3.36	21.93	1.70
	B	66.67	1.16	22.65	0.00
	C	67.71	1.78	25.31	4.09
	平均值	68.69	2.10	23.30	1.93
	平均值	58.75	2.21	30.46	3.89

由表 5-1 可以看出，餐厨垃圾的构成非常复杂，主要是厨余，含量约为 90.75%，9.25% 是杂质，主要包括塑料（2.51%）、纸类（1.82%）、骨头（2.04%）、

竹木(0.14％)、织物(0.57％)、贝类(0.49％)、金属(0.05％)。各种成分比例随季节变化又有不同,从表5-1可以看出,秋季厨余含量最高,为93.03％,夏季厨余含量最低,为88.14％,而其杂质含量如骨头含量冬季最高,为4.48％,秋季含量最低,为0.44％。

表5-2进一步探究了餐厨垃圾中厨余组分的构成,主要是谷类糊状物(58.75％)、蔬菜(30.46％)、果皮(3.89％)、鱼肉类(2.21％),且各组分含量随季节变化而波动。鱼肉类波动较小,蔬菜、果皮在春、夏、秋季含量偏高,冬季含量最低,符合人类饮食习惯。

相对于餐厨垃圾,城市绿化修建过程中产生的绿化垃圾的构成较为简单。就深圳市而言,潮湿高温的气候加剧了园林绿化植物的生长。为了不影响交通和城市设施的安全,必须对园林绿化植物进行定期的修剪,随之产生了大量的园林绿化垃圾。园林绿化垃圾产生较分散,来源比较广泛,收集运输较为复杂。如森林公园、大型行道树、森林等产生的园林垃圾收集相对较困难,不利于资源化,一般采用直接回归绿地的办法进行处理。

深圳市2009年有绿化树种300余种,采用乔、灌、草相结合的立体绿化方式。目前全市建成区绿化覆盖总面积达38 695.0 hm²(1 hm²=0.01 km²),绿化覆盖率达43.5％,人均公共绿地面积18.3 m²。深圳现已建成各类公园443座,总面积达37 194.2 hm²。根据深圳市城市绿化管理处及各区园林科提供的数据核算绿地和行道树单位面积垃圾产生量。经统计,每平方米绿地每年产生绿化垃圾约0.001 5吨,每平方米林地(按16 m²/株行道树计算)每年产生绿化垃圾约为0.004 2吨。公园绿地相对道路绿地修剪次数少,产生的绿化垃圾大部分直接回归绿地,故这部分按每平方米绿地每年产生绿化垃圾0.001吨计算。通过计算得到各区园林绿化垃圾产生量,如表5-3所示。

表5-3 深圳市分区绿地面积和绿化垃圾产生量统计结果

区名	建成面积/km²	建成区绿化覆盖面积/hm²	园林绿地面积/hm²	绿化覆盖率/％	公共绿地面积/hm²	人均公共绿地面积/m²	绿化垃圾产生量/(吨/天)
罗湖	78.9	5 164.0	4 956.1	65.5	1 506.6	17.4	58
福田	54.7	3 333.5	4 381.0	43.7	967.4	8.2	56
南山	132.7	4 228.2	3 527.5	31.9	1 598.9	17.8	62
盐田	12.5	475.4	384.3	37.9	298.3	13.6	19
龙岗	212.7	9 599.1	9 068.5	45.1	8 345.6	44.0	292
宝安	430.8	15 894.8	14 713.6	36.9	2 944.3	8.9	190
合计	922.3	38 695.0	37 031.0	43.5	15 661.1	18.3	677

由表5-3可以看出：在6个区中建成区绿化覆盖率最高的是罗湖区,覆盖率达65.5%,绿化垃圾产生量为58吨/天;盐田区绿化垃圾产生量最少,平均每天仅19吨;人均公共绿地面积最大的是龙岗区为44.0 m²,绿化垃圾产生量最高达292吨/天;全市可收集利用的绿化垃圾产生量约为677吨/天。城市绿化覆盖率、公共绿地面积和人均公共绿地面积决定了绿化垃圾的产生量。

5.1.2.2 城市有机垃圾主要组分

餐厨垃圾化学组成主要有淀粉、纤维素、蛋白质、脂类、无机盐和水等,具有油脂含量高、有机质含量高、盐分含量高、含水率高等理化特点。孙营军[3]分析了浙江大学各校区餐厅内餐厨垃圾的基本理化性质,指出餐厨垃圾含水率在72.30%～78.70%之间,其中粗蛋白、粗脂肪、总淀粉、粗纤维含量平均值为16.46%、24.31%、25.72%和3.31%,餐厨垃圾中的有机碳含量约为40%,总氮含量在2.16%～3.02%之间变化,磷含量为0.41%～0.73%,钾含量为0.78%～1.08%,营养成分十分丰富。表5-4展示了不同餐厨垃圾的化学组成,其水分含量和油脂及组成有明显区别。

表5-4 不同餐厨垃圾的化学组成　　　　　单位：%

餐厨垃圾类型	水　分	碳水化合物	蛋白质	脂　肪
以蛋白质为主的垃圾				
糖浆、甜菜	23	65.1	6.7	—
啤酒糟	80～83	9～11.6	3.2～4.6	1.5～2.4
乳浆	92.7	4.9	0.9	0.9
苹果渣	3.9～10.8	48～62	2.9～5.7	1.9～3.2
橙色垃圾(果皮、果肉和种子)	79	47	6.5	—
木薯渣(干基)	6.8	69.9	1.55	0.12
废面包(全面粉和白面包)	33～43	41～51	8～13	3
米粉	5	86.1	7.3	1.1
麦麸(粗)	11	64.5	15.5	1.2
梨浆(干基)		62.8	5.1	1
番茄渣(干基)	—	25.4～50 (纤维素)	15.4～23.7	5.4～20.5
去籽葡萄汁(干基)	58.2～78.9	12.5～48.8	11.0～11.4	4.47～5.19
雪莉酒残渣		4.1(糖类)	15.1	5.4
马铃薯皮(干基)	85	69.7	8	2.6
马铃薯茎	83.3	12.5	2.6	0.1
以蛋白质或脂肪为主的垃圾				
城市肉类垃圾(干基)	41	—	24.6	69.9
城市鱼类垃圾(干基)	73.9	—	57	19.1

（续表）

餐厨垃圾类型	水　分	碳水化合物	蛋白质	脂　肪
大豆粉	10	29.9	42	4
亚麻籽粉	8	38	36	0.5
啤酒厂酵母	5	39.5	43	1.5
酵母水解液	5.5	—	52.5	—
玉米浆	50	5.8	24	1
干燥的可溶解酒糟	8	45	26	9
血	86	—	12	0.3
肉粉及骨粉	8	—	50	8
花生粕以及外壳	9.5	23	45	5
屠宰场垃圾	74	—	9	14

　　城市餐厨垃圾是以上垃圾的混合物,随着时间和季节的变化,其组成也会有一定的差别(见表 5-5)。

表 5-5　餐厨垃圾组成

季度	样本	粗脂肪/%	粗蛋白/%	粗纤维/%	碳水化合物/%	盐分/%	有机酸 乙酸/(mg/g)	有机酸 丙酸/(mg/g)	有机酸 丁酸/(mg/g)
春	A	41.76	11.07	2.3	34.33	10.04	19.88	4.8	2.21
	B	32.98	11.28	2.8	42.62	14.13	20.34	4.7	0.64
	C	41.35	7.28	2.33	40.21	9.46	19.69	2.97	0.93
	平均值	38.7	9.88	2.48	39.05	11.21	19.97	4.16	1.26
夏	A	23.67	29.93	1.55	32.89	8.03	14.85	2.01	0.96
	B	25.87	25.13	1.31	36.81	10.2	15.38	2.05	0.88
	C	25.78	25.13	1.33	35.7	8.57	17.76	2.34	1.05
	平均值	25.11	26.73	1.4	35.13	8.93	16	2.13	0.96
秋	A	33.42	21.01	2.17	32.72	10.34	15.81	1.78	0.67
	B	19.85	22.95	2.51	41.15	18.05	19.08	1.95	0.91
	C	24.1	20.62	2.33	38.62	14.15	21.78	2.05	0.85
	平均值	25.79	21.53	2.34	37.5	14.18	18.89	1.93	0.81
冬	A	31.92	24.51	1.63	31.22	10.11	16.75	1.74	1.08
	B	13.96	31.19	2.63	37.17	13.78	17.53	1.95	0.99
	C	29.38	24.1	1.84	32.26	12.38	19.24	2	0.93
	平均值	25.09	26.6	2.03	33.55	12.09	17.84	1.9	1
平均值		28.67	21.18	2.06	36.31	11.6	18.17	2.53	1.01

从表 5 - 5 可以看出碳水化合物占干基比例为 33.55% ～39.05%,平均值为 36.31%;粗脂肪占干基比例为 25.09%～38.70%,平均值为 28.67%;粗蛋白占干基比例为 9.88%～26.73%,平均值为 21.18%;难降解的粗纤维占干基比例为 1.4%～2.48%,平均值为 2.06%,含量较少。碳水化合物在冬季最低,春、秋季较高;粗脂肪含量在春季最高,其他季节相近;粗蛋白含量夏、冬两季高于秋季,明显高于春季;粗纤维含量夏季最低,冬季其次,春季最高。

园林绿化垃圾含水率高,树叶的含水率可达 48.2%,草坪和枝条的含水率可达 41.4%;纤维素和木质素含量高,含碳量分别达到 44.8% 和 46.5%;但氮、磷、钾成分相对较低;植物枝条碳氮浓度比为 56.5,如果不调节配比,一般较难腐烂。因此,需要进行简易堆肥使营养元素含量降低,并且堆腐的时间会比较长,占地面积较大。绿化垃圾的含水率较高,一般在 40% 以上,不能直接进入填埋场或焚烧厂进行处理。

5.1.3 城市有机垃圾的危害及处理处置方法

我国是人口大国,随着经济发展与城市化进程的加快,城市人口急剧增加。目前全国大中小城市共计 668 个,算上县城在内的几千座城镇更是数量惊人,由此带来的城市有机垃圾正与日俱增。再加上我国早期的粗犷型发展模式导致有机废弃物污染治理的步伐较慢,尽管近些年国家在处理废弃物与环保上做出了很大的努力,且在废物污染控制相关技术和政策上已经取得一定突破,但与其他的发达国家相比,有机垃圾的整体治理水平还很低,还远不能达到人们对良好生态环境的要求。

5.1.3.1 城市有机垃圾的危害

城市有机垃圾是环境污染的主要污染源之一,具有种类繁多,数量庞大,性质复杂,来源广泛等特点,在收集、运输以及处理过程中产生的渗滤液、臭气、淋溶水严重污染水体,对生态环境和人体健康造成了极大的危害。由于其造成环境污染的途径多、形式复杂,导致对环境造成的不良影响很难修复,经济和社会损失严重。城市有机垃圾对生态环境的破坏主要表现在以下几个方面:侵占土地、浪费资源;污染水、大气和土壤;影响市容环境、危害人体健康。

(1) 侵占土地,浪费资源 我国城市垃圾产生量巨大,但目前城市有机垃圾的减量化处理能力较弱,因此大部分废物产生后都选择了填埋,严重侵占土地资源。并且从资源利用的角度看,有机垃圾中有机物质与微量元素丰富,极具回收价值,是可贵的二次资源。现阶段有机垃圾被弃而不用或者低效率利用的情况是对资源的极大浪费。

(2) 污染水环境 城市有机垃圾对水体的污染主要包括直接污染和间接污染两种。直接污染是指有机垃圾直接排入地表水体,或是露天堆放的废物被地表径流携带进入水体,抑或是飘在空气中的细小颗粒通过降雨、干沉积等各种作用而融入地表水系。间接污染是指露天堆放或填埋的有机垃圾在雨水淋溶后,可溶性有害成分渗透到地下水中,致使地下水污染。有机垃圾中含有碳水化合物、脂肪、蛋白质等易分解的有机物,以及氮、磷等植物营养元素。有机物的分解主要通过消耗水中的溶解氧实现,并且水体中的植物营养盐含量增加又导致水生生物的大量繁殖,使藻类的总量剧增,进一步消耗水中的氧气,使得水质不断恶化,威胁鱼类、贝类生物的生存。藻类死亡分解重新转化为营养盐,供藻类繁殖利用,周而复始,不断地破坏水体原有的生态环境。地下水的污染主要来自有机垃圾的填埋处置,其中的有毒有机物质(如难以生物降解的萘、菲等非氯化芳香族化合物),以及重金属(如铅、锌等)通过地下水迁移,最终进入人体,威胁人体健康。以美国的洛维运河为例,起初有大量居民在该地居住,后来居住在这一废物处理场附近的居民健康受到了影响,大家纷纷逃离此地,使得此地成为荒地。

(3) 污染大气环境　有机垃圾造成大气污染的途径多种多样:废物中的细粒、粉末随风扬散,进入大气后,增加了大气中的粉尘含量;在废物运输及处理过程中释放有害气体;畜禽粪便中的硫化氢等有害气体不经处理会产生二甲胺、甲基硫醇及多种低级脂肪酸,使得恶臭成倍增加;有机垃圾在焚烧处置的过程中又会产生粉尘、酸性气体及二噁英等污染物质,对大气造成二次污染;堆放和填埋的废物以及渗入土壤的废物经挥发和生化反应放出有害气体,处理不当甚至会产生火灾。比如美国旧金山南 40 英里(1 英里≈1 609 米)处的山景市在该城旧垃圾掩埋场上建了海岸圆形剧场,1986 年 10 月的一次演唱会中,用于点烟的打火机造成了一道 5 英尺(1 英尺≈0.305 米)长的火焰冲向天空,烧着了附近一位女士的头发,险些酿成火灾。造成这一幕的罪魁祸首正是从掩埋场冒出的甲烷气。

(4) 污染土壤环境　有机垃圾中有害成分在水的作用下通过土壤孔隙向四周和纵深的土壤迁移,随着迁移过程的进行,会逐渐积累在不同的土壤层中,从而影响土壤的原生环境,破坏土壤内部生态平衡。以餐厨垃圾为例,高含水量和高含油量的餐厨垃圾覆盖于地表后,会使该区域的土壤形成厌氧区,恶化土壤结构,引起板结,损害生物多样性;其中所含的盐分亦会造成土壤的盐碱化。有毒有害物质不仅会给土壤中的微生物带来致命威胁,还会通过食物链富集在农作物中,最终进入人体,影响市民的健康安全。

(5) 影响市容环境,危害人体健康　城市有机垃圾的清运及综合利用能力不高使相当量的污泥、餐厨垃圾、废渣等露天堆放,这种情况不仅对环境造成了极大的危害,还会对城市的生态景观造成影响,形成视觉污染。不仅如此,露天存放或置于处置场的有机垃圾中的有害成分可通过环境介质直接或间接传至人体,威胁健康。比如未经处理的畜禽粪便中残留了大量的有机物,暴露在自然环境中会产生大量的硫化氢、氨气、甲硫醇、二甲二硫等多种恶臭气体,这些气体进入人和动物体内则会引起窒息、呼吸困难等反应,大量吸入可能引发神经系统麻痹、中毒,情况严重的还会造成肺水肿和心脏疾病。再比如有机垃圾进入水体后,对水环境造成污染,进一步借助细菌、病毒等微生物介质引发各类传染病,常见的有传染性肝炎、钩端螺旋体病、血吸虫病等,部分难以降解的有毒物质会通过饮水或者食物链摄入人体,甚至会诱发癌症。

因此,有机垃圾的处理处置已经迫在眉睫,在当今能源危机不断加剧的国际形势下,如果能在处理废物的同时利用其中的养分、能源等为我们的生产生活服务,就能化害为利,变废为宝,这将成为解决城市环境污染日益增多和常规能源日益短缺问题的理想选择。值得注意的是在有机垃圾资源化利用过程中,垃圾产量大、污染程度高、危害严重是不能忽视的问题,而其中最难处理的则是城市化进程中产生的大量餐厨垃圾、畜禽粪便等。

5.1.3.2 城市有机垃圾的处置办法

填埋法、堆肥法、焚烧法是城市有机垃圾处理的三大基本技术。上述规模处置方法虽然能够实现废物大规模的减量化和无害化,但是对资源的利用率较低,且容易造成二次污染。随着科技水平的进步,有机垃圾处置办法已经逐步地发展为资源化的综合处理。

(1) 填埋法 填埋不是普通的坑埋,而是将城市有机垃圾填埋于低渗水土壤或不透水材料中,并且处置场地需要设有渗滤液、气体收集处理设施及地下水检测装置,从而避免垃圾填埋后对土壤及地下水的污染,这也是目前城市有机垃圾处理最广泛的方法。土地填埋有以下优点:设备与管理维持费低,投入少;处理量大且具有弹性,遇上垃圾量突然增加的情况只需要增加设备和相应的工作时长;比露天弃置所需的土地少,因为垃圾在填埋时经压缩后体积只有原来的 $30\%\sim50\%$;能够处理成分复杂的垃圾,减少收集与分拣工作。但填埋法的弊端也特别明显:占用资源,通常每吨城市生活垃圾填埋需要土地 $3\,m^2$,并且垃圾填埋土地很难重复使用;垃圾填埋产生多种恶臭气体比如甲烷、一氧化碳等,这些气体如果进入自然环境中会对人体健康造成危害,还存在爆炸和燃烧危险;垃圾填埋渗滤液污染较大,实际操作过程中很难控制渗滤液的扩散,并且渗滤液中的有机污染物和重金属浓度高;垃圾填埋之后难以回收利用,只是简单实现减量化,资源化效果不明显。所以垃圾填埋并不是一种长久的办法,而是一种权宜之计。卫生填埋在实际操作过程中要注意做好二次污染的预防措施,并合理地利用土地资源。例如法国在卫生填埋场地上种植草皮,修建高尔夫球场、公园等,并通过收集的沼气完成发电,一举多得。

(2) 焚烧 城市有机垃圾的焚烧是一种高温热处理技术,待处理的废物与过剩的空气在焚烧炉内发生燃烧反应分解。现代垃圾焚烧技术的起源可以追溯到19 世纪的英国和美国,最早的焚烧装置为间歇式固定床垃圾焚烧炉,进入 20 世纪

60 年代后,垃圾焚烧炉已经慢慢发展成集高新技术为一体的现代化工业装置。并且随着经济的发展和社会生活水平的提高,城市垃圾中的有机含量越来越高,也就意味着热值越来越高,焚烧带来的收益也随之增加。焚烧法处理城市生活垃圾具有以下优点:垃圾减量化效率高,可以实现 $80\% \sim 90\%$ 的减量;无害化程度高,垃圾焚烧温度通常在 800℃到 1 200℃,存在于垃圾中的某些病毒和细菌很难存活,同时,垃圾中带有毒性的有机物能得到有效分解;资源化利用率高,城市生活垃圾采用焚烧处理后剩余部分只有烟气和灰渣,烟气可以进一步燃烧发电,炉灰可以作为原材料制作建材等;焚烧厂占地面积小,按照现有水平推算,处理产能为 1 000 t/d 的垃圾焚烧厂需要占用耕地 66 666 m^2。但是在实际运营过程中垃圾焚烧也存在很多的问题:处置设施前期投资大,运行成本高,回收周期长;对原料的要求高,而我国垃圾分类回收制度起步较晚,收集的垃圾含水率较高,因此在送到焚烧厂前需要进行预处理;在焚烧过程中会产生二噁英、重金属污染等二次污染,对生态环境造成破坏。

5.2　城市有机垃圾收集管理系统

城市生活垃圾的不当管理给环境造成了严重的污染和破坏,对这些污染和破坏进行必要、及时的控制和修复是我国环境保护工作中的重点。从 1978 年国家实施改革开放政策以来,城市生活垃圾的安全处理以及高效管理就逐渐成了备受社会各界关注的问题。

5.2.1　城市有机垃圾源头的分类需求与模式

经济的快速发展刺激了城市的迅速扩张,城市数量不断增加、城市规模不断扩大,非农人口占总人口比例增加,城市居民数量急速提高,同时伴随着市场的开放、旅游等第三产业的不断发展,城市生活垃圾产生量大幅提高。

5.2.1.1　城市有机垃圾分类需求

发达国家经济增长的经验告诉我们,随着国民生产总值的增加,城市生活垃圾产生量先是呈现急速上升的趋势,但当国民生产总值增加到一定程度时,城市生活垃圾的增长速度便开始减缓,呈现在一定值上稳定的趋势。此时,经济发展对城市垃圾的影响就更多地体现在垃圾成分的变化上。经济发展的一个重要结果就是居民生活水平的提高,居民在物质生活水平提高的前提下,产生的生活垃圾成分也必然相应地有所变化。比如,经济收入提高后导致消费意识的变化,商品包装产业不断发展,商品包装形式、种类、数量越来越多,一次性的消耗品在餐饮、住宿等行业广泛运用,这就大大改变了城市生活垃圾的组成成分。在生活垃圾总量增长的基础上,垃圾成分的复杂化加剧了后续回收处理的难度,因此对城市生活垃圾源头分类提出了较高要求。

为实现生活垃圾的减量化和无害化,城市生活垃圾的主要处理技术为垃圾焚烧和卫生填埋。生活垃圾焚烧技术的应用对垃圾热值具有较高要求。然而,城市生活垃圾中大部分为有机垃圾,其含量高达 60%,有机垃圾含水量大、热值低,极易影响生活垃圾焚烧效率,甚至损伤焚烧炉。只有通过分类收集才能提高送到焚烧厂的生活垃圾中可燃物所占的比重,改善垃圾焚烧效率,从而降低焚烧厂建设投资和运行成本,使这类企业能够持续良好运行。

卫生填埋技术是对那些不可再循环利用、也没有发热与堆肥等使用价值的垃圾残骸进行处理的终端技术手段,它作为生活垃圾最终的处置手段在各种处理方式中占有重要地位,目前仍是生活垃圾的主要处理方式之一。然而这种垃圾处理的方式与城市周边,尤其是大城市土地资源日趋宝贵、可用于填埋的场地日趋减小的现象间的矛盾也越来越尖锐,能够满足城市生活垃圾填埋需求场地的选择将越来越困难,随之而来的便是填埋处理成本的不断提高。许多国家已经对用于填埋的垃圾成分和标准做出规定,其中一条基本的原则就是进行填埋处理的垃圾要做到无法再减量、无法再减体和无害,这就对填埋前的垃圾处理环节提出了较高要求。达到这一基本要求所应采取的措施就是对城市生活垃圾进行分类管理,从而提高焚烧、堆肥所用垃圾的纯度,并且最大限度地减小填埋垃圾量。生活垃圾源头分类则是垃圾分类管理的第一步,是后续各个环节得以实现的前提,是做好垃圾分类管理的必要基础,实现垃圾的源头分类将会大大减少生活垃圾的产生量,并有力地提高生活垃圾的资源再生利用率。而城市有机垃圾产生量巨大,并具有资源化价值,不能对其进行有效分类是对垃圾填埋空间的极大浪费。

有机垃圾作为城市生活垃圾的最主要部分,其分类回收对实现生活垃圾的减量化、无害化具有很大的意义。从源头对有机垃圾进行分类可以提高城市生活垃圾的资源化水平。而对有机垃圾在源头上进行分类作为城市有机垃圾管理的首要环节,直接影响了随后城市有机垃圾的收运和处置效果。如餐厨垃圾中同时含有油脂、蛋白质和糖类等有机物,对油脂进行有效的分离回收,不仅有利于自身的资源化利用,也有利于餐厨垃圾中的其他组分的资源化利用。餐厨垃圾中的油脂容易黏附器壁造成堵塞、包裹支撑介质、干扰微生物生命活动、阻碍淀粉的水解产糖过程等不利后果。油脂对饲料和肥料等资源化产品的品质造成不利影响,如油脂发酵极易产生黄曲霉素等致癌物质,油脂的易氧化酸败和易挥发等特性降低了餐厨垃圾饲料化产品品质,这些有害物质通过食物链的传播还可能对人类健康产生影响。

针对这些问题提出拟解决办法——对餐厨垃圾中的废弃食用油脂进行分离提取。这不仅提高了后续资源化产品品质,同时减少含油污水的排放。分离后固相作为肥料或饲料的原料品质更好;提取出的油制成生物柴油、硬脂酸、油酸等能源和化工产品的纯度更高;水相含油量减少,排入市政管网不会黏附堵塞管道,减轻城镇污水厂处理负担。发达国家餐厨垃圾管理起步早,如美国、英国、日本等国家都历经长时间的探索,餐厨垃圾处理已经发展为一种较完善的环保产业,不论是处理技术、行业标准、资源化方案,还是管理理念等方面,都步入先进列。学习它们的经验对我国的城市餐厨垃圾管理具有重要意义。

欧洲每年的厨余垃圾产生量为 5 000 万吨左右,欧洲发达地区基本上都拥有比较完善的技术、体制和系统。德国已经关闭绝大多数的垃圾填埋场,非常多的企业致力于使餐厨垃圾变废为宝。丹麦 1987 年开始征收填埋税,且逐年提升税率,鼓励回收餐厨垃圾。英国将餐厨垃圾收集集中后堆肥发酵变成有机肥料,这一方式受到广大民众的认可,并且因此兴起了两大市场:一个是餐厨垃圾处理设备制造企业的兴起,相关企业专门将酒店、饭店等餐厨垃圾加工成有机肥料,作为商品销售;另一个是投资开发利用英国的一部分闲置土地,利用土地将餐厨垃圾处理成有机肥料,再将土地分配给居民种植蔬菜,这样的模式在英国获得了巨大的成功。2011 年 11 月英国还建设了全球首个全封闭式餐厨垃圾发电厂,目前,该厂平均每天可以处理 12 万吨餐厨垃圾,发电 150 万千瓦·时,可供数万户家庭 24 小时用电。

法国严格规定垃圾分为可回收垃圾与不可回收垃圾。各个家庭必须将餐厨垃圾分类装进袋子送入垃圾房,垃圾房内有监控,如违反规定,将会被罚款。餐饮行业的餐厨垃圾更是细分为 20 个类别,规定了无害、中性、危险的级别。且 1992 年法国就规定餐厨的废弃油不能和其他垃圾混合,更不能直接扔掉或者倒入下水道。如有违规将会承担严重后果,面临巨额罚款,甚至追究刑事责任。法国每年的餐厨废油回收率超过 40%。

2000 年,美国产生的餐厨垃圾为 2 600 万吨,2010 年已增到 3 400 万吨。餐厨垃圾是美国第二大垃圾来源,仅次于纸张,占城镇固体废物总量近 14%。美国利用餐厨垃圾粉碎机和油脂分离装置将产量较大的垃圾分离,排入下水道,加工厂则对油脂进行利用。产生量较小的单位通过安装餐厨垃圾处理机或将餐厨垃圾混入有机垃圾中统一处理,将垃圾粉碎后排入下水道。美国各个州的处理方式、政策不尽相同,根据不同的情况,建立回收系统。如中西部地区利用堆肥技术处理餐厨垃圾的方式越来越多;加州目前利用餐厨垃圾发电,获得了一定的成效。

据统计,日本每年排出有机垃圾 2 000 万吨,相当于两年的稻米产量,其中餐厨加工业排出 340 万吨,饮食业排出 600 万吨,家庭排出 1 000 万吨。由于日本餐厨垃圾的倾倒运输费用很高,约为 250～600 美元/吨,因此日本投入了大量的资金、技术、人力研制餐厨垃圾处理机,2 000 年还颁布了《餐厨垃圾再生法》,利用立法的形式制定标准,明确责任。同时,日本近年致力于研究利用餐厨垃圾生产生物气,发电供热;生产动物饲料。对于地沟油问题,日本采用凝固剂使油变成固体,将其和其他的可燃垃圾一起焚烧,从而变为发电的材料。日本十分重视废弃油的再利用,发现油炸食品的油可以炼制为生物柴油燃料,而且燃烧后尾气中的硫化物、二氧化碳含量很少。

韩国餐厨垃圾占城市垃圾比例的 30% 左右,近年来由于分类收集等政策,回收率得到提高。现在韩国的填埋场已不接受餐厨垃圾,焚烧餐厨垃圾比重较大,但会导致能源浪费等问题。堆肥作为韩国目前主要的处理方式,也存在着杂质过多、高盐分、气味难闻等问题。韩国政府和地方出资建设垃圾处理工厂,注重餐厨垃圾的综合利用。

5.2.1.2 城市有机垃圾分类模式

城市有机垃圾是生活垃圾的一部分,由于其特殊性,分类模式上又有别于其他生活垃圾。一些发达国家已经建立了较为合理的城市有机垃圾分类模式。

德国的城市有机垃圾分类模式可以作为借鉴。严格的垃圾分类前提是建立垃圾的分类收纳、收集、运输及处理体系。按照城市居民所产生生活垃圾的不同性质,德国将其分为单独收集的垃圾和剩余垃圾两大类。其中单独收集的垃圾包括纸张、绿色植物有机垃圾(生餐厨垃圾、花园垃圾)、玻璃物品(区分为棕、绿和白三色)、轻质包装、大件垃圾、废旧金属和电池等;剩余垃圾则指其他不可回收的垃圾。在垃圾分类的基础上,将垃圾收集分为收、送两个体系。居民家中放置有黄、蓝、棕(或绿)、黑 4 种不同颜色的垃圾收纳装置:黄色桶用来收纳上述带有绿点标志的一次性包装垃圾;蓝色桶中投放的是废旧纸张;棕色桶用来投放食物残渣等有机垃圾;黑色桶则用来盛装难以归类到上述任何一类的其他不可回收垃圾。专门的垃圾收集清运人员会在统一安排和规定的时间点到每一户居民家收集其产生的垃圾,居民根据自家所产生的垃圾量来选择使用哪个型号的垃圾桶,并且要根据所用垃圾桶的大小缴纳相应的、不同等级的费用。此外,在每个居民区还配有专门回收各种玻璃的垃圾桶,而市区还设有专门回收点,用以回收大件垃圾、废旧电器、有毒害危险性的废物等,其中投放废旧轮胎等需要付费。这些经过居民源头分类的垃圾会按照包装、电器电子产品、废弃电池、废弃汽车、废弃油、废弃玻璃、废弃纸张、生态垃圾等不同性质经由不同的处理利用途径进行处理。

除了每个家庭配置的四色垃圾收纳装置外,德国的每个城市都依据自身城市规模的大小和居民总量建立了垃圾循环利用中心站,供居民送放大件的垃圾。中心站的工作人员对这些垃圾进行处理,将可以利用的部件拆分下来,再通过举行特别的活动吸引居民来购买这些仍有利用价值的"垃圾"。中心站还承担着起草垃圾再利用和销售策略、维修部分旧东西、举办废物再利用相关咨询、组织商品交换等任务。居民家庭和社区配置的垃圾投放装置为垃圾源头分类的落实提供了可靠的基础设施保障。

　　瑞典建立了涉及诸多方面的垃圾分类回收、管理、处理的系统工程,为垃圾源头分类的落实提供了坚实可靠的保障。

　　第一,押金回收制度　这是对一些可以回收利用的商品包装利用经济手段采取的措施。比如在较大的超市、商场特定位置配备专门的易拉罐和玻璃瓶等饮品容器的自动回收装置以及其他类别垃圾的垃圾回收间。顾客可以将在购物过程中消费的饮料等食品的包装投放到相应的回收设备中,机器可以根据预先的设定自动给顾客开具回收凭证或收据,投放人就能凭借此收据获得相应的经济补偿,或者可以当作代金券在该超市或者商场内进行消费。这一措施利用经济手段使消费者从被动地履行垃圾分类义务转变为积极主动地作为,是促进生活垃圾源头分类的有效方式。

　　第二,住宿行业设立特殊垃圾桶　瑞典的各家住宿旅馆在每个房间里都配备有一个特别设计的垃圾桶,这种垃圾桶设计有储存空间,分别用于投放不同类别的生活垃圾。将相应的垃圾标签明确标示于垃圾桶上,分别是水果等不可进行回收再利用的垃圾、塑料等可以回收再循环利用的垃圾、纸张等。住宿的旅客依照这一明确提示将生活垃圾放置到相应的位置,这就在无形中形成了对生活垃圾进行源头分类的意识和习惯。

　　第三,居民家庭中的生活垃圾处理设施　在瑞典,很多家庭厨房的洗刷水池下或橱柜抽屉中都准备着不同种类的生活垃圾存放装置,这些装置分别用来收纳废旧的玻璃器皿、日常生活产生的金属物质、用过的纸张、日常用品和食品的塑料包装以及餐厨垃圾等。一些居民家里的下水装置里还装配有厨余垃圾粉碎处理机器,这些机器可以将餐厨垃圾切割粉碎,粉碎后的餐厨垃圾可以随下水管道直接冲到提前安置的地下水桶中,最后由垃圾运输车运送到沼气场进行处理利用。

　　除了家庭的垃圾收纳装置外,瑞典还设计有合理的公共垃圾收集装置,每一条道路边都放置着大型的生活垃圾分类收集桶,在每一个居民小区及楼房附近还设有专门的垃圾回收间,用来收集存放分类的生活垃圾。这些垃圾回收间还有一个特别的功能,那就是居民可以将仍有利用价值但自己不再使用的物品存放在这里,其他居民可以在这里取用自己需要的物品,这也在一定程度上提高了物品的利用率,起到了垃圾减量的作用。这些装置、设施使居民对生活垃圾的初步处理方便快捷,保证了生活垃圾较高的源头分类处理率。

　　第四,大件及特殊垃圾的定点收集站　对于家用电器、体积较大的废旧家具、修剪树木产生的较大枝杈等大件垃圾,以及含有有毒有害化学物质的灯泡、废旧电池等可能产生水体和土壤污染而需要经过特殊处理的垃圾,居民要根据相关规定将特定的生活垃圾开车送到指定的生活垃圾收集处理点。在这些指定的垃圾收集站,每个居民都自觉地把送来的不同垃圾按照严格的分类堆放到指定地点,这一做法可以节省垃圾分拣成本,降低垃圾处理难度,极大地提高对生活垃圾后续处理的效率。

日本是世界范围内餐厨垃圾能源利用的前驱者。日本每年产生2 000万吨左右的城市餐厨垃圾,其中82%来源于酒店与家庭。2000年日本正式颁布了《厨余垃圾利用法》,此法律的出台大大地推动了日本餐厨垃圾处理技术的改进和利用,从而也在一定程度上减少了餐厨垃圾对环境的污染。该法案要求各种饭店和食品加工行业要与农户签订合同,将餐厨垃圾等制成堆肥,减少环境污染;并且大力发展餐厨垃圾处理技术,出台激励措施,将餐厨垃圾处理机变成一种很有潜力的产品,使很多知名品牌的大公司积极投资餐厨垃圾的处理回收。

美国每年产生的城市餐厨垃圾为3 400万吨左右。其回收处理方式分为两种:一是对餐厨垃圾产生量较大的单位进行集中处理,即通过安装垃圾粉碎机和油脂处理装置提取其中的油脂送往肥皂制造厂进行加工利用,而碎料则排入下水道;二是对垃圾产生量较小的单位和家庭则使用食物垃圾处理机(使用普及率达到90%)进行处理,处理后的餐厨垃圾则根据当地特点灵活利用。例如加州利用处理后的餐厨垃圾进行发电;美国中西部地区则较广泛地采用蝇蛆堆肥、密封式容器堆肥等处理技术对餐厨垃圾进行回收利用。

餐厨垃圾来源于城市消费过程,如家庭日常生活、餐饮行业经营和食堂等机构运营等,而消费过程和每个个体相关,综合发达国家生活垃圾分类的经验,可将城市餐厨垃圾的分类模式总结为如图5-2所示的步骤。

相对于餐厨垃圾,绿化垃圾虽然产量大、构成复杂,分类及收运模式却较为简单直观。以深圳市为例,深圳市园林绿化垃圾的收运模式主要是承包责任制,将园林绿化的养护和管理工作进行市场化运作。罗湖区、福田区和半个南山区约万条道路的绿化由深圳市城市绿化管理处负责管理和养护,再按路段承包给其下的各家园林绿化公司。盐田区和另一半南山区由各街道办事处负责管理,道路绿化也按路段承包给下属绿化养护公司或清洁服务公司进行养护。在道路绿化养护中,清运工人在路边绿化带先把修剪后的绿化垃圾任意堆放,然后用平板货车运往固体废弃物填埋场,较大的枝条送往其下属的深圳市枝梗粉碎厂粉碎后进行简易堆肥处理。

特区内公园绿化和养护工作由各个公园管理处负责。清洁工先把修剪的植物碎屑或枝条用手推车收集后送往附近的垃圾中转站,然后用压缩车运往填埋场填埋。较大的枝条就地堆置或者直接用平板货车运往垃圾填埋场和枝丫粉碎厂。

除道路绿地和公园绿地外的其他绿地如小区绿地的养护和清运工作都是外包给清洁服务公司或园林绿化公司,该公司对承包的地段实行清运和养护一体化服务。龙岗区和宝安区的道路绿地、公园和其他绿地面积大、分布广,由街道办事处统一管理,按路段承包给各清洁服务公司负责绿化养护工作。

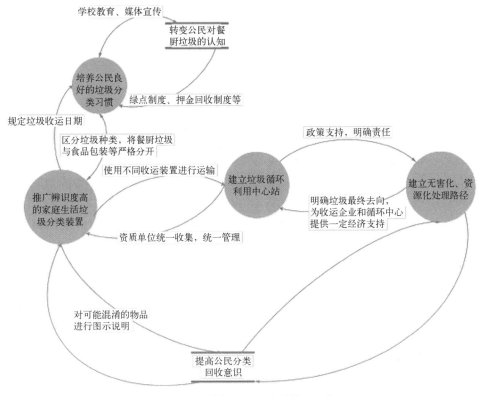

图 5 - 2　城市餐厨垃圾分类模式图解

5.2.2　城市有机垃圾的收运管理

城市有机垃圾的处理是一个系统工程,它是指将有机垃圾从产生源头运输到垃圾处理厂及后续的一系列操作,主要包括收集、运输、中转和处置 4 个过程,而其收运主要指前面 3 个过程。

5.2.2.1　城市有机垃圾收运管理系统

城市有机垃圾的收运处理流程包括将城市有机垃圾从不同产生源头收集到公共贮存器当中,再通过不同运输途径运送到垃圾处理厂(见图 5 - 3)。根据公共贮存器到处理厂的距离、运输工具最大运输量和承载能力等因素的实际情况,可在贮存器和处理厂之间设立一个或多个中转站,将公共贮存器中的有机垃圾先运至中转站放置一段时间后,再运至垃圾处理厂进行处理。在整个有机垃圾收运过程中,收集和运输是始终如一的,而中转可以有一次或多次。

1)城市有机垃圾的收集

城市有机垃圾的主要来源有日常生活来源与非日常生活来源。日常生活来源产生的有机垃圾量小、收集点分散,在收集过程中由个人将垃圾自行投放至社区或

图 5-3 城市有机垃圾的收运处理流程

附近的收集点,再由专门人员进行二次分类,主要依靠人们的垃圾分类知识和环保意识进行监督。而非日常生活来源产生的有机垃圾量大、收集点集中,在产生源头即可进行有效分类。其中,餐厨垃圾含量巨大,且油污水含量高,在回收过程中易因利益问题产生"黑色价值链",即将废弃油污水卖给不法厂家制成地沟油。整个过程很大程度上依靠法律的监管和执法人员的治理。

无论针对哪一种垃圾来源,为了更有效地在后续步骤中对不同种类的城市有机垃圾进行运输和集中处置,都应当在前期采用分类收集。分类收集包括两个部分:一是将餐厨垃圾与其他有机垃圾分开,主要是日常生活来源垃圾中有待加强的方面;二是将餐厨垃圾中的厨余垃圾和废弃食用油脂分开,这是非日常生活来源垃圾需要解决的一个问题。许多小型餐饮服务行业在收集餐厨垃圾时没有设置隔油池,导致运送过程中油污水外泄产生二次污染,并影响最终环节对餐厨垃圾的处置效率。城市有机垃圾分类收集及最终处理方式如图 5-4 所示。

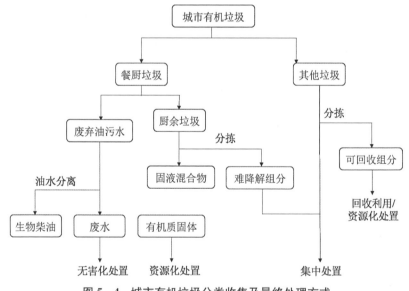

图 5-4 城市有机垃圾分类收集及最终处理方式

目前国内针对生活垃圾实施分类收集的时间较短,大多数城市仍采用混合收集方式对城市有机垃圾进行集中处理。根据有无收集站,目前主要的收集方式可分为无站式收集和收集站式收集,其中无站式收集包括车辆流动式和地沟式,收集站式包括平台收集站式和垃圾屋式收集。

2）城市有机垃圾的运输和中转

运输和中转指清运车按照一定线路清除贮存在容器内的垃圾,然后转运到垃圾处理站的过程。将各分散来源的城市有机垃圾进行收集后,通过运输系统的协调运送,最终在垃圾处置场实现集中处理。

城市有机垃圾的整个运输系统应包括详尽的地理信息、垃圾收集点的信息、垃圾处置场的信息、运输工具的信息和具有实时性的道路交通信息,如此庞大的信息量必须依靠信息化技术的支撑。由运输车辆或其他交通工具装载着餐厨垃圾在交通道路上行驶的同时,大量的交互信息也在各个数据库和应用平台之间传递,信息流与实物流之间必须达到及时交互和匹配才能为运输车辆选择最优的运输路线和搭建最高效的运输网络,进而保证整个运输系统能够有条不紊地运作。在城市有机垃圾管理体系中,收运成本占管理总成本的 $60\%\sim80\%$,其中餐厨垃圾的运输系统是整个收运管理系统的核心,也是收运过程中的成本所在。

在一些中小型城市,餐厨垃圾的运输系统显然还很不完善。由于没有设置专门用于收运的密闭车辆,垃圾运输一般在晚上进行,导致废弃油污水泄漏,如果发现和处置不及时,极易造成大范围二次污染。因此无论是运输车还是用于暂时存放垃圾的车载贮存容器,都应具有耐用性、实用性、密封性和易冲洗的特征,以保障在运送途中实现两点之间的有效运输。此外,针对不易集中进行预处理的零散小单位而言,可以选择利用车载固液分离设备和车载油水分离设备对餐厨垃圾就地进行预处理,从而减少运输过程中可能造成的其他危害,但同时也对运输工具的实用性提出了更高的要求。

3）发达国家餐厨垃圾收收运系统

餐厨垃圾收运系统是城市有机垃圾收运系统的关键组成部分,提高收运过程的合理和有效性对提升和改善城市有机垃圾收运系统有关键作用。发达国家针对家庭来源为主、垃圾分类相对规范的餐厨垃圾现状,设计了一系列以源头控制为理念的收运管理系统,希望通过完善运输设备和处理流程,减少餐厨垃圾收运过程中产生的不利环境影响,并尽可能地把系统能耗降到最低。相比之下,我国餐厨垃圾因其量大、含水多的特征,目前难以实现在分散源头进行预处理。且我国餐饮业正处于发展上升期,饮食习惯也有所不同,因此在餐厨垃圾收运管理过程中应借鉴发达国家的一体化理念,进一步改进城市有机垃圾收运系统。

发达国家目前采用的餐厨垃圾收运处理系统主要包括 4 类:袋式中转收集、袋式收集-干燥、独立式研磨-沉降和集中式研磨。

（1）袋式中转收集　这一收集方式指将餐厨垃圾分装于纸袋（或可降解塑料袋）中,再放入表面带孔的塑料容器,置于区域内指定的垃圾存放站对应类别的垃坂回收箱中,经车辆运输送至厌氧消化处置场。2010 年瑞典学者 Bernstad 和瑞典废弃物管理协会的研究结果表明,用纸袋收集放置的餐厨垃圾在被送到处理厂时总重可以减少 14%～27%,在进入厌氧消化工程之前,这些装满垃圾的纸袋仍需经过机械预处理(见图 5-5)。

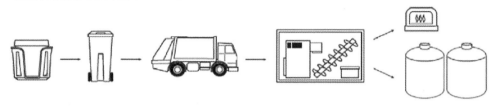

图 5-5　袋式中转收集流程[4]

(2) 袋式收集-干燥　这一收集方式中餐厨垃圾的分装形式同袋式中转收集模式,将纸袋(或可降解的塑料袋)放入塑料容器后置于餐厨垃圾低温干燥储藏室(18～25℃,根据室外温度进行适当调整)。假设干燥存放过程中垃圾中的养分和能量净值保持不变,干燥后的垃圾经收集和运输后不经预处理直接用于厌氧消化(纸袋被认为经厌氧消化过程后转化为少量沼气),如图 5-6 所示。

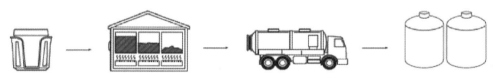

图 5-6　袋式收集-干燥收集流程[4]

(3) 独立式研磨-沉降　该系统由连接在厨房水槽下面的餐厨垃圾研磨机(food waste grinders,FWG)将餐厨垃圾进行研磨预处理和收集,粉碎后的垃圾经管道引导与常用污水处理系统隔离,进入三级沉降系统。经沉降后,上清液送至污水处理厂,剩余污泥则由罐车收集并运送至垃圾处理厂进行进一步的厌氧生物处理(见图 5-7)。

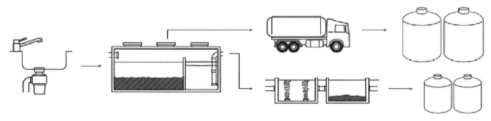

图 5-7　独立式研磨-沉降收集流程[4]

整个系统的预期寿命是 15 年。在沉降系统中流失的有机物和养分可能会影响上清液的污水处理效果,这也很大程度上取决于所选择的废水处理方法。有机负荷的增加可能引起污水处理过程中能力需求的增加,但也可以降低对外部碳源的依赖性。而水中增加氮、磷的浓度可以提高碳氮比,从而对氮的去除起到促进作用,还可以减少在污水处理系统中因除磷需外加的铁盐的含量。因此,餐厨垃圾研磨机处理系统对污水处理厂净水效果具有一定的积极作用。

(4) 集中式研磨　不同家庭产生的餐厨垃圾经与厨房水槽相连的管道,通过真空传输送到中央粉碎机。粉碎后产生的污泥先储存在地下,再经车辆运输送至垃圾处理厂参与厌氧生物处理,假定系统中的营养物质净值和碳源没有发生损失(见图 5-8)。

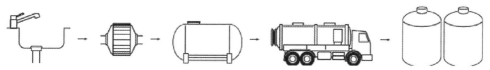

图 5-8　集中式研磨收集流程[4]

(5) 4 类系统的实用性比对　为了比对上述 4 类餐厨垃圾收运处理系统的实用性,选取了 5 个定性参数进行比较,整理得到表 5-6。表中"优"代表该条件的评价结果在 4 类收运方式中为较合适的选择,"劣"代表在这种收运方式下该条件尚有问题需要改善,"未知"代表由于数据不充足无法评判。

表 5-6　发达国家 4 类餐厨垃圾收运处理系统定性参数比较

定性参数	袋式中转收集	袋式收集-干燥	独立式研磨-沉降	集中式研磨
周边环境(气味、噪声、安全性等)	劣	优	优	优
工作环境	劣	优	优	优
投资成本	优	优	劣	劣
保养成本	劣	优	优	未知
建筑用地	劣	优	优	优

从表 5-6 中可以看到,传统纸袋式收集由于需要堆放在存放站进行中转,对存放站周边环境易造成不利影响,也增加了建筑用地面积和保养成本。纸袋运送至处理厂后,由于增加了对纸袋的预处理环节,使得收运人员需要进行二次搬运,影响了工作环境。而在原有基础上增加了干燥环节后,既实现了餐厨垃圾的减量化,又方便了车辆运输,干燥后的垃圾和纸袋一并进入厌氧消化处理,省去了预处理的步骤,更是减少了投资和保养成本。

另外两种增加了研磨操作的餐厨垃圾收运系统为家庭使用者提供了更多的便捷,但额外的机械设备也增加了整个系统的成本。在独立研磨-沉降式收运系统中,餐厨垃圾中有机质和养分理论上在沉降过程中的损耗可能对污水处理厂的处理效果有一定的积极作用,但在实际应用中还未得到考证。如果加以证实,整个餐厨垃圾处理系统将与城市污水处理系统有机结合,在建筑和功能两方面都能达到共生双赢的效果。最后一种集中研磨式的收运形式虽然将某一区域的餐厨垃圾集中在一起,增加了研磨的效率,但是大量的研磨可能使机械寿命减短;对于后期保养和维修而言,也可能会影响该区域内所有家庭的正常使用,涉及范围相对较大,导致成本增加。

5.2.2.2 城市有机垃圾收运过程环境风险管理

本节主要针对城市生活垃圾收运过程中的环境风险和相关收运系统的管理进行详细介绍和总结。

1) 城市有机垃圾收运过程环境风险

城市有机垃圾收运过程污染主要包括病菌污染、恶臭污染及废水污染,主要来源于垃圾储运过程中的自然腐败以及渗滤过程。其中,由于餐厨垃圾成分复杂且含量巨大,其收运过程产生的环境风险最为明显。

(1) 病菌污染 城市有机垃圾极易发臭、发酵,在收集和贮运过程中易与空气中的腐败菌和有害菌接触。在常温下,这些细菌会大量繁殖,增加垃圾堆积产生的恶臭和毒素。有机垃圾中的微生物种类繁多,数量巨大,还有相当数量的致病菌。通过实验,从垃圾中筛选得到近百种微生物,其中 20% 左右是致病菌。这 20 种致病菌分属于以下几个菌属:沙门氏菌属、弧菌属、埃希氏菌属、梭状芽孢杆菌属、克雷伯氏菌属、奈氏球菌属等。这些致病菌通过污染空气、水体引起传染病,对人类的健康造成不可估量的危害。经大量试验证明,餐厨垃圾在放置 4 小时后会产生大量的沙门氏菌、大肠杆菌、金黄葡萄球菌、黄曲霉和痢疾杆菌,并且释放二氧化碳、硫化氢等有害气体。

(2) 恶臭污染 有机垃圾在运输过程中不仅有不可避免的恶臭散发到四周引起运输道路附近居民的不满,而且,在长期堆放和中转的过程中如有泄漏,无论是溢出的气体还是渗出的液体经一定途径的传播都会对人体健康造成危害。研究表明,餐厨垃圾在自然腐败及收运过程产生的恶臭气体组分主要包括氨、硫化氢及多种挥发性有机化合物(VOC),其中以含氧烃类、含硫化合物、萜烯类、氨为主,关键污染组分包括二甲二硫醚、乙酸乙酯、乙醛、甲硫醇、硫化氢、乙醇等。其中,主要污染物中的氨、二甲二硫、甲硫醇、硫化氢等均属于国家《恶臭污染物排放标准》中所规定的限制因子,易对从业人员产生健康威胁,因此对餐厨垃圾资源化利用过程中恶臭污染物的产生机理、影响因素、排放情况和污染控制的研究也逐渐受到关注。

在恶臭污染物产生机理研究方面,氨基酸及多肽的热解、糖降解、Maillard 反应、Strecker 降解、硫胺素的热降解、脂类自氧化降解被认为是食品生命周期内产生恶臭气体(主要为 VOC)的重要反应。在污染物排放控制方面,因餐厨垃圾资源化工艺中的污染物排放在各个工段都可能存在,可视为无组织排放。餐厨垃圾处理所产生恶臭气体相较于污水处理所产生的气体中挥发性有机污染物浓度更高。餐厨垃圾资源化处理厂常用的除臭技术有物理、化学和生物方法。一般认为物化方法能耗高、投资大,因此对于较大的恶臭处理空间(如厂区),生物法的应用较多。常用的生物除臭技术有生物过滤法、生物洗涤法、生物滴滤法和曝气式生物法和天然植物液除臭法等,也有在传统除臭技术上进行创新改进的"化学洗涤-生物过滤"组合技术、改性沸石吸附技术、芬顿法处理技术等。另外,源头控制也是解决餐厨垃圾恶臭问题的一个思路。综上所述,餐厨垃圾资源化工艺过程恶臭主要产生于卸料或前处理区、堆体区、出气口,恶臭源头控制对高反应速率工艺的研发提出要求,而生产过程恶臭控制依赖于除臭技术的发展。

(3) 废水污染　城市有机垃圾废水通常来源于垃圾储运过程产生的渗滤。从对垃圾废水理化性质的研究报道可总结出,废水中 COD、总氮(TN)、总磷(TP)等指标普遍较高,pH 值呈中性至酸性。相比于一般城市有机垃圾产生的污水,餐厨垃圾废水有机质浓度更高、可生化性更强、处理难度更大。餐厨垃圾经预处理后产生的废水中较原始废水中 COD 含量有不同程度的提升,含氮量和 pH 值略有下降,相关研究如表 5-7 所示。目前用于餐厨垃圾废水处理的技术有混凝法、生物法,其中以生物厌氧技术为主,也有学者提出用餐厨垃圾处理后的废水喂猪[5]、生产蛋白质饲料[6]的想法。

表 5-7　餐厨垃圾污水处置相关研究

废水来源	理化特性	废水处理工艺	存在的不足
餐厨垃圾除油脂后废水	COD: 6.6~12.2 g/L NH_4^+-N: 1.2~1.5 g/L TN: 2~4 g/L TP: 0.2~0.3 g/L SS: 8~15 g/L pH 值: 3.96~4.84	升流式厌氧污泥床反应器-序批式活性污泥法(USAB-SBR);内循环厌氧反应器-气升式环流反应器(IC-ALR)	小试研究在最佳条件下进行,而今后中试研究需另进行工程设计和运行调试
餐厨垃圾经固液分离后、提油处理后以及加工成饲料产生的有机废水的混合液	COD: 80~110 g/L NH_4^+-N: 0.64~0.9 g/L Cl^-: 3~3.5 g/L TS: 6%~8% pH 值: 3.5~4.0	单级或两级间歇式厌氧发酵	试验调节剂不适于工程应用,对生物种属变化和其他影响因素研究较少
餐厨垃圾经提油处理后的废水	COD: 78~85 g/L TN: 1~1.1 g/L TP: 0.009~0.013 g/L NH_4^+-N: 0.64~0.9 g/L pH 值: 3.5~4.0	厌氧发酵	接种率对产气的研究不够深入

生物厌氧技术是餐厨垃圾废水处理的重要方法。许多研究者以厌氧发酵为核心,设计不同的反应器和发酵过程,以期提高废水消化率。餐厨垃圾废水因其来源工段或工艺不同具有异质性,实验室可通过精确的条件控制达到对某类特定废水的最优化处理效果,但最优化条件难以推广到其他来源的餐厨垃圾废水。此外,反应器和反应过程的设计以提高消化效率为核心,对大型反应器设计的经济成本考虑较少。

2) 城市有机垃圾收运系统管理

由于城市有机垃圾具有含水量高、易腐烂、性质不稳定等特征,在整个收运过程中的各项操作都可能会影响垃圾的性质,进而影响下一步处置过程中的处理效果。为了实现城市有机垃圾的有效收运处置,应从时间、数量和质量3个方面建立指标,对城市有机垃圾的收运系统统筹管理,减少收运过程中可能产生的环境风险,提高城市有机垃圾的收运效率。

(1) 垃圾及时收运　针对城市有机垃圾产生源头的分散性和复杂性,为实现及时收运,有许多人提出对大范围区域进行划分或实行网格化管理,针对每个特定区域"因地制宜"地制订合适的运输方案,根据不同区域的人力、物力、交通运输道路状况进行设计和优化。尤其针对餐厨垃圾,在餐饮服务业较发达且交通状况较为一般的区域,选择较为集中的中转方式。在方案设计完成后,垃圾运送道路途径的选择、垃圾中转存放站的选址、垃圾收运的时间和频率都应根据实际调查情况进行适当更改。如居民区附近的垃圾收运时间可能集中在凌晨5点左右,避开居民的出行高峰期;而餐饮行业附近的垃圾收运时间可能会更早,集中在凌晨1点到2点之间,以便第二天继续营业。

(2) 垃圾收集量控制　城市有机垃圾资源化处理厂运行效果的好坏、处理的难易程度很大程度上取决于各类有机垃圾收集量是否有保证。垃圾收集量的保证一方面依靠运送设备和贮存设备的充足和完善,另一方面则需要监管人员及时沟通信息,例如,餐厨垃圾的收集管理应与区域内的餐饮网店进行固定合作。由于受利益驱使,餐厨垃圾产生单位通常将其交给私人收运,致使餐厨垃圾流入"垃圾猪"喂养和"地沟油"炼制等非法渠道,给专业化收运队伍和资源化处理带来极大的运营困难。

目前,城市有机垃圾专业化收运队伍主要是政府部门下设的市、区环卫部门,而终端处理则由一些企业或机构等运营单位承包,中间的缺口易导致垃圾收集量流失的问题产生。因此对特定区域进行网格化管理,并为各网点配备单独的监管人员,能够最大限度地保证该区域的垃圾收运量。将区域进行一一划分,依次构建起市—区—街道—社区—网格的五级管理体系,对垃圾运送过程中的每个环节全程监控,并根据实际情况,针对不同源头提供不同尺寸和容量的贮存装置,以达到不浪费、不囤积、合理利用、及时收运的效果。

(3) 垃圾质量控制　在垃圾产生源头应人工挑拣或设置不同收集箱去除混在

城市有机垃圾中的杂物,并将餐厨垃圾进行单独收运处置。硬质金属、废弃塑料制品、木筷、餐巾纸以及较大块的骨头等杂物都会给有机垃圾的资源化处置增加困难,利用简单的处理工艺无法实现去除杂质的目的,还会导致整个垃圾处理过程的成本增加,为实现城市有机垃圾的无害化、资源化造成阻碍。随着人们环保意识的提高和垃圾分类观念的逐渐增强,在收集源头进行分类是最有效也是最有利的控制收集有机垃圾质量的方法。

除了简单的分拣工作,预处理也是提高有机垃圾质量的一个有效方法。例如针对餐厨垃圾,由于其中含有油脂、淀粉等高黏度成分,在处理过程中往往会造成设备和管道的黏附、堵塞,影响设备性能,甚至造成整个系统瘫痪。为了降低黏性,人们采用高温高压的湿解方式对餐厨垃圾进行预处理,一方面减少了垃圾的黏度,使得在处理过程中易于实现异物的去除,另一方面也有利于后续的油水分离操作。随着设备和技术的不断进步,车载预处理系统为城市有机垃圾的收运提供了更多的便利,也解决了短时间内有机垃圾易变质、易腐蚀的问题。

5.3　城市有机垃圾的资源化技术

城市有机垃圾中由于含有丰富的水分和有机物,用传统方式进行处理出现瓶颈。同时有机垃圾中含有的营养元素丰富,具有很高的资源化利用价值。因此,城市有机垃圾的资源化技术受到人们的关注。

5.3.1　资源化技术发展现状

在对资源与能源需求量较大的今天,对城市有机垃圾处理处置更倾向于向资源化、减量化、无害化方向发展,以期得到环境效益、社会效益和经济效益。目前对城市有机垃圾的资源化处置主要包括厌氧发酵、肥料化和饲料化 3 方面。

5.3.1.1　厌氧发酵技术

厌氧堆肥是在缺氧条件下,厌氧微生物对有机垃圾进行生物转化的过程。在厌氧堆肥中,有机物降解转化为简单化合物,其中碳、氧、氮元素转化为二氧化碳和甲烷,少量有机物合成新的细胞物质以供繁殖,而氮、磷、钾等营养元素则被转化为腐殖质留在堆肥产物中,腐殖质可以被植物吸收从而成为优良的肥料。不过厌氧微生物的启动时间慢,效率低,发酵周期比好氧处理长,且设备复杂,投资高。常见的厌氧堆肥工艺过程如图 5-9 所示。

厌氧消化技术自 1781 年法国人穆拉发明人工沼气发生器后逐渐被利用,沼气作为可再生的清洁能源受到广泛的关注。我国在此方面的实践主要缘起于 20 世纪 60 年代农村家用沼气技术的发展。在农村地区,现有的厌氧消化技术在技术层

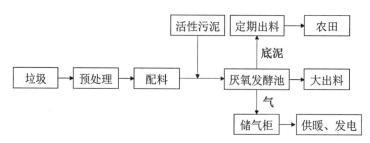

图 5-9　厌氧堆肥工艺过程

面上可有效解决农作物秸秆、禽畜粪便等废弃物的处理问题。一些城市也通过兴建大中型沼气发酵设施,处理处置含水量较高的有机垃圾。目前世界范围内的化石能源日益减少,能源问题已经成为 21 世纪国家经济发展的战略问题,而有机质的厌氧发酵可产生清洁能源——氢气、甲烷。因此将城市有机垃圾进行厌氧发酵不仅能解决垃圾造成的环境污染问题,也能使能源再利用,产生一定的经济效益。

餐厨垃圾生物制氢技术是目前国内外厌氧发酵技术研究的重要方向。氢气一直被认为是 21 世纪重要清洁能源之一,利用餐厨垃圾生产氢气,不仅能解决餐厨垃圾处理的问题,而且能够为社会产生清洁能源,实现环境与经济的双赢。然而由于餐厨垃圾成分复杂,有机物厌氧产氢过程影响因素多,目前餐厨垃圾生物制氢技术还处在试验室研究阶段,绝大部分试验还只是通过发酵瓶此类简易的装置来实现。因此,餐厨垃圾生物制氢技术的工程化应用还有很长的一段路要走。而沼气发酵技术具有成本低廉,产品资源化效率高,易于实现工程应用的特点,是目前处理餐厨垃圾并进行工程应用的最佳技术。

餐厨垃圾富含有机物,且易生物降解,在能源短缺的今天越来越多地被用作产生沼气的原料。国内外专家学者都在对餐厨垃圾厌氧发酵产沼气进行研究,其中产气潜能和促进产气的方法是研究的热点。以餐厨垃圾为原料,制备氢、甲烷以及燃料乙醇等的典型工艺如图 5-10 所示。餐厨垃圾中油脂、盐分以及总固体等含量较高,这使得其厌氧发酵过程有别于污泥和污水处理。有学者对熟肉、纤维素、熟米饭、蔬菜和混合垃圾的厌氧发酵沼气产率进行研究,各组有机物的降解率达 70% 以上,部分有机物经发酵实验后获得的甲烷的平均含量是 73%,表明餐厨垃圾厌氧发酵处理的可行

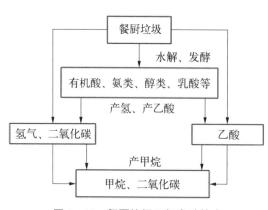

图 5-10　餐厨垃圾厌氧发酵技术

性。然而现有的餐厨垃圾厌氧发酵存在发酵周期长、产沼气率低等问题,不利于工业化应用。

除餐厨垃圾外,其他用于厌氧发酵技术的原料主要以有机废水、剩余污泥为主。由于植物茎叶中所含木质素的晶格结构无法在厌氧条件下降解,应用城市园林垃圾进行厌氧发酵将导致生产的成品质量变动大、降解效果不理想,因此将园林垃圾用作消化底物的范例非常有限,但将园林垃圾进行预处理或联合厌氧发酵可显著提高产气能力。研究表明,碱热处理能够加速园林垃圾水解并增加乙酸含量,使其厌氧发酵过程产气量提高 90%。其他一些研究还表明水生植物如凤眼莲、营蒲、美人蕉等也具有良好的发酵效果。此外,发酵后的沼渣和沼液还可用作肥料,同时具有杀虫灭菌作用。

将园林垃圾、果蔬垃圾和厨余垃圾共同作为城市有机垃圾,利用混合厌氧发酵制取沼气可实现沼气热电肥联产。目前该联产在德国已有实践运用,在源头分类收集有机生活垃圾、养殖场的畜禽粪尿、绿化剪草和能源作物,送入工业化高温厌氧发酵工艺生产沼气,然后将沼气送入热电联产机组产生电和热,将沼渣和渣液制成有机肥。

5.3.1.2　堆肥处置技术

堆肥处置技术是利用微生物有效地促进固体废弃物中的有机质转化为腐殖质的生物化学过程。应用堆肥处置技术处理有机垃圾的历史悠久,古人将落叶、秸秆与人畜粪便等混合堆积发酵制肥用于农业生产中。进入 20 世纪后,随着城市人口的增多,垃圾处理问题显现,于是人们开始研究大规模机械化集中堆肥处理有机垃圾。经过不断的努力,1933 年的 Dano 堆肥法标志着好氧堆肥机械化的开端,自此堆肥慢慢成为城市有机垃圾处理的主流技术。我国城市垃圾处理起步较晚,许多城市露天堆放垃圾的问题直到 20 世纪 90 年代后期才逐渐有所改善,但在国家政策和技术进步的推动下,我国堆肥化垃圾处理发展迅速,在"七五"国家科技攻关垃圾处理处置项目中,堆肥法垃圾处理量已经占到了 42%。目前主流的堆肥化方法有好氧堆肥、厌氧堆肥、蠕虫堆肥 3 种。

与厌氧发酵技术相比,堆肥技术目前发展成熟,在处理城市有机垃圾处理上已有大规模工业化应用,不同国家均有相当程度的发展。堆肥化是生物处理技术的一种,是利用微生物对有机垃圾中的有机质实现降解的过程。一般来讲,堆肥化定义包含了好氧堆肥和厌氧堆肥[7],但在欧盟,堆肥化过程仅限于好氧堆肥。尽管各种界定的范围有所不同,但普遍认为堆肥化是一种受控制的生物降解和转化过程。目前的研究认为,堆肥化过程主要由两个阶段构成[8],第一个阶段是高速堆肥阶段,第二个阶段是熟化阶段。高速堆肥阶段的特征是好氧分解速度快、温度高、挥发性有机物降解速率快、有很浓的臭味。一般的堆肥处理技术都要使用堆肥调理剂,调理剂可分为两类：一是能源调理剂。它是加入堆肥底料的一种有机物，增加可生化降解有机物的含量，从而增加了混合物的能量。二是结构调理剂。它是一种加入堆肥底料的物料(无机物或有机物)，可减少底料密度、增加底料空隙，从而有利于通风。

如图 5-11 所示，好氧堆肥是通过供氧并借助好氧微生物新陈代谢进行堆肥。堆肥化过程中，堆料中的可溶性有机成分被微生物直接吸收，固体和胶体状的有机污染物首先附着在微生物体外，由微生物分泌的胞外酶分解成可溶性物质，再渗入细胞。微生物从有机物吸收能量，并通过自身的氧化还原和生物合成过程把一部分被吸收的有机物氧化成简单的无机物，并释放能量供微生物生长，另一部分成为合成新细胞的原材料，使微生物生长繁殖。一般好氧堆肥时间较短，且在温度升高的过程中可以杀死病原微生物，达到无害化处理，因此好氧堆肥法是目前城市有机垃圾堆肥的主要方法。

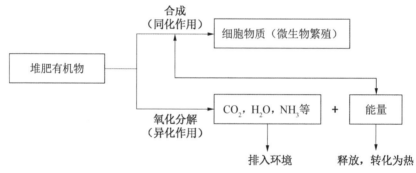

图 5-11 好氧堆肥工艺过程

作为城市有机垃圾最为重要的组分，餐厨垃圾含有丰富的有机质、适量的水分、均匀的营养元素配比，十分适合微生物的生长。因此在一定的堆积状态下，餐厨垃圾中的微生物自然生长繁殖，使有机质降解，最终生成稳定的富含腐殖质的有机肥料。一餐厨垃圾堆肥化能实现 40% 以上的减量，同时堆肥产品中能保留较多的氮、磷、钾营养元素，回用于农业，能够实现餐厨垃圾的稳定化、资源化。除餐厨垃圾外，园林垃圾也可作为堆肥的主要原料，经适当辅料辅助及良好堆肥条件，可作为营养源有效提高作物品质，最终产品为腐殖质含量高的肥料，外观与土壤相似。但也有研究者认为，将园林垃圾堆肥制成有机肥施入土壤会产生危害植物的毒性。

图 5-12 为传统的餐厨垃圾堆肥工艺流程。由于堆肥方法简单，并且工艺趋向完善，将餐厨垃圾用于堆肥仍然是目前的一个主要的处理处置方法，堆肥设备也正在向小型化、移动化和专用化方向发展。

堆肥产品的主要用途包括用作有机肥料和土壤改良剂两类。堆肥产品作为有机肥料能够有效提升土壤肥力，使作物增产效果显著。堆肥产品对土壤的改良作用体现在改善土壤结构和提高土壤肥力两方面。由于有机垃圾成分中的氮、钾、铵

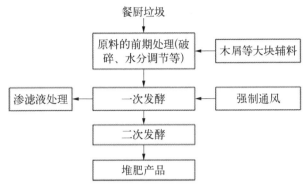

图5-12　餐厨垃圾堆肥工艺流程[9]

等物质都是以阳离子形态存在,堆肥形成的腐殖质带负电荷,可以吸附阳离子,因此堆肥可以有效减少养分损失,提高土壤的保肥能力[10]。同时,堆肥形成的腐殖质中的某种成分有螯合作用,它能和土壤中含量较多的活性铝结合,使其变成非活性物质,抑制活性铝和磷酸结合造成的危害,同样,腐殖质也能与对植物中有害的铜、铝、铅等重金属进行螯合反应,从而降低其危害性,起到土壤改良剂的作用。

　　堆肥方法虽然简单,但餐厨垃圾堆肥亦存在较大的技术难题和缺陷。首先,餐厨垃圾中含水率高、易腐、颗粒机械稳定性差,需要特殊的填充物提高空隙率。大量填充剂调理含水率造成餐厨垃圾堆肥附加成本高,设备效率低。此外,高含水率影响堆温的升高,难以达到消毒灭菌以及有机物高速降解的效果。同时餐厨垃圾中盐含量较高,并在堆肥过程中有较大幅度提高,因此用餐厨垃圾制得的有机肥料不能大量使用,以防止土壤的盐化妨碍农作物的生长。另外,餐厨垃圾的pH值较低会对生物降解过程产生不利的影响,并产生臭气[11]。为了达到好氧分解的效果,通常采用强制通风,但臭气的排放会对环境产生一定的影响。同时餐厨垃圾中含有的大量油脂和盐分影响微生物对有机物的分解速率以及堆肥的品质。餐厨垃圾堆肥化的产品存在含有重金属元素、持久性有机污染物累积的问题,将产品直接使用将给环境带来负面影响。另外,由于农民一直怀疑产品的肥力问题,导致堆肥化产品很难销售,直接影响餐厨垃圾堆肥化技术的应用与推广。

5.3.1.3　饲料化技术

　　饲料化技术主要对象是城市有机垃圾中的餐厨垃圾。除英国、法国为代表的一些国家严格禁止餐厨垃圾用作饲料外,以日本、美国为代表的一些国家力主在保障食品安全的前提下,经过适当的处理,合理利用餐厨废弃物饲料。我国《畜牧法》第四十三条规定,饲养户不得使用未经高温处理的餐馆泔水饲喂家畜。目前利用餐厨垃圾制备饲料的方法可分为直接干燥法和生物发酵法。

　　直接干燥法是在对餐厨垃圾进行预处理后(一般为分拣、脱水脱油过程),采用

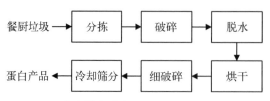

图 5-13　餐厨垃圾直接干燥法生产饲料工艺流程

湿热或干热的工艺将餐厨垃圾加热到一定温度以达到灭菌及干燥的效果,并通过后续处理获得饲料或饲料添加剂,工艺流程如图 5-13 所示。直接干燥法制饲料的核心是高温干燥灭菌过程,不同企业及不同加热工艺的加热温度和持续时间不同,湿热法处理温度一般略高于干热法。主要的干燥脱水方法为常规高温脱水和油炸脱水。

干燥法处理过程主要采用物理方法,未改变餐厨垃圾中牛、羊等动物物质的种属,高温对减少餐厨垃圾中的细菌、病毒污染具有明显的效果,但并不能保证杀死所有病原体。因此,其产品作为饲料使用时存在同源性安全隐患。

生物发酵法是在一定的环境条件下将培养出的菌种加入餐厨垃圾中密封贮藏,利用微生物的降解作用,把餐厨垃圾中的营养物质转变为自身成长和繁殖所需的能源和物质,最终生产出由微生物自身及其蛋白分泌物组成的蛋白饲料,工艺流程如图 5-14 所示。该技术的核心是微生物菌种的筛选与培育,一般所加菌种为乳酸菌、酵母菌和芽孢杆菌等,发酵方式主要有固态发酵和液态发酵两种。这一技术多使用小型生物处理机,一般生物处理时间为 12～48 小时。

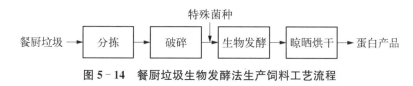

图 5-14　餐厨垃圾生物发酵法生产饲料工艺流程

微生物发酵饲料具有天然的发酵香味和良好的诱食效果,可显著提高饲料的适口性;同时饲料中含有大量的有益菌和消化酶,有利于动物肠道菌群的平衡,有助于营养物质的消化吸收;并且饲料中含有以乳酸为主的酸化剂,pH 值平均为 4.5,有利于动物的胃肠道酸性化,抑制有害菌的增长;发酵后的饲料具有降解和吸附霉菌毒素及饲料抗营养因子等有害物质的作用,减轻了其对动物的伤害。

生物法改变了餐厨垃圾中的动物源性成分,生产出来的蛋白饲料中乳酸菌和酵母菌的数量增多,为动物提供了丰富的挥发性脂肪酸来源,营养价值得到了明显改善,且由于 pH 值的降低抑制了饲料中大肠杆菌等有害菌的繁殖。因此,微生物发酵法生产蛋白饲料是一种较为理想的餐厨垃圾资源化方法。

总体来说,从营养学的角度看,餐厨垃圾营养全面且均衡,最有可能用作动物饲料。虽然饲料化技术所采用的工艺和方法均比较成熟,但是国内外对餐厨垃圾作为饲料制造原料还存在很大的争议,认为其产品无法满足日益增长的食品卫生安全的要求,因此阻碍了饲料化技术的研究和实用化进程,目前对该技术的研究已不多。

5.3.2　热解技术

近年来国家对燃烧污染物排放限值控制的相关法规政策日趋严格化,群众环保意识逐渐提高,城市有机垃圾的直接焚烧处置很难达到资源化利用的目的,因此寻求其他更为清洁、高效的热处理技术成为发展的必然趋势。热解技术在此背景下脱颖而出。热解是指物料在缺氧的条件下燃烧,并由此产生热作用而引起的化学分解过程,也可将其定义为干馏、碳化或破坏性蒸馏过程,热解技术也称为裂解技术或者热分解技术。热解产物可以分为热解焦、热解液及热解气。

作为传统的工业化作业,热解技术已经成熟地运用于煤炭、木材、重油等燃料的处理,例如通过对焦煤的热解碳化可以得到焦炭。但是直到 20 世纪 60 年代,将热解技术应用于城市有机垃圾处置才引起关注和重视,而达到世纪应用则要追溯到其后的 20 世纪 70 年代初期。

5.3.2.1　热解原理及影响因素

热解技术可以使有机物转化为多种形式(气体、焦油和焦炭)的高品质燃料或功能性材料,资源化意义十分明显,并且对环境造成的污染也会极大地降低。热解反应在较低的温度下进行,可有效降低碱性挥发、结垢、结渣和床聚集风险;缺氧条件使热解过程产生的废气、氮氧化物、硫氧化物等污染气体较少,因而对空气的二次污染小;而且热解系统通常配备产品的冷却和收集单元,可以有效控制污染物排放;对于某些有毒、强致畸的物质如铬(通常为三价),可以防止其氧化成更具危害的六价铬。实践证明,城市有机垃圾的热解处理是一种极具发展前景的处置方法。

1) 热解原理

城市有机垃圾的热解反应通常可以用图 5-15 表示。

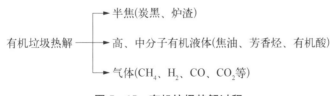

图 5-15　有机垃圾热解过程

对不同的有机物而言,其热解过程的起始温度也各不相同。例如在 180~200℃的条件下,纤维类开始热解,而煤随着煤质的不同,热解起始温度在 200~400℃不等。因此从热解开始到结束,有机垃圾中的有机物会进行一系列的热裂解反应,不同条件下的反应过程不相同,且整个过程会发生许多二次反应,最终热解产物的组成和性能波动比较大。其中主要涉及的反应包括有机垃圾脱水、脱甲基、次甲基链反应、脱氢、缩化、氢化、桥键反应等。

城市垃圾热解产物中的可燃性气体按成分数量比由高到低排序为 H_2、CO、CH_4、C_2H_4 以及高分子气体化合物。该混合气体的热值达到 $6\,390\sim10\,230\ kJ/kg$，可作为理想的气体燃料。有机液体是主要成分为焦木酸、焦油及其他烃类油组成的化学混合物，也可以作为燃料使用。固体残渣是炭黑及轻质碳素材料，具有广阔的用途。

2）影响因素

影响热解过程的主要因素包括反应温度、升温速率、热解原料、热解气氛、反应时间等。

（1）反应温度　热解过程中气体产量随着终温的升高而变大，有机液体及固体残渣的量却与终温成反比。热解温度不仅会影响气体的总量，而且质量也会发生变化。

（2）升温速率　升温速率越慢，则热解原料在低温区间停留时间越长，有机分子在其最薄弱的节点处有足够时间分解，并重新结合为热稳定性固体，增加了进一步分解的难度，固体产率因此增加；升温速率越快，则物质在高温阶段停留的时间越长，有机物分子在高温阶段结构全面裂解，大部分生成低分子有机物，而且当加热速率较快时，挥发分可能发生二次裂解，使得焦油产率下降、气体产率增加。

（3）热解原料　由于原料的成分差异使裂解的起始温度不同，其可热解性也不一样。有机含量越高，可热解性越好，产品热值也相对较高，残渣少。热解原料对热解产物的成分也有影响，半纤维素和纤维素的热解产物主要为挥发性气体，木质素主要分解为炭。因此高挥发分有机物料产气率高，而非生物质类物料如塑料、橡胶的产油率高。原料的预处理也会对产物造成影响，物料颗粒大会使传热速度和传质速度减慢，增加二次反应。

（4）热解氛围　在热解过程中，通常需要往炉膛内通入惰性气体以保证氧气在较低的浓度。另外，惰性气体也可以作为热载体，在炉膛内传递热量，使待热解物料受热均匀。热解氛围中的含水率不同，最终产物也有差异，含水率越低，物料加热速率越快，可燃性气体的产率增加。

（5）反应时间　有机垃圾的分解转化率也受到其在反应器中滞留时间的影响。在反应器中停留的时间越长，物料中有机物质的挥发分越易脱出。物料的停留时间与热解处理量成反比，停留时间短，则物料热解不完全，但可以有较高处理量，使得热解效率升高；增长停留时间，热解过程充分，但处理量少，热解效率会降低。

5.3.2.2　热解炭化

热解炭化是指物料内部有机物在无氧或缺氧的条件下受热分解析出挥发分而留下残余炭的过程。由城市有机垃圾通过热解碳化得到的残余炭可以统称为生物质炭,生物质炭含碳量在 60% 以上,主要组成元素为碳(66.6%～87.9%)、氢(1.2%～2.9%)、氧(10.6%～22.6%),元素的具体含量取决于炭化的工艺和温度。随着炭化温度的升高,生物质炭中氢、氧元素含量会降低,相应灰分的含量增加,并且生物质炭的脂肪性减弱,致密性和芳构化加强,因此高温热裂解下生产出来的生物质炭具有较高的孔隙度和较好的吸附性。基于以上良好的性质,有机垃圾热解制备的生物质炭必将在农业生产、环境、新能源以及新型材料等领域发挥不可替代的作用。

1) 缓解全球温室气候效应

生物质炭的多芳香环结构使其具备高度的生物化学和热稳定性,难以被微生物降解利用,能够在土壤中长期存留。研究认为土壤有机碳矿化是土壤释放二氧化碳的主要途径,而生物质炭具有较大的比表面积和较强的交换特性,加之土壤团聚体的物理保护,可以极大地降低土壤有机碳矿化的速率,下降幅度高达 25.5%。因此,生物质炭对土壤稳定的惰性有机碳库具有显著贡献,已被认为是大气中二氧化碳的储库之一。

2) 修复土壤,改良土壤理化性质

近年来,生物质炭对土壤理化性质的改良及污染的修复引起了人们的极大关注。系列研究结果显示,生物质炭本身含有一定量的农作物所需要的矿质营养元素,因此施入土壤后可显著提高土壤矿质养分含量,从而达到改良土壤肥力的效果。除此之外,生物质炭可吸附土壤中的有机分子,通过表面催化活性促进小的有机分子聚合形成大的有机分子,有利于腐殖质分子的形成,提高土壤有机质含量,进而可以影响土壤微生物群落结构,增加微生物种群数量,促进土壤营养元素的循环利用。

3) 吸附降低污染物质

生物质炭拥有比表面积大、孔隙结构发达、稳定性高和表面活性基团丰富等特性,适于作为吸附剂应用在环境污染控制中。目前对于生物炭修复污染物的主要研究方向为有机污染修复(如农药、抗生素、染料等)和重金属污染修复(如 Cu^{2+}、Cd^{2+}、Pb^{2+} 等),且生物质炭成本低廉、去除污染物效果好。但由于生物质炭本身结构的差异性和多样性导致其在吸附过程、吸附能力和吸附机理上都存在较大差异,因此仍然需要进一步深入研究。

5.3.2.3　气化发电

城市有机气化发电技术是以垃圾焚烧技术为基础进化成的一种新型垃圾资源化处理技术。20 世纪 70 年代,我国逐渐开始了对热解气化发电领域的研究,欧美发达国家早已将这项技术投入商业应用。1984 年 3 月日本荏原公司研发出了流化床热解气化炉,并建成日处理量为 3×130 吨的垃圾处理发电厂。我国的气化发电技术研究较为滞后,但是仍然取得了较大的进展。同济大学在 20 世纪 80 年代对流化床气化制气进行了实验室和工艺开发单元的研究;2019 年 2 月,云南省首个"垃圾热解气化发电项目"落户富宁县,该县境内每天产生的 400 多吨生活垃圾有了一个"完美"的归属。

有机垃圾气化发电主要经过以下 3 个环节:① 物料在高温环境下热解气化,产生可燃性气体;② 产生的气体通入净化系统,除去气体中的焦炭、焦油和灰分等杂质,以达到发电设备的入料要求;③ 净化后的可燃气通入内燃机燃烧做功发电,也可以通入锅炉内燃烧,利用产生的蒸汽驱动蒸汽机发电。影响有机垃圾气化发电的因素比较多,主要有物料特性、催化剂、温度、加热时间以及气体净化装置等。城市有机垃圾气化发电也面临着一定的困境,例如气化原料的含水量一般要低于35%,而餐厨垃圾含水率高,气化前须通过预处理降低含水量,不然多余的水分会带走热量,造成能量损失;废塑料在气化过程和热解过程中产生的不同组分在高温下互相反应,会产生卤化物等有害物质;其余垃圾中的氮和硫元素在气化过程中会产生二氧化硫和氮氧化物等污染物。

5.3.3 水热资源化技术

水热技术是一种极具应用前景的热化学转化技术,在生物质热化学和能源领域受到人们的广泛关注。

5.3.3.1 水热反应及其特性

水热条件下水与普通水相比具有特殊的性质,水的热扩散系数较常温、常压有较大的增加,这表明水热溶液具有较常温常压下溶液更大的对流驱动力。在水热条件下水的密度、离子积、黏度及介电常数发生急剧变化,表现出类似于稠密气体的特性,因分子间的氢键作用减弱导致其对有机物和气体的溶解度增强,同时无机物的溶解度大幅下降,这些溶剂性能和物理性质使其成为处理有机废物的理想介质。水热条件下因水的特殊性质而发生的质子催化、亲核反应、氢氧根离子催化以及自由基反应,使反应过程中水既是反应介质又是反应物,在特定的条件下能够起到酸碱催化剂的作用。以水为环境友好溶剂可以改变相行为、扩散速率和溶剂化效应,可以变传统溶剂条件下的多相反应为均相反应,增大扩散系数,降低传质和传热阻力,从而有利于扩散控制反应,控制相分离过程,缩短反应时间,还能用于控制产物的分布。水热处理技术因其具有反应速度快,设备体积小、处理范围广、效率高、无二次污染、节约能量和便于固液分离等特点在生物质废弃物处理过程中越发显现出其独特的优势[12]。

通常情况下,水是极性溶剂,可以溶解包括盐类在内的大多数电解质,对气体和大多数有机物则微溶或不溶,水的密度几乎不随压力改变。当纯水的温度达到374.3℃,压力达到 22.05 MPa 时,称该温度与压力点为纯水的临界点。温度和压力在该临界点以上的水称为超临界水,如图 5 - 16 所示。超(亚)临界水与普通状

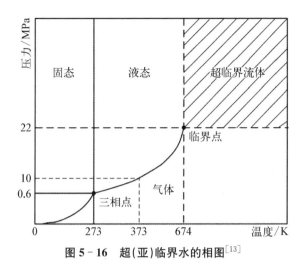

图 5-16　超(亚)临界水的相图[13]

态下作为溶剂的水在物理性质和溶剂性能方面发生了非常显著的变化。

　　压缩系数可用来确定溶液密度随压力改变而变化的程度,表 5-8 给出了不同温度和压力下水的压缩系数。温度越高或者压力越低(此时水溶液密度越低),水的压缩系数越大,则水体的相态更接近于黏稠的气体。在典型的超临界工作条件下($T=450$℃),超临界水的密度介于液态水(密度 1.0 g/cm³)和低压水蒸气(密度小于 0.001 g/cm³)密度之间,约为 0.1 g/cm³。同时水密度可在气体和液体之间变化,从而导致黏度、介电常数等随之变化。

表 5-8　水热法通常选用的温度、压力下水的压缩系数(β)

温度/℃	300	400	300	25
压力/10⁵ Pa	1 750	1 750	703	常压
压缩系数(β)	0.068	0.16	0.16	0.045

　　在水热条件下随着温度的增加,水的黏度降低,在 300～500℃ 的范围内,水热溶液的黏度较常温常压下水溶液的黏度约低 2 个数量级,有利于水溶液中的扩散行为。表 5-9 列出了水在不同温度和压力下的热扩散系数,如表所示水热溶液的热扩散系数较常温、常压有较大的增加,这表明水热溶液具有较常温常压下溶液更大的对流驱动力。

表 5-9　水热法通常选用的温度、压力下内水的热扩散系数(α)

温度/℃	350	450	25
压力/10⁵ Pa	1 750	1 750	常压
热扩散系数(α)/10⁻³ deg⁻¹	1.2	1.9	0.25

水热条件下,水的介电常数则明显下降,表 5-10 给出了水热法通常选用的温度和压力下水的介电常数。介电常数的下降必然对水作为溶剂时的能力和行为产生影响,但是如上所述,此时水溶液的黏度下降,可造成离子迁移的加剧,抵消或部分抵消介电常数值降低的效应。

表 5-10　水热法通常选用的温度、压力下水的介电常数(ε)

温度/℃	300	300	500	500	25
压力/10^5Pa	1 750	703	1 750	703	常压
介电常数(ε)	28	25	12	5	0.25

综合以上水热状态下水体特性,水热环境对化学反应的进行有诸多促进作用,其对化学反应的影响可以概括为 5 个方面:① 使反应混合物均相化。如前所述,超(亚)临界水体是一个多相系统,相间阻力变弱;水体密度降低,扩散速度加快;反应物、催化剂等迅速混合,接触面积变大,加快反应速度。② 降低反应温度。化学反应过程是化合键断裂和重组的过程,通常需要达到所需键能才能发生,但在水热系统中,由于高压及水介质的存在使化学键断裂和重组可在相对较低的温度下发生。此外,水热条件还能改善化学反应的产率、选择性,且易于产物的分离。③ 有利于自由基的生成。高温高压条件下,水溶液的笼效应降低有利于自由基的生成,而且 H_3O^+ 和 OH^- 离子的浓度比常温常压下高出 100 多倍,在水蒸气中 H_3O^+ 离子进行游离重组可生成 $HO\cdot$ 自由基。因此,超(亚)临界系统可提高化学反应速率,并改变产物的分布。④ 克服界面阻力,增加反应物的溶解度。如前所述,高温高压下的水热多相系统可以提高反应物的溶解度,避免了相界传质的限制。尤其是在液气反应中,液相-气相界面传质是限制反应速率的重要因素,但是在水热条件下,气体溶解度大大提高,不需进行界面传递,反应速率和转化率也相应增加。⑤ 延长固体催化剂的寿命,保持催化剂的活性。这是超(亚)临界流体在反应过程中的又一用途。在有催化剂参与的反应中,固体反应物甚至是"液体状"流体可在催化剂表面累积,阻断催化剂的催化作用。但是,超(亚)临界流体对有机物的高溶解性可抑制这一状况的发生,保持催化剂的高活性,延长催化剂的有效寿命。

5.3.3.2　水热技术的分类

根据不同的分类标准可以将水热技术进行分类,以便人们更系统地了解水热技术的特点和相应的应用领域。本节分别根据水热技术中使用设备的差异和不同的反应类型对水热技术进行简单的分类。

1) 使用设备差异

根据水热技术使用设备的差异,人们将水热技术分为普通水热技术和特殊水热技术。普通水热技术即使用通用水热设备,在高温、高压的密闭条件下完成水热反应;特殊水热技术是指在水热反应体系上再添加其他作用力场,如直流电场、磁场、微波场等,即除高温、高压条件外,还附加了电磁或微波对水热反应的催化效果,从而得到与普通水热技术有所不同的反应结果。针对某些特殊产物,特殊水热技术的附加条件会带来较高的目标产物产率,但在另一方面,则会大大增加反应的成本,使特殊水热技术难以得到大规模推广。

2) 反应类型差异

水热技术依据反应类型的不同可分为水热氧化和还原技术、水热降解与合成技术、水热沉淀技术等。

(1) 水热氧化和还原技术 水热氧化和还原技术是指在高温高压条件下反应物在水溶剂中或水溶剂作为反应物参与的氧化反应,是一种非常有效的化学氧化技术。水热氧化在金属粉体制备技术中有较为广泛的应用,以金属单质为前驱物,在特定条件下能得到相应的金属氧化物粉体,如水热法制备 TiO_2、Al_2O_3 晶体以及稀有金属纳米级粉体等。另外,水热氧化技术也特别适用于有毒害和高浓度的有机废水和废弃物的降解[8]。在高温高压条件下,分子晶体结构更易发生分子间及分子内部的氢键断裂,使水中的有机物和部分无机物结构更易被破坏,在液相中氧化分解为无害或可回收利用的化合物,从而有利于实现废水和废物的资源化。

(2) 水热降解与合成技术 水热降解是被广泛采用的用于转化生物质燃料和合成化学品的领先技术之一。密闭容器为生物质营造了缺氧条件,在较短的停留时间下有机物几乎完全分解,发生水热液化、气化或固化,生成 CO_2,H_2,CO,CH_4 等气体和生物油、固体焦炭等产物。在生物质的水热反应中,水溶剂被视为绿色化学中的环境友好溶剂和催化剂。水热反应中高温高压的条件使通常在水溶剂中难溶或不溶的物质能够溶解并且发生重结晶,可用于生长各种单晶,合成制备超细、无团聚或少团聚、结晶完好的陶瓷粉体。目前水热法合成人工晶体已经具有一定的产业规模,微波水热技术已成功应用在 TiO_2、ZrO_2、Fe_2O_3 等陶瓷粉体的制备中。

(3) 水热沉淀技术 水热沉淀是指在高压反应器中的可溶性盐和化合物与加入的(或在水热条件下产生的)各种沉淀剂反应,形成金属氧化物的过程,通常也用于粉体的制备。该技术的核心在于选取合适的沉淀剂,如制备 ZrO_2 粉体时添加尿素作为沉淀剂,使得反应在体系中各处同时均匀发生,从而能够保持沉淀初级粒子的均匀性,得到晶态短程有序的 ZrO_2 纳米粉体。

3) 水热液化

水热液化是在温度为 200~400℃、压力为 5~25 MPa 的条件下,在水溶液中将原料液化制取液体产物的过程。在此过程中,主要可获取的液相产物包括轻质组分和重质组分。轻质组分溶于水,主要由糖类、有机酸、醇类和醛类等物质构成,呈黄褐色,一般发热量较低(19~25 MJ/kg);重质组分为类似油类的物质,主要由二丁基羟基甲苯和邻苯二甲酸二丁酯等组成,在水热液化后可通过溶剂萃取获得,发热量较高,达 30~35 MJ/kg。反应的副产物有生物碳和少量气体,如 H_2,CO,CO_2,CH_4 等。

(1)水热产糖 还原性糖是指具有还原性的糖类,包括纤维六糖、纤维五糖、纤维二糖等寡糖和 D-葡萄糖、果糖等单糖,这些糖因为都含有可反应的羰基,容易被较弱的氧化剂氧化为羧酸,统称为还原性糖。图 5-17 是几种主要还原性糖的分子结构。还原性糖在生产生活中具有广泛的应用,一方面可以做甜味剂、食品添加剂等,另一方面还原性糖可以通过生物法生产燃料乙醇。燃料乙醇是清洁的高辛烷值燃料,是可再生能源,它不仅是优良的燃料,还是优良的燃油品改善剂,具有很好的市场应用前景。在当前化石燃料减少、能源需求不断增长的大背景下,结合城市有机垃圾高有机质含量的特点,将垃圾中的多糖组分经过化学或生物方法转化生成燃料乙醇、糠醛等液体燃料和化学品,不仅能有效解决城市有机垃圾处理处置问题,而且能改变传统能源结构,为发展绿色能源和化工产品提供可能。

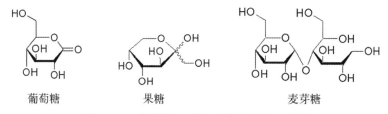

葡萄糖　　　　　　果糖　　　　　　麦芽糖

图 5-17　葡萄糖、果糖和麦芽糖的分子结构

在生物质垃圾水热产糖方面,国内外已有大量学者开展研究。Watchararuji 等[14]在 473~503 K 温度下水热处理稻壳和豌豆荚壳,发现在反应温度为 473 K 的条件下处理 20 min,原料的还原糖产量最高,为 47 mg/g。Luo 等[15]用水热法处理草坪剪草,在进料液固比为 5.5,反应温度为 230℃,反应时间为 30 min 的条件下还原糖产量为 41.2 mg/g;然后对反应条件的改进,又投加了金属盐及稀酸作为化学助剂,提高了反应效率及还原糖产率。孔令照[16]用水热法降解玉米秸秆,采用 400 mg/L Cr^{3+} 做催化剂,反应温度为 300℃,反应时间为 120 s 时,最高还原糖产量可达 0.45 mg/mg。Wang 等[17]在考察无机物对水热反应的影响时发现 Ca^{2+}、Fe^{2+}、Al^{2+}、Mg^{2+} 等金属离子均对反应过程及还原糖产率有促进作用。

城市有机垃圾中含有大量淀粉及纤维素,这些大分子物质通过水解反应可以产生还原糖等物质,具有较高资源化利用价值,该属性与废弃生物质垃圾类似。许多学者对有机垃圾资源化产糖过程进行了研究,用于产糖研究的垃圾各组分主要包括淀粉、纤维素和半纤维素等碳水化合物。不同地区、不同国家垃圾中各组分的含量不同,因此其资源化产糖的产率以及其他组分对产糖效果的影响也存在一定差异。

① 淀粉水热产糖过程　淀粉是餐厨垃圾干物质中含量较高的多糖组分之一,它广泛存在于植物的种子、果实以及根部。餐厨垃圾中的淀粉主要来源于玉米、小麦、稻米、土豆、甘薯、豆腐、奶酪等物质。淀粉的组成和结构随着植物来源的不同而具有较大差异,一般情况下淀粉是由 10%~35% 的直链淀粉和 65%~90% 的支链淀粉组成。淀粉颗粒是多晶体体系,主要由结晶区与非结晶区交替组成。原生淀粉的实际应用性有限(主要用作增稠剂和黏合剂),但在物理、化学以及酶催化的作用下可发生水解反应产生糖类物质。相对于纤维素稳定的晶体结构而言,淀粉的水解相对容易,因此淀粉类物质是产糖的良好基质。在水热条件下,淀粉水解的机理主要是由于 $\alpha - D(1,4)$ 糖苷键的断裂产生低聚糖(聚合度为 3~10),进一步水解获得单糖和其他小分子产物,如图 5 - 18 所示。

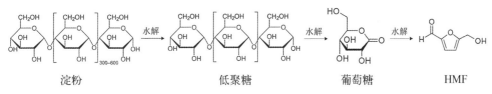

淀粉　　　　　　　　低聚糖　　　　　葡萄糖　　　　HMF

图 5 - 18　淀粉水热产糖过程

② 纤维素水热产糖过程　木质纤维素是有机垃圾中比较重要的多糖组分,也是生物质垃圾的主要组成部分,主要包括纤维素和半纤维素。有机垃圾中的木质纤维素主要来源于餐厨垃圾中的蔬菜、水果和园林垃圾中的落叶等。纤维素是由 β-吡喃葡萄糖通过 $\beta - 1,4$ 糖苷键连接而成的,其基本重复单元是纤维二糖。纤维素是由纤维二糖形成的直链分子链平行排列,分子间和分子内的羟基以氢键结合,因此呈现稳定的带状晶体结构。半纤维素也是常见的多糖组分,一般半纤维素占木质纤维素总量的 15%~35%。半纤维素是由五碳糖和六碳糖组成的具有支链的聚合物。由于支链结构使半纤维素呈现非晶体的结构,相对纤维素稳定的带状晶体结构而言,半纤维素更容易水解。一般半纤维素在 180℃ 的水热条件下开始分解,而纤维素需超过 230℃ 才分解[18]。纤维素水解的机理如下:$\beta - D(1,4)$ 糖苷键断裂,形成纤维六糖、纤维五糖、纤维二糖等低聚糖,进一步水解产生葡萄糖(见图 5 - 19)。不同来源的半纤维素水解产物不同,硬质木材中的半纤维素水解生较多的木糖,而软质木材中的半纤维素水解则产生较多的六碳糖。

(2) 水热产酸　有机垃圾中的多糖组分经水热液化后发生水解,处理产生大量还原糖,还能够进一步水解产生更小分子的有机物,并且可通过控制水热反应的条件实现目标产物的累积。在 Jin 等[19] 的研究中,通过两步水热法处理纤维素物

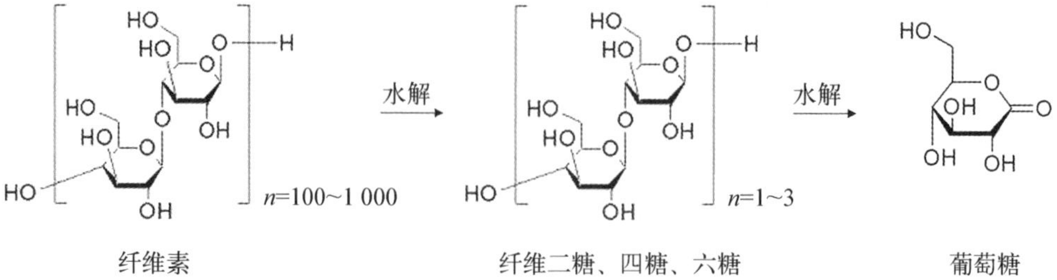

图 5 - 19　纤维素水热产糖过程

质稻壳,在水热过程的第一步,稻壳纤维素可转化为 5 -羟甲基糠醛、2 -糠醛、乳酸等,而在第二步中,5 -羟甲基糠醛和 2 -糠醛则可进一步氧化为乙酸,目标产物乙酸的产率可达 85%～90%。乙酸可用作酸度调节剂、酸化剂、腌渍剂、增味剂、香料等。它也是很好的抗微生物剂,这主要归因于其可使 pH 值降低至低于微生物最适生长所需的 pH 值。乙酸是我国应用最早、使用最多的酸味剂,主要用于生产复合调味料、配制蜡、罐头、干酪、果冻等。

Shen 等[20]在水热条件下借助过氧化氢的氧化性能将微藻转化为乙酸,实验结果表明反应温度为 300℃,反应时间为 80 s,过氧化氢投入量为 100% 时,乙酸产率可达 14.9%。此外,食品废弃物、椰子油酿酒厂及牛奶厂废液等有机废弃物也都可以通过一定的水热条件进行处理,而且反应产物中均有稳定性乙酸生成。除乙酸为目标产物外,乳酸也是生物质水热处理的重要产物之一。Bicker 等[21]在其研究中以硫酸锌($ZnSO_4$)为催化剂,探究了果糖、葡萄糖及其他碳水化合物的乙酸转化情况,当反应温度为 300℃,压力为 25 MPa,糖溶液的浓度为 1% 时,乳酸产率可达 86%,而且三碳糖化合物二羟基丙酮和甘油醛的乳酸转化率也相对较高。除纤维素水热产酸外,也有学者将研究目标投向动物脂肪,如鱼肉和乌贼内脏,进行水热产氨基酸、有机酸和脂肪酸,结果表明产物中有一定量的氨基生成。

(3) 水热产油　水热液化产生的重质组分称为生物油(bio-oil),利用生物质水热液化技术制备生物油的研究近年来也引起了越来越多的关注。生物质水热产油是将有机生物质在亚临界水中(通常反应温度为 280～380℃,反应压力为 7～30 MPa,反应时间为 10～60 min)进行热降解制取生物油的过程。将所得生物油进行加氢精制,分子筛裂解或者水蒸气重整等步骤可以制取车用燃料或者生物气。在 Midgett 等[22]的研究中,以纤维素为原材料,利用不添加催化剂的亚临界水体为反应介质,通过热降解生产生物油,其实验结果表明当反应温度为 280℃时,油的产率达到最大,但是焦和气体的产率在此之后继续增加,推测油发生二次反应生成焦和气体。另有研究中以褐藻、水葫芦、紫狼尾草和高粱等高含水率生物质为材料进行水热产油。但是,生物质产油的重要难题是水热转化反应时间长、盐沉积及腐蚀严重等,若要实现生物质产油的高效性和经济性,此类问题仍需进一步研究。

4) 水热碳化

水热碳化是将原料在 180～250℃ 密闭的水溶液中停留 1 h 以上,是一种脱水脱羧的加速煤化过程。早在 20 世纪初,水热碳化就被用来模拟自然界煤的形成过程。1913 年 Bergius[23] 开展了水热碳化第一次实验,并在《化学工业社会》杂志上发表了水热碳化处理纤维素及对自然界煤的形成机理的研究。但之后的近百年里,研究一直停留在制备特定的液态和气态产物上,固相常被视为副产物而被摒弃。直到 2001 年,Wang 等[24] 首次通过水热碳化法制得了均匀的炭球,并指出该炭球具有优良的储能性能,水热碳化法才再度引起了研究者的关注。此后水热碳化技术在不同领域的应用逐渐成为研究热点。

以生物炭为目标产物的热化学转化技术以热解和水热碳化技术为主。与传统裂解碳化技术相比,水热碳化具有显著的优势:① 在处理含水量高的废弃生物质时无须干燥,节约了大量的预处理费用;② 化学反应主要为脱水过程,废弃生物质中碳元素的固定效率高;③ 反应条件温和,脱水脱羧的放热过程为反应提供了一部分能量,因此该技术能耗低;④ 水热碳化保留了大量废弃生物质中的氧、氮元素,碳化物表面含有丰富的含氧、含氮官能团,可应用于多个领域;⑤ 处理设备简单、操作方便、应用规模可调节性强。与其他生物转化方法相比,水热碳化技术所需时间较短,通常只需几个小时;此外,水热碳化过程中较高的温度有助于消除病原体并阻止其他潜在的有机污染物。表 5-11 中将热解过程与水热碳化过程制备生物炭所需的反应条件及典型产物进行了比较。

表 5-11　热化学转化过程制备生物炭的反应条件及典型产物产率对比

热化学过程		反应条件 (温度、时间)	产物分布/%		
			生物炭	液体	气体
热解	慢速	<400℃,几小时至几星期	35	30	35
	中速	<500℃,10～20 s	20	50	30
	高速	<500℃,<1 s	12	75	13
水热碳化		180～250℃,1～12 h	50～80	5～20 (溶解在水中)	2～5

水热碳化过程的固相产物是一种高度碳化并能量致密的生物炭,通常称为水热焦(hydrochar)。水热碳化反应原料对水热焦的性质有显著影响,不同物质组成会影响其不同应用价值。近年来水热碳化选用的废弃物原料主要包括林业废弃物、农业废弃物、城市生活垃圾、食品垃圾、牲畜粪便和泥炭等,通过改变水热反应条件使水热焦产物获得不同性质和功能。经水热碳化后获得的水热焦产品可以用

作固体燃料、土壤调节剂、污染水体中重金属的吸附材料、纳米结构碳材料和催化剂等。

（1）固体燃料 目前全球的煤炭资源正日趋枯竭，研究者们都在积极寻找替代能源，生物炭就是优良的替代品。植物在地下经历数千万年的地质变化才衍变成煤，而水热碳化却可以用几个小时的时间将植物转变为与煤性状相似的生物炭，且生成的生物炭燃烧性能好，具有热值高、清洁、无污染等特点。不同的有机垃圾由于其原料组成不同，在作为原料通过水热碳化制备固相产物时，得到的固相产物水热焦的热值和碳含量与原料相比均有不同程度的提高。其中以餐厨垃圾为原料可获得较为理想的固相产物，其热值可达到 30 MJ/kg，超过褐煤热值（8.38～16.76 MJ/kg）。

近十年来，研究者对餐厨垃圾水热碳化过程及产物做了很多实验及分析，金桃等[25]以校园餐厨垃圾为原料，通过正交实验对水热碳化工艺条件进行优化，得到影响因素的主次顺序为温度＞pH 值＞反应时间，合适的工艺条件为 180℃，pH 值为 4，反应时间为 3 h。他们在优化的工艺条件下对餐厨垃圾进行水热碳化，得到生物煤热值为 30.18 MJ/kg，达到 GB/T 17608—2006 精煤的一级标准，转化率为54.08%。对餐厨垃圾及优化条件下得到的生物煤进行元素分析，得到表 5-12，经过水热碳化后，碳的质量分数从 49.00% 提高到 65.93%，而氧元素的质量分数降低了 17.95%，这主要是由于物料在水热过程中发生脱水聚合反应造成的。

表 5-12　餐厨垃圾、生物煤、褐煤的参数比较[21]

比 较 项 目	餐厨垃圾	生物煤	褐 煤
C/%	49.00	65.93	41.35
H/%	7.86	8.00	3.46
O/%	38.98	21.03	10.05
N/%	1.85	3.49	3.04
S/%	1.56	1.31	—
$n(H/C)$	1.92	1.46	1.00
$n(O/C)$	0.60	0.24	0.18
$n[(O+N)/C]$	0.63	0.28	0.25
热值/MJ·kg^{-1}	21.54	30.18	29.27

（2）土壤修复剂 经改性后的水热焦具有类似多孔生物炭的特性：因具有疏松多孔的性质以及巨大的表面积和阳离子交换量（CEC），可以改善土壤理化性质，吸附土壤中的污染物，降低其生物有效性及迁移转化能力；生物炭的碱性对改良酸性土壤，降低土壤中污染物的生物毒性具有很大的潜力；生物炭还可以为微生物提

供生长繁殖场所,有利于微生物对污染物的降解。将经改性后的水热焦添加到土壤之后可以获得与生物炭类似的作用,保持土壤中氮、磷、钾等营养元素,增加土壤持水量,减小水分渗滤速度和营养元素流失。Laird 等[26]做的生物炭养分淋洗试验表明,生物炭加入美国中西部典型农业土壤中可以持续降低该土壤的养分淋洗量,因此认为生物炭是减少养分淋洗的良好土壤改良剂。张伟明[27]发现生物炭的使用使土壤容重降低 9%,而总孔隙率则从 45.7% 增加到 50.6%。同时,生物炭对土壤中重金属离子有固持作用,可降低重金属的生物有效性,消减其向植物根系的迁移,降低土壤污染对植物的基因毒性,对修复土壤重金属污染具有很大的潜力。

(3) 吸附材料　经水热碳化后制备的水热焦具有较为丰富的含氧官能团,因此具有较好的亲水性及对金属离子的吸附性,但研究结果表明未获得具备理想吸附性能的水热焦,因此需在反应体系中加入适量添加剂。乔娜[28]以玉米芯和松子壳为原料,添加 Fe^{3+} 和柠檬酸后获得的水热焦比表面积与未使用添加剂相比提升了 49.35%～76.09%,并对亚甲基蓝有较好的吸附效果。

吴艳姣等[29]以微晶纤维素为原料,柠檬酸为催化剂,活性炭为载体,经水热碳化法形成炭球并负载于活性炭的表面和孔内,合成含氧官能团丰富的炭球-活性炭复合材料。实验表明,当原料质量浓度为 2.0 g/L 时,复合材料对 Cr^{3+} 的单位质量吸附量最大,可达 0.356 mg/g,是活性炭的 5.65 倍。

(4) 复合材料　水热碳化反应过程在水中进行,因此可通过选择合适的添加剂向碳化物中引入其他元素,制备不同形貌的碳复合材料。以碳微球制备为例,水热碳化法是目前制备碳微球最常用的方法,具有工艺简单,且所制备的碳微球粒径均匀、球形度好的优点。以往研究中,学者分别以蔗糖、果糖、葡萄糖等原料经水热碳化获得粒径为 200～800 nm 的碳微球,并发现金属离子和分散剂的加入可以促进碳微球的形成。图 5-20 中对以蔗糖为原料进行水热碳化和加入分散剂后水热碳化制备的碳微球进行比较,结果表明在体系中加入分散剂则能使制得的碳微球球形度高,粒径均匀且产率升高。李赛赛等[30]以蔗糖为原料,加入 3 种不同分散剂对分散碳微球的制备情况进行探究,其结果表明加入 0.5% 和 1.5% 的聚丙烯酸钠(PAANa)作为分散剂时,能够获得平均粒径分别为 1.6 μm 和 0.23 μm 的碳微球颗粒。

水热碳化除了用于制备碳微球之外,也可通过对原料进行元素掺杂和表面修饰制备出复合材料,以提高材料的导电性能。白俐[31]以葡萄糖为原料,通过水热处理、常温常压干燥及高温碳化等过程制备了碳微球,将碳微球在浓 HNO_3 中活化处理得到活性碳微球(ACMB)。罗华星[32]在乙二胺的辅助下通过生物质葡萄糖在氧化石墨烯表面的水热碳化,制备了一种氮掺杂水热炭包覆石墨烯复合材料。这种复合材料结合了石墨烯的高导电性和水热炭丰富的孔隙率,作为碳基超电容

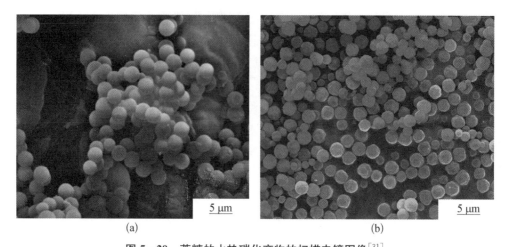

(a)　　　　　　　　　　　　　　　　　(b)

图 5 - 20　蔗糖的水热碳化产物的扫描电镜图像[31]

（a）未添加聚丙烯酸钠　（b）按 0.5％质量分数添加聚丙烯酸钠

电极材料拥有超高的比容量、良好的倍率特性和循环性能。

　　有研究者将氧化石墨烯作为添加剂用于餐厨垃圾水热碳化反应，实验表明，氧化石墨烯具有两亲性，可使难溶物质均匀分散在水中，与其他有 π 共轭单元的物质接触时，氧化石墨烯甚至可以改变他们的分子结构[33]。在相同条件下，往模型化合物（纤维素）中加入微量的氧化石墨烯（纤维素与石墨烯质量比为 800∶1）可促进水热碳化反应的进行（见图 5 - 21），且在微波辐射条件下，氧化石墨烯还可以充当原位加热元素，加速水热碳化反应，甚至使反应达到更高的碳化温度。研究还表明氧化石墨烯可以明显改变碳化物形貌，可使碳化物由原有的球状结构转化为层

(a)　　　　　　　　　　　　　　　　　(b)

图 5 - 21　纤维素的水热碳化产物的扫描电镜图像[33]

（a）未添加氧化石墨烯　（b）按 1∶800 的比例添加微量氧化石墨烯

状,接触面积更大,吸附性能更好,且具有优良的导电性能。

5) 水热分离

水热技术同样可用于餐厨垃圾中油脂的分离。餐厨垃圾中存在的油脂容易黏附器壁造成堵塞、包裹支撑介质、干扰微生物生命活动、阻碍淀粉的水解产糖过程等后果。油脂对饲料和肥料等资源化产品的品质造成不利影响,如油脂发酵极易产生黄曲霉素等致癌物质,油脂的易氧化酸败和易挥发等特性降低了餐厨垃圾饲料化产品品质,通过食物链的传播还可能对人类健康产生影响。同时,废弃餐厨油脂能够生产肥皂、表面活性剂,炼制生物柴油等,具有很高的资源化潜力。因此,高效地分离回收废弃餐厨油脂,获得量大质优的餐饮废油同样是其资源化的关键技术环节。

对餐厨垃圾中的废弃食用油脂进行分离提取不仅提高了后续资源化产品品质,同时减少含油污水的排放。分离后固相作为肥料或饲料的原料品质更好;提取出的油制成生物柴油、硬脂酸、油酸等能源和化工产品的纯度更高;水相含油量减少,排入市政管网不会黏附堵塞管道,减轻城镇污水厂处理负担。

水热法能促使餐厨垃圾中固相内部油脂液化浸出,降低油脂分离难度,油脂浸出率高,能高效获得餐饮废油。任连海等[34]采用了湿热—重力分离—粗粒化脱油工艺对餐厨垃圾中废弃油脂进行分离,通过实验探讨了湿热温度、处理时间等参数对餐厨垃圾废油脂分离回收效率的影响。研究表明,160℃湿热处理80 min时,餐厨垃圾固相内部油脂液化浸出效果较佳,进而开发了湿热水解处理脱出液的重力分离—粗粒化两段脱油工艺,具体实验流程如图 5-22 所示。该油脂脱出效果较好但也存在一些问题,主要体现在:湿热处理温度过高破坏有机物结构,影响后续

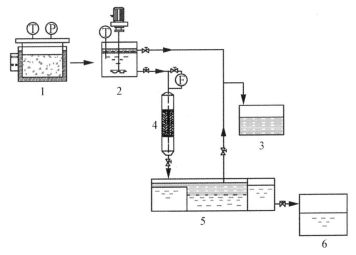

图 5-22　湿热—重力分离—粗粒化两段脱油工艺流程[34]

1—湿热反应器;2—油脂上浮装置;3—储油槽;4—粗粒化床;5—油水分离器;6—废水槽

的资源化;系统采用传统的加热方法传热效率低,能耗大;重力分离段效率低且效果不好;粗粒化段是利用斯托克斯公式原理提高油滴直径和分离效率的,效率不高,设备也易堵塞;此外整个工艺流程较为复杂,管理维护不便。

宁娜等[35]采用湿热—离心法分离废弃餐厨油脂,通过实验探讨了加热时间、温度以及离心转速等参数对餐厨废油脂分离回收效率的影响。同时,将其与湿热—重力法进行比较,以确定有利于餐厨废油脂分离回收的适宜工艺条件。研究表明,湿热—离心法较湿热—重力法更有利于餐厨废油脂的分离;随着温度的升高和加热时间的延长,餐厨垃圾脱油性能呈上升趋势,温度越高,趋势越明显;120℃下湿热处理80 min,餐厨垃圾固相内部油脂液化浸出效果最佳;离心转速为2 500 r/min时,餐厨垃圾废油脂分离回收率最高。湿热—离心分离工艺流程如图5-23所示。

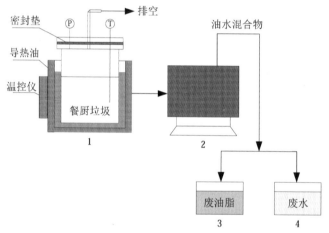

图5-23　湿热—离心分离工艺流程[35]

1—湿热反应器;2—低速离心机;3—储油槽;4—废水槽

该工艺采用湿热—离心法脱出餐厨垃圾废弃油脂,工艺得到简化,但仍存在问题:湿热处理温度过高破坏餐厨垃圾中有机物结构,影响后续的餐厨垃圾资源化利用;湿热处理应用传统的加热方法,传热效率低,能耗大;离心分离机能耗大,不能连续进出料,工业化应用较难。

微波加热有加热均匀、速度快、能力强、热惯性小的特点,并具有一定选择性的优势,可以解决传统水热法分离餐厨垃圾传热效率低、高温持续时间长、破坏其他有机物分子结构的问题,具有很高的可行性和应用潜力。废弃食用油脂的分离提取实验装置结构如图5-24所示。

实验前,为解决水热分离破坏餐厨垃圾固相组分分子结构的问题,需对待分离的餐厨垃圾进行热稳定性表征,以便确定餐厨垃圾油脂浸出实验的温度。餐厨垃圾的热失重曲线如图5-25所示。

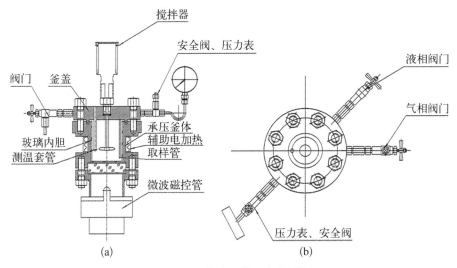

图 5 – 24　微波湿热反应釜结构

（a）剖面图　（b）平面图

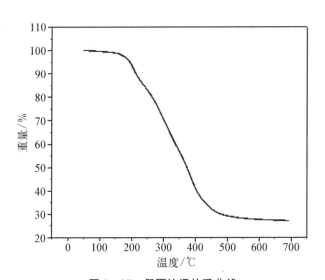

图 5 – 25　餐厨垃圾热重曲线

　　如图 5 – 25 所示，餐厨垃圾的主要失重区间为 180℃到 450℃，失重率达 70％，且失重速率较快，由此可判断在此温度区间内，餐厨垃圾中的主要有机物，即淀粉、油脂以及蛋白质均大量损失。进一步提高温度未见明显失重，可判断 450℃时餐厨垃圾有机组分已完全流失剩余为无机灰分。而 50℃到 180℃区间失重不足 5％，考虑到过滤后的餐厨垃圾中仍含有少量水分，可认为此阶段没有有机物损失。即在 180℃以下进行水热分离不会破坏餐厨垃圾的有机组分，不会影响后续资源化。

而在本实验中,为了保证浸出油脂的性质不发生变化,餐厨垃圾浸出的温度设定在160℃以下。

实验在图5-25所示的微波水热反应釜中进行,将经预处理除去水分的餐厨垃圾过10目金属筛网,加去离子水300 mL,置于微波反应釜中,密封釜盖进行水热分离,并在冷却后进行离心分离,最大限度获得固相样品。使用索氏提取法测定水热分离前后的固相餐厨垃圾含油率。计算式如下

$$P = \frac{m_0 X_0 - m_1 X_1}{m_0 X_0} \times 100\% \qquad (5-1)$$

式中:P 为湿热后油脂浸出率;X_0 为湿热前固相油脂含量;X_1 为湿热后固相油脂含量;m_0 为湿热前固相质量,g;m_1 为湿热后固相质量,g。

反应时间和反应温度是水热分离的主要影响因素,为确定两者对分离实验的影响程度,对实验结果进行了双因素方差分析。

微波辐射条件下时间和温度对餐厨垃圾油脂含量的影响如图5-26所示。图5-26显示油脂含量随反应时间的延长呈现先上升后下降的趋势,温度越高,时间越长,固相油脂含量越低。前期油脂含量的少量上升可能是因为其他组分发生了浸出,使得油脂在餐厨垃圾中的相对含量上升。餐厨垃圾中油脂含量的最高值出现在反应温度为120℃,反应时间为20 min条件下,此时油脂的含量高达28.9%,最低出现在反应温度为140℃,反应时间为100 min条件下,此时油脂的含量为21%。而表5-13双因素方差分析的结果显示,时间和温度对分离后固相组分中油脂的含量并没有显著的影响($P>0.05$)。

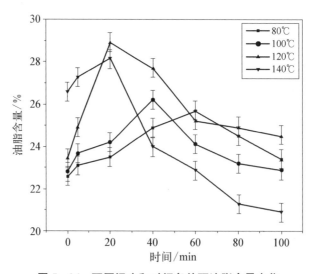

图5-26 不同温度和时间条件下油脂含量变化

表 5 - 13　温度和时间对油脂含量影响的双因素方差分析

差异源	方差	自由度	均方差	F 值	P 值	F 临界值
时间	33.38	6	5.563	1.772	0.1618	2.661
温度	13.98	3	4.658	1.484	0.2525	3.160

为进一步研究微波作用条件下油脂的浸出规律,实验研究了不同温度(80℃, 100℃,120℃,140℃),不同时间(5 min,20 min,40 min,60 min,80 min,100 min) 条件下液相中油脂的含量,即油脂浸出情况,实验数据如图 5 - 27 所示。同时对实验数据进行双因素方差分析,以确定时间和温度对油脂浸出率的影响程度,结果如表 5 - 14 所示。

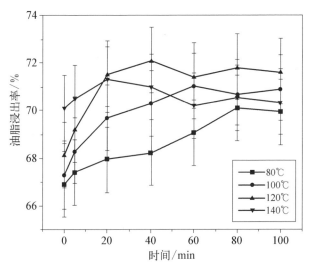

图 5 - 27　不同温度和时间条件下油脂浸出率的变化

表 5 - 14　温度和时间对油脂浸出率影响的双因素方差分析

差异源	方差	自由度	均方差	F 值	P 值	F 临界值
时间	25.34	6	4.223	6.772	6.986×10^{-4}	2.661
温度	22.59	3	7.528	12.07	1.446×10^{-4}	3.160

比较表 5 - 14 中的 F 值与 P 值可以看出,时间和温度对油脂的浸出率均有极为显著的影响($P < 0.01$)。从图 5 - 27 可以看出,随着反应时间的延长,餐厨垃圾油脂的浸出率呈现先增长后平稳的趋势。结合固相油脂含量的变化,固相餐厨垃圾中油脂含量并不是一直下降,反而在前 20～60 min 有一定程度的上升,这说明餐厨垃圾中的淀粉、蛋白质等其他组分也在浸出。油脂浸出率的最大值为 72.4%,此

时的浸出温度和时间分别为 120℃和 40 min。在此过程中固相中的油脂不断液化,以流体形态在固相中的扩散性能增强,由于固相内外存在化学势梯度,水分进入固相内部,油脂由固相内部浸出进入液相[36]。温度高油脂液化速度快,油脂的扩散性能增加快,同时温度高固相内外化学梯度大。此外,温度的升高还会促进脂质的水解生成游离脂肪酸和甘油,而游离脂肪酸又会对脂质水解起催化作用[34],促进脂质进一步浸出、水解。这使得在温度不高于 120℃的条件下,温度高固相油脂浸出率较高,而当温度达到 140℃时,餐厨垃圾中其他物质的浸出过程较为剧烈,这对油脂的浸出产生一定的干扰,导致 20 min 以后该温度条件下油脂的浸出率反而要低于 120℃条件下的浸出率。从图中还可以看出,温度越高,曲线的波动性越大,也就是油脂含量的变化越大,这说明高温可以促进整个变化过程的进行。

6) 水热催化

水热催化作为生物质转化,尤其是资源化利用的重要手段,近年来受到国内外研究团队的广泛关注。水热催化是指以水为反应介质,在均相和非均相催化剂作用下,在特定的气氛(氢气、惰性气体)中实现生物质定向转化制备平台化学品的过程。水热催化具有以下特点和优势:① 以水为反应介质,过程绿色污染小;② 水热反应的传质以及传热优势显著,反应迅速、效率高、能耗低;③ 水热催化所得产物的选择范围较广,经定向反应后,产物收率较高且容易分离。水热催化特指的温度范围并不具有明显的界限,一般在 60~300℃之间。催化剂根据不同反应的特点和需求从无机盐类的均相催化剂到金属氧化物、分子筛等非均相催化剂而变换。水热催化根据目标产物的不同涉及异构、氧化、还原、水解、脱水、加氢、氢解、水合等不同的化学反应过程,而目标产物根据需求可以是有机酸、醛酮、多元醇等不同的平台化学品和重要的化工原料。水热催化虽然以原生生物质尤其是废弃物进行直接转化的案例较少,但以生物质结构的重要组成如纤维素、半纤维素和木质素等为原料经水热催化制备小分子化学品的报道屡见不鲜,其中尤以五碳糖或六碳糖为原料开展水热催化受到广泛的重视。下面将分别以多元醇、五羟甲基糠醛和乳酸为目标化学品,着重介绍纤维素以及葡萄糖进行水热转化的研究进展。

(1) 多元醇 作为重要的能源燃料和基本有机化工原料,乙二醇等低碳多元醇广泛用作防冻剂、润滑剂、塑剂、表面活性剂等许多重要精细化学品的基本原料,市场价值远远高于生物燃料。研究人员在典型生物质水热加氢制备多元醇化学品方面开展了大量的工作,主要涉及多羟基化合物的水解、加氢和氢解反应,其中包括葡萄糖、果糖、山梨醇等单糖及其衍生物的氢解反应,也涵盖了蔗糖、淀粉、纤维素、菊芋等二聚体和多聚糖等通过异构—水解—加氢—氢解反应转化为多元醇的反应(见图 5-28)。

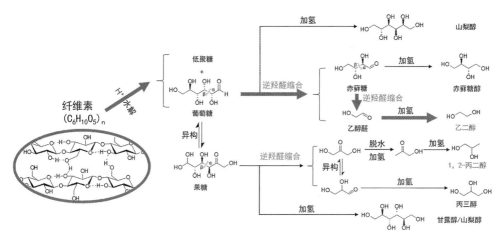

图 5－28　生物质水热加氢制备多元醇反应途径

催化剂活性组分一般含有第Ⅷ族金属元素如镍(Ni)、钌(Ru)、铑(Rh)和铂(Pt)等,含铜(Cu)、锌(Zn)、铬(Cr)、钼(Mo)和钨(W)等副族金属元素的催化体系也有报道,载体主要是活性炭(AC)、硅藻土、氧化铝和硅铝等。目前所采用的催化剂大致分为三类:Ni－W_2C/AC 系列的加氢催化剂、贵金属或以贵金属修饰的加氢催化剂和负载在金属氧化物上的镍基催化剂。研究人员将非贵金属催化剂碳化钨应用于纤维素的催化转化,以活性炭担载碳化钨为催化剂在 245℃下反应 30 min,乙二醇的收率为 29.0%,在少量镍的促进下,乙二醇的收率高达 61.0%。Liu 等[37]采用 Ni 修饰的 Cu－SiO_2 纳米催化剂在 Ca(OH)$_2$存在的条件下对木糖醇进行加氢,得到了高选择性的乙二醇和丙二醇,目标产物的选择性可以高达 81.0%。Pang 等[38]对玉米芯和芒草等原生生物质进行预处理获得纯净的纤维素,然后对其进行水热催化加氢,使 1,2－丙二醇和乙二醇的总收率可达到 35%～40%。

(2) 五羟甲基糠醛　五羟甲基糠醛(5－HMF)是一种重要的平台化合物,因其广泛的用途被称为"万能中间体",它可通过缩合、加氢、氧化等多种手段转化为其他产品,广泛用于化工、能源领域。制备 5－HMF 的理想原料是果糖,目前主要的制备方法是水解法。但由于果糖的成本高,难以实现工业化生产,于是科研人员将目光投向了更廉价易得的生物质碳水化合物如葡萄糖等。葡萄糖转化为 5－HMF 的反应是一个酸催化过程,由于葡萄糖稳定的六元环使它难以直接转化为 5－HMF,所以葡萄糖首先在碱或者 Lewis 酸的存在下异构为呋喃果糖中间体,呋喃果糖转化为 5－HMF 只需要在酸催化剂的条件下脱去三分子水即可,反应路径如图 5－29 所示。

葡萄糖制备 5－HMF 的催化剂可分为均相催化剂和非均相催化剂:均相催化剂主要包含无机酸催化剂如盐酸和硫酸、金属氯化物等;非均相催化剂主要指固体

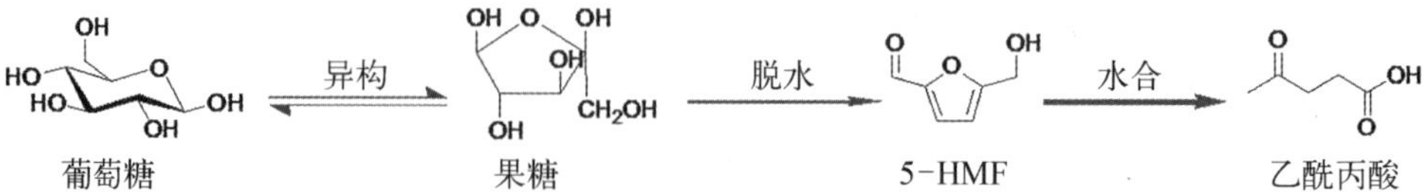

图 5-29　生物质水热脱水制备 5-HMF 反应途径

酸催化剂如 ZSM-5,H-Y,H-Beta,γ-Al$_2$O$_3$ 等。无机酸催化剂是传统的酸催化剂,其优点是廉价易得,但容易对设备造成腐蚀,同时难以回收,产生的废液会对环境造成污染,不符合绿色化学的要求,故近年研究得较少。固体酸催化剂因为原料易回收、绿色环保的优点受到人们的重视。固体酸催化剂的催化功能来自其表面存在的 Brønsted 酸和 Lewis 酸的酸性位点,为了实现较好的传质与传热效果,固体酸催化剂大多为多孔结构,例如沸石分子筛催化剂。

Maireles-Torres 课题组在 2016 年报道了通过对 ZSM-5 改性制得的 3 种分子筛催化剂(H-ZSM-5、Fe-ZSM-5 和 Cu-ZSM-5)能够在 195℃和 30 min 的反应条件下在两相溶剂 H$_2$O(加入 NaCl)/MIBK 中使 5-HMF 的产率达到 42.0%[39]。最新报道中显示,用 H-Beta 催化剂使 5-HMF 的收率达到 55.0%,同时该组在此项研究中发现,在水相中添加 CaCl$_2$ 的盐析效果要比添加 NaCl 高得多。在 175℃下反应极短时间(15 min 内)葡萄糖转化率以及 5-HMF 产率就分别达到了 96.0%和 52.0%。该研究组推测,在 CaCl$_2$ 存在的情况下葡萄糖转化为 5-HMF 并不是通过异构为果糖的途径。金属氯化物大多能很好地催化果糖制备 5-HMF,仅有小部分可催化葡萄糖制备 5-HMF。例如 Zhao 课题组 2007 年在 Science 上报道的使用 CrCl$_2$ 作为均相催化剂的葡萄糖转化反应可以使 5-HMF 产率达到 70.0%[40]。然而游离在反应体系中的重金属离子有毒,且其多为贵金属,成本高昂,但因其产率较高,还有进一步研究的价值。

(3) 乳酸　乳酸(lactic acid, LA)又名 2-羟基丙酸,是世界公认的三大有机酸之一。乳酸作为一种重要的平台化合物,广泛应用于食品、生物医药、化妆品及农业畜业等领域,并作为可生物降解聚乳酸的单体原材料及环保型溶剂。一般认为,基于生物质结构单元葡萄糖制备乳酸主要有以下转化过程:葡萄糖首先在 Lewis 酸作用下异构成果糖;果糖进一步经过逆羟醛缩合反应转化为二羟基丙酮和甘油醛,两者可相互异构化,脱水产生丙酮醛;丙酮醛进一步反应转化为乳酸。反应过程如图 5-30 所示。

生物质水热转化制备乳酸的催化剂分为均相催化剂和多相催化剂两类。针对均相催化剂,糖类化合物可以在 ZnSO$_4$、AlCl$_3$·6H$_2$O、SnCl$_2$ 和 SnCl$_4$·5H$_2$O 等金属无机盐以及 NaOH、Ca(OH)$_2$ 和 Ba(OH)$_2$ 乳酸或其衍生物中合成。Kong 等报道了在亚临界水中使用盐作为催化剂将 D-葡萄糖、微晶纤维素和各种类型的生

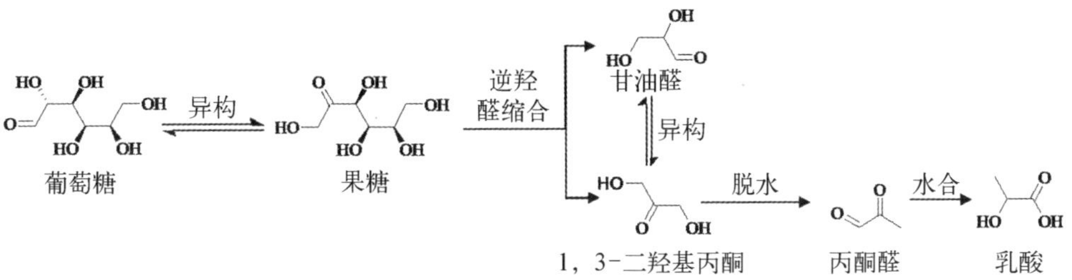

图 5-30　生物质水热水解产生乳酸过程[41]

物质转化为乳酸[41]。当在 400℃使用 400 mg/L Co^{2+} 作为催化剂反应 2 min 时，D-葡萄糖的乳酸产率为 9.5%。Onda 等以 NaOH 为反应助剂，辅助催化葡萄糖制备乳酸，乳酸收率超过 20%[42]。Wu 等利用金属阳离子 Pb^{2+} 在水热条件下直接把纤维素、淀粉、菊粉、甘蔗渣、麸皮及茅草等转化生成乳酸，在 190℃条件下反应 4 h，乳酸的收率均超过 65.0%[43]。均相催化剂能更充分地与反应物接触反应，有效提高反应速率，但同时又面临催化剂与生成产物的分离问题，使操作变得复杂，难度增加，不适合工业大规模生产。

　　生物质经水热催化加氢、脱水和水解制取多元醇、5-HMF 和乳酸是其高效转化的典型实例，符合当前提倡环保节约与可持续发展的理念。原材料的廉价易得使生物质水热转化具有很大的发展潜力与市场前景。水热催化的研究仍处于实验室或者中试准备阶段，所以后续的研究重点应放在：① 以高附加值产物的高收率和高选择性为目标，建立完整的水热催化反应体系；② 针对市场需求变化和目标产物制备要求，开发高活性和水热稳定性的催化剂；③ 根据分离需求，继续拓展绿色环保的双相或多相溶剂体系，建立高效的产物分离和富集系统；④ 深入开展水热催化反应机理的研究，明晰其中的断键、成键规律与机制；⑤ 设计新型水热催化反应器，推动工程放大与应用。

5.3.4　其他生物处理技术

5.3.4.1　混合发酵技术

　　混合发酵反应原料为餐厨垃圾、绿化废弃物、辅料。反应原料经沥水、除杂、粉碎等预处理后进入反应釜，添加配制好的微生物菌剂，发酵后即可取出产品。发酵时间根据原料实际情况进行设置，产品经自然干燥后，可再加工成有机肥、土壤改良剂等。混合发酵技术的工艺流程如图 5-31 所示。

　　餐厨垃圾的预处理包括分拣、除杂、粉碎、沥水等过程。固液分离后的固态物送入反应器中进行发酵，废液进行另外的发酵处理。绿化垃圾的预处理包括粗粉碎、细粉碎。经发酵反应后的物料先进行烘干或自然风干，之后进行过筛处理，筛

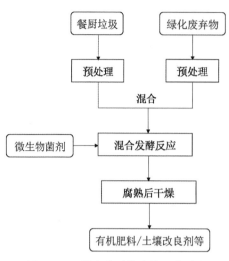

图 5 - 31　混合发酵技术的工艺流程

除其中不能处理的大粒径杂物，或配备滚筛机设备，筛上物中大粒径的为可降解有机废物（如骨头、木块等），其粉碎后与筛后产品混配，同时也需将每批产品进行混配。混配后产品根据用途可分别进行如下最终处理：① 种植土原料。按种植土专用配方，部分替代有机肥和泥炭，制成成品堆放并附遮盖物。② 肥料。通过造粒设备和打包机制作成通用肥或专用肥，降低产品吸水性，使产品更稳定更易于存放。

Liu 等[44]研究了餐厨垃圾、绿化废弃物、餐厨及绿化废弃物混合物（1∶1）在不同温度［（35±2）℃和（50±2）℃］、不同饲料接种率条件下发酵 25 d 内沼气和甲烷产率。结果表明，餐厨垃圾与绿化废弃物混合（1∶1）高温发酵最高沼气产率可达 716 mL/g VS(volatile solid，挥发性固体)。各类原料中温发酵产率均低于同水平高温发酵产率，餐厨及绿化废弃物混合（1∶1）在中温条件下沼气产率为 358 mL/g VS、甲烷产率为 185 mL/g VS，这表明高温条件更利于混合发酵。陈丽琴[45]将餐厨垃圾与草坪草共混发酵制备沼气，分析了两种原料及接种污泥的理化性质及成分，并对餐厨垃圾和草坪草的配比进行了研究。结果表明，两种原料由于含氮量的差异性在厌氧发酵过程中能够起到相互促进的作用，在原料比为 3∶7 时获得最大沼气产率为 268.78 mL/g VS，此时碳氮比为 24.45，处于最适宜发酵区间。刘敏茹等[46]研究表明加入绿化废弃物进行物料调理环节利用了餐厨垃圾的初级发酵品，并回流添加了堆肥后筛分出的辅料和 GSE - 1 复合生物菌剂。该工艺的反应时间为 20 d，产品经检验腐熟度良好。目前，该工艺已在佛山新城的园林绿化废弃物处置中应用。

白婧[47]通过换向通风好氧堆肥方式对餐厨垃圾和绿化废弃物进行联合处置，研究了不同进气温度和通风速率对堆肥物料理化性质和堆肥过程中温度、氧气和温室气体排放随时间变化的影响，并且将堆肥产物作为建植基质添加材料改善土壤板结现象、提高保水性，利于植物的生长。最适合的基质配比是 80% 土壤与 20% 堆肥产物。罗珈柠[48]选取上海市 3 种典型的餐厨垃圾堆肥，即果蔬垃圾堆肥、混配餐厨垃圾堆肥和居民区家庭餐厨垃圾堆肥为研究对象，对其理化性质及腐熟特性进行分析，通过盆栽实验研究发现不同餐厨垃圾堆肥按不同比例均匀混入土壤后，果蔬垃圾堆肥对土壤及植物的效果优于混配餐厨垃圾堆肥，再优于家庭餐厨垃圾堆肥,施用量应控制在 10% 以内。这说明餐厨垃圾与植物残体混合堆肥的效果好于餐厨垃圾单独堆肥,且植物质原料的加入更有益于提高有机肥的肥力。

5.3.4.2　蝇蛆处理技术

城市有机垃圾的蠕虫处理技术是指利用自然生态系统中的一类分解者——蠕虫来促进废物中有机物质分解转化为虫粪有机肥和虫体蛋白,它是一个重建物质再循环的过程。研究表明,蠕虫主要通过破碎、翻转、曝气以及肠道分泌的各种酶来改变废弃物的物理和生化状态,并与环境中的微生物协同作用以达到加快有机物降解的目的。利用生物方法来处理城市有机垃圾不仅成本较低,能够削减病原菌、臭气、渗滤液等二次污染,而且能让有机废弃物再生增值,因此得到了广泛的应用。研究初期蠕虫所特指的是蚯蚓,蚯蚓堆肥过程对环境条件要求较高,因此转化过程中需要为蚯蚓的生长繁殖提供适宜的环境条件,包括温度、湿度、光照以及 pH 值等。随着学者们研究的深入,根据许多昆虫幼虫阶段食腐、周期短以及适应能力强等特性逐渐开发出多种蠕虫生物转化技术,比如蝇蛆处理技术。与蚯蚓堆肥相比,蝇蛆生物转化技术的约束条件则宽松很多,因此引起了很大的关注。

蝇蛆是加蝇的幼虫,它在自然生态中具有促进物质分解转化的功能。大量的研究数据表明,蝇蛆会在成长过程中吞食垃圾中的有机物质,通过消化系统内菌群和甲壳素等酶的生物化学作用将有机物质分解转化成简单的脂肪、碳水化合物、醇等低分子化合物,这一过程对后续的微生物好氧分解极为有利。同时蝇蛆在垃圾中的蠕动还可以改进废物水汽循环,使得垃圾和其中的微生物能够较好地相互混合,提高蝇蛆和微生物对有机垃圾转化的协同作用。不仅如此,蝇蛆对有机物的高效转化和利用使含氮物质和粗脂肪大量减少,而该类物质的厌氧分解是产生恶臭的主要途径,因此蝇蛆处理技术可以使有机垃圾的恶臭快速减轻。恶臭快速下降的另一个原因是蝇蛆在粪便中不停地蠕动爬行,使粪便中孔隙增多,增加了垃圾中的空气量,加之蝇蛆活动产生的高温促进了水分的快速蒸发,从而加速微生物的好氧分解,臭气成分随之降低。

城市有机垃圾处理主要包括垃圾收集、分拣系统、脱水系统、废液处理系统、蝇蛆养殖系统和产物处理系统。餐厨垃圾经过统一的收运后送达垃圾处理厂,经过分拣装置分拣后,将餐厨垃圾中的骨头鱼刺、塑料及牙签等杂物剔除,保证餐厨垃圾处理后产物的安全使用。剩余的餐厨垃圾再通过物理化学方法(如高温蒸煮、粗粒化分离、重力分离、絮凝和电解等)将固体、水分和油分分离。分离出来的油相部分可用来制备生物柴油和硬脂酸等,创造经济价值;分离出高浓度的有机废水可以通过不同的技术手段处理,例如产沼气联合生物化学处理,达标后排放;分离出的固相餐厨垃圾进入蝇蛆养殖处理系统,所得产物为餐厨垃圾残料和成熟的蝇蛆。餐厨垃圾残料经过堆肥处理后可作为高品质有机肥料,而蝇蛆成虫可作为高蛋白昆虫流入市场销售。

蝇蛆可作为食品和饲料的原料,据试验测定,蝇蛆体内干物质中粗蛋白含量将近 60%,粗脂肪约占 15%,其中大部分是不饱和脂肪酸。此低脂肪、高蛋白、低胆固醇的特点再加上富含的多种矿物质、维生素以及很多人类和动物机体需要的微量元素,如果通过精细加工,则可制成高品质的营养品。此外,蝇蛆还可作为动物保健类添加剂,蝇蛆携带了数量极为庞大的细菌病毒等治病因子,但却没有引起食物链中捕食者的腹泻、中毒或其他感染,研究表明是蝇蛆体内的溶菌酶和抗菌肽在起作用,此类可由病原诱导产生的抗菌肽能用于提高畜禽的抗病能力。对老鼠的临床实验表明,从蝇蛆中提取的抗菌肽能够有效地杀灭侵入宿主的细菌、病毒和原虫等致病因子,并且致病菌基本不会对这些抗菌肽产生耐药性和抗药性。如果将其应用于肿瘤治疗,则此类抗菌肽能够作用于肿瘤细胞的细胞核,抑制其增殖,这也为人类抗癌开辟了新道路。

5.3.5 资源化技术实施案例

城市有机垃圾资源化技术种类繁多,应用广泛,以下是以城市有机垃圾作为实验原料进行资源化处理的成功案例,主要包括废弃食用油脂制备生物柴油,餐厨垃圾水热降解生产还原糖,园林垃圾水热碳化制备生物燃料,生物质垃圾水热液化制备乳酸,餐厨垃圾热解制备碳材料。

5.3.5.1 废弃食用油脂制备生物柴油

生物柴油主要是指由动植物油脂(主要成分为脂肪酸甘油三酯)与短链醇(甲醇或乙醇)经酯交换反应得到的脂肪酸单烷基酯,最典型的是脂肪酸甲酯。经酯交换制备的生物柴油具有与石化柴油接近的燃烧性能,能在不更改发动机设计的前提下与石化柴油混合使用。十六烷值的运动黏度优于石化柴油,具有更高的热值、更低的发动机磨损、更高的安全系数,并能减少硫氧化物、氮氧化物的排放,对环境友好。因此,生物柴油是石化柴油的良好代替品,具有很高的发展前景。

实验在三口烧瓶中进行,采用水浴加热,使用 KOH 作为均相碱催化剂,利用气相色谱-质谱联用仪,采用内标法测定生物柴油中脂肪酸甲酯含量,内标物为十七烷酸甲酯($C_{18}H_{36}O_2$,色谱纯)。脂肪酸甲酯(FAME)含量的计算式为

$$C = \frac{\sum A - A_{EI}}{A_{EI}} \times \frac{C_{EI} \times V_{EI}}{m} \times 100\% \qquad (5-2)$$

式中：C 为生物柴油中 FAME 含量，$\%$；$\sum A$ 为所有 FAME 峰的峰面积之和；A_{EI} 为内标物对应的峰面积；C_{EI} 为内标物的质量浓度，mg/L；V_{EI} 为加入的内标物的体积，mL；m 为样品的质量，mg。

实验时，准确称取一定质量的 KOH 溶于定量甲醇中，随后将 KOH 甲醇溶液加入预热的油酸甘油三酯（75.00 g）中，在恒定的温度下反应至所需时间，探讨反应温度、反应时间、反应体系中醇油摩尔比、催化剂含量及原料油脂含水率对脂肪酸甲酯产生率的影响，以获得废弃食用油脂炼制生物柴油的最佳条件，并通过双因素方差分析探究不同因素对生物柴油产率的影响程度。时间和温度对生物柴油生产中甲酯含量的影响如图 5-32 所示，双因素方差分析结果如表 5-15 所示。由图 5-32 可以看出，在反应开始的 5 min 时间内，反应进行得较为迅速，之后反应速率开始下降。不同温度条件下甲酯的含量均在一定时间内达到最大值，过长的反应时间对废弃油脂向生物柴油的转化没有积极影响，并且脂肪酸甲酯在碱性条件下可能发生水解反应，使得最终脂肪酸甲酯含量降低。而结合表 5-15，可知，反应温度对脂肪酸甲酯产率的影响显著（$P<0.05$），通过图 5-33 时间和温度对生物柴油产率影响的等高线图可以得到更为直观的结果。

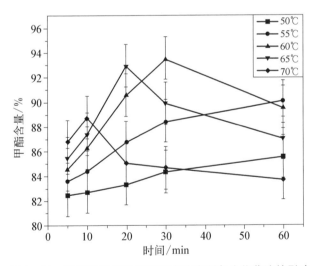

图 5-32　时间和温度对实际废弃油脂制备生物柴油的影响

表 5-15　时间和温度影响的双因素方差分析

差异源	方差	自由度	均方差	F 值	P 值	F 临界值
时间	0.004 321	4	0.001 080	1.863	0.166 3	3.007
温度	0.009 093	4	0.002 273	3.920	0.021 00	3.007

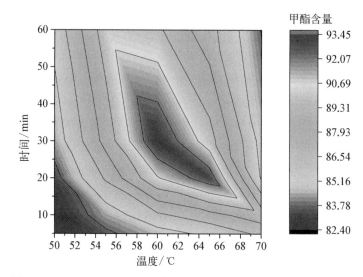

图5-33 时间和温度对废弃食用油脂制备生物柴油的影响等高线图

从图中可以看出,在50~70℃条件下均可发生酯交换反应,提高温度可以缩短反应时间。例如前10 min内,70℃条件下获得的脂肪酸甲酯产率最高。但随着时间的延长,高温容易导致实验副反应及皂化反应,造成脂肪酸甲酯含量下降。结合图5-32和图5-33,本实验的最佳反应温度为60℃,最佳反应时间为30 min,获得的最大产率为93.4%。

醇油摩尔比是影响废弃食用油脂制备生物柴油的另一重要因素,其对酯交换反应的影响如图5-34所示。酯交换反应中,若是反应进行完全,理论上一分子甘

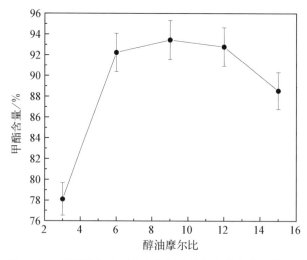

图5-34 醇油摩尔比对废弃食用油脂制备生物柴油的影响

油三酯与三分子短链醇生成三分子脂肪酸甲酯,故醇油摩尔比最小值为 3∶1。而实际酯交换反应可逆,无法进行到底,提高醇的投加量能促使反应正向移动,提高甲酯产率,但过量的醇容易使反应的另一生成物甘油溶解,促使反应逆向进行。从图 5-34 醇油摩尔比对废弃食用油脂制备生物柴油的影响曲线中可以看出,反应的最佳醇油摩尔比为 9∶1。

图 5-35 表明催化剂浓度对废弃食用油脂制备生物柴油的影响。在碱催化酯交换反应过程中,KOH 与甲醇碰撞反应生成甲氧基负离子,而甲氧基负离子是整个反应的活性粒子,对酯交换反应的发生起关键作用,实验结果证明了这一事实。随着催化剂浓度的增加,反映初期甲氧负离子浓度上升,反应效率提高,甲酯含量上升,在催化剂浓度为 1.0% 时达到最高甲酯含量 93.4%。而当催化剂浓度高于 1.0% 时,体系内形成的肥皂将阻碍酯交换反应发生,脂肪酸甲酯含量略微下降。

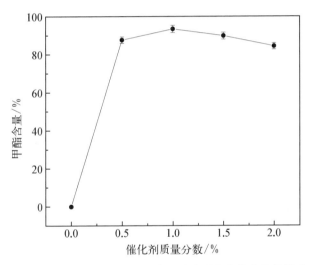

图 5-35　催化剂浓度对废弃食用油脂制备生物柴油的影响

5.3.5.2　餐厨垃圾水热降解生产还原糖

　　餐厨垃圾中碳水化合物主要组成为淀粉、纤维素、脂肪等有机物,其水解产物为葡萄糖和甘油等,它们都是化学法制备乳酸的良好前驱体。还原糖的种类包括纤维六糖、纤维五糖、纤维二糖等寡糖和葡萄糖、果糖等单糖,可广泛用于医药、医疗和保健品、食品等行业中。实验以实际餐厨垃圾为研究对象,考察不同影响因素对餐厨垃圾水热转化生产还原性糖产率的影响,还原糖产率(%)和选择性(%)的计算式为

$$产率 = \frac{餐厨垃圾水热处理所得还原糖质量}{餐厨垃圾初始质量} \times 100\% \qquad (5-3)$$

$$选择性 = \frac{所得还原糖中的碳含量}{所得液相中总有机碳含量} \times 100\% \qquad (5-4)$$

图 5-36 和图 5-37 分别反映了在不同反应温度下,餐厨垃圾水热降解生产还原糖产率和选择性随反应时间延长发生的变化。综合考虑反应温度和反应时间对餐厨垃圾水热降解生产还原性糖的产率和选择性的影响,确定 240℃ 和 10 min 分别为最佳反应温度和时间,此时还原糖的产率和选择性分别为 25.0% 和 37.4%。

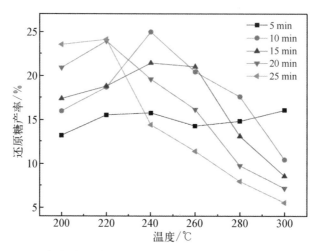

图 5-36　餐厨垃圾水热降解生产还原糖产率随反应条件变化情况

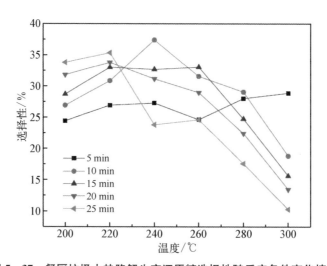

图 5-37　餐厨垃圾水热降解生产还原糖选择性随反应条件变化情况

此外,实验发现体系酸碱性对餐厨垃圾的水热分解产还原糖有明显作用,过酸或碱性的条件对餐厨垃圾的水热分解均起到抑制作用,而弱酸条件则能起到一定的促进作用。在反应温度为 240℃和反应时间为 10 min 的条件下,将 pH 值调节至 5 时,还原糖的产率和选择性达到最大,分别是 27.9% 和 43.5%。

对餐厨垃圾水热降解所得还原糖中麦芽糖、葡萄糖和果糖的具体产率变化趋势(见图 5-38)进行研究可以看出,餐厨垃圾水热降解反应过程中麦芽糖的产率随着反应温度的升高逐渐降低,而葡萄糖和果糖的产率随着反应温度的升高呈现先增加后降低的趋势。在餐厨垃圾水热降解所得的 3 类还原性糖中,葡萄糖的产率高于麦芽糖和果糖。对餐厨垃圾水热降解液相产物用气质联用仪(GC-MS)进行分析,其主要组分如表 5-16 所示,其中除还原糖之外,餐厨垃圾经水热处理后所得降解产物主要为糠醛、己酸、甲基麦芽酚和五羟甲基糠醛。糠醛和五羟甲基糠醛均是还原糖的降解产物。己酸是一种脂肪酸,主要是糖发酵和蛋白质氧化时的副产物。甲基麦芽酚可由糠醛进一步降解获得。

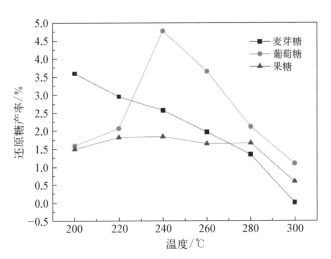

图 5-38　餐厨垃圾水热降解生产还原糖产率随反应条件变化情况

表 5-16　餐厨垃圾水热降解主要产物

序号	化学物质	结 构 式
1	糠醛	
2	己酸	

（续表）

序号	化学物质	结 构 式
3	甲基麦芽酚	
4	五羟甲基糠醛	

还原糖在生产生活中具有广泛的应用，一方面可以做甜味剂、食品添加剂等，另一方面还原糖可以通过生物法生产燃料乙醇。燃料乙醇是清洁的高辛烷值燃料，是可再生能源，还是优良的燃油品改善剂，具有很好的市场应用前景。采用生命周期评价及经济性分析方法对餐厨垃圾水热产糖技术的环境影响和经济效益进行评估，水热产糖过程的物料平衡和能量平衡分别如图 5－39 和图 5－40 所示。根据 ISO 14040 生命周期评价的原则与框架，对餐厨垃圾水热转化生产还原糖的处理方式与传统餐厨垃圾处理方式（填埋法）以及资源化处理方式（厌氧消化法）进行对比，分析处置利用过程中所消耗的物质、能量以及所产生的环境排放影响。

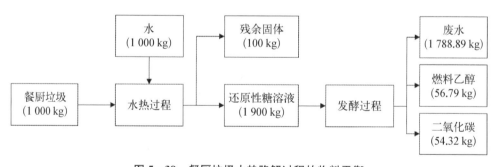

图 5－39　餐厨垃圾水热降解过程的物料平衡

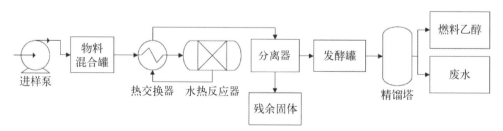

图 5－40　餐厨垃圾水热降解过程的能量平衡

餐厨垃圾水热产糖技术物料平衡和能量平衡的计算结果显示,处理每吨餐厨垃圾将产生 56.79 kg 燃料酒精、54.32 kg 二氧化碳、1 788.89 kg 废水和 100 kg 固体残渣,所需能量为 1 917 MJ。生命周期评价结果表明,相较于填埋法和厌氧消化法,水热产糖技术的环境影响最小,填埋法对气候变化的影响较大,厌氧消化法消耗较多的化石能源。经济性分析表明,填埋法的净成本是 11 \$/t,厌氧消化处理法的净成本是 80 \$/t,水热产糖技术的净成本是 91 \$/t,在三者之中最高。但值得注意的是,3 种方法中假设的餐厨垃圾处理量相同,但 3 种方法处理相同数量餐厨垃圾所需的时间不同,如厌氧消化法处理餐厨垃圾需要 15 d,而水热法只需要 30 min,这意味着水热技术可以在相同时间内处理更多数量的餐厨垃圾,因此在实际情况中,水热技术的成本可能会降低。

5.3.5.3　园林垃圾水热碳化制备生物燃料

城市园林垃圾的主要组成包括落叶、灌木和杂草,其产生与城市绿化紧密相关。梧桐为上海地区栽种数量最大的行道树,在秋冬季节产生的落叶造成大量园林垃圾。选取同济大学校园内梧桐叶为水热碳化研究对象,微波辅助加热,对梧桐树叶在不同温度、反应时间以及 pH 值条件下固相产物水热焦的固相产率、产物热值,以能量产率为衡量指标,寻找微波水热碳化制备生物燃料的最优条件。以下公式计算固相产物固相产率(%)、高位热值(MJ/kg)和能量产率(%),其中高位热值的计算公式为改进的杜隆公式,公式中的 C 代表各元素含量,由元素分析仪测得。

$$固相产率 = \frac{梧桐叶水热焦质量}{梧桐叶初始质量} \times 100\% \qquad (5-5)$$

$$高位热值 = (33.5 \times C_C + 142.3 \times C_H - 15.4 \times C_O - 14.5 \times C_N) \times 10^{-2}$$
$$(5-6)$$

$$能量产率 = \frac{梧桐叶水热焦的高位热值}{梧桐叶的高位热值} \times 固相产率 \times 100\% \qquad (5-7)$$

从图 5-41 中可以看出,梧桐叶经水热碳化制备的水热焦固相产率随反应温度上升和反应时间延长而下降,对于反应时间为 60 min 和 90 min 的实验组,其产率随反应温度上升而下降得更为显著。这与先前研究中[49]以纤维素作为原料的处理结果具有很高的相似性。可能是鉴于反应过程中所产生的挥发性化合物的特性,随着时间的延长,该化合物更易溶于水或被降解,同时温度的升高在一定程度上加快半纤维素的降解,因而固相产物中的半纤维素会更少,故而在总体的趋势上,反应温度越高,固相产率越低。

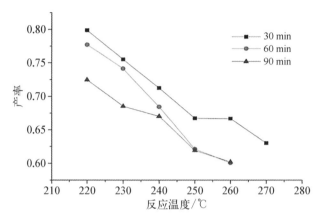

图 5‑41　梧桐叶水热焦固相产率随反应条件的变化情况

图 5‑42 和图 5‑43 分别反映了梧桐叶水热焦高位热值和能量产率在不同工况条件下的变化情况。水热焦高位热值的变化与其碳含量密切相关,从图 5‑42 中可以看出碳含量随反应温度升高和反应时间延长大致增加,表明碳化过程逐渐进行。由图 5‑43 可见,反应停留时间为 30 min 时,不同反应温度下固相产物能量产率基本趋于一致,无显著变化规律。此时由于半纤维素未完全降解,纤维素及木质素仍处于开始降解的阶段,尚且不能满足园林废弃物处理处置的要求。反应停留时间增长至 60～90 min 时,固相产物能量产率基本随反应温度的增加而下降,梧桐叶中生物质主要转化为气相和液相产物。但随着反应温度的上升,固相产物的高位热值变化不明显。

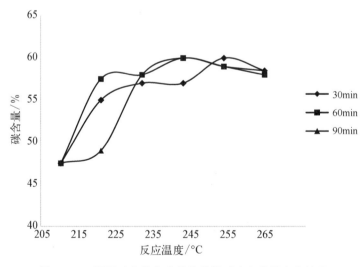

图 5‑42　梧桐叶水热焦高位热值随反应条件的变化情况

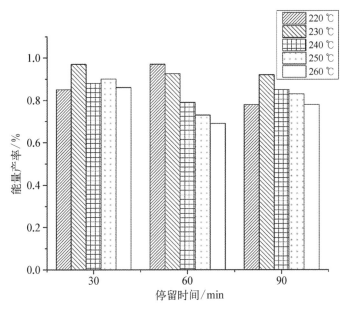

图 5‑43　不同工况条件下梧桐叶水热焦能量产率

实验中,当反应停留时间为 60 min,反应温度为 220℃时,能量产率达到众工况中最高,为 95.8%,获得水热焦高位热值为 21.03 MJ/kg,可作为梧桐叶微波水热碳化制备燃料的最佳工况。

将梧桐叶制备的水热焦在 600℃温度进行灼烧,有机物中的碳、氢、氧、氮等元素以二氧化碳、水、分子态氮和氮的氧化物形式散失到空气中,余下一些不能挥发的灰白色残烬,称为灰分。图 5‑44 是当反应停留时间为 60 min 时,原料与固相产物灰分及有机质所占比例。由图中可以看出,在该停留时间下,水热焦中有机质比例相对原

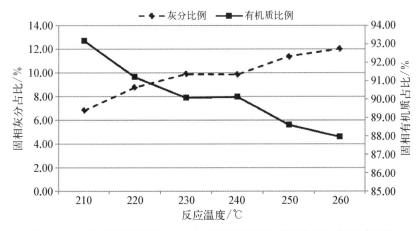

图 5‑44　反应停留时间为 60 min 时原料与固相产物灰分及有机质比例

料均有下降,随反应温度的升高而降低;灰分比例相对原料均有上升,随反应温度的升高而提高,表明反应停留时间为 60 min 的条件下,更高的反应温度会加速水热焦中有机质的降解。由于水热焦中的灰分对燃烧过程不利,因此当反应温度为 220℃ 时,水热焦中能够保留较高的有机质含量和较低的灰分比例,适合生物燃料进行焚烧。

5.3.5.4 生物质垃圾水热液化制备乳酸

乳酸作为重要的化工原料其市场需求越来越大,作为食品添加剂、pH 值调节剂和缓冲剂等在食品工业中具有重要的应用,作为可生物降解塑料聚乳酸(PLA)的单体,具有广泛的应用前景。乳酸作为生物质水热降解过程中重要的中间产物,因其相对稳定和可回收的特性,为生物质废弃物的资源化利用提供了一条潜在的途径。

实验在密闭间歇反应管中进行,采用盐浴加热,以 Co^{2+}, Ni^{2+}, Zn^{2+} 和 Cr^{3+} 等金属离子为均相催化剂,以高效液相色谱定量分析乳酸及其他有机酸和醛等,液相产物中有机碳利用有机元素分析仪进行测定,探讨了生物质废弃物(玉米秆、木屑、稻壳和麦麸)水热降解产生乳酸的产率和选择性,用以下公式计算乳酸的产率(%)和选择性(%)。

$$产率 = \frac{乳酸质量}{生物质总质量} \times 100\% \qquad (5-8)$$

$$选择率 = \frac{乳酸中碳含量}{液相中总有机碳} \times 100\% \qquad (5-9)$$

实验在反应温度为 300℃ 和反应时间为 120 s 的条件下,通过向反应体系内添加不同浓度的 Co^{2+}、Ni^{2+}、Zn^{2+} 和 Cr^{3+} 金属离子催化剂,研究金属离子对玉米秆、木屑、稻壳和麦麸水热降解产生乳酸的影响。以获得最佳乳酸生成条件。图 5-45

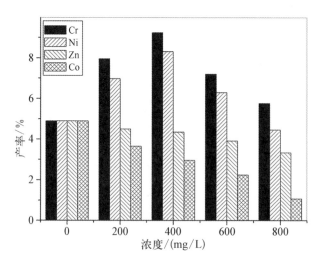

图 5-45 不同金属离子对玉米秆所得乳酸产率的影响

和图5-46分别给出了金属离子催化条件下玉米秆水热降解生成乳酸的产率和选择性。

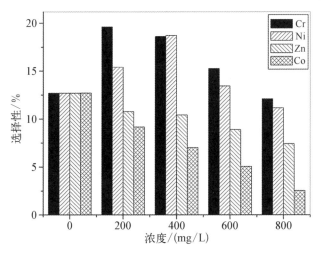

图5-46　不同金属离子对玉米秆所得乳酸选择性的影响

从图中可知,Cr^{3+}和Ni^{2+}对玉米秆水热降解生成乳酸有利,其乳酸产率和选择性随着两种金属离子用量的增加而先增加后降低。与非催化条件相比,400 mg/L的Cr^{3+}和Ni^{2+}存在下能够使乳酸产率分别增加88.60%和69.61%,此时玉米秆在Cr^{3+}催化下获得最高乳酸产率为9.24%,在200 mg/L的Cr^{3+}存在的条件下,玉米秆获得最大乳酸选择性为19.61%。对于Zn^{2+}和Co^{2+}而言,两者用量的增加导致玉米秆水热降解乳酸产率和选择性的降低,从0增加到800 mg/L时,乳酸产率分别降低了32.10%和79.12%,选择性分别降低了41.45%和79.92%,表明这两种金属离子的加入对乳酸生成不利。

图5-47和图5-48给出了金属离子催化条件下木屑水热降解生成乳酸的产率和选择性。实验表明随着金属离子浓度的增加,所得乳酸产率和选择性均较非催化条件下有较大幅度的升高,在Co^{2+}、Ni^{2+}、Zn^{2+}和Cr^{3+}金属离子浓度为400 mg/L时,所得乳酸产率分别增加了3,18,28和13倍。当金属离子浓度超过400 mg/L时,Ni^{2+}、Zn^{2+}和Cr^{3+}催化剂作用条件下所得乳酸的产率和选择性出现下降。而对于Co^{2+}而言,乳酸的产率和选择性保持增加态势,至800 mg/L时获得各自的最大值分别为1.59%和14.32%。与玉米秆相比,木屑在金属离子催化条件下获得相对较低的乳酸产率,但其在400 mg/L的Zn^{2+}存在条件下,获得最高的乳酸选择性为27.13%,这可能与木质性废弃物复杂的结构有关。

Co^{2+}、Ni^{2+}、Zn^{2+}和Cr^{3+}催化条件下稻壳水热降解生成乳酸的产率和选择性

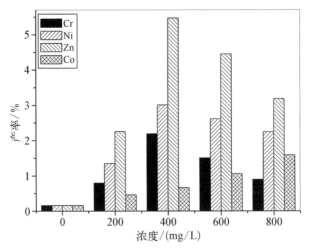

图 5-47 不同金属离子对木屑所得乳酸产率的影响

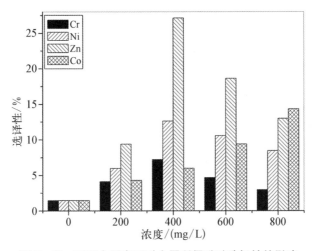

图 5-48 不同金属离子对木屑所得乳酸选择性的影响

与金属离子浓度的关系如图 5-49 和图 5-50 所示。从图中可知，Cr^{3+} 和 Ni^{2+} 存在下乳酸产率和选择性呈现先增加后降低的趋势，并且两种金属离子在 400 mg/L 时获得最大的乳酸产率，分别为 6.71% 和 5.45%，而此时的选择性分别为 21.08% 和 17.06%，当浓度超过 400 mg/L 时，所得乳酸的产率和选择性均出现下降。Zn^{2+} 和 Co^{2+} 存在条件下，所得乳酸的产率和选择性随着催化剂浓度的升高而降低，相比非催化条件下，在 800 mg/L 时，乳酸的产率分别降低到 0.49% 和 0.68%，选择性分别降低到 1.52% 和 2.16%，表明这两种金属离子的加入阻止了生物质废弃物水热降解选择性生成乳酸。

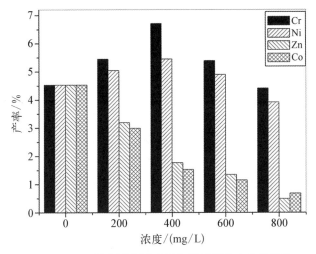

图 5 - 49　不同金属离子对稻壳所得乳酸产率的影响

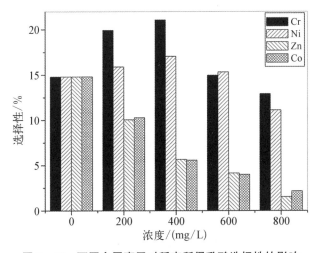

图 5 - 50　不同金属离子对稻壳所得乳酸选择性的影响

Co^{2+}、Ni^{2+}、Zn^{2+} 和 Cr^{3+} 催化条件下麦麸水热降解生成乳酸的产率和选择性与金属离子浓度的关系如图 5 - 51 和图 5 - 52 所示。实验研究发现金属离子的加入不利于麦麸水热降解生成乳酸,随着金属离子浓度的增加,所得乳酸产率和选择性均出现降低的趋势。其中以 Co^{2+} 催化条件下的降低最为显著,乳酸产率从 0 时的 7.36% 降低到 800 mg/L 时的 1.09%,选择性从 13.11% 降低到 2.32%;Cr^{3+} 和 Ni^{2+} 的降幅较其他两种金属弱。这表明金属离子不利于麦麸水热降解生成乳酸,对其选择性的生成有抑止作用。

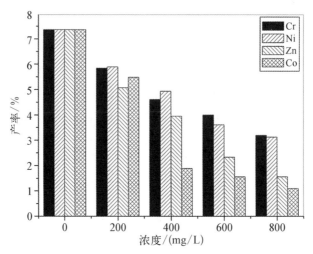

图 5‑51 不同金属离子对麦麸所得乳酸产率的影响

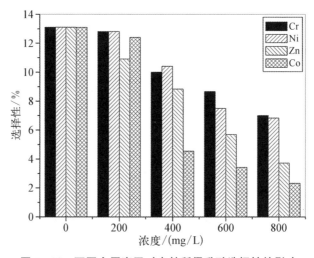

图 5‑52 不同金属离子对麦麸所得乳酸选择性的影响

对于玉米秆、稻壳和木屑而言，所得乳酸产率和选择性随着 Cr^{3+} 和 Ni^{2+} 浓度的增加而呈现先增加后降低的趋势，对于麦麸而言其变化表现为逐渐降低；玉米秆、稻壳和麦麸水热降解产生乳酸的产率和选择性随着 Zn^{2+} 和 Co^{2+} 浓度的增加而降低，而木屑在 Zn^{2+} 存在下所得乳酸的产率和选择性先升后降，在 Co^{2+} 存在下呈增加的趋势。

实验表明反应温度为 300℃和反应时间为 120 s 条件下，400 mg/L 的 Cr^{3+} 能够使得玉米秆和稻壳获得最佳乳酸产率，分别为 9.24% 和 6.71%；而木屑最佳乳酸产率是在 400 mg/L 的 Zn^{2+} 存在下获得，产率为 5.47%；非催化条件下麦麸能够获得最高的乳酸产率为 7.36%。Co^{2+}、Ni^{2+}、Zn^{2+} 和 Cr^{3+} 等金属离子因其离子强度的不同而影响反应速率,所得上述乳酸产率和选择性的各异可能是由于上述金属离子的"盐效应"不同所致。Co^{2+}、Ni^{2+}、Zn^{2+} 和 Cr^{3+} 等金属离子作为极性化合物具有 Lewis 酸的特性,金属离子不同的"盐效应"可能是影响金属离子催化活性的一个重要因素。另外一个主要因素可能是生物质废弃物水热降解产物的复杂特性为金属离子催化作用的发挥起到促进或者抑止作用。

5.3.5.5　餐厨垃圾热解制备碳材料

餐厨垃圾由于有机质含量较高,可以通过水热法制备高性能的碳材料。本节以西瓜为例,介绍了一种餐厨垃圾水热法制备的可以作为电容器的碳质凝胶,并对其进行了一系列的表征,用于观察其内部结构。

本实验通过水热反应采用一锅法制备碳质水凝胶。西瓜首先切成合适的大小然后放入不锈钢反应釜中;将反应釜放入鼓风烘箱中在 180℃ 下加热 12 h;待冷却到室温后取出反应产物为黑色块状的碳质凝胶,将其放在水和乙醇中浸泡数天去除可溶性杂质;最后用小刀将整块的碳凝胶切成小块,然后冷冻干燥备用。

如图 5-53(a)所示为以软组织植物采用一锅法通过水热反应制备的海绵状碳凝胶,且该碳凝胶的整体体积可以调节。从图中可以看出该材料表面粗糙且可以用小刀方便地切开。经冻干脱水处理后碳质凝胶的颜色由黑色变为棕色。湿的水凝胶和干的气凝胶的质量密度分别为 $1.05\ g/m^3$ 和 $0.058\ g/m^3$,说明水凝胶中 90% 为水,神奇的是在冷冻干燥后碳凝胶并没有缩水变形。

实验通过扫描电镜和透射电镜观察所制备碳凝胶的内部结构。扫描电镜图像显示碳凝胶是由碳纳米球及碳纳米纤维交联共同构成的三维多孔碳纳米结构,如图 5-53(b)和(c)所示。在水热反应过程中,西瓜里的糖类聚合并碳化形成碳质纳米球和纳米纤维,同时西瓜中纤维组织被转化成一个大的碳链结构。透射电镜图像进一步显示相互交联的碳凝胶是由许多不规则韧带和分支以及纳米球和纳米颗粒组成,如图 5-53(d)和(e)所示。从透射图中还能观察到碳凝胶中有大小从几纳米到几微米不等的空洞,这是相互交联作用产生的。平均孔径测量结果为 45.8 nm,属于微孔(小于 50 nm)区域。大量的微孔证明该材料有作为吸附剂的潜力。

傅里叶变换红外光谱用于测定得到的碳凝胶表面官能团结构,如图 5-53(f)所示,在 $3\,420\ cm^{-1}$ 的强峰是由 O—H 弹性振动引起的。$1\,697\ cm^{-1}$ 和 $1\,625\ cm^{-1}$ 对应的峰分别为 C=O 和 C=C 的弹性振动,说明该材料中有芳香组分。在 $1\,454\ cm^{-1}$ 的峰可归因于羧基 O—H 变形振动或 C—H 的弯曲振动。以上数据表明在该材料的表面存在大量的羟基、羰基、羧基等官能团及芳香组分。X 射线光电子能谱(XPS)进一步验证了上述包含氧的组分。结合能为 285 eV 和 711 eV 对应的峰对应 C 1s 和 O 1s,说明碳凝胶中有高含量的碳(C)和氧(O)元素。XPS 扫描图谱显示有 4 种不同的碳组分,分别为 284.6 eV 处的石墨碳(C=C),286.5 eV 处的醇类、酚类和醚类碳(C—O),287.9 eV 处的羰基碳(C=O),288.4 eV 处的酯或羧基碳(O—C=O),如图 5-53(h)所示。X 射线光电子能谱证实了材料中还有大量含氧官能团,这些官能团的存在是因为在温度低于 200℃时水热反应中糖类未完全碳化。

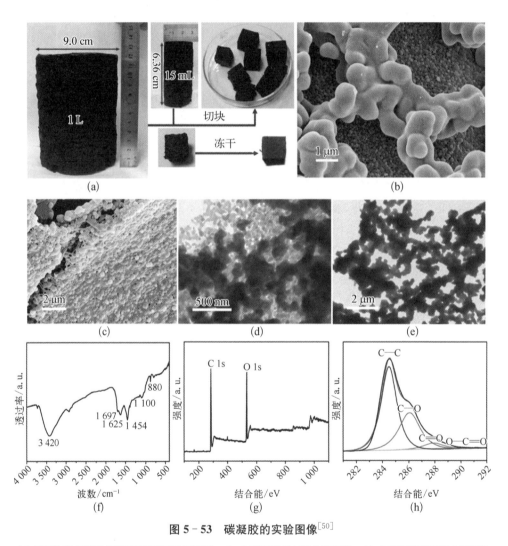

图 5-53　碳凝胶的实验图像[50]

(a) 不同体积的碳质水凝胶及冻干后的气凝胶　(b,c) 碳凝胶的扫描电镜图像　(d,e) 碳凝胶的透射电镜图像
(f) 碳凝胶的傅里叶红外图谱　(g,h) 碳凝胶的 X 射线光电子能谱

上述实验数据证实餐厨垃圾可以通过水热法制备出含有多种功能性官能团的碳纳米材料,且该类材料具有较大的比表面积和多孔结构,是一种理想的吸附剂和催化剂,可以实现城市有机垃圾的高值化利用,解决环境资源问题。

参 考 文 献

［1］韩文艳.餐厨垃圾资源化利用的资源环境影响及协同效应研究［D］.兰州：兰州大学,2018.

［2］崔文谦.餐厨垃圾特性分析体系建立及处置适应性研究［D］.天津：天津大学,2014.

［3］孙营军.杭州市餐厨垃圾现状调查及其厌氧沼气发酵可行性研究［D］.浙江：浙江大学,2008.

［4］李留刚,吴连成,黄健平.餐厨垃圾处理废水喂猪可行性分析［J］.科技信息,2008,31：407－408.

［5］Bernstad A, Jansen J L C. Separate collection of household food waste for anaerobic degradation-Comparison of different techniques from a systems perspective［J］. Waste Management, 2012, 32(5)：806－815.

［6］王孝强,汪群慧,王旭明,等.餐厨垃圾发酵生产乳酸的工艺优化［J］.哈尔滨工业大学学报,2009,10：58－63.

［7］付菁菁,吴爱兵,马标,等.农业固体废物堆肥技术及翻抛设备研究现状［J］.中国农机化学报,2019,40(04)：25－30.

［8］魏源送,王敏健,王菊思.堆肥技术及进展［J］.环境科学进展,1999,3：11－23.

［9］Mason I G, Oberender A, Brooking A K. Source separation and potential re-use of resource residuals at a university campus［J］. Resources Conservation & Recycling, 2004, 40(2)：155－172.

［10］付婉霞,孙丽娟,刘英杰.利用食物垃圾生产微生物蛋白饲料的发展前景［J］.环境卫生工程,2006,14(3)：21－23.

［11］Sundberg C, Jönsson H. Higher pH and faster decomposition in biowaste composting by increased aeration［J］. Waste Management, 2008, 28(3)：518－526.

［12］孔令照,李光明,张波,等.纤维素废弃物水热处理制 H_2 的研究进展［J］.环境工程学报,2006,7(9)：7－12.

［13］Gorbaty Y E, Kalinichev A G. Hydrogen bonding in supercritical water. 1. experimental results［J］. Journal of Physical Chemistry, 1995, 99(15)：1－2.

［14］Watchararuji K, Goto M, Sasaki M, et al. Value-added subcritical water hydrolysate from rice bran and soybean meal［J］. Bioresource technology, 2008, 99(14)：6207－6213.

［15］Luo G, Shi W, Chen X, et al. Hydrothermal conversion of water lettuce biomass at 473 or 523 K［J］. Biomass & Bioenergy, 2011, 35(12)：4855－4861.

［16］孔令照.生物质废弃物水热资源化处理过程及机理研究［D］.上海：同济大学,2008.

［17］Wang S, Zhuang X, Luo Z, et al. Experimental study and product analysis of lignocellulosic biomass hydrolysis under extremely low acids［J］. Frontiers of Energy & Power Engineering in China, 2008, 2(3)：268－272.

［18］Sasaki M, Hayakawa T, Arai K, et al. Measurement of the rate of retro-aldol condensation of D-xylose in subcritical and supercritical water［C］. Hydrothermal Reactions & Techniques — the Seventh International Symposium on Hydrothermal Reactions, 2003.

[19] Jin F, ZHOU Z, Moriya T, et al. Controlling hydrothermal reaction pathways to improve acetic acid production from carbohydrate biomass [J]. Environmental Science & Technology, 2005, 39(6): 1893 - 1902.

[20] Shen Z, Jin F, Zhang Y, et al. Effect of alkaline catalysts on hydrothermal conversion of glycerin into lactic acid [J]. Industrial & Engineering Chemistry Research, 2009, 48(19): 2727 - 2733.

[21] Bicker M, Endres S, Ott L, et al. Catalytical conversion of carbohydrates in subcritical water: A new chemical process for lactic acid production [J]. Journal of Molecular Catalysis A Chemical, 2005, 239(1): 151 - 157.

[22] Midgett J S, Stevens B E, Dassey A J, et al. Assessing feedstocks and catalysts for production of bio-oils from hydrothermal liquefaction [J]. Waste & Biomass Valorization, 2012, 3(3): 259 - 568.

[23] Bergius F. Production of hydrogen from water and coal from cellulose at high temperatures and pressures [J]. Journal of Chemical Technology & Biotechnology Biotechnology, 2010, 32(9): 462 - 467.

[24] Wang Q, Li H, Chen L, et al. Monodispersed hard carbon spherules with uniform nanopores [J]. Carbon, 2001, 39(14): 2211 - 2214.

[25] 金桃,颜炯,金桃,等.餐厨垃圾制生物煤试验初探[J].可再生能源,2014,32(4): 505 - 511.

[26] Laird D, Fleming P, Wang B, et al. Biochar impact on nutrient leaching from a Midwestern agricultural soil [J]. Geoderma, 2010, 158(3): 436 - 442.

[27] 张伟明.生物炭的理化性质及其在作物生产上的应用[D].沈阳: 沈阳农业大学,2012.

[28] 乔娜.玉米芯和松子壳的水热碳化及其产物吸附性能研究[D].大连: 大连理工大学,2015.

[29] 吴艳姣,李伟,吴琼,等.水热炭化微晶纤维素制备炭球-活性炭复合材料[J].林产化学与工业,2015,35(3): 49 - 54.

[30] 李赛赛,李发亮,段红娟,等.水热碳化法制备单分散碳微球[J].稀有金属材料与工程,2018,47(S1): 142 - 146.

[31] 白俐.超级电容器用碳微球及其复合材料的制备和性能研究[D].湘潭: 湘潭大学,2011.

[32] 罗华星.新型石墨烯基氮掺杂多孔碳复合材料的制备及其超电容应用[D].北京: 北京化工大学,2015.

[33] Krishnan D, Raidongia K, Shao J, et al. Graphene oxide assisted hydrothermal carbonization of carbon hydrates [J]. ACS Nano, 2014, 8(1): 449 - 457.

[34] 任连海,金宜英,刘建国,等.餐厨垃圾固相油脂液化及分离回收的影响因素[J].清华大学学报(自然科学版),2009,49(03): 386 - 389.

[35] 宁娜,任连海,王攀,等.湿热-离心法分离餐厨废油脂[J].环境科学研究,2011,24(12): 1430 - 1434.

[36] 任连海,聂永丰.餐厨废油高效分离回收工艺研究[J].城市管理与科技,2009,4: 52 - 55.

[37] Liu H, Huang Z, Kang H, et al. Efficient bimetallic NiCu - SiO₂ catalysts for selective hydrogenolysis of xylitol to ethylene glycol and propylene glycol [J]. Applied Catalysis B: Environmental, 2018, 220: 251 - 263.

[38] Pang J, Zheng M Y, Wang A Q, Zhang T. Catalytic Hydrogenation of Corn Stalk to

Ethylene Glycol and 1, 2 - Propylene Glycol [J]. Industrial & Engineering Chemistry Research, 2011, 50(11): 6601 - 6608.

[39] Moreno-Recio M, Santamaría-González J, Maireles-Torres P. Brönsted and Lewis acid ZSM - 5 zeolites for the catalytic dehydration of glucose into 5 - hydroxymethylfurfural [J]. Chemical Engineering Journal, 2016, 303: 22 - 30.

[40] Zhao H, Holladay J E, Brown H, et al. Metal Chlorides in Ionic Liquid Solvents Convert Sugars to 5 - Hydroxymethylfurfural [J]. Science, 2007, 316(5831): 1597 - 1600.

[41] Kong L, Li G, Wang H, et al. Hydrothermal catalytic conversion of biomass for lactic acid production [J]. Journal of Chemical Technology & Biotechnology, 2010, 83(3): 383 - 388.

[42] Onda A, Ochi T, Kajiyoshi K, et al. Lactic acid production from glucose over activated hydrotalcites as solid base catalysts in water [J]. Catalysis Communications, 2008, 9(6): 1050 - 1053.

[43] Wu P, Tatsumi T, Komatsu T, et al. A novel titanosilicate with MWW structure. I. hydrothermal synthesis, elimination of extraframework titanium, and characterizations [J]. Journal of Physical Chemistry B, 2001, 105(15): 2897 - 2905.

[44] Liu G, Zhang R, El-Mashad H M, et al. Effect of feed to inoculum ratios on biogas yields of food and green wastes [J]. Bioresource Technology, 2009, 100(21): 5103 - 5108.

[45] 陈丽琴.餐厨垃圾和草坪草共混发酵制备沼气技术研究[D].广州：华南农业大学,2016.

[46] 刘敏茹,郭华芳,林镇荣.园林绿化废弃物联合餐厨垃圾好氧堆肥的"推流"工艺及应用研究[J].环境工程,2016(S1): 743 - 746.

[47] 白婧.餐厨垃圾与绿化废弃物换向通风堆肥及其草坪施用研究[D].河北：河北科技大学,2012.

[48] 罗珈柠.餐厨垃圾堆肥对园林植物生长的影响及其机理研究[D].上海：华东师范大学,2014.

[49] Guiotoku M, Rambo C R, Hansel F A, et al. Microwave-assisted hydrothermal carbonization of lignocellulosic materials [J]. Materials Letters, 2009, 63(30): 2707 - 2709.

[50] Wu X L, Wen T, Guo H L, et al. Biomass-derived sponge-like carbonaceous hydrogels and aerogels for supercapacitors[J]. ACS Nano, 2013, 7(4): 3589 - 3597.

第6章 电子废物管理与资源化利用

　　废弃电子电器是伴随着电子、电器工业的形成与发展所产生的新的一类固体废弃物。电子废物又名电子固体废物，即各种被废弃不再使用的电器或电子设备，主要包括电冰箱、空调、洗衣机、电视机等家用电器和计算机、通信电子产品、音响或有故障的高科技电子仪器等电子科技淘汰品。

6.1　全球的电子废物转移与收集管理

　　当今世界电子、电器工业快速发展，层出不穷的技术创新与持续膨胀的市场需求加速了电子与电器设备的更新换代，产生了大量的电子废物，尤其是其中的废旧家电是当今世界增长速度最快的废旧物资。电子废物的材质繁多、构造复杂，大多含有毒性较强的化学物质，如汞、铅、镉、铬、聚合溴化联苯及聚合溴化联苯乙醚等多种有毒有害物质，如果处理不当，则必然会造成严重的环境问题。当废弃的电子产品埋于地下或销毁时，内部的重金属会渗透到地表水或地下水系中，使土质和地下水质恶化，严重影响当地居民与其他生物的生命安全。另外，有机废弃材料燃烧时会产生许多有毒气体，如二噁英、呋喃等高危致癌因子，严重威胁自然生态与人体健康。电子废弃物内具有繁杂的危害性物质，对生物健康具有破坏性，一旦泄露，不仅会污染水体，还会使地下水和土壤出现重金属污染。

　　同时消费者手中结束其功能使命而废弃的电子电器设备中含有大量可继续使用的电子元器件，品位较高的铜、铝、铁、金、银等金属与贵金属材料，以及玻璃与塑料等非金属材料，具有显著的资源化再生价值。对电子废物进行合理的回收利用，不仅利于环境保护，还可推进社会的可持续发展。电子废物已成为世界关注的热点问题，许多国家通过立法加强电子废物的管理，以降低电子废物的污染排放。在发达国家，电子废物资源化产业已进入了快速发展时期，并被视为21世纪充满活力的新兴科技产业。

6.1.1　电子废物的产生与跨境转移

进入 20 世纪 80 年代以来,受电子电器设备高度普及、新产品层出不穷及产品更新换代速度加快等因素的影响,家庭逐渐成为废弃电子、电器的主要来源,致使电子废物数量快速增加。目前,欧盟国家和美国大约每年产生的电子废物数量分别为 900 万吨和 500 万吨。20 世纪末期,在发达国家,家庭产生的电子废物数量是工业产生数量的 2~4 倍,占据了城市固体废弃物总量的 3%~5%,并以高于 5% 的年增长率递增。

联合国国际电信联盟、联合国大学和国际固体废弃物协会发布的《2017 年全球电子垃圾监测报告》显示,2017 年全球共产生 4 649 万吨电子垃圾,比 2014 年的 4 180 万吨增加 469 万吨,上涨约 11%,如图 6-1 所示。这些电子垃圾包括报废的冰箱和电视机、太阳能电池板、手机和电脑等,仅扔掉的充电器就有 100 万吨,垃圾总重量相当于 4 500 座埃菲尔铁塔,如果用 18 轮大卡车装载,这些卡车足以从纽约排到曼谷再折回。报告显示,工业发达国家产生的人均电子垃圾明显多于发展中国家。人均电子垃圾最多的国家是澳大利亚,平均每人 17 千克。非洲的人均电子垃圾最少,每人 1.9 千克。

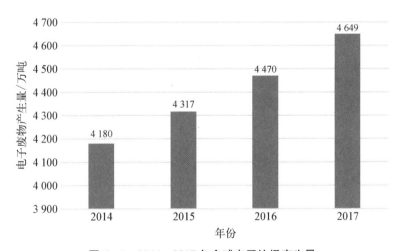

图 6-1　2014—2017 年全球电子垃圾产生量

据报告预测,到 2021 年,全球电子垃圾总量还将增长 17%,达 5 220 万吨。而且在未来数十年内这一趋势仍将持续。电子垃圾增长的主要原因在于电子设备价格不断下跌,人们使用电冰箱、洗衣机、电脑和手机等家用电器越来越频繁,同时,在较富裕的国家,消费者往往被鼓励及早更换家用电器。美国以 630 万吨电子垃圾位列第一。这些电子垃圾中的金、银、铜等金属材料价值高达 550 亿美元,但其中只有 20% 被回收。未被回收的电子垃圾中有约 4% 被直接扔入垃圾填埋场,其余 76% 则被不完全处理。该报告指出,在 2016 年全球产生的 4 470 万吨电子垃圾中,仅有 890 万吨的电子垃圾通过适当的渠道回收,这意味着电子垃圾回收率仅为 20%,对经济产生了负面影响。2016 年,包括黄金、白银、铂金和其他高价值金属在内的可回收材料的价值估计接近 550 亿欧元,令人震惊的是,发达国家有 170 万吨电子垃圾被扔进了垃圾堆中,3 410 万吨电子垃圾的命运是未知的,很可能在较差的条件下被倾销、交易或回收。

在各地区中,亚洲的电子垃圾产量较大,该地区的电子垃圾产生量达 1 820 万吨,其次是欧洲(1 230 万吨)、美洲(1 130 万吨)、非洲(220 万吨)和大洋洲(70 万吨)。在电子垃圾回收率方面,欧洲占 35%,美洲和亚洲的回收率低得多,分别为 17% 和 15%。大洋洲地区居民人均电子垃圾产生量最高,达 17.3 千克,其次是欧洲,达 16.6 千克,美洲居民人均电子垃圾产生量为 11.6 千克,亚洲电子垃圾人均产生量为 4.2 千克,而非洲仅为 1.9 千克。

伴随着国民经济持续、稳定、快速发展,我国电子、电器工业在国际上的竞争能力日益提升。目前,中国已成为世界范围内电子电器产品的生产、消费和出口大国。人民生活水平的不断提高、层出不穷的技术创新以及电子电器产品消费者群体的年轻化加速了我国电子电器设备(EEE)的更新换代,结果产生了大量电子电器废弃物。电视机、冰箱、洗衣机、空调及电脑是 5 种广泛使用的电子电器设备,表 6-1 为根据这五大类电子电器年销售量及其使用寿命预测得出的我国上述 5 种电子废物的年产生量。由表 6-1 可见,进入 21 世纪以来,这五大电子电器产生的电子废物总量已从千万台增长到一亿台以上,并随时间呈显著增长态势。

表 6-1 我国电器电子产品理论报废量　　　　　　　　单位:万台

年份	电视机	电冰箱	洗衣机	空调器	微型计算机	总计
2001	655	38	299	—	—	991
2006	1 566	338	731	—	393	3 029
2009	2 198	546	981	96	1 326	5 148
2010	2 375	654	1 050	122	1 653	5 854
2011	2 548	744	1 131	98	2 150	6 671
2012	2 773	868	1 264	151	2 530	7 585
2013	3 204	1 279	1 262	1 530	3 706	10 980
2014	3 048	1 471	1 419	2 027	3 414	11 378
2016	3 036	2 142	1 468	2 358	2 185	11 189
2017	3 216	2 439	1 620	2 723	2 524	12 522

统计显示,中国年均淘汰约 2 600 万台家电产品,其中有大量计算机与手机被废弃。2017 年,计算机的淘汰数目高于 1 000 万台,而且接下来 5 年的平均淘汰量都会保持 30%～40% 的涨幅。截至 2017 年 6 月,中国手机废弃量超过 9 500 万部。国家统计局调查发现,自 2015 年开始,国内平均每年都会有不低于 750 万台微波炉、450 万台空调、850 万部洗衣机遭废弃。如今,用户通常不会选择修理已经出现严重故障的电子产品,因为修理费用较高,而电子产品更新速度较快。绿色和平组织统计数据显示,目前计算机的平均使用年限已由原先的 5 年下降为 2 年。预计到 2020 年我国电子废物年产量将占全球总量的一半,数量非常庞大。

2012 年我国发布了《废弃电器电子产品处理基金征收使用管理办法》。至 2013 年我国废弃电子电器产品实际拆解处理数量近 4 000 万台,2014 年拆解废家电 7 000 多万台(见图 6 - 2)。上述回收材料产生的环境效益相当于节约 2 000 万立方米的水,或节省 12 万吨标准煤,或减少 50 万吨废气排,或减少 800 万吨固体废物。

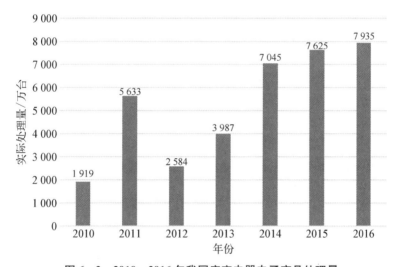

图 6 - 2　2010—2016 年我国废弃电器电子产品处理量

2016 年,我国废弃电器电子产品处理量和处理规模进入平稳发展期。据中国家用电器研究院测算,获得资质的废弃电器电子产品处理企业拆解处理首批目录产品达到 7 500 万台左右,较 2015 年基本持平,总处理重量达到 211 万吨,回收铁 46.0 万吨、铜 5.4 万吨、铝 10 万吨、塑料 50.0 万吨,整体较 2015 年有小幅上升,处理行业的资源效益和环境效益日益显现。2017 年,我国废弃电器电子产品处理行业稳步发展,互联网+回收等创新回收公司在绿色发展的大环境下飞速发展,推动我国多渠道回收体系的建设,获得资质的废弃电器电子产品处理企业拆解处理(未经审核)首批目录产品约 7 900 万台,总处理重量约 170.25 万吨。据中国家用电器研究院测算,2017年,处理企业共回收铁37.2万吨、铜4.3万吨、铝8.1万吨、塑料40.5万吨(见图6-3)。

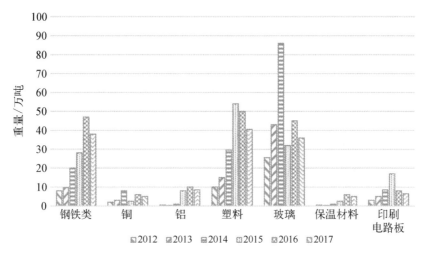

图6-3 2012—2017年我国废弃电器电子产品资源回收重量

随着新补贴标准的实施,废电视机的拆解量占绝对统治地位的情况已经发生改变,从2015年的70%缩减为2017年的55%,其处理份额被电冰箱、洗衣机、房间空调等产品所占据。部分处理企业产品规划处理产能也相应做出了调整,房间空调、洗衣机等产品的规划处理产能大幅提升。废弃电器电子产品的规范拆解处理减少了对环境的危害,特别是对环境风险大的印刷线路板和含铅玻璃的环境效益最为显著。印刷电路板销售给有资质的下游企业进行综合利用大大减少了不规范处理带来的环境污染。

除我国本土产生的电子废物外,还有大量的电子废弃物从境外转移至中国。电子废弃物的危害被世界所公认,《控制危险废料越境转移及其处置巴塞尔公约》(简称《巴塞尔公约》)也被各国普遍认可。但一些发达国家无视电子废弃物给发展中国家带来的危害,公然违反国际公约,通过各种非法手段和渠道向发展中国家输出电子废弃物,并有逐年加剧的趋势,这使很多发展中国家深受其害,我国所受的危害则最为严重。改革开放以来,我国经济持续快速增长,为缓解伴随而生的资源严重短缺问题,每年会有大量的二次资源(洋垃圾)流入中国进行资源再生处理,其中就含有大量的电子废物。

联合国环境规划署近日报告,全球每年有高达90%的电子垃圾被非法交易或倾销,其总价值约为190亿美元。联合国大学报告也显示,2014年被扔弃的4 200万吨电子垃圾给全球经济造成了520亿美元的损失。虽然《巴塞尔公约》规定,禁止欧盟和经合组织成员国向非经合组织成员国出口危险废物,但联合国环境规划署表示,每年依然有数千吨电子垃圾以二手商品的名义从发达国家流向发展中国家。例如将废电池谎报为塑料或混合金属废品,或是将阴极射线管和电脑显示屏描述成金属废品。加纳、尼日利亚、中国、巴基斯坦、印度和越南等亚非国家正逐渐沦为非法电子垃圾的回收站。

2003 年仅在英国至少有 2.3 万吨没有申报或是由"灰色市场"将电子垃圾非法运往非洲、印度和中国等远东地区。而在美国,估计有 50%～80% 的电子垃圾以假循环再造之名出口,因为美国拒绝签署《巴塞尔公约》,这种做法在美国竟然是合法的。2005 年在 18 个欧洲港口做的检查当中就发现最少有 47% 的废料是非法出口的,其中包括电子垃圾。国外的电子垃圾经常由发达国家出口至发展中国家,违反《巴塞尔公约》。

美国环保组织巴塞尔行动网络撰写的长篇报告——《出口危害:流向亚洲的高科技废物》中指出,全世界数量惊人的电子废物中,80% 运到亚洲,而其中的 90% 运到我国,这就意味着全世界约 70% 的电子废弃物涌入我国。并且这种电子废弃物进入我国的地域呈现日益扩大的趋势,目前已经从广东地区向浙江、上海、福建、山东、湖南等地蔓延,给我国的环境带来了巨大压力和危害。

为防止洋垃圾的危害,中国早在 1990 年 3 月 22 日就签署了《巴塞尔公约》,并在禁止电子废弃物转移的 1995 修正案上签字。2000 年以来,中国政府多次调整了关于进口回收物资的政策,大幅度收缩允许进口的电子类回收物资的范围。近年来,中国政府还加强了与欧盟、美国、日本、韩国等国政府的联系、合作,共同打击电子废弃物的非法转移。然而,禁止非法贸易仍然任重道远。

6.1.2　国外电子废物的管理现状

电子废物具有产生量巨大、环境风险与资源化利用价值并存等特点,世界各国均对其高度关注,许多国家通过立法来加强监管,进而推进电子废物资源化进程。20 世纪 90 年代,欧洲各国开始针对废弃电器电子产品立法。据《2017 年全球电子垃圾监测报告》显示,越来越多的国家已为电子废物立法(见表 6-2),但立法所涵盖的电子垃圾回收类型在各个国家差别很大,2017 年遍布 67 个国家的 66% 的世界人口受到国家电子废物管理法律的保护,比 2014 年增长了 44%。

表 6-2　国外电子废物立法

国家/地区	颁 布 时 间	法 规 名 称
德国	1992 年	《废弃电子电器条例》
奥地利	1994 年	《废弃电子电器法草案》
意大利	1996 年	《家电回收利用法》

国家/地区	颁 布 时 间	法 规 名 称
比利时	1998 年	《白色和褐色家电的法规》
瑞士	1998 年	《电子电器产品返还收集和处置法》
荷兰	1999 年	《电子电器产品废弃物法》
瑞典	2001 年	《电子电器产品废弃物法令》
日本	2001 年	《家用电器资源回收法》
韩国	2003 年	《生产者负责回收利用制度》
欧盟	2003 年 2 月	《关于废旧电子电器设备指令》
	2006 年 7 月	《关于限制在电子电器设备中使用有害物质的指令》

德国在电子废弃物回收处理管理方面走在了世界各国的前列。1992 年德国政府制定了《废弃电子电器条例》，规定了电子产品的生产厂家、进口商承担接受废弃电器电子产品返还的责任。1996 年《物质封闭循环与废物管理法》确立了电子电器产品生产厂家承担"生产者责任制"，即应承担减少废物产生和废物处理的责任。为了进一步贯彻实施欧盟电子废物指令，2005 年德国联邦议会通过了《关于电器电子产品销售、回收和环境无害化处置管理法令》，促进废弃电器电子产品的再使用、回收再利用与其他再生利用，从而减少废弃物与废弃电器电子产品中有害物质的处置量。

早在 1991 年 10 月，日本就颁布实施了《关于促进再生资源利用的法律》（简称《再生利用法》），强力推行资源的再生循环利用。日本电子工业振兴协会于 2001 年就颁布了关于生产厂家处理废旧电脑和废旧显示器的规定，到 2005 年须达到平均回收再利用率为 60% 的目标。2001 年 4 月日本通过实施《家用电器资源回收法》，2003 年 10 月通过实施《主动收回和循环利用个人计算机的政法规定》。《家用电器资源回收法》规定了不同类型家电生产企业必须达到废家电回收再利用率标准。消费者也承担部分废弃家电的回收利用费用。消费者在废弃大件家电时打电话给家电经销商，由后者负责回收废弃家电。家电经销商将废弃家电集中起来，并送到主要由家电生产厂家出资设立的"废弃家电处理中心"进行循环利用。2009 年日本对《家用电器资源回收法》进行了一次修订，提高了部分废弃家电的回收再利用率，并将废液晶电视、等离子电视和衣物烘干机也纳入回收再利用管理范围[1]。

奥地利 1990 年制定了《灯具及白色家电回收再利用法》，1994 年 3 月提出《废弃电子电器法草案》。瑞典于 2001 年 1 月 1 日生效实施了《电子电器产品废弃物法令》。基于欧盟 2012 年修订的电子废物指令，瑞典颁布了有关生产者责任的新法令。该法令增加了零售商的责任，要求所有出售电子产品的店铺于 2015 年 10

月 1 日起都必须作为废弃电子产品的收集点。

美国采矿局在 20 世纪 70 年代末和 80 年代初对电子废弃物安全有效的处理处置进行了最先的尝试和开发。美国国家环保局从 1998 年开始进行电子废物的政策法规研究,美国国家电子产品全程化服务动议项目于 2000 年 4 月开始实施。该项目的目标就是统一美国废弃电子产品的管理。近年来,美国已有半数以上的州颁布实施了《电子废弃物管理法》,电子产品的循环再利用在美国政府、生产厂商和消费者中有了较好的认同。电子垃圾拆解已经形成完善的专业市场分工,有专门的拆解公司和回收公司,主要分为专业化公司、有色金属冶炼厂、城市固体废物处理企业、电子产品原产商和经销商。21 世纪初,在美国从事电子废物资源化的企业达 400 多家,从业人员 7 000 多人,2002 年实现利润 7 亿美元,收集处理的电子废弃物总量达 68 万吨,从中回收各种物质 41 万吨。IDC 最新的调查显示:2010年,美国通过回收再利用处理的电子垃圾达到 350 万吨,其中 62% 来自废弃个人电脑以及与信息产业相关的废弃电子设备,并且 78.66% 的回收再利用产品用在国内的交易。目前,美国各州的回收和处理企业数已高达 2 000 家以上,回收和处理企业集中在沿海或内陆边境。

日本是世界上电子技术最为先进、电子产品应用范围最广的国家之一,同时日本又是一个资源短缺的国家,日本历届政府特别重视能源和资源的节约与回收再利用,因此,日本在电子废弃物的管理与技术研发方面一直走在世界的前列。据日本经济省 2011 年数据显示,2010 年日本回收再利用家用电器 2 771 万台,较上一年增长了 49.9%。4 种指定的家用电器回收率均符合法律规定的要求:空调 88%(法律规定 70%),阴极射线管电视 85%(国家规定 55%),液晶和等离子电视 79%(国家规定 50%),冰箱及制冷设备 76%(国家规定 60%),洗衣机及烘干机 86%(国家规定 65%)。日本废家电产品处理技术的发展在 2000 年由"大量废弃型社会"进入"循环型社会"。这体现在电子产品的全生命周期当中:在设计阶段,尽管再生费用由消费者负担,但它的高低仍影响企业的产品竞争力,故促进了企业对产品设计的改进,强化了生命周期设计,为废弃后易分解和处理成本的降低创造条件;在回收、搬运阶段,采用分类回收,更利于废旧电子品的拆解和处理;在处理阶段,为达到物资再生和再生利用,日本家电制造企业对原有的再生利用工场进行改造和新技术开发,政府还投入专门资金从德国引进先进技术建设自动连续处理示范工厂。

在欧洲,对电子废物的处理处置工作开展应当从 20 世纪 70 年代算起,德国的 US-BM 公司用物理分离方法对军队的电子废弃物进行了简单处理。20 世纪 80年代初,德国、瑞士、瑞典等国对电子废弃物的综合利用进行了深入研究,并致力于手工拆卸和金属富集工艺技术的开发。进入 20 世纪 90 年代,鉴于机械处理法的低毒性这一优点,用于金属富集的机械化工艺得到了进一步发展,但有机物的处置一直是一个难题。此外,欧盟制定的与电子废物回收处理相关的三大绿色环保法规奠定了欧洲在电子废物管理上的世界领先地位,这三大绿色环保法分别是报废电子电气设备指令、电气电子设备中限制使用某些有害物质指令和用能产品生态设计框架指令。据欧盟委员会 2005 年统计数据表明,欧盟 27 个成员国产生的电子废弃物在 830 万吨到 910 万吨之间,自电子废物指令实施以来,欧盟电子废弃物的年增长率将控制在 2.5%~2.7%之间,并预测,2020 年电子废弃物总量将达到 1 230 万吨。实际上,欧盟各成员国之间在对待电子废弃物的处理处置问题上由于各国之间的政治、经济及文化的不同还是存在不小的差异,其中德国、瑞士、荷兰等国在电子废物管理及处理技术方面走在了欧盟各成员国的前列。2012 年欧盟新修订的电子废物指令要求成员国从 2016 年起最小收集率达到前 3 年投放到其市场上电子电气设备平均重量的 45%,而 2019 年要达到 65%。而从欧盟各成员国 2012—2014 年这 3 年废弃电子电器设备的收集率来看,瑞典的收集率都超过了 60%,处于相对领先水平。

6.1.3 中国电子废物的管理现状

鉴于我国电子废物处理处置存在的严重问题及其带来的日益凸显的环境问题,21 世纪初,我国开始将电子废物处理处置作为一个热点问题予以关注。表 6-3 为中国电子废物相关法规政策制定进展。

表 6-3 中国电子废物相关法规政策制定进展

时 间	政策/法规进展
2002 年 5 月	九个部委开始研究制定关于电子废物的管理办法,国家环保总局推出《关于报废电子电器产品环境管理情况的通报》
2003 年 8 月	根据《固体废物污染环境防治法》(1995 年)有关规定,国家环保总局出台《关于加强废弃电子电气设备环境管理的公告》
2004 年初	信息产业部制定了《电子信息产品污染防治管理办法》
2004 年 3 月	国家环保总局就《废弃电气及电子产品污染防治技术政策》征求意见
2004 年 3 月	商务部制定了《电子废弃物处理技术与设备引进政策》
2004 年 9 月	国家发展改革委公布《废旧家电及电子产品回收处理管理条例》征求意见稿
2005 年 4 月	《中华人民共和国固体废物污染环境防治法》正式对电子废物的回收处理做出了规定
2005 年初	国家环保总局形成《电子废弃物污染环境防治管理办法》征求意见稿
2006 年 4 月	国家环保局出台《废弃家用电器与电子产品污染防治技术政策》
2007 年	环保部发布了《电子废物污染环境防治管理办法》

（续表）

时　间	政策/法规进展
2009 年 2 月	《废弃电器电子产品回收处理管理条例》颁布,并于 2011 年正式实施
2012 年 7 月	环保部实施《废旧电器电子产品处理基金征收使用管理办法》,以"四机一脑"5 种家电为代表组织实施生产者延伸责任制度,使得废弃电器电子产品的处理有法可循,推动了废旧家电拆解规范化进程
2012 年 5 月	《废弃电器电子产品处理基金征收使用管理办法》的颁布使废弃电器电子产品处理有法可依

近年来,在电子废物跨境转移方面,中国根据《固体废物进口管理办法》及配套的《进口废物管理目录》,除了对废五金电器、废电机和废电线电缆实行许可管理外,禁止进口所有废弃机电产品及其零部件。在出口方面,根据《危险废物出口核准管理办法》和《巴塞尔公约》,对属于危险废物的电子废物实行出口核准的管理制度,并遵循事先知情同意程序。对旧机电产品(包括旧电器电子产品),中国根据《机电产品进口管理办法》实行禁止进口、限制进口(许可管理)和自由进口(部分实施自动许可管理)的分类管理制度,并依据《进口旧机电产品检验监督管理办法》实施检验制度。研究发现,多数常见的旧电器电子产品属于自由进口范围,其进口控制主要依赖质检环节。另外,以维修、检测为目的进口旧电器电子产品的情况另由海关负责监管。根据《关于海关特殊监管区域内保税维修业务有关监管问题的公告》等相关规定,进口的旧产品必须是中国生产并出口的产品,并且维修后在一定期限内复运出境。

除了加强对电子废弃物进口的管制之外,中国政府对内在电子产品的生产和电子废弃物的回收处理方面也加强了立法和行政管理,如表 6 - 3 所示。一方面,在监管方面,相继制定出台了一系列管理办法、政策及相关的法令法规。国家和地方的电子废弃物相关法律政策最初较为侧重电子废弃物的处理技术和方法,目前则更多地涉及公众参与和电子废弃物的回收方面,采取各种鼓励政策和机制,使更多的市民和消费者参与到电子废弃物逆向产业链中来。另一方面出台了相关的技术指导政策和研发措施,建立了回收处理体系建设试点省市,建立了正规的大型处理厂,实行"以旧换新"政策,试图将电子废弃物的回收处理纳入循环经济的轨道。

我国废弃电器电子产品回收处理的管理采用生产者责任延伸制度的基金制度,即生产者缴纳基金,补贴有资质的处理企业。废弃电器电子产品回收处理管理涉及产品的绿色设计、回收、再使用或再制造、处理和综合利用、处置等多个环节,其核心是《废弃电器电子产品回收管理条例》,并与再生资源、固体废物和绿色制造等相关政策紧密相关。从人大立法，到国务院发布的《废弃电器电子产品回收管理条例》，到主管部委的管理办法和规章、标准，我国已经形成一个自上而下的较为完善的管理体系（见表6-3、表6-4和表6-5）。

表6-4 新发布的管理文件

单 位	名 称
商务部、财政部、环境保护部等	《关于印发家电以旧换新推广工作方案的函》（商商贸发〔2010〕190号） 《家电以旧换新实施办法（修订稿）》（商商贸发〔2010〕231号）
国务院	《国务院办公厅关于促进国家级经济技术开发区转型升级创新发展的若干意见》（国办发〔2014〕54号） 《生活垃圾分类制度实施方案》（国办发〔2017〕26号）
发改委	《重要资源循环利用工程（技术推广及装备产业化）实施方案》（发改环资〔2014〕3052号） 《废弃电器电子产品处理目录（2014年版）》（2015年第5号公告） 关于印发《循环发展引领行动》的通知（2017年4月21日）
工信部	《再生资源综合利用先进适用技术目录（第二批）》（2014年第5号公告） 《国家鼓励发展的重大环保技术装备目录（2014年版）》（工信部联节〔2014〕573号） 《关于公布电器电子产品生产者责任延伸首批试点名单的通知》（工信部联节函〔2016〕51号） 《关于开展2016年绿色制造系统集成工作的通知》（工信厅联节函〔2016〕755号） 《关于加快推进再生资源产业发展的指导意见》（工信部联节〔2016〕440号） 关于印发《高端智能再制造行动计划（2018—2020年）》的通知（工信部节〔2017〕265号） 《关于加快推进环保装备制造业发展的指导意见》（工信部节〔2017〕250号）
环保部	《关于做好下放危险废物经营许可审批工作的通知》（环办函〔2014〕551号） 《关于开展铅冶炼企业协同处置阴极射线管含铅锥玻璃试点工作的通知》（环办函〔2014〕748号） 《废弃电器电子产品规范拆解处理作业及生产管理指南（2015年版）》（2014年第82号公告） 《进口废物管理目录（2015年）》（2014年第80号公告） 《废弃电器电子产品拆解处理情况审核工作指南（2015年版）》（征求意见稿）（环办函〔2015〕71号） 关于发布《进口废物管理目录》（2017年）的公告（2017年第39号）
商务部	《2014年流通业发展工作要点》（2014年3月6日） 《再生资源回收体系建设中长期规划（2015—2020）》（商流通发〔2015〕21号） 《关于推进再生资源回收行业转型升级的意见》（商流通函〔2016〕206号） 《2017再生资源新型回收模式案例集》（2017年11月7日） 《关于深化战略合作推进农村流通现代化的通知》（商办建函〔2018〕107号）

（续表）

单　位	名　称
财政部	《第四批纳入废弃电器电子产品处理基金补贴范围的处理企业名单》（财综〔2014〕45 号）
工信部发改委等	《电器电子产品有害物质限制使用管理办法》
环保部	《国家危险废物名录》（环保部〔2016〕39 号）
国务院	《生产者责任延伸制度推行方案》（国办发〔2016〕99 号）
工信部	《绿色制造工程实施指南（2016—2020 年）》

表 6-5　我国废弃电器电子产品回收处理领域新发布实施的国家标准

标　准　号	标　准　名　称		实施日期
GB/T 29769—2013	《废弃电子电气产品回收利用术语》		2014-02-01
GB/T 29770—2013	《电子电气产品制造商与回收处理企业间回收信息交换格式》		2014-02-01
GB/T 31371—2015	《废弃电子电气产品拆解处理要求	台式微型计算机》	2015-10-01
GB/T 31372—2015	《废弃电子电气产品拆解处理要求	便携式微型计算机》	2015-10-01
GB/T 31373—2015	《废弃电子电气产品拆解处理要求	打印机》	2015-10-01
GB/T 31374—2015	《废弃电子电气产品拆解处理要求	复印机》	2015-10-01
GB/T 31375—2015	《废弃电子电气产品拆解处理要求	等离子电视机及显示设备》	2015-10-01
GB/T 31376—2015	《废弃电子电气产品拆解处理要求	液晶电视机及显示设备》	2015-10-01
GB/T 31377—2015	《废弃电子电气产品拆解处理要求	阴极射线管电视机及显示设备》	2015-10-01
GB/T 32885—2016	《废弃电器电子产品处理企业资源化水平评价导则》		2017-03-01
GB/T 34868—2017	《废旧复印机、打印机和速印机再制造通用规范》		2018-05-01

　　《绿色制造工程实施指南（2016—2020 年）》指出，将重点开展废弃电器电子产品整体拆解与多组分资源化利用，并强调到 2020 年，生产者责任延伸制度取得实质性进展。鉴于我国废弃电器电子产品处理企业间的技术水平、管理水平以及资源化水平良莠不齐，2017 年新发布的《废弃电器电子产品处理企业资源化水平评价导则》以资源利用最大化、环境污染最小化为原则，要求处理企业尽可能拆分高价值单质材料，选择最佳可行技术，并将评价体系分管理水平、技术水平、资源化水平 3 部分，并分别设置量化指标，以适用于废弃电器电子产品处理企业、行业协会、第三方机构和行业主管部门对处理企业的资源化水平进行评价。这一系列重要文件的发布在为电子产业绿色发展提供良好政策环境的同时，也将推动电子废弃物

回收再利用产业的发展壮大。

我国废弃电器电子产品回收行业的发展经历了三个阶段:第一个阶段是 2009 年之前市场经济体制下的个体回收为主的传统再生资源回收模式;第二个阶段是 2009—2011 年在家电以旧换新政策下的以零售商和制造商为主的家电以旧换新回收＋政府补贴回收模式;第三个阶段是 2012 年后通过基金间接补贴带动的以个体回收为主的传统再生资源回收模式和以互联网技术为手段的新型废弃电器电子产品回收共存的回收模式。

6.1.3.1 废弃电器电子产品回收行业的绿色回收稳定增长

2003 年 12 月,国家发展改革委确定了浙江省、青岛市为国家废旧家电回收处理试点省市,同时将浙江省、青岛市试点项目以及北京市、天津市废旧家电示范工程纳入了第一批节能、节水、资源综合利用项目国债投资计划,对应的 4 个落实企业分别为杭州大地环保有限公司、青岛海尔集团公司、华星集团和天津大通铜业有限公司。

2004 年,贵屿镇开始引导整个产业朝规范化、无害化方向发展;联合国环境规划署 2006 年在我国苏州市确立了废弃家电收集试点;新加坡投资的电子废弃物处理厂已落户无锡和上海;南京金泽公司在南京市溧水区兴建了电子废物加工处理企业;广东省环保局同意在贵屿镇设立粤东国内废旧电子电器拆解中心。目前东部沿海地区约 500 余家回收单位经授权注册回收废弃家电。

2009 年,国家出台了家电"以旧换新"政策,初步建立了由生产企业、销售商、正规拆解企业构成的废家电回收处理体系,促进了电子废物的集中处理。国家的政策制度培育了一批具备废旧家电拆解回收能力的企业,也引导出现了家电回收的系统或网络,现已有 109 家企业被纳入生态环境部废弃电器电子产品处理信息系统。家电以旧换新政策首批投入 20 亿资金在北京、上海、天津等 9 省市;2010 年 6 月推广至 19 个省市实施该政策;截至 2011 年 12 月 31 日"家电以旧换新"政策宣告结束之时,以旧换新共回收处理废旧家电 9 500 万台。百余家定点拆解处理企业的年处理能力超过 4 000 万台,约 120 万吨的金属、塑料和玻璃等资源被利用。

2012 年 5 月我国发布了《废弃电器电子产品处理基金征收使用管理办法》,并于 7 月 1 日起开始执行。目前,共有 29 个省(市、自治区)的 106 家企业纳入废弃电器电子产品处理基金补贴范围的处理企业名单。

2014 年,联合国开发计划署和百度启动战略合作,共建大数据联合实验室,并发布了"百度回收站"这一电子垃圾绿色回收平台。2015 年,"百度回收站 2.0"发布,将使用地域由北京、天津扩展到众多一线、二线城市,回收的电子垃圾种类也扩展到 16 种,引入了大量的客户资源。

2016 年,国务院发布《生产者责任延伸制度推行方案》,并把对电器电子产品的处理作为首批实施企业资源计划（EPR）的行业，明确了实施的工作重点。其中，特别强调要加强对处理基金的管理，建立"以收定支，自我平衡"的机制，进一步发挥基金对生产者责任延伸的激励和约束作用。同时，随着工信部等四部委组织第一批电器电子产品生产者责任延伸制试点工作的实施，多种多样的废弃电器电子产品创新回收模式如雨后春笋般涌现出来，比如生产者责任制回收、绿色消费＋绿色回收、互联网＋众包回收、两网融合等回收模式，一些创新型的回收模式已经初具规模，废弃电器电子产品回收行业进入了全新的发展阶段。废弃电器电子产品回收企业与获得资质的处理企业得到了较好的对接。

新型回收模式持续发展，政策引导作用日益显现（见图6-4）。随着废家电正规回收企业和正规拆解企业数量的显著增加，其回收处理能力大大提高，家电产品的绿色设计也逐渐得到重视，公众环保意识进一步提高，绿色消费理念逐渐深入，因此促进了国内废弃家电正规收运体系的发展，我国废弃家电回收格局得到有效改善。

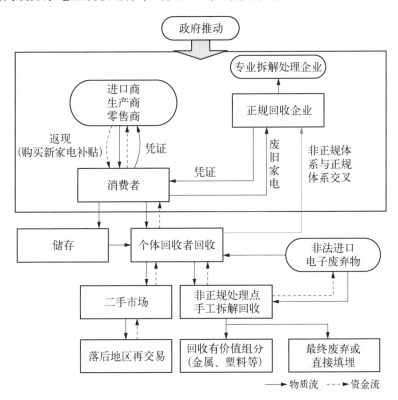

图6-4　我国电子废物回收处理流程

在对电子废物进行科学合理的资源化产业推进方面，随着介绍国外电子废物资源化策略与相关处理技术文章的相继出现，一些地区积极引进国外先进的电子废物资源化技术，以改变我国电子废物处理处置的落后状况，加快电子废物资源化处理向经济、高效且环保的方向发展。在技术层面,国家科技部在 863 项目、世博科技重大项目、中小企业创新基金、前瞻性技术研究中均涉及了电子废物处理技术与设备研发。所有这些的目的均是要改变我国电子废弃物处理处置的落后状况,加快电子废弃物资源化处理向经济、高效且环保的方向发展。

6.1.3.2 电子废物回收产业化推进的瓶颈

结合移动互联网和大数据的优势,我国电子垃圾的新型绿色回收渠道也逐步建立起来。目前虽已出现了一批具备废旧家电拆解回收能力的企业以及“鸡毛城”“淘绿”和“再生活”等“互联网＋回收”项目,但这些企业的活动范围主要集中在一线、二线城市,对其他三四线城市及广大的农村地区涉及甚少。在三四线城市和农村地区,由于缺乏合适的回收渠道,仍存在早期电子垃圾流动回收形成的利益链,而未能使大量电子废物进入正规的回收管理系统。

我国电子废弃物资源化的产品主要分为两类:一类为初级拆解产品,包括铝、塑料、铜等大宗商品;另一类为深加工产品,包括金、银等贵金属。大宗商品由于来源不同,往往需要改性并被降级利用,产品附加值很低,大大降低了资源化利用的经济效益,导致以个体回收为主的格局仍未被打破,回收成本高居不下。目前国内涉及废弃电器电子产品回收和处理的利益牵扯到众多方面,导致其流向复杂。我国市场自然形成的电子废弃物回收模式主要有 3 种,包括个体回收户回收模式、供销社物资回收模式和电子废弃物专业拆解公司回收模式。个体户回收是我国回收废弃电子产品的主要形式,我国 90％以上的废弃电器电子产品都是由个体回收户走街串巷回收得到。这种回收方式的成本低利润高,经营灵活,因此发展很快。但个体户作业环境简陋,防护措施少,不仅对环境造成了影响,同时也对个体户本身的健康产生了危害。相比成本投入低、技术落后且环境污染的作坊式生产,正规处理企业运行成本高、服务便捷性低,因此正规企业多处于“无米下锅”的尴尬境地,体系运作十分低效。例如戴尔在美国年均可回收废弃电脑 3 500 万千克,而在中国只能回收约 55 万千克;北京华星环保公司自 2007 年运营以来从未盈利;杭州大地环保公司、青岛海尔公司处于半搁置状态。

当前,随着行业内竞争的加剧,仅依靠基金补贴难以为继,处理企业开始在其他相关产业寻求发展,2016 年多元化业务模式初具规模,处理企业分化日益明显,行业集中度不断增强。根据环保部发布的 2016 年第一和第二季度处理企业的数据显示,格林美、中再生、启迪桑德三大集团企业处理量占全行业的 42.5％,比 2015 年同期增长 8％。与此同时,近三成处理企业因不堪重负而停产。在这样竞争激烈的市场环境下,优秀的处理企业依靠先进的技术和管理经验在众多企业中脱颖而出,例如 TCL 奥博在 2016 年第一和第二季度的废弃电器电子产品处理量第一,达到 107 万台。

6.2　电子废物的环境风险与资源价值

与普通的生活垃圾不同,电子废弃物是由金属和非金属材料通过物理或化学方式联结构成的混合物,含有大量可继续使用的电子元器件和品位较高的金属、塑料与玻璃等,具有显著的资源化再生价值,同时电子废物也包含多种有害元素,如铅、镉、汞和难以分解的有机污染物等。电子废弃物以高环境风险性和高资源化价值引起了越来越多的关注。

6.2.1　电子废物组成

虽然各种材料在不同电子产品中的比例会有较大差异,但就整体而言,金属和塑料所占比例最高,表 6-6 列出了常见的 4 种家用电器中所含的主要材料。图 6-5 为典型印刷线路板的材料组成。

表 6-6　四种家用电器所含的主要成分　　　　　　　　单位:%

材　料	电视机	电冰箱	空　调	洗衣机
铁	10	50	55	53
铜	3	4	17	4
铝	2	3	7	3
塑料	23	40	11	36
玻璃	57	—	—	—
其他	5	3	10	4
总计	100	100	100	100

由于电子废弃物中材料的多样性和复杂性,很难给出其通用的物质组成。不过许多研究分析表明,电子废弃物主要有 5 种类别的物质:黑色金属、有色金属、玻璃、塑料及其他。欧洲资源和废物管理中心的研究结果如图 6-6 所示。电子废物中最常见的物质是钢、铁,占全部重量的一半左右;塑料是第二大组分,约占总重量的 21%;此外还有有色金属,包括贵金属,约占全部重量的 13%(其中铜占 7%)。

据统计,2018 年中国废弃电器电子产品回收价值达到 126 亿元,未来 5 年(2018—2022 年)

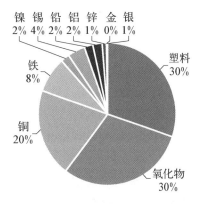

图 6-5　典型印刷线路板(PCB)的材料组成

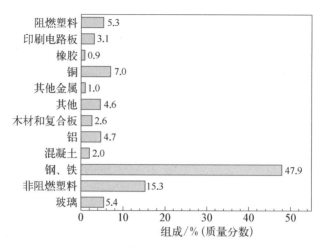

图 6 - 6　电子废弃物的物质组成

年均复合增长率约为18.57%,2022年中国废弃电器电子产品回收价值将达到249亿元。

6.2.2　电子废物的环境健康风险

电子废物中的有害金属和难降解物质可以通过不同的迁移转化路径在环境和人体中积累、存留下来,从而对生态环境和人体造成毒害。

6.2.2.1　典型污染物迁移转化路径

电子废物中不同污染物如持久性污染物和重金属等的迁移转化路径有所不同。其中溴代阻燃剂是电子废物中的典型持久性有机污染物。溴代阻燃剂是应用非常广泛的工业添加剂,而且某些添加型阻燃剂与聚合物基体的结合并非十分紧密,这导致了溴代阻燃剂广泛存在于环境当中。关于溴代阻燃剂造成高污染的研究已经有很多,尤其是在那些生产企业、使用企业以及电子废弃物最终处置企业周围的灰尘、土壤、沉积物、大气等环境介质和生物体中均能够检测到较高浓度的多溴联苯醚和十溴二苯乙烷。溴代阻燃剂是半挥发性有机物,能够随大气流动进行全球范围的迁移,尤其是通过"蚂蚱跳效应"由大气、水体或其他途径迁移至远离产地和使用地的偏远地区,并且还能在遇到低温等环境变化冷凝沉降到地表环境中,已经有相关研究发现南北极和偏远高山等极少有人类活动的地区存在相关的污染问题[2]。

灰尘颗粒含有很高的有机质,而且具有较大的比表面积,溴代阻燃剂由于亲脂疏水以及挥发性较高的特性,很容易在电子产品的使用或者拆解过程中释放出来并与灰尘结合在一起。因此,在电子废弃物的拆解环境中,电子产品内部的灰尘很容易进入环境,而且粗放的拆解工艺可能会导致更多的溴代阻燃剂的挥发。而灰尘又很容易通过呼吸、皮肤接触等被摄入,对工作人员构成了严重的健康威胁。灰尘颗粒作为载体很容易受空气扰动等影响使溴代阻燃剂重新进入大气或者颗粒物中,并且能够随大气流动等迁移扩散至更远的区域。

土壤中的污染物可能来自电子废弃物等的直接浸出,常见于拆解场地、电子废弃物堆砌地、焚烧场地等。近些年,全球大量的电子废弃物源源不断地涌入中国境内,而且国内很多地方的回收处置技术相当落后,拆解过程也没有任何的环保措施,致使有毒有害物质很容易直接排放到环境中。土壤也可能受灰尘、大气颗粒物干湿沉降到地表环境的影响等。

空气是在环境中污染物扩散的一个重要介质,这是因为溴代阻燃剂的蒸汽压较低,具有随着空气介质长距离迁移的潜力。在电子废弃物拆解场由于早期粗放处置而采取的露天焚烧和随意倾倒等措施导致大气中的多溴联苯醚的污染情况十分严重。而其在远离拆解活动的地区大气中也有出现,表明溴代阻燃剂已在中国大气环境中广泛分布。十溴二苯乙烷在全球的广泛使用导致在其在环境介质中不断被检测出。其浓度分布与人类血液中的浓度呈现一定的相关性,这表明十溴二苯乙烷能够在生物体内累积。

环境中重金属来源广泛,与人类活动息息相关。电子废弃物拆解所产生的重金属污染物质大约有 18 种,铜、铅、锌、镉等几类重金属严重超过土壤背景值,对环境的危害性巨大。以铅为例,铅是一种危害人体健康的重金属污染物,其污染源较多,且具有不可降解性,可以在环境中长期存在。人们多通过摄取食物、饮用自来水等方式把铅带入体内,进入人体的铅 90% 储存在骨骼,10% 随血液循环流动而分布到全身各组织和器官,影响血红细胞和脑、肾、神经系统功能。特别是婴幼儿吸收铅后,将有超过 30% 保留在体内,影响婴幼儿的生长和智力发育,并损伤其认知功能、神经行为和学习记忆等脑功能,甚至造成痴呆。在自然界中,铅的赋存状态以硫化物结合态为主,还包括有机硅铅化合物结合态、碳酸盐结合态、有机态、离子交换态和水溶态等。有机铅的毒性远比无机铅大,铅在环境中的有机形态主要是烷基化合物。

随着重金属在化工、造纸、电镀、纺织、印染、化纤、农业等行业的广泛应用,重金属的环境行为越发复杂。它们在环境介质中很难被微生物降解,而且会发生各种化学形态的转换、分散、迁移和富集。通常,拆解过程释放的重金属很容易富集在灰尘、土壤、大气、植物、动物、水体等,对人体的危害形式多种多样,包括皮肤接触、吸入、食入等,加大了重金属对人类的健康风险。

灰尘是一个重要的环境媒介,它可以提供地表环境中污染物的浓度、分布和形态等信息。灰尘组成与大气中颗粒物相似,能与其他介质有充分的交流,很容易与大气、土壤、水体等接触传递污染物,也容易与人体皮肤接触。

土壤也是污染物的最直接受体,而且土壤直接影响植物的生长,进而影响动物、人类。已有研究显示重金属污染会引起土壤结构恶化、功能衰退,导致土地生产能力下降。土壤中重金属的污染来源很多,而且重金属在土壤中很容易发生迁移转化。

大气中颗粒物也很容易富集重金属,尤其电子废弃物拆解过程,包括烘烤拆解废弃电路板、焚烧电子垃圾等,都会导致重金属释放出来进入大气颗粒物中。大气颗粒物中重金属的环境行为极其复杂,不同粒径颗粒物所含有的重金属分布不同,这对人体的呼吸系统健康具有很大的威胁。另外,重金属很容易随大气颗粒物迁移,造成更大范围的环境污染。

重金属拥有很多的化学形态,而且许多金属化合物离子键很容易被水介质破坏,随水体流动扩大污染范围。

6.2.2.2 生态毒性与人类健康影响

电子废弃物成分复杂,包含元素众多,具有潜在的毒性,若处理处置不当,很容易对环境及人类健康造成巨大影响,以下选取 3 种典型的废弃物组件进行说明。

印刷线路板几乎存在于所有电子电气设备中,是重要的核心部件,印刷线路板组成复杂,有毒有害元件众多,包含元素周期表中约 60 种元素。其中含有大量的重金属和其他有毒有害成分,如多氯联苯、铅、汞、溴化阻燃剂等。废弃线路板处理不当会释放大量有毒物质到环境中,如重金属元素和有毒有机组分(含酚、醛、溴等),危害生态环境和人体健康。重金属元素如汞、铅、铬、镉、砷等有毒有害成分具有生物累积性,并会对环境造成永久性损害,通过直接摄入和食物链传递产生损害,如六价铬离子破坏 DNA,镉中毒导致骨痛病等。为提高安全性能,绝大部分印刷线路板制造时在材料中添加阻燃成分,其中溴化阻燃剂应用最多,溴含量在线路板中可达 15% 以上。溴化阻燃剂很容易受热分解产生溴化氢、溴甲烷、溴代苯酚等多种有毒卤化物,如果在有氧环境下受热分解,会释放出多卤代二恶英、多卤代苯并呋喃类物质,这些物质具有很强的致癌作用。

液晶是液晶显示设备的核心材料,一块液晶显示面板中的液晶约由 10~25 种液晶化合物组成,其成分复杂,性质各异,而且多数液晶材料分子内含有苯环等官能团,具有显著的难生物降解性和水体蓄积性等特点,若处理不慎进入生物体内产生生物累积,会对生物体造成潜在的生态危害[3]。

锂离子电池正极材料中的 $LiCoO_2$、$LiMnO_4$、$LiFePO_4$ 等能够与酸碱反应,析出重金属,造成重金属污染,使环境的 pH 值升高,造成环境危害。负极材料中的石墨等物质在燃烧不充分的情况下产生 CO 等有害气体,同时还能引发粉尘颗粒污染。电解液溶质 $LiPF_6$、$LiBF_4$、$LiClO_4$、$LiN(CF_3SO_2)_2$ 等有强烈的腐蚀性,遇水或高温能够产生含氮、氟和硫的有毒气体,污染空气,且经由皮肤、呼吸接触对人体造成刺激。碳酸乙烯酯(EC)、甲基乙基碳酸酯(EMC)、二甲基碳酸酯(DMC)、碳酸丙烯酯(PC)等电解液溶剂燃烧时易产生CO等有害气体和醇等有机污染物,这些污染物经由呼吸、皮肤接触会对人体造成刺激。其他材料如聚偏氟乙烯可与氟、浓硫酸、强碱、碱金属反应受热分解产生氢氟酸等有害气体,造成氟污染。

同时,不恰当的处理处置手段也会带来二次污染,焚烧或热解后的气体产物含有多环芳烃等有毒有害物质,对生态系统和人类健康造成极大的危害。

在电子电器产品中,以电脑为例,制造一台电脑需700多种化学原料,其中300多种对人体有害,包括铅、钡、镉、汞、炭粉、阻燃剂等高度危害人身健康的物质。表6-7列出电子废弃物所含的主要有毒有害物质及其潜在的危害。

表6-7　电子废弃物中的有害物质及其危害

名　称	主要来源/用途	毒性或危害描述
氯氟烃化合物	电冰箱、空调	破坏臭氧层,加剧温室效应
溴化阻燃剂	线路板、电缆、电子废物外壳	燃烧时产生多溴联苯、二噁英、呋喃等强烈致癌物质。多溴联苯醚可导致内分泌紊乱;多溴联苯可增加淋巴和消化系统癌症的发病率
铅	阴极射线管、焊锡、电容器、显示器、线路板	损伤中枢和末梢神经系统、血液系统、肾脏、内分泌系统,影响儿童大脑发育,对植物、动物和微生物均有急性和慢性毒副作用
汞	显示器、传感器、电容器、手机、电池	水中的无机汞可形成甲基汞,甲基汞易通过食物链进入人体,造成大脑慢性损伤。有机汞中毒主要表现为侵害神经系统,造成知觉障碍、听力低下、运动失调
镉	电池、计算机显示器、线路板、半导体	可通过呼吸和食物被人体吸收引起中毒,表现为腰痛、背痛、易发生病理性骨折
铬	线路板、金属镀层	铬易通过细胞膜并被人体吸收,非常低的浓度就可产生强烈过敏症状,还可以导致DNA损伤
含聚氯乙烯的塑料	电线、电子废物外壳	燃烧时产生强烈致癌物质二噁英和呋喃,被人体吸入将引起头晕、胸闷等不适

与其他固体废弃物相比,电子废弃物造成的危害具有潜在性、长期性和难以恢复性的特点。电子废弃物中的有毒有害物质一旦进入环境中,既可对生态环境造成直接污染,也可在土壤环境或水环境中富集,最终通过食物链进入人体,给人类生存与健康带来不可估量的影响。

6.2.2.3　国内外典型案例

20世纪80年代末,广东汕头市贵屿镇涉足废旧电子电器产品的回收处理,逐步发展成为全国最大的废旧家电回收利用基地。贵屿镇过去曾有 5 169 家废旧电子电器拆解户,从业人员超过 10 万,几乎家家户户都参与,庭前屋后私搭乱建简易工棚,街头巷尾电子垃圾堆积如山。由于方法原始落后,技术、资金有限,拆解户大多采用焚烧、酸洗、热溶等落后拆解技术,废气废液未经处理直接排放,导致河水被污染,土壤中重金属含量超标。

电子垃圾拆解业的发展为当地居民带来了财富,却也给该镇造成了严重的环境污染。贵屿的污染主要来自处理加工环节,空气、水及土壤是重灾区。空气污染主要是焚烧电路板造成的,电路板焚烧过程中所产生的二噁英烟尘是高致癌物质,对生物危害极大。水污染主要是"酸洗"造成的,所谓"酸洗"就是将线路板直接浸入强酸中以取得其中的金、银等贵金属。"酸洗"的废液直接排入明沟、明渠中,对地表水及浅层地下水污染严重。土壤污染则主要是来自贵金属的沉积。

贵屿的水源污染状况十分严重,由于有毒物质、废液被填埋或渗入地下,绝大部分地表水和浅层地下水已不能饮用,只能用作工业用水,居民饮水必须从30 千米以外的地方运送。污染侵蚀过的土壤已经不能再种庄稼,大量有害气体和悬浮物使空气质量变差,造成了严重的空气污染。对该地区河岸沉积物的抽样化验显示,铅、铬等对环境和身体健康危害极大的重金属含量都超过危险污染标准数百倍,甚至上千倍,而水中的污染物含量也超过了饮用水标准数千倍。当地居民身体健康受到严重的威胁,与其他非电子垃圾拆解地区相比,皮肤损伤、头痛、眩晕、恶心、胃病、十二指肠溃疡等病症在当地居民中发生率高。

经过多年整治,从"家家拆解、户户冒烟"到"统一规划、统一运营",从"无序无规、竭泽而渔"到"依法依规、绿富双赢",贵屿的发展模式从粗放发展向绿色发展转变,但在污染损害的修复方面仍然有很长一段路要走。

印度加尔各答的桑格拉姆普尔村是一个著名的电子垃圾村。由于丰厚的利润以及几乎可以忽略不计的投入,在这个村子,几乎每户人家都从事电子垃圾拆解工作。目前印度成为世界上产生电子废物最快的国家之一,特别是在人口密集的城市。几十年来,印度因电子拆解而被重金属和多氯联苯等有机物污染的土壤环境总体状况堪忧,部分地区污染较为严重。

调查提取了新德里、孟买、钦奈、班加罗尔、加尔各答、果阿和阿格拉七大城市的土壤样本,结果表明,印度土壤中多氯联苯平均浓度为全球平均水平的两倍。此外,研究者还沿着从城市到农村的不同地点采集了 84 个 20 厘米厚的表面土壤样品和空气样品。结果表明,大量较重的多氯联苯普遍存在于城市及周边地区。

在钦奈位于港口附近的地区,除了进口电子废物以外,印度国内每年还产生4.7 万吨电子废物。在位于班加罗尔的一个电子垃圾倾倒场,这里除了直接排放多氯联苯废物外,土壤中的再排放也成为多氯联苯污染的主要根源之一。这些持久性有机污染物在环境中停留时间更长,并难以分解。研究表明,长期接触多氯联苯会致癌,导致出生缺陷,损害中枢神经系统、免疫和生殖系统,并可能影响食物链。电子废物的非正规回收,固体废物的露天焚烧等都容易造成这种污染。尽管发达国家多氯联苯污染问题正在消退,但在印度等发展中国家,这仍然是一项重要的议题。

6.2.3 电子废物的资源价值

不同电子产品中的线路板组成成分差异性较大,如手机线路板中含有63%的金属、24%的难熔氧化物和13%的树脂,而台式电脑线路板中则含有45%的金属、27%的树脂和28%的难熔氧化物。此外,台式电脑线路板中的铜含量为20%左右,而手机线路板中的铜含量高达34.5%[4],表6-8为废弃印刷线路板的一般组成。印制线路板中金属的品位相当于普通矿物中金属品位的几十倍,甚至上百倍,具有较高的回收利用价值。据统计,1吨随意搜集的印刷线路中含有约272千克塑料、130千克铜、0.45千克黄金、41千克铁、30千克铅、20千克锡、18千克镍和10千克锑。而印刷线路板作为几乎所有电子电气产品的基础元件,种类繁多,数量巨大。铜、铁、铝等是线路板中常用的导电材料,是重要的可回收普通金属资源;金、银、钯等贵金属常用作插槽和引脚的镀层保护原料,是重要的贵金属资源。

表6-8 废弃印刷线路板的组成 单位:%

组 成		含 量	组 成		含 量
金属	铜	20	难溶氧化物	硅	15
	锌	1		氧化铝	6
	铝	2		碱土金属氧化物	6
	铅	2		其他	3
	镍	2		氧化物合计	30
	铁	8	塑料	含氮聚合物	1
	锡	4		C—H—O聚合物	25
	其他金属	1		卤素聚合物	4
	金属合计	40		塑料合计	30

废锂离子电池中的钴、锂、铁、铜、锰、铝等资源(尤其是钴和锂,价格较高,资源稀少)如能得到再次利用,可带来显著的经济效益。钴的耐高温性能好,可以制造各种高负荷耐热零件,也可作为耐酸合金的添加元素、硬质合金的黏结剂等。同位

素钴-60是廉价的γ射线源,在物理、化学生物研究和医疗部门已得到广泛应用。我国每年钴的需求量为0.06万~0.08万吨,其中60%以上需要进口[5]。而金属锂除了在锂电池中得到应用外,在Al-Li合金、Mg-Li合金等航空航天材料、有机合成、轮胎橡胶工业、核聚变反应电站等领域也得到了广泛的应用,具有很高的回收价值[6]。据估计,我国每年废锂离子电池的产生量约为6.75万吨,折合钴酸锂、镍钴酸锂/镍钴锰酸锂2.30万吨,铜0.61万吨,铝0.41万吨。以手机为例,其全国年销量达到2亿部,一块手机电池可回收的产品价值在3~4元,总价值约在6亿~8亿元[7]。

基于废玻璃基板的高耐热性、高化学稳定性和良好的机械性能,可以将其用作建筑材料的添加料以实现其资源化。研究表明,向混凝土中添加20%(质量分数)的废玻璃基板不仅能满足混凝土材料的各项建筑性能指标,而且还能增加其强度和耐性。向水泥中添加10%(质量分数)的废玻璃基板不会影响水泥黏结强度,但当添加量超过10%时则会降低其黏性强度。废玻璃基板可用作添加料制造生态砖、陶瓷及玻璃陶瓷,当添加为30%(质量分数)时,制造的生态砖不仅能够满足容重、缩水性、微结构变化等工程指标,还具有低吸水率、低质量损失和高耐压强度等优点。以废玻璃基板为部分原料烧制瓷砖及玻璃陶瓷,其毒性浸出测试满足相关规定,但随着废玻璃基板添加量的增加,瓷砖和玻璃陶瓷在烧制过程中的失重增加,孔隙率增大,为保证产品性能,添加量不宜超过50%(质量分数)。

电子废弃物中有机物资源化受关注度相对较小;通过水热反应回收小分子有机酸[8],热解回收以及机械分离富集非金属粉末做塑料填料等资源化方式目前仍在研究当中。

对电子废弃物进行资源化处理不仅可以变废为宝,而且能够减轻环境污染,从而实现环境保护与经济发展的双赢。

6.3 电子废物资源化技术过程与发展

随着我国电子信息产业的进一步发展,合理解决电子废物处理问题已经变得越来越紧迫,电子废物资源化技术发展至今逐渐形成了初步体系,主要包括分离富集、精细化处理以及一些其他新技术。

6.3.1 分离富集技术

电子废弃物分离富集是指通过一定方法,将电子废弃物中不同种类的物质分开,并按照一定目的将有价值组分进行集中的技术。例如,根据物料中各组分物理特性的差异(如密度、导电性、磁性及表面特性等),采用"机械破碎＋分选"的方法,即破碎、筛分(固定筛、共振筛、滚筒筛等)、分选(重选、电选、磁选、浮选、光学分选等技术及其组合),分离废弃印刷线路板中的金属和非金属,富集各组分,从而实现回收金属和非金属的目的,结合后序工艺如火法冶金、湿法冶金、电解等工艺提纯,主要包括以下步骤:机械或人工拆解危险或有价值组件;破碎至一定粒度后进行筛分;利用密度、导电性和磁性等差异进行分选;分选组分送至金属冶炼厂或塑料加工厂进行深加工处理。

6.3.1.1　拆解分类技术

电子废弃物拆解分类指通过一定手段,将废弃手机、电脑、电视机、洗衣机、冰箱等电子废弃物的元件进行拆除并分类,便于后续回收、处理处置的技术,主要包括人工拆解和机械拆解。不同电子废弃物的拆解工艺有所差别。

目前国内回收以阴极射线管(CRT)显示器为主的废计算机显示器或电视机,通常经初步的整体拆解及人工分离得到塑料机壳、喇叭、电线电缆、印刷电路板、金属偏转线圈和阴极射线管。整体拆解的主要目的是移出机壳、电感线圈、阴极射线管以及各种电路板和电线,可实现危险组分的分离和去除,有利于下一步的分离和进一步使用电视机、显示器中可资源化利用的成分。含多溴联苯或多溴二苯醚阻燃剂的塑料电线、机壳应单独拆除,与其他普通的电线和塑料分类收集。金属线圈和普通塑料分别经过压块和破碎等简单处理后可以出售外销或再生产其他产品。根据原理不同,去除外壳后的阴极射线管拆解分为物理拆解法和化学拆解法,其中物理拆解法主要有加热丝法、机械切割法、直接破碎法、热冲击法、熔融法等。阴极射线管显示器分离后,其屏玻璃上的荧光粉涂层可采取干法工艺和湿法工艺两种路线去除。目前,处理企业一般采取负压抽吸的方式即使用真空吸尘器吸除屏玻璃上的荧光粉。在电视机拆解的过程中,主要污染控制关键节点包括拆解过程、锥屏分离、荧光粉抽吸等,建议采取负压抽吸、设置防护罩等方式防止对操作车间产生的影响。废计算机、电视机阴极射线管显示器拆解工艺流程如图6-7所示。

对于废计算机、废电视机等的液晶显示器,根据其结构特征在拆解处理前须使用专业工具将背投照明灯拆除,不得破坏灯管以避免造成管内汞的泄漏。拆除背投照明灯应在负压条件下进行,拆解出来的汞灯储存在容器内,并防止其破裂。废液晶显示器、笔记本电脑等所含可回收利用的金属、塑料等占90%以上,只有少部分材料不可循环使用。该过程产生环境影响的环节为含汞背光灯管的拆解,需要在负压半密闭拆解台上进行,抽风管道通过载硫的活性炭装置防止意外破裂造成的汞蒸气逸出。此外,汞灯、电池和液晶显示器等部件为危险废物,在拆解过程中应采取专业拆解技术,避免对人和环境带来危害。废计算机、电视液晶显示器拆解

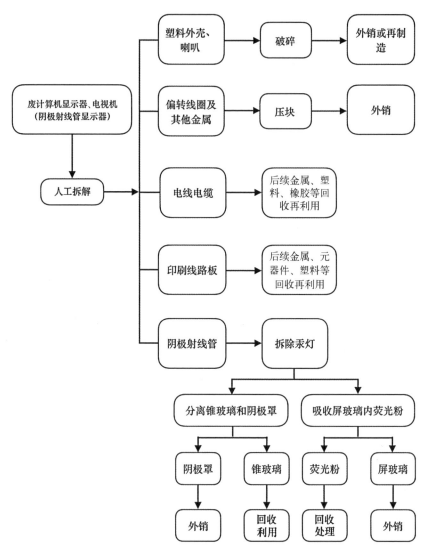

图 6-7　废计算机、电视机阴极射线管显示器拆解工艺流程

工艺流程如图 6-8 所示。

废冰箱、空调、洗衣机等的拆解处理主要为手工与机械处理相结合的方式，即人工去除内饰品、抽取制冷剂和矿物油、拆除压缩机和制冷系统，然后采用负压密闭设备进行整体破碎。其拆解生产线包括预处理系统、破碎系统、粉碎分离系统、金属分离和除铁系统、泡沫减容系统以及安全防爆系统。其中粉碎分离系统在整体破碎后用来分离物料和聚氨酯泡沫，可实现聚氨酯泡沫的分选。除铁系统主要是磁选机，可分离铁类物质。有色金属分离系统用于铜、铝等金属的分离。泡沫减

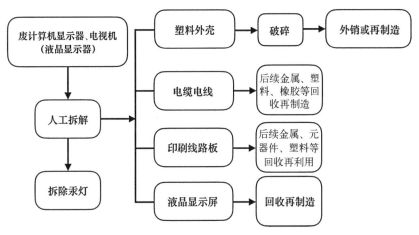

图 6-8　废计算机、电视机显示器拆解工艺流程

容系统是在泡沫分离后将泡沫进一步粉碎减容,便于后续的打包输送。具体拆解工艺流程如图 6-9 所示。

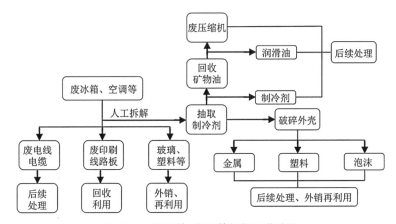

图 6-9　废冰箱、空调等拆解工艺流程

　　废电路板主要来源于废旧电脑、电视机、洗衣机、空调、电冰箱、小家电和电子产品拆解过程中产生的主板、显卡、中央处理器及其他电器的控制面板。电路板的拆解过程主要分为两个过程:一是电路板焊锡和元器件脱除过程,基板和元器件可分别处理;二是脱除元器件后基板的资源化过程。目前企业采用人工、机械或其他方式剥离元器件,然后对线路板进行破碎,回收铜等金属。废线路板拆解工艺流程如图 6-10 所示。

6.3.1.2　机械分离技术

　　机械分离技术是根据电子废弃物间各组分密度、导电性、亲水性、磁性、粒度、

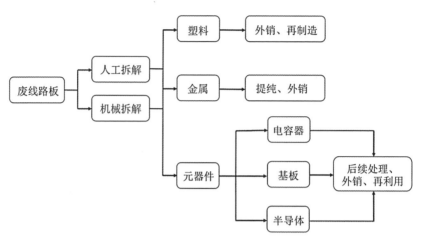

图 6-10　废线路板拆解工艺流程

形状表面性质等物理性质的差异,采用物理方法分离的过程,主要包括重力分选、静电分选、电磁分选、气浮分选、组合分选等。

重力分选简称重选,是利用材料中不同颗粒间密度的差异实现不同颗粒间有效分离的一种方法,常用的分选介质是空气、水、重液或重悬浮液。重选的实质是松散—分层—分离的过程。将待分选物料置于分选设备内形成散体物料床层,使物料在重力、浮力、流体阻力或其他机械力的推动下松散,被松散的颗粒群由于沉降时运动状态的差异,不同密度或粒度的颗粒会发生分层转移[9]。分层后的物料层在机械作用下分别排出实现分选。重选由于具有设备简单、生产成本低和环境污染少的特点,不仅成为选矿的主要方法,在处理再生资源和环境保护方面也发挥着重大作用。重力分选是废弃线路板回收处理常用的分离方式之一。

静电分选是针对电场中荷电或极化物体的选择性分类方法,适用于分选电子废弃物中玻璃纤维和陶瓷等无机物。静电分选已经在矿物加工、煤炭预处理、药物分离等行业得到广泛应用,具有成本低、高效、结构简单、无污染等特点[10]。

电磁分选是利用电子废弃物中混合物料在磁场或高压电场中磁性或电性的差异进行分离的一类方法。废线路板破碎后,用低强度的磁选机可以将铁磁性物质分离出来。静电分选具有分离效率高、过程清洁干净的优点,可以用来分选尺寸小于 0.1 mm 的颗粒,甚至可以用来从粉尘中回收贵金属。线路板的破碎产物中金属和非金属材料的导电性差异显著,十分适合静电分选。在废弃线路板回收过程中,磁选和电选结合起来使用往往可以获得较好的金属回收效果。

气浮分选又称气流分选,是使固体废物颗粒按密度和粒度进行分选的一种方法。气流将电子废弃物中较轻的物料向上带走或水平带向较远的地方,而较重物料组分则由于上升气流不能支持它们而沉降,或由于惯性在水平方向抛出较近的距离,从而达到分离的目的。气浮分选设备包括风力分选机、旋风分离器、摇床、流化床等。

组合分选是将重选、电选、磁选等多种分选工艺结合使用,以达到更优的分选效果。如采用单一分选方法对电子废弃物破碎产物进行分选,效果相对较差,而采用磁、电分选与密度分选相结合的方法可以取得较好的效果。当前针对电子废弃物的分选主要采用湿法分选和干法分选相结合的技术,湿法分选有水力摇床、浮选、水力旋流分级等,干法分选包括电选、磁选和气流分选等。日本电气株式会社(NEC)处理废印刷线路板的工艺如图 6-11 所示[11]。其特点是采用两段式破碎法、利用破碎设备将废弃线路板粉碎成小于 1 mm 的粉末,此时铜尺寸远大于玻璃纤维,旋风分离器可以很好地分离较大粒径的玻璃纤维和树脂粉末,一级分选可以得到铜含量约为 82% 的铜粉。粒径较小的非金属粉末则在第二级的静电分选过程中与铜粉分离,二级分选可得到铜含量为 94% 以上的铜粉。树脂和玻璃纤维的混合粉末可以用作油漆、涂料和建筑材料的添加剂。

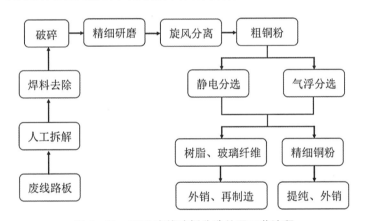

图 6-11　NEC 废线路板分选处理工艺流程

在电子废弃物回收初期,主要处理工艺基本为拆解和分离。随着对电子废弃物的进一步认识,人们开始更加关注其他资源化回收方式,如金属及稀贵金属回收处理过程。经过拆解、分选的电子废弃物通过整套精细化处理系统能够回收和提取较高纯度金属,该过程具有设计巧妙、结构简洁、操作简单、节能高效、适于大规模推广应用的特点。

6.3.2　精细化处理技术

电子废物的精细化处理技术包括热处理技术、湿法冶金技术等。

6.3.2.1　热处理技术

热处理技术利用物质受热发生分解的反应进行废物处理。热处理技术已经在农林废料、废塑料、轮胎及城市生活垃圾资源化方面取得了较好的应用和发展。

以废印刷线路板为例,废印刷线路板非金属热解过程是在缺氧或无氧条件下进行的,热固性环氧树脂加热至一定温度时发生化学键断裂,网状交联结构的有机高分子被分解成有机小分子,残留物为无机化合物(主要是玻璃纤维),生成气体、液体(油)、固体(焦)并加以回收。

采用热解技术处理废弃印刷线路板有以下特点:① 可以将固体废物中有机物转化为燃料油或者重要的化工原料;② 由于是缺氧分解,排气量少,有利于减轻对大气环境的二次污染;③ 由于保持还原条件,金属部分不会被氧化,有利于后期的回收再利用;④ 热解温度相较于焚烧低很多,热解过程在缺氧条件下进行,无 NO_x 的产生。在资源短缺与社会发展之间矛盾日益突出的今天,将热解技术运用于高分子材料的资源化回收越来越受到广大研究人员的关注。

废线路板热解的一般工艺流程如图 6-12 所示[12]。拆除元器件的废印刷线路板,经粉碎至一定尺寸后进行热解。废线路板中的环氧树脂等高聚物在无氧条件下加热到一定温度发生热分解,生成小分子有机物或者单体。冷凝热解生产的热解气可以得到不凝性气体和液态热解油。热解固相产物主要是金属和玻璃纤维等惰性成分,留在反应器中作为固相残渣,采用简单的物理方法即可分离回收。

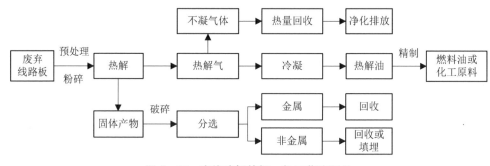

图 6-12　废线路板热解一般工艺流程 I

废线路板热解一般工艺流程 I (见图 6-12)实际上体现了将热解工艺设置为机械物理分选的前处理工段。工艺路线的设置要考虑到废印刷线路板金属、环氧树脂及玻璃纤维结合紧密,需要较强的外力将其粉碎到一定的粒径时,才能实现金属和非金属的解离。因此,先热解可以在回收废线路板中高聚物的同时降低或者消除金属、树脂、玻璃纤维之间的黏结力,使得后续的分选工艺更加容易进行。该工艺过程虽然可以实现废印刷线路板中非金属的资源化回收,但对原有工艺的改动较大。此外,受废线路板中各种组成成分含量的影响,产品的品质和产量波动性较大,而且,热解过程产生的酸性气体及形成的焦炭类物质均会对后期回收得到金属的品位产生较大的影响,工业化应用推广价值不高。

相比较而言,将热解工艺设置为机械物理分选的后处理阶段,如图6－13所示,既可以解决现有废印刷线路板处理企业处理过程中产生大量非金属物料的出路问题,而且不改变原有废印刷线路板处理工艺流程,一次性投资成本较工艺流程Ⅰ大为降低。此外,非金属物料在热解前经过一次富集后,大大降低了其中金属的含量,树脂的含量较高,产品的产量和品质相对稳定。因此,工艺流程Ⅱ(见图6－13)工业化应用优势明显,可以作为现有废印刷线路板处理企业处理机械物理分选后产生的非金属物料的备选技术之一。

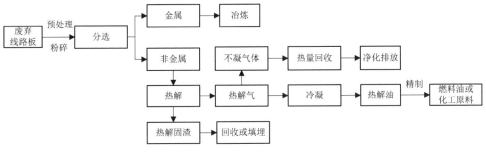

图6－13　废线路板热解一般工艺流程Ⅱ

废弃印刷线路板非金属处理的热解工艺的应用和推广根本上取决于热解技术本身能否达到工业化应用的要求,产品的品质能否体现一定的市场需求。使用真空热解加离心分离组合工艺处理废弃印刷线路板的温度范围控制在400～600℃,转速为1 000 r/min,维持10 min[13]。选定的A型废印刷线路板可热解获得67.91%的固相产物,27.84%的热解油和4.25%的热解气。选定的B型废印刷线路板可热解获得72.22%的固相产物,21.57%的热解油和6.21%的热解气。运用微波辅助热解废印刷线路板[14]可热解获得78.6%的固相产物,15.7%的热解油和5.7%的热解气。

采用热重分析仪和固定床热解反应器对废旧线路板进行了低真空条件下的热分解实验[15],实验结果表明真空热解提高了液相产物的产量,可得到65.91%的固相产物、25.33%的液相产物和8.76%的气相产物,但液相产物中的溴含量高达13.47%,热解油产品只能用于分离提取化工原料。在固定床反应器中惰性气氛条件下应用程序加热方法对典型的溴化环氧树脂基板进行热解试验[16],可回收得到15%～21%的液体油、15%～20%的气体以及60%以上的固体产物。气体产物主要由CO、CO_2、N_2、溴苯及一些低级烃类(C_1～C_2)组成。热解油组成为14%的轻石脑油(小于120℃)、30.5%的重石脑油(120～180℃)和7.9%的重石脑油(180～195℃),其余为沥青。

应用热重—红外分析系统测定了印刷线路板破碎过程中的热解行为以及相应

的气体产物,结果表明印刷线路板破碎过程中局部区域温度急剧升高达到 250℃ 以上,并发生复杂的热解反应[17]。热解过程中,非溴化树脂发生 O—CH,C—C, C—N 键断裂,生成苯酚和芳香/脂肪醚;溴化环氧树脂部分热解主要产生 1-溴苯 酚或 2-溴苯酚。在温度低于 310℃ 时,环氧树脂主要发生脱水反应;温度高于 310℃ 时,有 SO_2 的排放[18]。实验结果还指出氧参与分解反应,并与碳化过程形成 竞争。由此可猜想溴化环氧树脂的三步热解机理[19]:第一步是树脂溴化部分的热 解,生成溴代烷烃和溴代酚;第二步是树脂非溴化部分的热解,生成烷基苯酚、双酚 A 等取代酚类物质;第三步是前两步过程中生成的不饱和物质经过环化、聚合等反 应后形成焦炭。

热解油是废弃印刷线路板热解工艺的主要目标产物,其组成成分决定了后期 资源化再利用的路径,同时也体现了热解技术应用于废弃印刷线路板非金属回收 的经济价值。热解成分复杂、沸点范围大,含有许多有价值成分,也是许多研究人 员关注的热点问题。目前热解油的回收利用主要有以下 3 个方面。当处理规模不 大、热解油产量较低时,将其作为燃料利用简单可行。将热解油经蒸馏处理得到轻 石脑油、重石脑油、轻质油气和重质油气 4 种馏分[20],其中高温馏分可作为低级燃 油出售,而低温馏分经过适度氢化和脱氧、脱水处理可作为汽油和柴油的主要成分 回收使用。热解油主要成分苯酚和异丙基苯酚等都是重要的有机化工原料,广泛 应用于塑料、医药、农药、染料涂料等领域。通过多级精馏试验,分离焚烧后产出的 有机液料可得到异丙基苯酚,其含量不小于 90%,所得苯酚符合 GB 3079—1997 标准。将热解油进行简单处理后,重新合成树脂,实现废线路板非金属中树脂材料 的循环再利用。以废线路板的热解油为原料,以热解过程中产生的氨气为催化剂, 合成醇溶性热解油酚醛树脂,产品经分析测试表明,其组成、结构和固化特征与常 规工业生产的氨催化酚醛树脂的性能相近。

热解过程包含了传热过程、传质过程、相转化过程以及化学反应过程。因此, 影响上述过程的工艺条件,如温度、升温速率、颗粒大小、气氛及载气流速、催化剂 类型等因素,都会对产物的产量、特性和分布情况产生影响。深入研究热解工艺条 件对废印刷线路板热解产物的各种影响是进行热解工艺优化的前提和基础。

热解温度是影响热解产物产量和分布的最根本因素。废印刷线路板热解过程 总体上是吸热过程,提高温度能加速热解反应。考察固定床反应器中温度对废线 路板树脂热解产物的影响,实验结果表明提高热解温度,气相和液相产物产量增 加,而固相产物产量减少。如果继续升高温度,则会使液相产物发生二次分解,产 物产量主要在液相和气相之间进行重新分布,出现气相产物产量增加、液相产物产 量减少的趋势。因此,热解温度的选定对提高目标产物的收率至关重要。

升温速率提高,热解起始温度和反应终温都相应提高,主反应区间增加。达到相同热解温度,低升温速率下,试样反应时间延长,反应进行较完全,反应物转化率增高。研究升温速率对废线路板的热解产物的影响,结果表明随着升温速率的增大,固体和气体产物的产率都提高,而液体产物的产率降低,但各产物产率的变化幅度都比较小。研究结果还表明升温速率影响废印刷线路板热解液相产物中焦油产率,低升温速率比高升温速率条件下焦油产率高。但随着热解终温的升高,高升温速率能使物料分子在极短时间内获得较多的能量而加快其热分解,焦油产率反而会有稍许提高[21]。

颗粒粒径及形状主要取决于废线路板预处理过程中选择的粉碎方式。颗粒粒径大小、形状及分布的不同会影响热解过程中颗粒之间的传热、传质及产物的逸出速度,从而引起产物分布不同。比较了不同粒径废印刷线路板粉碎料在相同热解终温(600℃)下的产物分布,结果表明粒径越小,气体产率越高,而固体和液体产率越低。这主要是因为颗粒粒径小,径向温度分布均匀,热解进行较完全,有利于挥发组分的析出,因而气体产率较高。颗粒粒径增大,热解过程中易产生具有较长分子链的化合物,液体产率有所增加。因此,适当增大颗粒尺寸有利于液相产物的生成。

废线路板在氧气浓度为5%~15%的气氛和纯氮气氛下进行热解,实验结果表明有氧气时,废线路板的热解分成两个阶段,热解剩余物质占到总重的14.1%~18.8%;但在纯氮气氛下,废线路板的热解却只存在一个阶段,其主要起始反应温度范围是564~584 K。无气氛的真空热解不仅大幅降低反应温度,减少二噁英类物质的形成,而且缩短产物在高温热解区停留时间,减少二次反应,有利于提高液体产品产率。此外真空体系密闭并存在一定负压可防止体系中的有毒物质扩散,能有效防止二次污染。

6.3.2.2　湿法冶金技术

湿法冶金技术是利用酸性或碱性溶剂并借助化学过程,包括氧化、中和、水解、还原及络合等技术,对金属进行浸提和分离的化学冶金过程。湿法冶金提取金属技术于20世纪70年代始于西方发达国家,一般涉及金属浸出过程和从浸出溶液中提取金属过程。酸性溶液通常在湿法冶金过程中用作电子废弃物金属回收工艺浸出剂。该技术是利用贵金属溶解于酸性溶液的特点将其从电子废弃物中分离出来,并通过电解、萃取等方法从液相滤液中回收金属。在酸浸过程中,浸出材料的组成、结构、粒度,浸出剂的浓度,反应温度,搅拌速度和浆料浓度都是影响金属浸出效果的因素。

由于该技术废气排放少,提取贵金属后的残留物相对易于处理,经济效益显著,工艺流程简单,因此,它比火法冶金提取贵金属的技术应用更为普及和广泛。典型废线路板的湿法冶金回收工艺流程如图6-14所示。

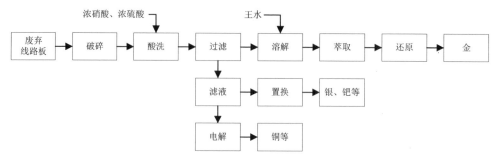

图 6-14 典型废线路板的湿法冶金回收工艺流程

废锂离子电池广泛存在于废弃手机、笔记本电脑等电子电器设备,其中主要活性组分为钴酸锂(LiCoO₂)。湿法冶金技术由于具有能耗低、操作方便、有毒气体排放少、成本低等优点,已广泛应用于工业上的废锂离子精制高值化,工艺流程如图 6-15 所示。

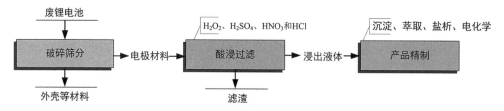

图 6-15 废锂离子电池湿法冶金工艺流程

以无机强酸(如 HCl,H₂SO₄ 和 HNO₃)为例,浸出过程中所涉及反应式如(6-1)~(6-3)所示,并通过投加过氧化氢溶液加速反应速度。

$$2LiCoO_2(s) + 8HCl \longrightarrow 2LiCl + 2CoCl_2 + Cl_2(g) + 4H_2O \qquad (6-1)$$

$$4LiCoO_2(s) + 6H_2SO_4 \longrightarrow 2Li_2SO_4 + 4CoSO_4 + O_2(g) + 6H_2O \qquad (6-2)$$

$$4LiCoO_2(s) + 12HNO_3 \longrightarrow 4LiNO_3 + 4Co(NO_3)_2 + O_2(g) + 6H_2O \qquad (6-3)$$

通过比较盐酸、硫酸和硝酸对钴、锂的浸出效果发现在各种条件下 HCl 对钴、锂两种金属的浸出效果较好,H₂SO₄ 溶液浸出效果次之。3 种强酸对钴和锂的浸出效果从强到弱依次为 HCl>H₂SO₄>HNO₃。钴酸锂的溶解需要自身发生氧化还原反应,该过程中 Co³⁺ 被还原为 Co²⁺,O²⁻ 被氧化为 O₂,在无还原剂时,该反应过程进行比较困难,因为盐酸自身具有较强的还原性,相较硫酸及硝酸可以取得较好的浸出效果。

由于以强酸作为浸出剂通常会产生酸性气体及酸性废水,处理困难,对环境造成污染,腐蚀性强,对设备要求较高,一定程度上也提高了生产成本,而且强酸浸出选择性效果不好,通常会引入大量杂质离子,增加后续分离纯化步骤,因此,目前研究的湿法酸浸过程也有以选择性较好的有机酸作为浸出剂浸出钴和锂等有价金属的。有机酸性质更为温和,却有着和无机酸几乎相同的浸出效率及反应条件(见表6-9)。因此,越来越多的研究转向有机酸(如琥珀酸、柠檬酸、苹果酸等)浸出试剂[22]。

表 6-9　钴锂浸出试验反应条件及效率

浸出剂	温度/℃	时间/min	固液比/g/L	添加剂/%(体积分数)H_2O_2	效　　率	文献来源
4 M盐酸	80	60	20	无	Co:—；Li>99%	[23]
2.5 M硫酸	60	240	1/10	无	Co:—；Li:97.2%	[24]
1 M盐酸	95	240	1/50	无	Co:66.2%；Li:93.4%	[25]
4 M盐酸	85	120	1/10	10	Co:95%；Li:96%	[26]
2 M硝酸	80	120	—	无	Co:—；Li:100%	[27]
1 M硝酸	75	60	20	1.7	Co:85%；Li:85%	[28]
1.25 M硝酸	90	30	20	1.0	Co:90%；Li:100%	[29]
1 M草酸	80	120	50	无	Co:—；Li>98%	[30]
1.25 M抗坏血酸	70	20	25	无	Co:94.8%；Li:98.5%	[31]

柠檬酸作为一种环境友好的有机酸具有优异的浸出性能,如浸出效率高、浸出过程中无毒气产生、易于自然降解、价格相对较低等,可以作为酸浸过程中的一种优良试剂。相较于无机强酸而言,柠檬酸为一种有机弱酸且极易溶于水。在湿法冶金过程中,柠檬酸通过阴离子的强螯合作用可实现废水中金属离子的浸提。由于柠檬酸具有一定络合能力,浸出金属之后,可采用相应的沉淀剂将金属离子沉淀,以备回收利用。当柠檬酸发生分步电离形成自由的质子与酸根离子时,质子将加速金属化合物溶解以释放出自由的金属离子,而酸根离子则与金属离子发生螯合作用,两者相辅相成。因此,柠檬酸还可用作螯合剂去除废铅膏中的重金属离子[32]。此外,柠檬酸是一种极温和的物质,不论在富氧的优良条件下还是缺氧的恶劣条件下,都极易降解,酸浸后的滤液或者残余物中附着的柠檬酸,都不会造成环境负担。

使用柠檬酸和过氧化氢作为浸出剂和还原剂对废锂离子电池中钴和锂进行酸浸提取,在批处理提取反应器中,在 1.25 mol/L 柠檬酸溶液,1.0%(体积分数)过氧化氢,固液比为 20 g/L,搅拌速度为 300 r/min,反应温度为 90℃,反应时间为30 min 的酸浸反应条件下,可回收超过 90% 的钴和约 100% 的锂[33]。通过控制湿法冶金工艺参数,在浓度为 2 mol/L 的 L-酒石酸、体积分数为 4% 的双氧水、酸浸反应温度为 70℃ 的条件下对废弃三元锂电池进行浸出,可得到 99.31% 的锰、

99.07%的锂、98.64%的钴和99.31%的镍,回收效率高[34]。

废锂离子电池湿法冶金技术利用无机酸或有机酸、过氧化氢等化学试剂将钴和锂金属离子浸出,然后通过沉淀、盐析、萃取、电化学等后续精制方法净化、分离、提纯。

沉淀法是指基于废锂电池中的金属在不同价态化学行为的差异,通过化学沉淀从废弃锂离子电池中获取高附加值的钴锂化学产品。沉淀法一般是对经酸溶体系浸取得到的含钴和锂等金属离子的溶液进行净化除杂等操作,使金属离子最终以钴盐、锂盐的形式沉淀下来,过滤干燥得到其产品。废锂离子电池电极材料用酸溶解之后,在浸出液中加入 1 M NaOH 溶液调节 pH 值至 11 沉淀获得 $Co(OH)_2$。获得 $Co(OH)_2$ 后,再加入饱和碳酸钠溶液获得 Li_2CO_3。该工艺过程钴和锂的回收率分别达到96.97%和96.94%[35]。在酸浸液中加入$(NH_4)_2C_2O_4$沉淀生成$CoC_2O_4 \cdot 2H_2O$,随后加入 Na_2CO_3 沉淀获得 Li_2CO_3。该工艺过程中96.3%的钴和87.5%的锂溶解在 2 M H_2SO_4 和 2.0%(体积分数)H_2O_2 溶液中,并且有94.7%的钴和71.0%的锂以 $CoC_2O_4 \cdot 2H_2O$ 和 Li_2CO_3 的形式沉淀下来。

盐析法是通过向原溶液中加入其他盐类,使溶液呈过饱和状态,沉淀析出某些目标溶质成分,从而达到回收废锂离子电池中有价金属的目的。根据电解质溶液的现代理论,利用盐析方法,向钴酸锂的盐酸浸出液中加入$(NH_4)_2SO_4$饱和水溶液和无水乙醇等,在低浓度条件下从锂离子电池正极浸出液中回收钴。当浸出液、$(NH_4)_2SO_4$饱和水溶液和无水乙醇的体积比为 2:1:3 时,钴的析出率可达到92%以上[36]。

萃取法是指将电极材料酸浸后,萃取电极中的金属,从而进行分离回收。因此,选择高效、专一的萃取剂是萃取法中的关键,P_2O_4、P_5O_7、PC-88A 和 Cyanex 272 等是常用的萃取剂。溶剂萃取法可以获得相对较高的回收率和产品纯度。

沉淀和盐析法安全、经济及回收效果好,目前已在工业上广泛应用。溶剂萃取法可以获得较高的回收率和纯度。选择高效且经济的萃取剂十分必要,但萃取剂引起的二次污染问题同样不可忽视。

尽管火法冶金技术和湿法冶金技术的工业应用比较广泛,但这两类技术在实际应用过程中很容易产生较为严重的环境问题。就火法冶金而言,由于卤系阻燃剂的存在使后期烟气排放中二噁英等高毒性物质排放比重增加;就湿法冶金而言,其工艺流程较多且烦琐,操作过程中易消耗大量的化学试剂,不可避免地造成设备的腐蚀和化学试剂浪费,需要相应的环境保护设备以消除化学试剂造成的二次污染。随着环境保护排放标准的日益严格,研究和开发低污染、零排放的环境友好型电子废弃物处理技术和替代工艺显得尤为迫切。

6.3.3 新技术展望

近年来,超临界技术、超声联用技术、微波催化技术、生物冶金技术等新技术在电子废物资源化研究领域得到了应用,相信也将为电子废物资源化产业发展提供契机。

6.3.3.1　超临界技术

超临界技术是在特制的密闭反应容器(高压釜)里,采用水溶液作为反应介质,通过对反应容器加热创造一个高温、高压的反应环境,利用超临界和亚临界水的特殊性质,使高分子有机物的分子结构发生变化,进行热解、水解、溶解和氧化等各类反应,进而使其降解变成小分子化合物及单体,甚至是二氧化碳和水。当纯水的温度和压力分别高于 374.3℃ 和 22.4 MPa 时即达到临界状态。在高温高压的环境下,水的各项特征与常温常压下的水相比发生了巨大变化,临界状态下的水体呈现出一种介于气体和液体之间的特殊状态,这些特殊的物化性能使其成为处理有机废弃物的理想介质,此方法又称为水热法。

通常情况下水是极性溶剂,可以溶解包括盐类在内的大多数电解质,对气体和大多数有机物则微溶或不溶。而临界状态的水体中水分子间氢键的数量减小、稳固性减弱,能提供丰富的 H^+ 和 OH^-。此状态下的水体表现出有机溶液的一些特性,使有机化合物在其中的溶解度变大且具有完全的可混合性,而且气体在其中也具有可混合性,临界水体转变为一个多相系统,不仅使反应物的溶解浓度变大,且避免了相界传质所引起的反应惰性。

综合以上水热状态下水体特性可知,水热环境对化学反应的进行有诸多促进作用,其对化学反应的影响可以概括为 5 个方面。

(1) 使反应混合物均相化　如前所述,超(亚)临界水体是一个多相系统,相间阻力变弱,水体密度降低,扩散速度加快,反应物、催化剂等迅速混合,接触面积变大,加快反应速度。

(2) 降低反应温度　化学反应过程是化合键断裂和重组的过程,通常需要达到所需键能才能发生,但在水热系统中,由于高压及水介质的存在使得化学键断裂和重组可在相对较低的温度下发生。此外,水热条件还能改善化学反应的产率、选择性,且易于产物的分离。

(3) 有利于自由基的生成　高温高压条件下,水溶液笼效应的降低有利于自由基的生成,而且 H_3O^+ 和 OH^+ 离子的浓度比常温常压下高出 100 多倍,在水蒸气中 H_3O^+ 离子进行游离重组可生成 $HO·$ 自由基[37]。因此,超(亚)临界系统可提高化学反应速率,并改变产物的分布。

(4) 克服界面阻力,增加反应物的溶解度　如前所述,高温高压下的水热多相系统可以提高反应物的溶解度,避免了相界传质的限制。尤其是在液气反应中,液相—气相界面传质是限制反应速率的重要因素,但是在水热条件下,气体溶解度大大提高,不需进行界面传递,反应速率和转化率也相应增加。

(5) 延长固体催化剂的寿命,保持催化剂的活性　延长固体催化剂的寿命,保持其催化活性是超(亚)临界流体在反应过程中的又一用途。在有催化剂参与的反应中,固体反应物甚至是"液体状"流体可在催化剂表面累积,阻断催化剂的催化作用。但是,超(亚)临界流体对有机物的高溶解性可抑制这一状况的发生,保持催化剂的高活性,延迟催化剂的有效寿命。

鉴于水热条件下水作为反应介质的诸多优点,如反应速度快、效率高、避免二次污染以及水热处理的设备体积小、便于控制、节约能量、便于固液分离等,水热技术在处理有机废物方面具有非常大的应用潜力和市场前景,受到越来越多研究者的关注和重视。目前,水热处理技术已应用于多类有机废物的处理处置中,包括难降解工业废物,如溴化高分子化合物、环氧树脂、尼龙、橡胶等,以及生物质废物的资源化处理。在水热处理过程中,通过调控反应条件可一定程度上决定产物的组成和分布。

难降解工业废物多为长链烃类,在水热条件下可发生化学键的断裂,降解为低分子液态物质,甚至是它们的单体。而且,水热处理过程中不引入二次污染物质,降解产物多分布于液态中,因此水热技术为工业有机废物的处理提供了新的途径。

溴化阻燃剂广泛应用于各类电子电器设备中,以防止设备在使用过程中由于温度升高而发生火灾。采用水热法处理废弃的典型含溴化阻燃剂物质,如耐冲击聚苯乙烯,在除溴的同时进行溴和聚苯乙烯塑料的回收。水热反应在高压釜内进行,以脱矿质水或者 KOH 溶液为液相介质,然后将密闭高压釜加热到 280℃ 并保持 1 小时。在温度为 280℃ 及内压为 7 MPa 的碱性水热条件下,耐冲击聚苯乙烯的脱溴率可达 80%～90%。脱掉的溴以 KBr 的形式从液相溶液中回收,而聚苯乙烯塑料的相对分子质量几乎没有变化,可以以小球状塑料进行直接回收。

离子交换树脂是一类放射性高分子材料,关于废弃离子交换树脂的处理至今没有令人满意的工业处理技术。采用超临界水氧化法处理废弃离子交换树脂可以破坏树脂的有机结构从而去除其放射性。加入异丙醇进行起始反应可以促进有机碳的分解,并提高反应介质的温度,优化反应条件。实验结果表明,在超临界水中,当离子交换树脂悬浮液的质量比例高于 20%、异丙醇为辅助燃料、空气为氧化剂时,可实现完全氧化。利用异丙醇进行起始燃烧反应可提高介质活性,离子交换树脂的降解率可达到 99% 以上。

此外,水热技术还应用于处理废印刷线路板中的溴化环氧树脂、含溴塑料丙烯腈-丁二烯-苯乙烯共聚物、聚丙烯等高分子有机废物,降解产物多为低分子液态化合物,甚至有单体生成。而且,水热反应可防止聚合物热解产生结焦,减少处理过程中所产生的污染,为高分子有机废物的无害化处置和回收利用提供了新的方法。

6.3.3.2 超声联用技术

频率高于 20 kHz 的声波称为超声波。超声波在媒介中传播,且当其声强增大到一定程度时会对其传播过程中的媒介产生影响,使媒介的形态、组分、功能和结构等发生变化。媒介在超声波能量的作用下会产生一系列效应,统称为超声效应。超声效应通常包括热效应、机械效应、空化效应。

(1) 超声水热技术　水热技术是利用高温高压水的特性,使有机物在一定温度和压力条件下发生以降解为主的热解、水解和溶解反应以及有氧参与的氧化反应过程,在此过程中能将高分子有机物转变成小分子化合物及其单体,甚至是二氧化碳和水。采用水热技术回收处理有机废物,以水作为反应介质能减少溶剂或催化剂带来的污染,是一种环境友好工艺,在废弃物资源化过程中具有广阔的应用潜力。与普通水相比,水热条件下的水有着强烈的离子化倾向,更容易产生羟基自由基离子,从而在水解反应过程中起到酸碱催化剂的作用,使其成为有机废物处理的理想介质。水热处理技术具有反应速度快、设备体积小、处理范围广、效率高、污染小、节约能量和便于固液分离等特点,在处理一些用常规方法难以处理的有机废物及在某些场合取代传统的焚烧方法等方面具有显著的优势,因此,水热技术被认为是一项具有广阔发展前景的绿色技术广泛应用于生物质、废弃塑料、废轮胎等研究中。

电子废弃物组分复杂,常含有塑料、黏结剂等有机高聚物。单纯采用水热技术在处理电子废弃物过程中无法达到快速、高效的批量处理。因此越来越多的研究采用超声辅助水热技术回收处理包括高分子材料在内的电子废弃物,该技术能够克服传统水热工艺的某些缺点,实现废弃物的快速高效分解,具有广阔的发展前景。在处理过程中可通过改变超声条件控制反应进程,既可实现电子废弃物中有机废物的无害化降解,亦可实现有机废物向预期中间产物的资源转化。随着对超声水热反应各方面认识的进一步深入,以及技术的不断进步,这一环境友好技术将会在废弃物资源化领域中得到越来越多的应用。

(2) 超声机械效应　超声机械效应是指超声波作为机械能量的传播形式对传播媒介所产生的力学效应,如质点位移、振动速度、加速度及声压。在该过程中,超声使介质分子间发生交替的压缩与伸张,造成压力变化,产生较强冲击力,增大溶液的传质效果,从而引起机械效应[38]。在超声波的作用下,媒介中各种与应力、应变或振动有关的力学参量发生剧烈变化,超声水热反应釜内局部物理性质随之波动,引起釜内物质和能量的不断传递,有效地促进了反应釜中的传热和传质过程。此外,超声波的传播将使介质溶液产生高频振动,介质分子间相互摩擦发热,产生热效应。在空化气泡崩溃的同时,还会伴随着局部 5 000 K 的高温和 50 MPa 的高压、强烈的冲击波,以及时速高达 400 km/h 微射流等现象的发生。当 20 kHz、1 W/cm^2 的超声波在水溶液中传播时,可产生的声压幅值为 173 kPa,表明声压幅值每秒钟内要在正负 173 kPa 之间变化 2 万次,最大质点的加速度达 14 414.4 km/s^2,约为重力加速度的 1 500 倍,如此激烈而快速变化的机械运动就是超声波的机械振动效应。该超声波机械作用可以将黏结在废锂离子电池钴酸锂和铝箔之间的黏结剂剪切打断,实现钴酸锂和铝箔的分离。

超声波在液相介质中的机械振动同时可以起到一定的搅拌分散作用,将正极片从反应釜底部不断地搅动到上部,增加正极片与超声波的接触频率和接触面积,有利于废锂离子电池中钴酸锂超声水热分离过程中物质和能量的传递。超声波的机械振动还能引起水溶液媒介与有机黏结剂(如聚偏二氟乙烯)之间产生相对运动,有机黏结剂被相对运动产生的摩擦力剪切,分子链断裂。强烈的超声波机械振动作用还能清洁钴酸锂的表面,促进反应界面的更新,加快固—液反应,改善非均相界面的传质和传热效果。

(3)超声空化技术 超声波是一种特殊的声波,其在液体介质中传播时,液体中质点的振动方向与声波的传播方向相同,所以超声波是一种由密部和疏部交替组成的纵波。超声波的振幅可以分为正压相和负压相(压缩相和膨胀相)。当适当的超声波(超声波的振幅大于空化阈值)作用于液体介质中时,在液体中形成声场,液体中声场将会由于超声波的疏密交替而交替出现正负压强。当液体中的声场为负压相并且这一声压足够破坏液体分子之间的结合键或者其他相互作用时,液体分子将会断开,形成微小的空穴,也称为气泡核。这些气泡核以及原本存在于液体中的一些小气泡(主要指溶解于液体中的气体或存在于固液边界处的微小气泡)在声波的膨胀相吸收能量并持续膨胀,然后在压缩相又突然被压缩并最终崩溃,同时把吸收的声能转化为其他形式的能量,出现局部高温、高压、冲击波等现象,同时生成新的气泡核,这一过程即为超声空化。

超声空化腐蚀过程如图6-16所示。远离颗粒表面的空化泡会促进空蚀的生成,空化泡群溃灭引起冲击波,并在流体中传播;冲击波传播至颗粒表面过程中其强度不断衰减;颗粒壁面附近的气泡受到冲击波的作用发生震荡、崩溃形成微射流;壁面受到高速微射流的冲击形成坑蚀而损坏。微射流形成过程如图6-17所示。超声在纯液相或者固液体系媒介中间形成的空泡在崩溃过程中始终球形对称,而在固液表面附近,由于颗粒表面的存在致使声场压力发生畸变。空化气泡具有高压缩性,在膨胀阶段获得大量势能,在溃灭阶段会释放大量动能。空化气泡发生不对称溃陷,远离固面的空泡壁较早破灭,形成向壁冲击的高速微射流,对固面形成孔蚀或坑蚀。

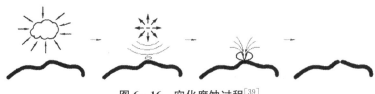

图6-16 空化腐蚀过程[39]

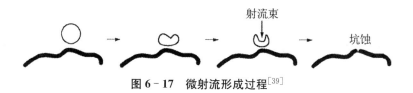

图 6‑17 微射流形成过程[39]

利用超声波的特殊空化效应降解水中的有机污染物,尤其是难降解的有机污染物,是近年来发展起来的一种新型水处理技术。图 6‑18 为超声空化效应产生作用的过程。超声波降解有机物技术集高温热解、自由基氧化和超临界水氧化等多种技术的特点于一体,降解条件温和,降解途径多,降解速度快,适用范围广,操作简单,可单独使用或与其他水处理技术联用,具有良好的发展潜力和应用前景。

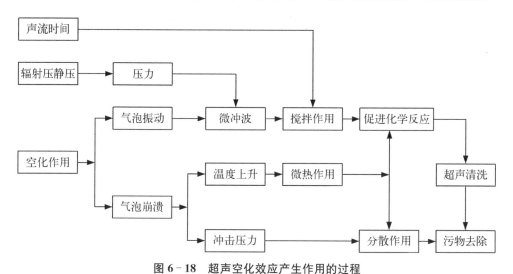

图 6‑18 超声空化效应产生作用的过程

在利用超声技术去除废锂离子电池的黏结剂过程中,废锂离子电池正极片经超声水热分离后,脱落的钴酸锂颗粒在超声波的作用下会分散至整个超声水热反应器内,有利于反应器内的超声空化场变得均匀。钴酸锂颗粒的存在会增强超声空化效应,改善整个固液反应体系的表面张力,降低空化阈。失效钴酸锂颗粒自身存在一些裂缝缺陷,且颗粒的表面凹陷处容易暗潜空化气体,其巨大的比表面积和相对粗糙的界面可以提供更多的起核位,增加有效空化气泡的数量,提高空化效应发生的概率。在超声波高速射流的剪切力作用下,聚偏氟乙烯的大分子聚合物从钴酸锂表面剥离,被剪切成小分子短链。聚偏氟乙烯的 C—C 键长及 C—F 键长比超声波在水中的波长短,因此剥离后的聚偏氟乙烯在液相中同时存在分子链运动和链段运动。在超声波作用下,聚偏氟乙烯分子链运动和链段运动加剧,有利于聚偏氟乙烯的去除。同时,超声波和崩溃气泡形成的压力场共同作用于液体中的钴酸锂颗粒,促使钴酸锂颗粒在液体内平移并彼此碰撞、摩擦等,有利于钴酸锂颗粒表面聚偏氟乙烯的剥离。

声能的转化既有物理变化,也有化学变化。媒介在超声波的作用下会产生一系列空化效应、热效应和机械效应等。这些特殊的物理化学效应使超声波技术在清洗污物、处理污水、声化反应以及医学等众多领域得到广泛应用。超声波清洗污物原理是超声波发生器发出一定频率的超声波,超声波经过换能器的转换作用将声能转换为一定频率的机械振荡,继而在液体中传播,利用产生的空化效应来清洗物件。与传统的清洗方式相比,超声清洗有许多明显的优势,如清洗速度快、节约水资源、绿色环保、清洗后剩余的残留物较少等。超声波清洗技术已在电子机电、轻工纺织、精密仪器、医疗器械等国民建设的多个领域广泛使用,且备受好评。

鉴于电子废弃物中多含有价金属,所以出现了大量对其资源化利用的研究,并形成了相关的技术方法,如火法、机械破碎分离法和有机溶剂溶解法等,这些方法各有利弊。火法工艺简单,效果很好,但是能耗较高,有机黏结剂和有机电解液燃烧产生有毒有害的含氟废气等;机械破碎分离法对环境友好,但是不能彻底分离正极材料的组分,破碎过程会造成电极中有价组分的损失;有机溶剂溶解法能够有效溶解聚偏氟乙烯并分离电极组成材料,效果理想,但是需要使用大量的有机溶剂,有机溶剂具有一定的毒性,其后续的回收或处理处置需要关注。目前已有技术利用超声手段辅助有机溶剂溶解,并将其从电子废弃物组件中脱除。

超声波的引入有效提升了有机物与电子废弃物的分离效果,但是这样的结合技术对设备需求较高,工艺流程相对复杂,单纯超声清洗器的超声能量转化率低,空化作用效果弱。基于现阶段电子废弃物资源化过程的缺陷、组成特性和有机物的潜在环境风险,考虑以水为反应介质,单独采用超声技术对电子废弃物进行分离。超声反应装置中采用超声变幅杆为超声发生器,变幅杆与水直接接触,声能转化率高,空化作用效果更好。例如,在废锂离子电池电极材料分离中,超声波引发的空化效应、机械效应和热效应会破坏活性物质与基质间的粘合力,从而分离电极材料。同时超声的空化效应产生的瞬时局部高温高压能够使水介质产生自由基,这些自由基具有强氧化性,可以降解电极材料中残余的电解液,从而控制废锂电池资源化过程中电解液引发的二次污染。因此单独采用超声技术有望在实现高效分离正极组成材料的同时,处理处置电解液,减少电解液的潜在环境风险。

(4)超声修复技术 除以上技术之外,超声还可用于废锂离子电池活性钴酸锂的失效修复。当温度达到 4 850℃时,钴酸锂晶体的六方层状结构从有序向无序之间发生转变,而超声空化形成的热点温度可以达到 5 000 K,局部压力可达到 50 MPa,且其周期的寿命仅仅维持微秒,如此的条件足以熔融钴酸锂晶体。

图 6-19 是超声水热条件下钴酸锂晶体的熔解过程。在密闭的超声水热反应装置中，超声空化效应产生的瞬间局部高温高压热点促使钴酸锂晶体表面发生熔解，为钴酸锂晶体结构中钴锂离子重排及晶体结构生长提供条件。

图 6-19　超声水热条件下钴酸锂晶体的熔解过程

失效钴酸锂在超声空化的高温高压环境下发生熔解后，外界富锂环境可为离子重排提供物料条件，超声空化产生的强剪力及超声波的机械振动作用可为钴离子和锂离子发生重排提供反应条件（见图 6-20）。

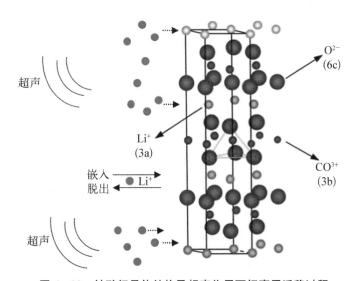

图 6-20　钴酸锂晶体结构及超声作用下锂离子迁移过程

图 6-21 为钴酸锂晶体的修复过程。由于有机物黏结在钴酸锂表面和空隙中,锂离子进出钴酸锂的通道被堵塞,因此锂离子无法回到层状结构中相应的位置。在超声水热分离和修复钴酸锂的实验过程中,当黏附在钴酸锂表面的有机物经超声波的机械效应和空化效应去除降解后,石墨浸锂液中的锂离子可重新嵌入到钴酸锂层状结构内部,重新占据层状结构中原本的位置,使混乱的钴、锂离子的排序重新变得有序,恢复了钴酸锂的层状结构。通过超声修复的废锂离子电池中的钴酸锂内部形成新晶相,贫锂现象得到明显改善,锂离子的含量明显增加。

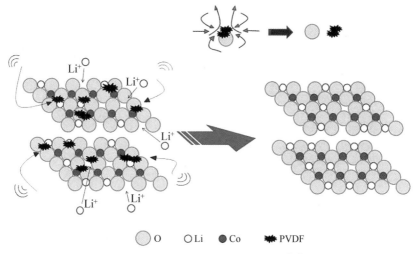

○ O ○ Li ● Co ✳ PVDF

图 6-21 钴酸锂晶体的修复过程[40]

超声化学是声学与化学相互交叉渗透而发展起来的一门新兴边缘学科,主要利用超声场的机械效应、空化效应及热效应加速和控制化学反应,提高反应速率,改变反应历程,改善反应条件以及引发新的化学反应等。通过超声技术的加入加快原本反应进程,缩短反应时间,提高浸出效率。因此,在电子废弃物回收处理和资源化过程中引入超声技术显得尤为重要。

6.3.3.3 微波催化技术

微波技术问世于 20 世纪 30 年代,微波是指频率在 300 MHz～300 GHz 的电磁波(波长 100 cm 至 1 mm),能穿透电离层,属超高频波段。它通常是作为信息传递用于雷达、通信技术中。1945 年雷声公司的研究人员发现了微波的热效应,同年美国发布了利用微波加热的第一个专利。国际无线电管理委员会规定,用于工业加热的微波常用频率为 915 MHz 和 2 450 MHz,我国家用微波炉频率为 2 450 MHz。微波是一种绿色、清洁的能源,具有加热迅速、高效、节能的特点。

从 1986 年用微波炉进行酯化、水解、氧化以来,微波在有机化学的十几类合成反应中也取得了很大成功,该法的主要优点在于大大提高了收率,缩短了反应时间,如在酯化反应中,使用微波与普通加热方法相比,反应速度要增加113~1 240倍。迄今研究过并取得了明显效果的有机合成反应有重排、Knoevenage 反应、Perkin 反应、苯偶姻缩合、Reformalsky 反应、缩醛(酮)反应、Wilting 反应、羟醛缩合、开环、烷基化、水解、氧化、烯烃加成、消除反应、取代、成环、环反转、酯交换、酰胺化、催化氢化、脱羧、脱保护、聚合、主体选择性反应、自由基反应及糖类和某些有机金属反应等,几乎涉及了有机合成反应的各主要领域。

目前,作为一种成熟的加热技术,微波加热已经广泛应用于材料科学、食品加工、有机合成、聚合物合成、分析化学、木材干燥、橡胶塑料处理以及陶瓷预热处理等。

佛罗里达大学和 Savatinah River(萨瓦帝娜河流)技术中心开发了一套使用微波破坏印刷线路板并回收其中贵金属的装置,采用两级焚烧/熔炼工艺,成功分离出金属和玻璃物质。其优点在于微波能处理许多种类的电子废物,所有处理均在一个单元装置中进行,微波可直接加热废弃物料,而无须庞大的焚烧炉和耐火材料,处理后废物体积减小 50%,不造成二次污染。美国专利采用微波热解法处置电子废弃物、车辆废弃物等。

相关研究利用微波热解废旧印刷线路板,通过微波加热吸波介质提升温度以加热反应器中的反应物实现热解,探讨了微波热解废印刷线路板的工艺条件;调配不同微波吸收介质控制热解温度,研究热解产物的结构与分布;再利用相关方式与途径通过控制热解温度实现金属的分离纯化,并将热解残渣利用微波辐照等方法进行活化,制备吸附产品等[41]。采用微波诱导热解方式处置废印刷线路板的研究思路引入外部金属与废印刷线路板混合,利用微波辐照金属时"打火"现象实现快速热解,对介质吸波和金属放电的耦合作用及适宜的热解工艺做了较深入的研究工作[42]。

国内外科研人员和机构从不同角度对微波热解进行研究和探索,开发了不同的微波热解废印刷线路板工艺,进一步证实微波热解处置技术是一种有潜力的、可以规模应用的技术。

6.3.3.4　生物冶金技术

生物冶金技术又称生物浸出技术,指利用微生物的吸附和氧化作用浸取金属以达到回收处理电子废弃物的目的,实现电子废弃物资源化和无害化。常用于生物冶金的微生物菌种有真菌、硫杆菌、氧化亚铁硫杆菌、藻类等。此外,在生物冶金过程中,还可利用微生物产生的有机酸进行电子废弃物中金属的浸提。由于省去有机酸、无机酸批量生产的过程及后续酸性废液的处理,利用微生物产酸及微生物直接浸出金属的生物冶金技术更具备环境友好特点。

近年来生物浸出法在冶金领域逐渐得到越来越多的关注和应用,也是废线路板、废锂离子电池等众多电子废弃物中有金属回收的主要发展方向之一。可以使用生物冶金技术从线路板废料中提取铜、镍、锌、铬和贵金属以实现电子废物中金属的资源化利用。对于废锂离子电池来说,可以利用微生物特殊选择性的代谢过程实现对钴、锂等元素的浸出。生物浸出的关键在于对微生物群落的选择和浸出工艺条件的选择。电子废物中金属浓度过高也会使微生物失活从而影响生物浸出的效果。在生物浸出中,菌群的选择、pH值、反应温度、金属浓度等因素都是需要考量的参数。生物冶金工艺流程如图6-22所示。

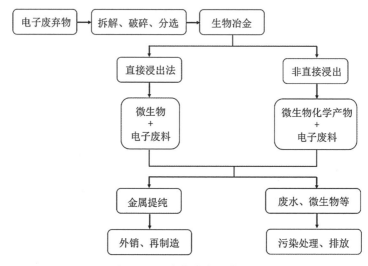

图6-22　生物冶金工艺流程

嗜酸氧化亚铁硫杆菌(acidithiobacillus ferrooxidans)是一种十分关键的无机化能自养菌和嗜酸性细菌。它可以利用单质硫和亚铁离子如酸浸介质中的硫酸和铁离子等能源产生代谢产物,从而促进废锂离子电池中金属元素的溶解。在废锂离子电池生物浸出过程中,由于嗜酸氧化亚铁硫杆菌菌种自身的特性,该菌种对钴元素的生物降解比锂元素快。由于Fe^{3+}与浸出液中金属形成共沉淀现象,Fe^{2+}含量较高会降低金属的溶解性能,同时,金属浓度过高会影响微生物细胞的生长,因此生物浸出过程中固液比较高也会减小金属的溶解性[43]。

硫氧化细菌能氧化元素硫和还原态硫化物,能将二价铁氧化成三价铁,并从该过程中得到能量。通过控制浸提时间,利用氧化亚铁硫杆菌生物淋溶回收废印刷线路板中的铝,提取率可达80%以上[44]。该浸出过程的关键在于Fe^{2+}的有效循环再生,生物浸出前期获得产物主要为零价铝,后期主要浸出产物为Fe^{3+}和H^+。利用硫氧化细菌和铁氧化细菌的混合微生物菌群对废锂离子电池中的钴和锂进行浸提,当pH=1.54并以元素硫作为能量源的时候,锂的浸出率最高[45];当pH=1.0时,将培养的氧化亚铁硫杆菌和氧化硫硫杆菌的混合菌株淋滤12天,钴的溶出率超过 90%。

　　嗜酸菌是一种生活在酸性环境中的微生物菌群,也可用在生物冶金中对金属进行浸取。当混合培养嗜酸菌在 pH 值为 2.00,初始二价铁浓度为 12 g/L 的条件下,可在 45 小时时浸提 96.8% 的铜,在 98 小时时浸提 88.2% 的铝和 91.6% 的锌[46]。此外,利用氰细菌可对含有金和铜的电子废弃物进行生物浸提。

　　生物冶金技术拥有相当大的潜力,具有工艺流程简单、操作简便、低能耗、低费用、低污染且可重复利用等优点,符合当前可持续发展的目标,应该成为今后大力发展的方向。与湿法冶金相比,生物冶金技术通过微生物在低温下从电子废料中选择性地提取金属从而显著减少湿法冶金造成的污染。但生物冶金技术的核心是依靠微生物群落,而微生物生长条件较苛刻,菌种易受污染,生物浸出过程存在生产周期长、浸出率较低、适应性较差、浸出液分离困难等缺点。利用生物冶金技术浸出废锂离子电池中的金属钴和锂需要更多的时间,为了满足未来的工业规模,需要优化生物冶金的反应条件,提高生物冶金反应速率和金属回收效率。此外,还需对微生物毒性进行相应研究。所以,该技术目前尚处于研究阶段,从研究现状和趋势看,生物冶金技术可以作为湿法冶金的后续工艺,以增加目标金属的回收效率,降低湿法冶金带来的环境危害。

参 考 文 献

[1] Ongondo F O, Williams I D, Cherrett T J. How are WEEE doing? A global review of the management of electrical and electronic wastes [J]. Waste Management, 2011, 31(4): 714 - 730.

[2] Möller A, Xie Z, Sturm R, et al. Polybrominated diphenyl ethers (PBDEs) and alternative brominated flame retardants in air and seawater of the European Arctic [J]. Environmental Pollution, 2011, 159(6): 1577 - 1583.

[3] Simon-Hettich B, Broschard T H, Becker W, et al. Ecotoxicological properties of liquid-crystal compounds. Journal of the Society for Information Display, 2001, 9(4): 307 - 312.

[4] Yamane L H, Morase V T D, Espinosa D C R, et al. Recycling of WEEE: characterization of spent printed circuit boards from mobile phones and computers. Waste Management, 2011. 31(12): 2553 - 2558.

[5] 刘全文,沙景华,闫晶晶,等.中国钴资源供应风险评价与治理研究[J].中国矿业,2018,1: 50 - 56.

[6] Choubey P K, Chung K S, Kim M S, et al. Advance review on the exploitation of the prominent energy-storage element Lithium. Part Ⅱ: From sea water and spent lithium ion batteries (LIBs)[J]. Minerals Engineering, 2017, 110: 104 - 121.

[7] 郭海军,师增伟,田歌.废旧电池回收现状简述[J].世界有色金属,2015,9: 18 - 20.

[8] Li F，Bai L，He W，et al. Resource recovery from waste LCD panel by hydrothermal transformation of polarizer into organic acids [J]. Journal of Hazardous Materials，2015，299：103－111.

[9] 谢广元，张明旭，边炳鑫，等.选矿学[M].徐州：中国矿业大学出版社，2001.

[10] Zhang G，Wang H，Zhang T，et al. Removing inorganics from nonmetal fraction of waste printed circuit boards by triboelectric separation [J]. Waste Management，2016，49：230－237.

[11] Duan H，Hou K，Li J，et al. Examining the technology acceptance for dismantling of waste printed circuit boards in light of recycling and environmental concerns[J]. Journal of Environmental Management，2011，92(3)：392－399.

[12] 徐敏，李光明，贺文智，等.废弃印刷线路板热解回收研究进展[J].化工进展，2006，25(3)：297－300.

[13] Zhou Y，Wu W，Qiu K. Recycling of organic materials and solder from waste printed circuit boards by vacuum pyrolysis-centrifugation coupling technology [J]. Waste Management，2011，31(12)：0－2576.

[14] Sun J，Wang W，Liu Z，et al. Recycling of waste printed circuit boards by microwave-induced pyrolysis and featured mechanical processing [J]. Industrial & Engineering Chemistry Research，2011，50(20)：11763－11769.

[15] 彭绍洪，陈烈强，甘舸，等.废旧电路板真空热解[J].化工学报，2006，57(11)：2720－2726.

[16] 孙路石，陆继东，王世杰，等.溴化环氧树脂印刷线路板热解产物的分析[J].华中科技大学学报(自然科学版)，2003，31(8)：50－52.

[17] 段晨龙，赵跃民，温雪峰，等.废弃电路板破碎中热解气体的研究[J].中国矿业大学学报，2005，34(6)：730－734.

[18] Rose N，Bras M L，Delobel R，et al. Thermal oxidative degradation of an epoxy resin [J]. Polymer Degradation & Stability，1993，42(3)：307－316.

[19] Luda M P，Balabanovich A I，Zanetti M. Pyrolysis of fire retardant anhydride-cured epoxy resins [J]. Journal of Analytical & Applied Pyrolysis，2010，88(1)：39－52.

[20] Chien Y C，Wang H P，Lin K S，et al. Fate of bromine in pyrolysis of printed circuit board wastes [J]. Chemosphere，2000，40(4)：383－387.

[21] 李爱民，高宁博，李凤彬，等.有害固体废物热解焦油特性研究[J].重庆环境科学，2003，25(5)：20－23.

[22] Chen X，Ma H，Luo C，et al. Recovery of valuable metals from waste cathode materials of spent lithium-ion batteries using mild phosphoric acid [J]. Journal of hazardous materials，2017，326：77－86.

[23] Wang R C，Lin Y C，Wu S H. A novel recovery process of metal values from the cathode active materials of the lithium-ion secondary batteries [J]. Hydrometallurgy，2009，99(3－4)：194－201.

[24] Zheng R，Zhao L，Wang W，et al. Optimized Li and Fe recovery from spent lithium-ion batteries via a solution-precipitation method [J]. RSC Advances，2016，6(49)：43613－43625.

［25］Meshram P, Pandey B D, Mankhand T R. Recovery of valuable metals from cathodic active material of spent lithium ion batteries: Leaching and kinetic aspects［J］. Waste Management, 2015, 45: 306 - 313.

［26］Chen L, Tang X C, Zhang Y, et al. Process for the recovery of cobalt oxalate from spent lithium-ion batteries［J］. Hydrometallurgy, 2011, 108(1 - 2): 80 - 86.

［27］Castillo S, Ansart F, Laberty-Robert C, et al. Advances in the recovering of spent lithium battery compounds［J］. Journal of Power Sources, 2002, 112(1): 247 - 254.

［28］Lee C K, Rhee K I. Preparation of $LiCoO_2$ from spent lithium-ion batteries［J］. Journal of Power Sources, 2002, 109(1): 17 - 21.

［29］Sun X L, Wang X H, Feng N, et al. A new carbonaceous material derived from biomass source peels as an improved anode for lithium ion batteries［J］. Journal of Analytical and Applied Pyrolysis, 2013, 100: 181 - 185.

［30］Sun L, Qiu K Q. Organic oxalate as leachant and precipitant for the recovery of valuable metals from spent lithium-ion batteries［J］. Waste Management, 2012, 32(8): 1575 - 1582.

［31］Li L, Lu J, Ren Y, et al. Ascorbic-acid-assisted recovery of cobalt and lithium from spent Li-ion batteries［J］. Journal of Power Sources, 2012, 218: 21 - 27.

［32］黄翠红, 孙道华, 李清彪, 等. 利用柠檬酸去除污泥中镉、铅的研究［J］. 环境污染与防治, 2005, 27(1): 73 - 75.

［33］Li L, Ge J, Wu F, et al. Recovery of cobalt and lithium from spent lithium ion batteries using organic citric acid as leachant［J］. Journal of Hazardous Materials, 2010, 176(1 - 3): 288 - 293.

［34］Un-Noor F, Padmanaban S, Mihet-Poap L, et al. A comprehensive study of key electric vehicle (EV) components, technologies, challenges, impacts, and future direction of development［J］. Energies, 2017, 10(8): 1217.

［35］Zhu S G, He W Z, Li G M, et al. Recovery of Co and Li from spent lithium-ion batteries by combination method of acid leaching and chemical precipitation［J］. Transactions of Nonferrous Metals Society of China, 2012, 22(9): 2274 - 2281.

［36］金玉健, 梅光军, 李树元. 盐析法从锂离子电池正极浸出液中回收钴盐的研究［J］. 环境科学学报, 2006, 7: 1122 - 1125.

［37］Harju J, Winnberg A, Wouterloot J G A. The distribution of OH in Taurus Molecular Cloud - 1［J］. Astronomy & Astrophysics, 1999, 353(3): 1065 - 1073.

［38］Li J H, Shi P X, Wang Z F, et al. A combined recovery process of metals in spent lithium-ion batteries［J］. Chemosphere, 2009, 77(8): 1132 - 1136.

［39］Yusof N S, Babgi B, Alghamdi Y, et al. Physical and chemical effects of acoustic cavitation in selected ultrasonic cleaning applications［J］. Ultrasonics Sonochemistry, 2015, 29: 568 - 576.

［40］Zhang Z, He W, Li G, et al. Ultrasound-assisted hydrothermal renovation of $LiCoO_2$ from the cathode of spent lithium-ion batteries［J］. International Journal of Electrochemical Science, 2014, 9: 3691 - 3700.

[41] 谭瑞淀.微波处理废印刷电路板的基础研究[D].大连：大连理工大学,2007.

[42] 孙静.微波诱导热解废旧印刷电路板(WPCB)的实验和机理研究[D].济南：山东大学,2012.

[43] Mishra D，Kim D J，Ralph D E，et al. Bioleaching of metals from spent lithium ion secondary batteries using Acidithiobacillus ferrooxidans[J]. Waste Management，2008，28(2)：333-338.

[44] Fu K，Wang B，Chen H，et al. Bioleaching of Al from coarse-grained waste printed circuit boards in a stirred tank reactor [J]. Procedia Environmental Sciences，2016，31：897-902.

[45] Xin B，Zhang D，Zhang X，et al. Bioleaching mechanism of Co and Li from spent lithium-ion battery by the mixed culture of acidophilic sulfur-oxidizing and iron-oxidizing bacteria [J]. Bioresource Technology，2009，100(24)：6163-6169.

[46] Zhu N，Xiang Y，Zhang T，et al. Bioleaching of metal concentrates of waste printed circuit boards by mixed culture of acidophilic bacteria [J]. Journal of Hazardous Materials，2011，192(2)：614-619.

第 7 章　废旧轮胎管理与资源化利用

据估计,全球每年生产 15 亿个轮胎,而这些轮胎在使用过后最终都成为废旧轮胎。单就数量而言,废旧轮胎占固体废物总量的比例很大。随着我国汽车保有量的大幅增加,废旧轮胎的产生量也将快速增长。据统计,中国每年的废轮胎回收并无害化处理率不足 40%。从 2011—2016 年中国废旧轮胎产生量及回收量情况来看,废轮胎的回收还有很大的空间可以提升。本章将从废旧轮胎的常规资源化利用技术和废旧轮胎热解与高值化利用来介绍废旧轮胎的资源化利用。

7.1　废旧轮胎的资源环境问题

逐年递增的废旧轮胎与高速发展的全球汽车市场相伴而生,全球范围内有超过 50% 的废旧轮胎在丢弃前未经任何处理。在其使用寿命结束时,大量的废旧轮胎被直接置于填埋场中,保守估计目前全世界各处的填埋场内弃置的废旧轮胎已超过 40 亿个。庞大的数量使废旧轮胎的处理处置问题受到了来自社会经济和环境领域的广泛关注。

7.1.1　轮胎的生产及利用

轮胎是通过化学交联不同橡胶(如天然橡胶、丁苯橡胶、聚丁二烯橡胶等)、钢丝帘线、聚合物纤维、炭黑和其他有机(促进剂、防老剂)或无机化合物(硫磺、氧化锌)而成的复杂混合物。充分了解轮胎的生产过程及利用方式对废旧轮胎的资源化和高值化利用具有非常重要的意义。

7.1.1.1　轮胎的组成

表 7-1 列出了轮胎生产制造过程中使用的各种原料。所有类型的轮胎生产中使用的原料除几类结构相对复杂的合成橡胶之外,均为天然橡胶(natural rubber, NR)。天然橡胶是轮胎的主要材料,其主要来自亚洲(如泰国、印度尼西亚、菲律宾等国)和非洲的三叶橡胶树。橡胶树的生长依赖特定的气候和多雨条件,因此主要

在上述地区种植。由于天然橡胶可以产生高机械阻力并能够提高热稳定性,因此在轮胎制造中使用的橡胶原料约有40%是天然橡胶。天然橡胶可以用于轮胎的不同部分,但其最重要的应用是在轮胎胎面上。占轮胎生产中橡胶用量约60%的合成橡胶来自石油烃的石化副产物的衍生物,常见的有苯乙烯-丁二烯和聚丁二烯两种[1]。与天然橡胶不同,使用合成橡胶的主要原因是其高度复杂的结构使其可以在外力减轻后恢复到初始形状,即发生可逆形变。例如,相较于天然橡胶在较低的温度下就会发生形变,丁苯橡胶使轮胎能够抵抗住较高温度下的形变。据国际橡胶研究组织(International Rubber Study Group)称,2010年世界范围内橡胶产量为2 437万吨,其中天然橡胶为1 038万吨(42%),其余为合成橡胶1 399万吨(58%)。然而,天然橡胶和合成橡胶不足以使轮胎承受高速汽车或重型卡车和飞机产生的力,因此轮胎制造商使用其他材料如填料、钢和纺织品对轮胎进行加固。目前最广泛使用的填料是炭黑。炭黑是具有准石墨结构的无定形碳,主要通过石油烃的不完全燃烧产生,它主要用来赋予和增强橡胶的耐磨性。

表7-1 轮胎生产原料组成[2]

原　料	汽车轮胎中比例/%	卡车轮胎中比例/%
天然橡胶	14	27
合成橡胶	27	14
填料	26～28	26～28
增塑剂	5～6	5～6
硫	5～6	5～6
钢丝	16.5	25
纺织帘线	5.5	—

一般而言,根据轮胎的具体用途和生产厂家的不同,轮胎中化学添加剂的种类多达100多种。通常当开炼机或密炼机的温度下降时,在物料混合循环结束时加入促进剂。轮胎制造过程涉及硫化过程,其中弹性体基体、硫和其他化学物质之间发生不可逆反应,弹性体分子链之间产生交联并形成三维化学网络。交联弹性体是具有不溶性和不熔的热固性材料,材料本身具有的高强度和弹性导致轮胎难以分解。其他无机化合物包括黏土填料、碳酸钙、碳酸镁、硅酸盐以及各种无机填料。

7.1.1.2 轮胎的结构

典型的子午线轮胎主要由9个部分组成:① 内衬层,即一层气密的合成橡胶,相当于内胎。② 胎体帘布层,该层在内衬层上方,由与橡胶黏合的薄纤维帘线组成,这些帘线很大程度上决定了轮胎的力度,有助于承受压力。标准的轮胎含有约1 400条帘线,每条帘线可承受15千克的质量。③ 低胎圈区域,这是橡胶轮胎夹紧金属轮辋的位置。引擎和制动功率从轮辋传输到与路面的接触部位。④ 胎圈,胎圈牢牢固定在轮辋上,确保气密性,并将轮胎正确安装在轮辋上。每条金属丝可承受1 800 千克的负载而不会断裂。汽车有八个胎圈,每个轮胎两条,具有 14 400 千克的巨大抗压强度。⑤ 胎边,胎边可保护轮胎侧面,使其免受路缘和路面的冲击。胎侧中包含了轮胎的重要细节,如轮胎的宽度和速度级别。⑥ 胎体骨架层,它很大程度上决定轮胎的强度,用与橡胶黏合得非常细的耐受钢帘线制成。这意味着轮胎可抵挡转弯应力,不会因为轮胎的旋转而膨胀。它还具有足够的弹性,可消除由路面上的碰撞、凹坑和其他障碍物引起的变形。⑦ 冠带层(或"零度"带束层),这一重要的安全层可减少摩擦热,有助于在车辆快速行驶时保持轮胎的形状。为了防止轮胎的离心拉伸,将加强型尼龙帘线嵌入橡胶层中并将其沿轮胎周长铺设。⑧ 冠带(即带束层),冠带为胎面提供坚硬基部。⑨ 胎面,胎面为轮胎提供牵引力和转弯抓地力,采用抗磨损、抗摩擦和耐高温设计。

7.1.1.3　轮胎的生产工艺流程

轮胎的生产工艺流程如图 7-1 所示。

工序一:密炼工序。密炼工序就是把炭黑、天然或合成橡胶、油、添加剂、促进剂等原材料混合到一起,在密炼机里进行加工,生产出胶料的过程。所有的原材料在进入密炼机以前必须进行测试,被放行以后方可使用。密炼机中每锅料的质量大约为 250 千克。依据不同技术要求的配方,将橡胶及配合剂用密炼机或开炼机加以充分混合,制成适合制作轮胎各部件的胶片,这是轮胎生产的第一道工序。这一工序中的主要设备为开炼机、

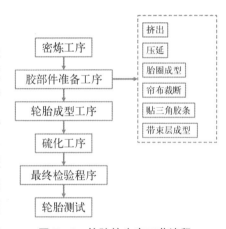

图 7-1　轮胎的生产工艺流程

密炼机、辊筒挤出机、下片机、凉片机、自动称量及自动供料系统等。轮胎里每一种胶部件所使用的胶料都具有特定性能。胶料的成分取决于轮胎使用性能的要求。同时,胶料成分的变化还取决于配套厂家以及市场的需求,这些需求主要来自牵引力、驾驶性能、路面情况以及轮胎自身的要求。所有的胶料在进入下一工序——胶部件准备工序之前都要进行测试,被放行以后方可进入下一工序。

工序二:胶部件准备工序。胶部件准备工序包括 6 个主要工段。这个工序将准备好组成轮胎的所有半成品胶部件,其中有的胶部件是经过初步组装的。这 6个工段分别如下所述。工段一——挤出。胶料喂进挤出机头,从而挤出不同的半成品胶部件,即胎面、胎侧/子口和三角胶条。将在轧胶工序混合均匀的胶料通过压出机的口型板,压出技术标准所要求的断面尺寸。这一工段的主要设备为挤出

机(热喂料、冷喂料)、内复合挤出机、外复合挤出机、开炼机及一系列的辅助设备。工段二——压延。压延是指原材料帘线穿过压延机并且帘线的两面都挂上一层较薄的胶料,因此制成的成品称为"帘布"。原材料帘线主要为尼龙和聚酯两种。这一工段的主要设备为三辊压延机、四辊压延机、开炼机。工段三——胎圈成型。胎圈成型指的是用胎圈挤出机将一定厚度的胶料包裹在钢丝表面上,然后在缠绕机上按不同的断面形状及直径缠绕成钢丝圈,常见的钢丝圈断面形状有矩形、U字形、圆形、六角形等。这一工作主要使用的设备为钢丝导开装置、加热装置、挤出机、牵引冷却装置、缠绕机。工段四——帘布裁断。在这个工序里,帘布将被裁断成适用的宽度并接好接头。帘布的宽度和角度的变化主要取决于轮胎的规格以及轮胎结构设计的要求。工段五——贴三角胶条。在这个工序里,挤出机挤出的三角胶条将被手工贴到胎圈上。三角胶条在轮胎的操作性能方面起着重要的作用。工段六——带束层成型。这个工序是生产带束层的。在锭子间,许多根钢丝通过穿线板出来,再和胶料同时穿过口型板使钢丝两面挂胶。挂胶后带束层被裁断成规定的角度和宽度。宽度和角度大小取决于轮胎规格以及结构设计的要求。

工序三:轮胎成型工序。轮胎成型工序是把所有的半成品在成型机上组装成生胎,这里的生胎是指没经过硫化的轮胎。生胎经过检查后,运送到硫化工序。

工序四:硫化工序。生胎装到硫化机上,在模具里经过适当的时间以及适宜的条件,从而硫化成成品轮胎。硫化完的轮胎具备了成品轮胎的外观——图案/字体以及胎面花纹。然后,轮胎送到最终检验区域。

工序五:最终检验工序。在这个区域里,轮胎首先要经过目视外观检查,然后是均匀性检测,均匀性检测是通过"均匀性实验机"完成的。均匀性实验机主要测量径向力、侧向力、锥力以及波动情况。均匀性检测完之后要做动平衡测试,动平衡测试是在"动平衡实验机"上完成的。最后轮胎要经过 X 光检测,然后运送到成品库以备发货。

工序六:轮胎测试。在设计新的轮胎规格过程中,大量的轮胎测试是必需的,这样才能确保轮胎性能达到国标以及使用厂家的具体要求。当轮胎正式投入生产之后,用轮胎测试监控轮胎质量的工作将会继续进行,这些测试与放行新胎时所做的测试是相同的。用于测试轮胎的方法是"里程实验",通常做的实验有高速实验和耐久实验。

7.1.1.4 轮胎的分类

轮胎按功能可以分为乘用车胎、工程车胎、特种胎等。目前国内外更常用的分类方法为按结构分类,可分为斜交线轮胎、子午线轮胎。斜交线轮胎主要用于工程机械、农业车辆,其帘布层和缓冲层各相邻帘布交叉且与轮胎胎冠中心线呈小于

90°排列,是一种充气轮胎。子午线轮胎适用于普通乘用车、轻型卡车、卡车和公共汽车,其胎体帘线排列方向像地球子午线一样,以轮轴为中心,从一个胎圈到另一个胎圈径向排列,带束层帘线虽然是斜向交叉排列,但与胎冠中心线呈很小的角度。子午线胎与斜交线胎的根本区别在于胎体:斜交线胎的胎体是斜线交叉的帘布层;而子午线胎的胎体是聚合物多层交叉材质,其顶层是数层由钢丝编成的钢带帘布,可减少轮胎被异物刺破的概率。子午线轮胎与普通斜线轮胎相比弹性大,耐磨性好,滚动阻力小,附着性能好,缓冲性能好,不易刺穿;缺点是胎侧易裂口,由于侧向变形大,导致汽车侧向稳定性稍差,制造技术要求高,成本较高。

7.1.2   轮胎生产的资源需求及废旧轮胎的利用价值

正如表 7-1 所示,作为轮胎生产中占比最大的原材料橡胶,目前无论是天然橡胶或是合成橡胶,都面临着供应紧张、资源不足的难题。橡胶材料按照来源可以分为主要来自三叶橡胶树胶乳的天然橡胶以及源自化石基原料的合成橡胶。从美国人古德伊尔于 1839 年发明硫化橡胶以来,天然橡胶与合成橡胶已经充分渗透到了现代社会的方方面面。三叶橡胶树作为一种自然资源,由于受到气候、病虫害以及地缘政治的影响,使我国天然橡胶产业的发展形势非常严峻。近年来,我国轮胎产业不断发展壮大,轮胎产量逐年上升,因此对天然橡胶的消费量持续攀升,2017年消耗天然橡胶 548 万吨,占到全球总消耗量的 42%。图 7-2 是 2015 年全球天然橡胶产量分布情况。三叶橡胶树仅适生于南北纬 15°的热带雨林气候条件下,我国的适种面积几乎开发殆尽,天然橡胶进一步发展的潜力微乎其微。我国天然橡胶自产量仅为 81 万吨,严重依赖进口,仅 2015 年的进口量就高达 467 万吨,占总量的 85%以上[3]。除此之外,在全球重要的橡胶产地东南亚地区,三叶橡胶树面临南美叶疫病的威胁,导致全球天然橡胶种植产业的发展前景并不乐观。截至目前天然橡胶的收割全部依赖人工,大规模机械化作业并不现实,但是随着全球经济的发展,发展中国家的年轻人越来越多地远离种植农场,涌入发达国家和大城市工作,劳动力的大量流失也使得三叶橡胶的种植与收获一步步面临更加窘迫的境地。在能源、资源与环境都受到严重挑战的今天,以大量不可再生的能源、资源消耗为代价的现代合成橡胶工业也正面临

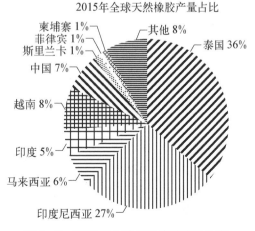

图 7-2   2015 年全球天然橡胶产量分布

着前所未有的考验。根据英国石油公司的统计数据,面对当今全球有限的石油、天然气、煤炭资源储备,合成橡胶的发展将不可持续。同时,我国石油资源严重不足,60%依赖进口,超过80%以上的石油当作能源消耗掉,而用于石油化工的石油原料仅为12%。我国合成橡胶正处于一个快速发展时期,化石能源的需求旺盛,但同时也面临着油气资源短缺的困境,一旦原材料断供,就会面临"无米下锅"的窘境。值得注意的是,全球变暖的大趋势使石化行业面临着严峻的节能减排压力,这对合成橡胶产业来说是另一"壁垒"。世界范围的大部分发达国家都在紧锣密鼓地制定相关标准与行业准则,如欧盟正在着手立法,考虑今后输入欧盟的产品必须加大可再生资源的比例,特别是轮胎将受到重点监控,美、日等国家也在制定规范可再生资源的范围和检测标准的相关法案。

作为轮胎生产的另一重要原材料,炭黑的现状也不容乐观。我国炭黑产能主要分布在北方各省,以山东、河北、天津等省为主,2016年国内炭黑实际产量约407万吨,同比增长4.22%。但是,受冬季供暖影响,北方空气质量较差,又因炭黑生产对空气污染严重,环保高压导致2016年下半年以来炭黑生产成本上升,供给收缩,从而驱动炭黑价格一路上涨,与去年同期相比上涨了53.54%。炭黑生产的主要原材料为煤焦油、蒽油、乙烯焦油等原料油,蒽油是煤焦油进一步加工的产品。同时,国内炭黑生产以煤焦油和蒽油为主要原料,煤焦油受焦化限产影响而持续上涨的价格也是炭黑产品价格居高不下的重要原因。近两年,因国外炭黑生产多用乙烯焦油为主要原料,成本相对国内较低,炭黑进口增长速度较快,对国内市场产生了一定程度的影响。反而国内煤焦油法产能已经失去了相对于国外乙烯焦油法的成本优势,同时结合国内紧张的供需关系,都预示着炭黑的出口在现阶段并不会有明显增长空间。总而言之,结合目前国内外炭黑生产现状及市场供需分析,炭黑较高的市场价格在近期甚至未来较长一段时间内不会得到明显改善。

随着国民经济的快速发展和人民生活水平的逐步提高,我国已成为橡胶资源消费大国。目前,我国年均橡胶消耗量占世界橡胶消费总量的30%以上,每年我国橡胶制品工业所需70%以上的天然橡胶、40%以上的合成橡胶需要进口,供需矛盾十分突出,橡胶资源短缺对国民经济发展的影响日益显现。轮胎是我国最主要的橡胶制品,2009年,我国生产轮胎消耗橡胶已占全国橡胶资源消耗总量的70%左右,年产生废轮胎2.33亿个,重量约合860万吨,折合橡胶资源约300万吨。若能将轮胎全部回收再利用,相当于我国5年的天然橡胶产量。

我国对废旧轮胎的综合利用主要发展方向有如下4个:旧轮胎翻新再制造;废轮胎生产再生橡胶;废轮胎生产橡胶粉;废旧轮胎热解。2010年12月31日工业和信息化部发布《废旧轮胎综合利用指导意见》中指出,国内现有轮胎翻新企业约1 000家、再生橡胶企业约1 500家、橡胶粉和热解企业约100家。目前我国废旧轮胎的利用率(翻新率、回收率、热解率)与发达国家相比仍处于较低水平。2009 年,我国轮胎翻新率不足 5%,而发达国家轮胎翻新比例是我国的 9 倍,达到了 45%;再生橡胶产量约 270 万吨,橡胶粉产量约 20 万吨,远没有对回收的废旧轮胎实现较高比例的再次利用。可以说,我国废旧轮胎综合利用产业发展远不能适应当前严峻的资源环境形势的要求。

废旧轮胎回收和综合利用的重要意义主要体现在:一是可以缓解我国的橡胶资源短缺困局和因此而产生的对进口橡胶的依赖,对轮胎生产厂商来说这是进一步缩减成本,重新掌握轮胎产品"定价权"的重要途径;二是进一步实现我国橡胶产业的节能减排目标,对橡胶产业的循环经济发展具有重要促进作用。综上所述,无论是现实需求还是战略意义,实现废旧轮胎的综合利用均是当务之急。

7.1.3　废旧轮胎的产生及环境风险

据估计,在发达国家,每人每年丢弃一个汽车轮胎,因此每年在全球范围内弃置的废旧轮胎数量为 10 亿个。目前保守估计全世界范围内的垃圾填埋场和存储仓库中有 40 亿个废旧轮胎。弃置的废旧轮胎在环境中不仅会侵占大量土地资源,而且成为严重的火灾隐患,此外还会滋生蚊蝇,废旧轮胎中有害物质的挥发亦会影响人类健康。

7.1.3.1　废旧轮胎的产生

基于目前的全球能源现状,各国正在加紧开展新技术、新工艺和替代能源的研究的工作。众所周知,对化石燃料的高度依赖和当前社会的消费水平已经导致在化石资源枯竭的同时对环境产生严重的负面影响,这些负面影响主要来自全球变暖和二氧化硫、氮氧化物、挥发性有机化合物(VOC)等有害污染物的排放。与此同时,世界各地都面临着固体废物的处理困境。据估计,欧盟每年的废物产生量均超过 14.3 亿吨,并且正在以与经济增速相当的速度同步增长[4]。尽管这其中有大量不可被生物降解的固体废物,但由于相关法律法规的缺乏或因回收利用的经济效益较低,这些固体废物被直接弃置在环境之中。废旧轮胎就属于这类固体废物,即使要再循环利用,它也应该首先作为废物进行管理。不可否认的是,这种管理成为一种负担,因为其显著增加了轮胎的处理成本,并在许多情况下成为提高资源效率的障碍。

每年全球约有 14 亿个新轮胎被出售,一段时间之后很多轮胎就成为废旧轮胎。在售出的轮胎中,乘用车轮胎(passenger car tyres, PCT)占比约 90%,而卡车轮胎(truck tyre, TT)和其他类型轮胎占比约 10%[5]。平均而言,一辆全新的汽车轮胎在废弃时重达 9~11 千克。同样,卡车和公共汽车轮胎等重型轮胎的重量分别为 54 千克和 45 千克。图 7-3 直观地表达了全球 2010—2015 年废旧轮胎的产生量和回收量。

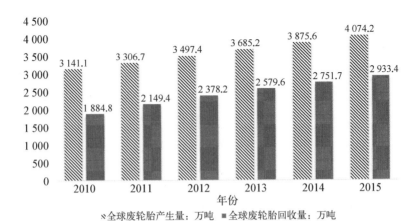

图 7 - 3 2010—2015 年全球废轮胎的产生量和回收量

废旧轮胎或者说一般废物遵循分级管理方法,即废物产生量最小化,再利用,再循环,能量回收和填埋,以减少对环境的影响。与废物管理有关的立法要求寻找有助于解决废物处理问题的经济和环境机制。欧盟内禁止在垃圾填埋场处置废物,最小化和再利用的适用范围又非常有限,回收不能单独解决废旧轮胎的处理问题。因此,能量回收似乎具有很高的处理能力并使废旧轮胎高值化。热解、气化和燃烧等热化学过程具有重要的优势以应对这一挑战。

7.1.3.2 废旧轮胎的环境风险

废旧轮胎的环境风险包括占用土地,带来火灾隐患,滋生蚊蝇,传播疾病,损害人体健康,导致非法土法炼油等方面。

(1) 占用土地 2010 年欧盟内每年产生大约 330 万吨废旧轮胎,估计整个欧洲的废旧轮胎储量为 570 万吨。管理方面,目前欧盟已禁止轮胎填埋。例如在 1996 年,大约 50% 的废旧轮胎被送往垃圾填埋场,但目前该数字已降至 4%,即每年 13 万吨。目前在许多发展中国家,汽车产业迅速发展,与持续上升的人均汽车保有量相对应的是废旧轮胎数量,以中国为例,很多村镇已经出现了在道路旁堆存废旧轮胎的场景。

(2) 火灾隐患 废旧轮胎主要是由橡胶制成,回收后的废旧轮胎上常有易燃的汽油,因此着火后基本无法扑灭,只能等待完全燃烧。有研究表明,美国、日本、西班牙、捷克等国都有因堆放废旧轮胎而发生的火灾事故。大量新闻报道屡见不鲜,在我国江苏连云港、南通、四川绵阳、贵州遵义、山东青岛、福建三明等地也都发生过因堆放废旧轮胎而引起的火灾。废旧轮胎在燃烧过程中会释放出大量硫化物、苯系物、多环芳烃等有毒有害气体,会产生很多毒性强的无机物、有机物和致癌物。

(3) 滋生蚊蝇,传播疾病 很多废旧轮胎研究文献都指出废旧轮胎会滋生蚊蝇。美国曾出现过从废旧轮胎堆放处传播恶性传染病——登革热的先例。登革热和登革出血热是由登革病毒引起的急性传染病,它主要流行于热带和亚热带地区。据世界卫生组织估计,目前世界上约有 25 亿人处于登革病毒的威胁中,每年约 2 万~3 万病人死于重症登革热或登革出血热(其中大部分是儿童)[6]。在我国主要是埃及伊蚊和白纹伊蚊传播登革热病毒。王丕玉等[7]对云南省调查发现,废旧轮胎是伊蚊幼虫的滋生地之一,带水的废旧轮胎因为给登革热媒介伊蚊提供了良好的湿润、安静、黑暗的滋生和栖息环境,是其最好的幼虫滋生地和成蚊栖息地。轮胎积水干枯后白纹伊蚊虫卵仍然可以存活,采取轮胎钻孔放水保持胎内无水后,周边白纹伊蚊成虫密度下降率可达 81%~95%,控制效果明显。登革热目前无预防的疫苗和治疗的特效药,防蚊成为防治登革热唯一有效的途径。我国的台湾地区地处亚热带,也使用轮胎做运动场中秋千、隧道、攀爬架和沙箱,因此需要在轮胎上打直径为 2.54 厘米的排水孔防止蚊子滋生,预防登革热。

(4)损害人体健康 首先,废旧轮胎中的炭黑表面会吸附多环芳烃化合物,这类化合物有强致癌性,损伤人的生殖系统,还能导致动脉硬化。工人接触富含多环芳烃物质易发生皮肤癌和肺癌。橡胶厂的溶剂主要有汽油、苯、甲苯、二甲苯、环己烷和氯代烷等,毒性较大,苯中毒易患白血病。其次,橡胶在生产过程中产生大量有毒有害物质,主要有苯、甲苯、苯并芘、含硫化合物、邻苯二甲酸酯类增塑剂。增塑剂已证明损害人类生殖系统,国家标准规定,在玩具和儿童用品中邻苯二甲酸酯类重量百分比不得超过 0.1%[8]。

(5)非法土法炼油 随着我国能源紧张及价格快速上涨,从 2002 年开始,废轮胎开始被用来非法土法炼油。河北、山东、安徽、湖北、江西、浙江等省出现用废旧轮胎非法土法炼油的地下工厂,且快速增长,并有向全国各地蔓延的趋势。据统计测算,2005 年我国废轮胎产生量为 1.25 亿个,约合 324 万吨,其中 174 万吨废轮胎被用来非法土法炼油,占比高达 53.7%。中央电视台于 2003 年 9 月 19 日播出的《废旧轮胎土法炼油严重污染环境》曾就此事展开了专题报道,并引起了有关部门的高度重视。近几年来,废旧轮胎土法炼油的地下工厂逐渐被关停取缔,势头得到了较好的控制。

7.2 废旧轮胎管理及资源化技术

对废旧轮胎进行管理和资源化是解决世界范围内废旧轮胎处理处置难题的根本办法。我国对废旧轮胎的管理和资源化起步较晚,经验相对缺乏,下文主要对国外废旧轮胎管理制度和国内外广泛使用的常规资源化技术进行了梳理和总结,以期为我国相关管理和技术发展提供参考。

7.2.1 国内外废旧轮胎的管理

世界各国家和地区为了高效地回收利用废轮胎资源都建立了相应的管理体系。下文将以欧盟、日本、美国和加拿大为例介绍国外的废旧轮胎管理体系。

7.2.1.1 国外的废旧轮胎管理制度

一些发达国家和地区对回收利用废旧轮胎十分重视,较早走上了法制轨道,并建立了一整套的符合市场经济规律的回收利用管理办法和管理体系。

1) 欧盟

表 7-2 中详细列出了 2015 年欧洲废旧轮胎的产生及循环利用情况。

欧盟作为一个整体,在废旧轮胎的管理方面虽然已经有了适用于联盟内国家的相关法规和组织机构,例如欧洲轮胎和橡胶制造商协会(ETRMA),但是各个国家仍然享有很大的自主权。欧洲目前存在 3 种不同的废旧轮胎回收管理体系,分别是生产商责任体系、税费管理体系、自由市场体系。

目前欧洲有 17 个国家采用生产商责任体系,这些国家是比利时、捷克、爱沙尼亚、芬兰、法国、希腊、匈牙利、拉脱维亚、立陶宛、荷兰、挪威、波兰、葡萄牙、罗马尼亚、西班牙、瑞典和土耳其,而意大利和其他一些欧盟成员国正在向这种体系过渡。欧洲一些国家的法律规定,生产商(制造商和进口商)有责任组织废旧轮胎回收的产业链。为此,生产商需要通过最经济的方式建立一个非营利的公司筹措资金,以解决废旧轮胎的回收利用问题。该公司有向政府权威机构报告的职责,可以确保管理过程清晰可信。另外,政府还要求这些公司有开发高水平的专有技术并建立研发部门的能力,每年在研发方面的投入大约为 500 万欧元。目前,欧洲已有 13 家这样的废旧轮胎回收公司,以这些公司为龙头组成的废旧轮胎回收处理的产业链称为生产商责任体系。图 7-4 是欧盟生产商责任体系废旧轮胎回收流程。这种体系显然是最适宜、最有活力且最具经济性的解决废旧轮胎产生量不断增长问题的方式,这种富有生命力的体系可以使轮胎的回收率达到 100%。轮胎生产商基本上都喜欢这种方式,并愿意承担相应的责任。

丹麦、斯洛伐克和斯洛文尼亚采用的是税费管理体系。在税费管理体系下,每一个国家都有通过课税制度回收利用废旧轮胎的责任。这种体系由国家向生产商征收一定的回收处理税费,统一管理废旧轮胎的回收利用,并给予加工处理商一定的补偿。当然,这些税费最终要转嫁到消费者头上。

奥地利、保加利亚、克罗地亚、德国、爱尔兰、瑞士和英国采用的是自由市场体系。在这种体系下,法规对废旧轮胎的处理有明确的规定,但没有指明责任人。所有废旧轮胎回收链中的加工处理商签定的合同都遵循自由市场原则并符合法律法规的要求。支撑这种体系的动力是公司之间通过自愿合作寻求最佳的回收利用方式。

表 7-2　2015 年欧洲废旧轮胎的产生及循环利用情况[9]

国家数据	旧轮胎产生量/t	半废轮胎的利用			废轮胎产生量/t	废轮胎循环利用/t					废旧轮胎处理量/t	处理率/%
		再使用/t	出口/t	翻新/t		物质利用/t			能源利用/t	填埋/未知/t		
						土木工程、公共工程、回填	循环利用	总物质利用量	能源利用			
奥地利（估计）	63 000	0	0	3 000	60 000	0	24 000	24 000	36 000	0	63 000	100
比利时（估计）	76 000	3 000	7 000	11 000	55 000	0	45 000	45 000	10 000	0	76 000	100
保加利亚（估计）	29 000	0	0	4 000	25 000	0	15 000	15 000	4 000	6 000	23 000	79
克罗地亚	—	—	—	—	—	—	—	—	—	—	—	—
塞浦路斯	5 000	0	0	0	5 000	0	0	0	0	5 000	0	0
捷克（估计）	57 000	0	0	2 000	55 000	0	17 000	17 000	28 000	10 000	47 000	82
丹麦	39 000	0	1 000	0	38 000	0	38 000	38 000	0	0	39 000	100
爱沙尼亚（估计）	15 000	0	0	0	15 000	0	15 000	15 000	0	0	15 000	100
芬兰	51 000	0	0	1 000	50 000	34 000	8 000	42 000	8 000	0	51 000	100
法国（估计）	457 000	20 000	50 000	35 000	352 000	33 000	92 000	125 000	227 000	0	457 000	100
德国（估计）	582 000	10 000	84 000	75 000	413 000	0	201 000	201 000	212 000	0	582 000	100
希腊	34 000	0	1 000	1 000	32 000	1 000	15 000	16 000	14 000	2 000	32 000	94
匈牙利	36 000	0	0	0	36 000	0	27 000	27 000	9 000	0	36 000	100
爱尔兰（估计）	30 000	3 000	1 000	1 000	25 000	0	12 000	12 000	9 000	4 000	26 000	87
意大利（估计）	421 000	22 000	17 000	28 000	354 000	2 000	118 000	120 000	234 000	0	421 000	100
拉脱维亚（估计）	9 000	0	0	0	9 000	0	4 000	4 000	5 000	0	9 000	100
立陶宛（估计）	23 000	0	0	0	23 000	0	9 000	9 000	9 000	5 000	18 000	78

（续表）

国家数据	半废轮胎的利用				废轮胎产生量/t	废轮胎循环利用						废旧轮胎总处理量/t	处理率/%
	旧轮胎产生量/t	再使用/t	出口/t	翻新/t		物质利用/t			能源利用/t	填埋/未知/t		
						土木工程、公共工程回填	循环利用	总物质利用量	能源利用			
卢森堡	—	—	—	—	—	—	—	—	—	—	—	—
马耳他（估计）	1 000	0	1 000	0	0	0	0	0	0	0	1 000	100
荷兰	91 000	8 000	27 000	2 000	62 000	1 000	50 000	51 000	11 000	0	91 000	100
波兰（估计）	169 000	8 000	0	3 000	158 000	0	35 000	35 000	123 000	0	169 000	100
葡萄牙	84 000	5 000	0	13 000	66 000	1 000	38 000	39 000	27 000	0	84 000	100
罗马尼亚	34 000	0	0	0	34 000	0	3 000	3 000	31 000	0	34 000	100
斯洛伐克（估计）	27 000	3 000	3 000	1 000	23 000	0	17 000	17 000	6 000	0	27 000	100
斯洛文尼亚（估计）	15 000	0	0	0	15 000	0	8 000	8 000	7 000	0	15 000	100
西班牙	296 000	6 000	22 000	40 000	228 000	6 000	98 000	104 000	124 000	0	228 000	100
瑞典	80 000	0	1 000	0	79 000	20 000	19 000	39 000	40 000	0	79 000	100
英国（估计）	527 000	40 000	29 000	39 000	419 000	34 000	174 000	208 000	187 000	24 000	503 000	95
欧盟 28 国	3 251 000	117 000	244 000	259 000	2 631 000	132 000	1 082 000	1 214 000	1 361 000	56 000	3 195 000	98
挪威	39 000	0	1 000	0	38 000	2 000	11 000	13 000	18 000	0	39 000	100
瑞士	40 000	0	40 000	0	0	0	0	0	0	0	40 000	100
土耳其	260 000	7 000	0	39 000	214 000	0	98 000	98 000	38 000	78 000	182 000	70
欧盟 28 国＋挪威＋瑞士＋土耳其	3 590 000	124 000	285 000	298 000	2 883 000	134 000	1 191 000	1 325 000	1 417 000	134 000	3 456 000	96

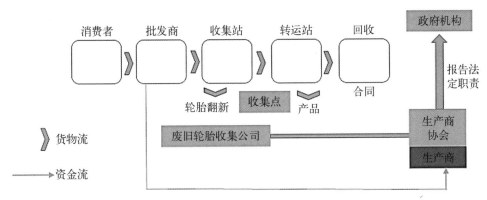

图 7 - 4　欧盟生产商责任体系废旧轮胎回收流程

2）日本

日本在废轮胎回收方面已建立了符合市场经济规律的回收体系进行有序回收。在日本,专业人员持政府部门专发的许可证收购废旧轮胎,没有许可证的任何人不能随便收购。对收购后的废旧轮胎进行分类处理,处理方式分为废轮胎加工处理、热能利用和六七成新的可利用旧轮胎直接销售等。日本废旧轮胎的回收、处理流程如图 7 - 5 所示。

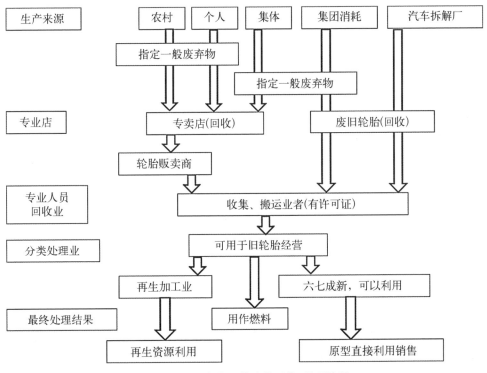

图 7 - 5　日本废旧轮胎的回收、处理流程

日本政府实行废旧轮胎管理卡制度,规定轮胎的销售商有回收废旧轮胎的义务,并防止非法丢弃废旧轮胎。日本橡胶工业协会还制定了减少工厂废橡胶产生的指标,尽可能减少废品率,提高产品合格率。20 世纪 80 年代日本开始将轮胎生产工厂的返工废胶指标规定为 1‰。日本政府对废轮胎的回收利用给予补贴,每处理利用 1 吨废橡胶可得到 1~1.5 万日元。

3) 美国

近年来,世界头号汽车工业大国美国每年报废轮胎就有 3 亿多个。在美国,联邦政府议会主要负责制定环境保护的原则性政策法规;联邦政府环保局负责监督执行对再生资源(固体废弃物)的回收利用和管理工作;各州议会根据联邦政府有关法律和本州的实际情况,制定具体的可操作的政策法规;州环保局负责环保政策法规的贯彻执行和管理、协调,提出五年计划和经费预算,以及制定废弃物排放和回收处理的标准并加以监督。具体制度可概括为以下 4 点。

(1) 严格的行业准入制度 美国规定运输 10 个以上、堆放 500 个以上废轮胎时,无论何种方法处理,均实行政府审批制度和许可证制度,这样就将废轮胎的数量、流向和再利用方式纳入政府的统计资料库,有利于政府执法部门进行动态监控。

(2) 专项基金收费和补偿制度 美国各州在推进废轮胎回收利用方面普遍收取废轮胎回收处理费,但各州的收费标准有所不同。加州 1992 年建立废轮胎回收处理专项基金,基金来源是向新轮胎销售商征收回收处理费。销售商将废轮胎回收处理费加到零售价格中,再转入加州政府专用基金账户。收费标准为每个新轮胎 1.75 美元。这些费用用于专项执法以及资助废轮胎清运、处理和胶粉市场的开发。政府采用差别化补贴的方法实现产业的结构调整。在加州,废轮胎回收处理专项基金收入每年约有 3 500 万~4 000 万美元,主要用于资助废轮胎胶粉企业开发市场,改善废轮胎野外堆放条件,并支付运输人员及回收市场的管理经费等。

(3) 以法律方式强制实现资源配置、促进市场发展 法律规定,废轮胎不得与生活垃圾或其他废弃物一起运输和处理,否则将受到重罚。这样就迫使轮胎使用者将废轮胎交给新轮胎销售商,销售商要找有废轮胎运输许可证的运输商和处理商进行处理,就要付钱,销售商再从轮胎使用者那里把钱赚回来。这样就形成了一个废轮胎回收、运输、处理市场化运作的产业链和资金流,平衡了各方面的经济利益。美国政府以多种手段和方式,包括租用警察署的直升机实施监察,对具体污染源进行治理,监督检查回收、运输和处理全过程等,对废轮胎的回收利用实施有效的监管,保证环保政策的贯彻落实。

(4) 政府实施强制性的废轮胎回收利用五年计划 美国是一个完全市场化的国家,但对废轮胎回收利用这种涉及环境与资源的事情,政府还是采取了严格的强制性计划,以推动市场的发展。例如,加州环保局提供的《2006/2007—2010/2011

年废轮胎回收利用计划》,该计划是根据加州议会通过的废轮胎回收处理各项法律制定的,其中详细描述了专项基金的使用计划,以及所要支持的具体项目资金和财政预算等。

4)加拿大

加拿大共有 10 个省(包括育康地区),每一个省均成立了废旧轮胎回收利用协会。除安大略省以外 9 个省的协会共同组建了加拿大废旧轮胎回收利用协会。该协会是一个非营利机构,其宗旨是协同管理部门执行和实施废旧轮胎回收利用政策,促进会员间的信息交流。省废旧轮胎回收利用协会主要由轮胎制造商、零售商、运输商、废旧轮胎粉碎厂、橡胶粉末产品制造厂和研发机构等单位组成。各省的废旧轮胎回收利用管理体系各有不同,有的是省国有公司负责,有的省还设有废旧轮胎回收利用管理委员会专门负责。各省根据本地实际情况分别制订废旧轮胎回收利用计划,计划中规定政府部门、轮胎制造商、零售商、运输商、废旧轮胎粉碎厂、橡胶粉末产品制造厂和研发机构等单位的职责、任务和目标,并制订相关的鼓励政策等。

回收利用计划的费用主要来源于销售新轮胎时征收的环保费(或称废旧轮胎处理费),环保费一般在出售新轮胎(包括出售新车)时征收,以便保证废旧轮胎回收时的支出。目前每个省征收的环保费不等,小轿车每辆征收 2~4 加元,大卡车每辆征收 5~6 加元。环保费由零售商收取后如数交协会或管理委员会管理,并全部用于支付废旧轮胎的收购、运输、粉碎加工、科研、教育、宣传和市场开发等费用。为了鼓励废旧轮胎深加工,奖励费用将依据产品加工的增值量确定,一般工厂每加工利用一个废旧轮胎奖励 0.5 加元。每年主管单位要对轮胎环保费的使用进行审计,参与废旧轮胎回收利用的各个单位必须参加协会,服从协会的管理。

7.2.1.2　我国废旧轮胎管理现状

根据相关统计数据,截至 2017 年底,全国机动车保有量达 3.10 亿辆。其中,全国汽车保有量达 2.17 亿辆,与上年相比增加 2 304 万辆,增长 11.85%。随着我国汽车保有量的大幅增加,废旧轮胎的产生量也将快速增长。图 7-6 是我国 2011—2016 年废旧轮胎的产生量和回收量。据统计,2017 年我国汽车轮胎总产量约为 6.53 亿个,同比增长 7.05%;废轮胎产生量约 3.4 亿个,重量超过 1 300 万吨。2018 年产生的废旧轮胎数量为 3.798 亿个,重量达 1 459 万吨。其中轿车轻卡废旧轮胎 1.36 亿个,重量 104.6 万吨;载重货车客车废旧轮胎 2.438 亿个,重量 1 354.4 万吨[10]。

与发达国家和地区相比,我国废旧轮胎回收利用存在的主要问题包括以下几点。

(1)废旧轮胎丢弃现象严重,回收利用率低,给环境保护带来一定影响。我国是橡胶消耗大国,目前大约还有 20% 以上的废旧轮胎没被利用,长期堆放,难以降

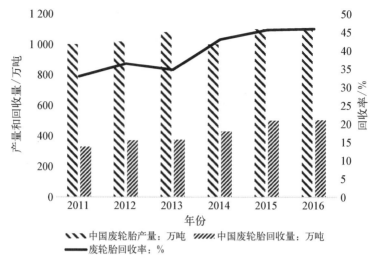

图 7-6 中国 2011—2016 年废旧轮胎的产生量和回收量

解,成为黑色污染源。目前,废轮胎通常采用露天堆放的方式存储,长期的大量堆积不仅会自燃引起火灾,且易滋生传播疾病,其造成的"黑色污染"已成为全球性治理难题。据统计,中国每年的废轮胎回收并无害化处理率不足 40%。从 2011—2016 年中国废旧轮胎产生量及回收量情况来看,废轮胎的回收还有很大的空间可以提升。

(2)废旧轮胎回收利用企业普遍生产经营规模小,自我改进能力低,企业发展无后劲。我国废旧轮胎利用主要集中在生产再生胶、轮胎翻新、生产硫化胶粉,这些企业 80% 以上为中小企业或者是家庭作坊,形不成规模,市场竞争能力低。

(3)废旧轮胎加工利用企业包袱沉重,经济效益差。废旧轮胎回收利用属于半公益事业,加工附加值低,我国废旧轮胎资源零星分散,回收、加工、运输费用高,废旧轮胎回收利用行业发展一直在低水平徘徊。

我国的废轮胎回收利用行业与国外发达国家的主要差距在管理机制和相应的处理技术上。造成这种差距主要是由我国特殊的国情导致的。近些年,随着我国工业和经济水平的不断发展,我国汽车产量也在快速地增加,同时带来了轮胎的大量生产和废轮胎数量的大量增加。废轮胎的大量累积产生了严峻的环境问题,而我国在轮胎使用上存在的一些特有现象大大加速了废旧轮胎的产生量,如大量的货车在物流运输过程中长期超载超速,使用一些价低质劣、非"三包"轮胎等。与国外同类产品相比国产轮胎普遍偏重。国内外轮胎在制造工艺方面的差别造成了废旧轮胎在重量上的差别,同样条数的报废轮胎之间重量差距在 8% 以上。在汽车保有量逐年增加、汽车的报废和车型的更替等客观因素影响下,每年轮胎的报废率还会保持在 6%~8% 之间。预计到 2020 年,我国每年废轮胎产生量将超过 2 000 万吨。

我国虽然有如此庞大的废旧轮胎规模,但是在再利用方面却一直进展缓慢,近年来,我国政府虽然先后颁布了《商用旧轮胎选胎规范》《废轮胎回收体系建设规范》以及《废轮胎回收管理规范》,并且在一些区域已启动了试点工作,也成立了一些再生资源协会,但目前还没有真正建立规范的废轮胎回收体系,也没有建立专门的废轮胎资源管理协会。90％以上废轮胎由民间自由贸易,致使相当数量的废轮胎流入了不规范的加工处理厂家,这也是造成我国橡胶资源浪费和环境二次污染的主要原因之一。而回收处理市场的无序竞争不仅使有限的废轮胎资源得不到规范、合理、高效地回收利用,也使得不少规范的企业面临资源短缺的窘境,而且层层倒卖和转运浪费了运输资源。同时我国缺少相应的政策扶持,没有给予废轮胎回收企业持续性的回收补贴,企业税赋成倍增长,废旧轮胎加工企业生存困难。税改后,废旧轮胎加工企业享受不到回收企业免交增值税的优惠政策。由于废旧轮胎从民间收购,小规模纳税人没有增值税发票,不能抵扣进项税,实际造成了重复征税,使本来微利的行业变成无利或者亏损,很多企业生存困难,更谈不上发展。

在废旧轮胎回收利用方面,我国可以向国外发达国家学习一些经验。发达国家都相继成立了废旧轮胎回收利用管理机构。我国在立法上比国外滞后,所以要在立法上加强与废轮胎回收有关的法律的制定。在政策上与国外不平等,国外废旧轮胎无偿回收利用,而且还有补贴、免税等优惠政策的支持,我国多数废旧轮胎利用企业税赋过重,资金短缺,无力更新技术装备,生产经营步履维艰,所以也要加强相关利好政策的实施。美国各个州立法不同,但处理废旧轮胎的政策基本类似,均分别给予每个轮胎 3～5 美元的处置费;加拿大规定每回收处理 1 吨废旧轮胎给予 60 美元的处置费;欧洲每吨给予 140 欧元处置费;香港每吨由环保署给予 1 700港币处置费。该费用均由收缴的废旧轮胎回收处置费支付,对废旧轮胎利用企业给予补贴鼓励。加大政策扶持可有效推动废旧轮胎的再利用,目前国内废旧轮胎再生利用仍需政府政策支持,废旧轮胎回收行业仍然属于政策性行业。在环保问题如此严峻的今天,我国废轮胎回收利用行业仍有很长的路要走,要从法律、政策等方面加强我国废旧轮胎的回收管理,结合我国的实际情况,最终形成一套符合我国废轮胎回收情况的、高效的、科学的管理体系,实现废轮胎资源高效回收利用[11]。

7.2.2　废旧轮胎的常规资源化利用技术

在生产轮胎过程中,其主要的原料是橡胶、炭黑、钢丝等,这些原料很大程度上依赖于不可再生能源——石油。法国轮胎巨头米其林公司曾推出实行轮胎定价与石油价格挂钩的机制,这是由于在轮胎生产的成本中,石油衍生产品支出就占到约60％。在美国,每生产 1 个乘用车轮胎要消耗约 26 L 石油,每生产 1 个载重车轮胎消耗 106 L 石油。废旧橡胶本身也是一种具备高热值的燃料,发热量能够达到

30 000 kJ/kg,可媲美煤的发热量(煤的发热量为 16 747~33 494 kJ/kg)[12]。因此,对废旧的橡胶制品进行资源化利用不仅能够提高石油资源的使用价值,也能够减轻其大量生产为环境所带来的风险。

对于橡胶制品中使用量较大、较为明显的轮胎制品,其常规的资源化利用技术主要分为直接利用和间接利用两大部分。直接利用是指在不经过化学过程的前提下,以废旧轮胎原有的或近似的形状进行回收使用;间接利用一般是通过适当的化学或物理过程,对废旧轮胎予以再加工后进行利用,其常见的主要资源化利用手段及应用如图 7-7 所示。

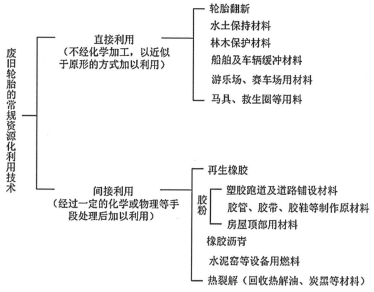

图 7-7　废旧轮胎传统资源化利用手段及应用

7.2.2.1　轮胎翻新

将已经磨损或因其他原因损坏而失去使用性能的轮胎经翻修加工使之重新具有使用性能的加工过程统称轮胎翻新。目前市场上主要存在 3 种主流的翻新方式,分别是传统的热硫化翻新、套顶法翻新以及预硫化翻新。

传统轮胎翻新采用热硫化翻新即热翻法,是采用未经高压成型的自炼橡胶,包覆于经打磨处理的旧轮胎表面,以合模高温硫化。由于硫化时需对整个轮胎施以长时间的高温对胎体损伤很大,一般一个轮胎只能热翻一次,每个硫化罐每次只能硫化一种型号的单个轮胎。热翻法只能翻新斜交胎,不能翻新子午线钢丝胎。热翻轮胎很容易出现新旧材料脱层的现象。在发达国家,热翻法已被淘汰,在我国还有市场。

目前市场上还存在一种翻新法,俗称"套顶",将从旧轮胎上剥下的比较完好的胎顶套装到另一个比较完好的胎体上,硫化成型,这种翻新方法介于热翻与冷翻之间,加工难度高,难以形成流水线产业化生产,其翻新效果一直被业内专家诟病。不管是常规热翻法,还是"套顶"法,都不能满足现代化生产的需要,难以适应我国汽车工业的发展。正是由于传统的热翻新法和套顶法所存在的局限性,目前发达国家和地区主要采用的是预硫化翻新法。

所谓预硫化翻新法就是将预先经过高温硫化而成的花纹胎面胶粘在经过磨锉的轮胎胎体上,然后安装在充气轮辋上,套上具有伸缩性的耐热胶套,置入温度在100℃以上的硫化室内进一步硫化翻新的过程,俗称"冷翻新"。其工艺特点是:温度远低于热翻法,一个轮胎可以反复多次翻新。一个硫化罐可以一次硫化多个不同规格的轮胎。冷翻法既可以翻新斜交胎,也可以翻新子午线钢丝胎。冷翻轮胎由于采用的是两步硫化,新旧材料结合牢固,不会脱层,而且经过高压硫化的胎面结实而又耐磨。冷翻工艺在目前通行的翻新法基础上进一步加强了对胎体的保护,只针对需硫化的胎顶局部加热。因此,工艺更高效,也更节能。该工艺可减少花纹沟底变形,提高产品合格率,延长包封套的使用寿命,使轮胎的行驶里程更长,平衡性更好,使用也更加安全。

7.2.2.2　预硫化法轮胎翻新的技术优势

轮胎翻新正在成为市场热点,其最大的动力在于它可以为运输企业节约成本。在良好的使用、保养条件下,一个轮胎可以进行多次预硫化翻新,具体地说尼龙帘线轮胎可翻新 2~3 次,钢丝子午线轮胎可翻新 3~6 次。采用预硫化翻新的轮胎与新轮胎相比,具有以下优点:节约原材料,生产每个新轮胎约需要 83.27 L 的石油,翻新轮胎仅需要 26.5 L,翻新一个废旧轮胎所消耗的原材料只相当于制造一个同规格新轮胎的 15%~30%,价格仅为新轮胎的 20%~50%;翻新胎也可以按照新胎同样的合法速度行驶,在安全、性能和舒适程度上不亚于新胎;生产每个新轮胎约需 970 MJ 能源,翻新轮胎仅需 400 MJ;每个翻新轮胎比新轮胎减少二氧化碳排放 26.4 kg;延长使用寿命,每翻新一次可重新获得相当于新轮胎 60%~90% 的使用寿命,平均行驶里程大约为 $5 \times 10^4 \sim 7 \times 10^4$ km。采用预硫化翻新的轮胎耐刺扎、抗撕裂、耐磨性能好、使用寿命长,优于传统法热翻新的轮胎。预硫化胎面胶冷却后,自然收缩,消除内应力,胎面胶的伸长度要小于传统法翻新胎,其耐磨性、抗撕裂性能优于传统法翻新胎。预制胎面胶的硫化压力高,胶料结构密实,胶料所接受的硫化压力高出传统法翻新胎面胶所受硫化压力的数十倍,因此,其胎面胶的密实度远远好于传统法翻新胎面胶的密实度,耐磨性能好。预硫化法翻新胎的胎面曲率半径比传统法翻新轮胎要大,有利于耐磨耗性能的提高和车辆行驶的安全。在硫化过程中,预硫化法翻新的胎体等效受热时间远低于传统法翻新胎体,有利于保护胎体,不仅能保证轮胎的使用安全,而且可以增加翻新次数,延长轮胎的使用寿命。通过多次翻新,至少可使轮胎的总寿命延长 2~3 倍,因此,发达国家非常重视轮胎翻新和再使用。胎体设计寿命为胎面的 3～6 倍,美国翻新同业公会证实,一个磨损的轮胎胎体强度与新胎相同。翻新轮胎是安全可靠的,翻新轮胎广泛应用与民航、美国军用飞机、学校大巴和各种急救车,汽车运输企业已基本依靠翻新轮胎来运输,翻新轮胎与新轮胎一样经久耐用。

综合来看,预硫化翻新轮胎是汽车轮胎翻新行业中最具前景的一种方法,值得业内重视和推广。

7.2.2.3　原形改制

废旧轮胎在经过多次翻新使用后,其性质条件将不再适合作为轮胎使用,因此废旧轮胎的一种资源化技术是对胎体相对完好的轮胎进行一定的处理、改造后保留其原形,改制为其他材料加以利用。

在船只靠泊的码头上以及航行的船只船身周围一般挂着许多废旧轮胎,主要是利用橡胶材料良好的弹性,在船只靠岸时作为船和码头之间的缓冲,避免损坏船只。也可将废旧轮胎清洗后作为景观设施、绿化花盆、家具凳子等。有报道称,在我国军队中曾将废旧轮胎在靶标一侧铺设成一层一层的弹墙,覆盖上泥土。这种方法不但可以使弹墙结实可靠,还可以起到安全节约的作用。在美国,每年约产生废旧轮胎 2.5 亿个之多,其中可以通过原形改制将 500 万～600 万个废旧轮胎变废为宝。改制后废旧轮胎的胎圈与胎身分离,再根据需要将胎身裁成不同尺寸的胶条,用这些胶条编织成弹性防护网、防撞挡壁、防滑垫排等,用于建筑和爆破工地挡飞石落物、保护船坞、临时加固路面等。从废旧轮胎上截取下来的胎圈还可以加工成排污管道。在法国,废旧轮胎制作成消音墙,不仅成本低廉,消音效果也十分出色。

7.2.2.4　生产再生胶

废旧轮胎中存有大量可再生利用的橡胶,可通过物理化学手段对废旧轮胎中的废旧橡胶进行粉碎、加热、机械处理,使原本具有弹性的废旧橡胶成为具有塑性和黏性的、可供再次硫化生产的再生橡胶,这一过程把硫化过程中形成的硫交联键切断,仍保留其原有成分。由于再生橡胶具备一定的塑性和补强作用,易于生胶和其他配合剂相配合,加工性能优异,在橡胶制品中掺用适量再生橡胶有利于橡胶的混炼加工,同时能够在一定程度上降低生产成本,因此在我国的应用非常广泛。

1) 主要利用途径

传统的再生橡胶生产方法主要为油法和水油法,但是这样的生产方法存在效率低、污染环境、能耗较大等诸多缺点。从世界范围来看,很多国家已经抛弃了再生胶的生产,转而研究和发展胶粉制造等其他资源化技术手段。但在我国再生胶仍是废旧轮胎利用的主要产品,占废旧橡胶利用的 71.3%,且生产技术水平普遍较低。尽管二次污染严重,部分新型脱硫方法在工业实际应用中仍存在某些技术或经济方面的缺陷,但其依然是我国在发展再生橡胶生产工业化技术过程中的重要环节。为此,世界各国相继开发了如动态脱硫、常温脱硫、低温脱硫、相转移催化脱硫、力化学脱硫、微波脱硫、超声波脱硫、辐射脱硫和生物脱硫等多种脱硫新工艺。

再生橡胶的主要生产工艺可按发展应用的先后顺序大致分为老式油法、水油法、工业化动态法、其他新工艺技术。

油法、水油法作为历史最为悠久的再生橡胶生产方法,主要通过机械、蒸汽对废旧橡胶进行加工、再生,两者的生产工艺过程基本相同,但是在脱硫工段有一定区别。总体而言,主要的生产工段、工序如图 7-8 所示。工艺主要分为粉碎、脱硫和精炼三大工段,每个工段内有诸多工序。粉碎工段包含原料的分类加工、切胶、水洗、粗碎、细碎、风选及过筛 7 个工序;脱硫工段两者有所不同,油法主要包括脱硫、拌油两个工序,而水油法包含脱硫、清洗、挤水、干燥 4 个工序;精炼工段包含对产物的捏炼、滤胶、回炼、精炼和最终的出片 5 个工序。

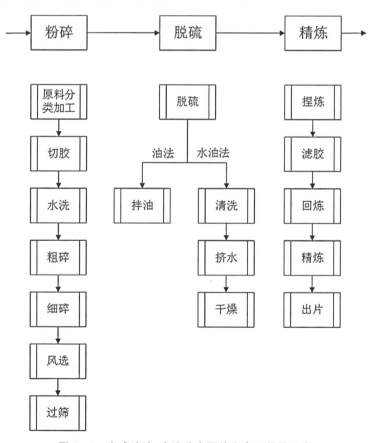

图 7-8　老式油法、水油法主要的生产工段及工序

随着轮胎制造业产量的不断扩大,废旧橡胶来源的构成也有了较大变化,包括汽车轮胎在内的很多橡胶制品都掺用了一定比例的合成橡胶(特别是非轮胎车用

橡胶),而老式的油法、水油法的脱硫条件已经不再适应合成橡胶的再生,因此高温高压的动态脱硫工艺得到了发展和应用。高温高压动态脱硫法目前是我国再生橡胶行业处理废旧橡胶脱硫的重要发展方向,相较于老式的油法、水油法,高温高压动态脱硫技术具备三大鲜明优点:一是应用范围广泛,能够对合成橡胶进行再生利用;二是动态脱硫方法是在高温高压的条件下进行的,能够大大缩短脱硫阶段所用时间(由原先的6小时左右缩短为3小时以内),提高再生橡胶的质量;三是生产工艺污染更小,在降低能源消耗的同时提高了生产效率。目前该法得到了部分龙头企业的应用,但尚需进一步的研究和完善。

对于诸如废旧汽车轮胎这样的废旧橡胶,许多新工艺技术处在不断发展和改进的过程中,以它们所采用的主要方式手段划分可分为三大类:物理再生技术、化学再生技术和生物再生技术。

物理再生技术是利用外加能量,如力、热-力、冷-力、微波、超声波等,使交联橡胶的三维网络破碎成碎片。除微波和超声波能真正地再生橡胶外,其余的物理方法只是粉碎技术,即制作胶粉。这些胶粉只能作为非补强性填料。利用微波、超声波等物理能量能够达到满意的橡胶再生效果,但设备要求高,能量消耗大。

微波再生技术通过控制微波强度,有效地破坏交联键而不损害橡胶分子主链,从而使再生的橡胶具有生胶的性能。但只有含极性基团(如硫磺硫化)的硫化胶才适合用微波再生,$915 \sim 2\,450\,\text{MHz}$ 及 $0.324 \sim 1.404\,\text{MJ/kg}$ 的能量足以裂解交联键而不破坏分子主链。

超声波再生技术是利用超声波选择性地破坏交联键而保留分子主链使硫化橡胶达到再生的目的。如将天然橡胶硫化胶施以 $50\,\text{kHz}$ 的超声能量 $10\,\text{min}$,可获得优良的再生胶,然后将其硫化,可以获得与原胶相似的性能。

电子束辐照再生方法是利用电子束独有的对射线敏感的特征,借助电子加速器的高能电子束,使其发生化学键断裂——解聚效应,获得再生。大多数橡胶弹性体在射线作用下发生结构化交联反应,只有极少含叔碳原子基团结构单元的胶种在高能辐射场下呈现降解反应。

化学再生技术是利用化学助剂,如有机二硫化物、硫醇、碱金属等,在一定温度下,借助机械力破坏橡胶交联键,达到再生的目的。在化学再生过程中,要使用大量的化学品,需要高温和高压,而这些化学品几乎都是难闻和对人体有害的。二硫化物和硫醇再生剂主要有二硫化二苯、二硫化二苄、二戊基化二硫、丁硫醇、硫酚等。一般将废胶粉末与再生剂混合(浸泡溶胀几小时至几十小时),然后加热至 $180\,℃$ 左右维持几小时至几十小时获得再生胶。如以烷基酚硫化物为再生剂,使用 5 目胶粉,在 $188\,℃$ 下处理 $4\,\text{h}$,可以制得丁苯橡胶、氯丁橡胶和丁腈橡胶的再生胶。将丁苯橡胶细胶粉与二芳基二硫化物再生剂混合溶胀至少 $12\,\text{h}$,然后以不超过

3 cm 的厚度装入托盘,放入直径 1.5 m、深 3.8 m 的反应釜内,保证釜内良好的空气和蒸汽循环,加压至 0.4 MPa,然后关掉空气,使蒸汽升压至 0.8~0.9 MPa,温度升至 190℃,维持 3~5 h 获得再生胶,这种方法制得的再生胶性能一般。不损害 C—C 键而选择断裂 C—S 和 S—S 键的化学试剂如表 7-3 所示。

表 7-3 选择性断裂化学键的化学试剂[13]

试剂名称	选择交联键的位置	试剂名称	选择交联键的位置
三苯膦	多硫键转换为单硫键和少量二硫键	二硫苏糖醇	二硫键转换为 2 个巯基
二正丁基亚磷酸钠	二硫键和多硫键	氧化铝锂	二硫键和多硫键
丙硫醇/哌啶	多硫键	甲基锂(在苯中)	多硫键和二硫键
1-己硫醇	多硫键和二硫键	碘代甲烷	单硫键

无机化合物为再生剂,可将胶粉悬浮于甲苯、环己烷等溶剂中,在金属钠的存在下,在 300℃下隔氧处理,可使单硫键、二硫键和多硫键断裂,使再生的橡胶具有与初始生胶完全相同的结构。采用铁基催化剂和铜基催化剂也可使硫化交联键断裂得到橡胶溶液。

其他化学再生剂可采用硫代乙酸的甲苯溶液与 30 目胶粉混合,室温溶胀 24 h,然后在 120℃下轧炼,获得力学性能良好的再生胶。

化学降解是将废胶粉悬浮于三氯甲烷中,用含臭氧的氧气在室温下鼓吹,然后用过氧化氢进行处理,得到含—COOH 的液体橡胶,这种液体橡胶可用三氧化膦(或 2-甲基-1-吖丙啶基)在 100℃下硫化。

天然胶乳可以生物降解,但加入硫磺和其他配合剂将其转化为一种技术材料后,生物降解就难以实现了。生物降解可利用矿质化学营养细菌降解悬浮于水中的橡胶粉末表面,从而使其在与原始生胶混合并用时,表面橡胶分子链可以扩散到原始生胶中,并在硫化时与原胶结合在一起。利用细菌可以分离元素硫和硫酸,这个技术的意义在于可以利用简单的方式同时获得再生胶和硫磺。

2) 再生胶的特点及其应用

再生橡胶具有价格低、生产加工性能好的优点,可部分替代或单独制造为可供使用的橡胶产品,在生产过程中能够减少动力消耗,改善压延、半成品的收缩性和橡胶制品的耐自然老化、耐油、耐酸碱等性能,其应用范围十分广泛。废旧轮胎等橡胶经再生处理后能够作为良好的再生胶大量用于轮胎垫带、胶鞋、翻胎胶、帘布胶以及胎面胶等。其在应用上主要具有以下优缺点。

(1) 优点 再生胶有良好的塑性,易与生胶和配合剂混合,节省工时,降低动力消耗;收缩性小,能使制品有平滑的表面和准确的尺寸;流动性好,易于制作模型制品;耐老化性好,能改善橡胶制品的耐自然老化性能;具有良好的耐热、耐油、耐酸碱性;硫化速度快,耐焦烧性好。

(2) 缺点　再生橡胶是由弹性硫化胶经加工处理后得到的塑性材料,其本身的塑性好但弹性差,再硫化后也不能恢复到原有的弹性水平;再生橡胶本身的耐屈挠龟裂性差,这就是因为废硫化胶再生后其分子内的结合力减弱,对屈挠龟裂要求较高的一些特殊制品,要斟酌使用再生橡胶,并注意使用量;耐撕裂性差,影响耐撕裂性的因素较多,其中配合剂分散不均制成的橡胶制品不仅物理机械性能低,耐老化性差,而且抗撕裂性也弱。再生橡胶在脱硫工艺过程中,拌料不均、再生剂分散不好也是造成再生橡胶耐撕裂性差的一个因素,在应用时应注意这点。

我国《再生橡胶通用规范》(GB/T 13460—2016)对再生橡胶的分类和要求做出了如表7-4和表7-5的解释与规范。对于明确其主要橡胶成分的再生橡胶,分类为 A 组;对于不能明确其主要橡胶成分的再生橡胶,依据其所使用的材料来源即废旧橡胶制品,进行分类,归为 B 组。表7-4 中展示了再生胶的分类。

表7-4　再生橡胶分类

A 组	代号	B 组	代号	所用材料
再生天然橡胶	R-NR	轮胎再生橡胶	R-T	废轮胎混合料或整胎
再生丁基橡胶	R-IIR	胎面再生橡胶	R-TT	废轮胎胎面
再生丁腈橡胶	R-NBR	内胎再生橡胶	R-TI	废轮胎内胎
再生乙丙橡胶	R-EPDM	胶鞋再生橡胶	R-S	废旧胶面鞋、布面鞋橡胶部分
再生丁苯橡胶	R-丁苯橡胶	杂胶再生橡胶	R-M	废旧橡胶制品混合料
		浅色再生橡胶	R-N	非黑色废旧橡胶

对再生胶的主要性能有如下要求,如表7-5所示。

在应用再生橡胶时应当注意以下事项:① 熟悉再生橡胶的优缺点,在适合的场景使用再生橡胶;② 对要使用的再生橡胶一定要经检验后才可使用,以便掌握其技术性能,方便在制订配方时做参考;③ 制订配方时要根据橡胶烃的含量考虑硫磺和其他配合剂的正确用量,以收到理想的配合效果;④ 再生橡胶的相对密度、水分含量及所含的软化剂量都对产品有一定的影响,应用时要考虑这些因素,尤其要适当调整配方中软化剂的用量;⑤ 再生橡胶的用量要根据所制产品的具体要求,用量过多或过少都会对产品的质量和经济效益产生一定的影响;⑥ 再生橡胶应用前一定要经塑炼合格后方可使用。

再生橡胶的应用范围正伴随着工业社会的不断发展而逐渐扩大,主要包括汽车轮胎、橡胶传送带、自行车及摩托车、电动车轮胎、胶鞋等方面。在建筑材料方面,由废旧轮胎等废旧橡胶材料制作而成的再生橡胶也能够作为防水涂料等应用

表 7-5 再生橡胶性能

项 目 代 号	R-T	R-NR/ R-TI	R-TT	R-S	指 R-M	标 R-N	R-IIR	R-NBR	R-EPDM	试 验 方 法
灰分/%	12	25	10	38	30	48	10	12	20	GB/T 4498.1—2013
丙酮抽出物/%	26	25	19	21	21	26	16	31	31	GB/T 3516—2006 方法 B
门尼黏度 ML(1+ 4)100℃	85	80	95	80	70	80	70	70	65	GB/T 1232.1—2016
密度/(mg/m³)	1.26	1.35	1.18	2.00	1.35	2.00	1.24	1.35	1.35	GB/T 533—2008
拉伸强度/MPa	8.0	5.5	12.0	4.6	3.8	4.0	6.8	7.5	5.5	GB/T 528—2009 附录 B
拉断伸长率/%	330	220	400	200	180	240	460	280	260	GB/T 528—2009 附录 B

于建筑工程,其优异的防水、防腐及塑性大等性能使其在城市地下管网及道路施工中可作为防水防护层、道路防龟裂材料等。我国作为世界上最大的再生橡胶生产国,再生橡胶的生产量占到世界的80%以上,企业众多。但是在生产和应用过程中,主要还存在生产工艺落后、环境污染较大、产品质量参差不齐等问题,一蹴而就地淘汰再生胶的生产在我国存在一定困难,因此应当在提高再生胶生产标准、优化生产方式、改进生产技术的同时发展其他废旧轮胎的资源化利用手段。

7.2.2.5 生产胶粉

胶粉是指硫化橡胶通过机械方式粉碎后变成的粉末状物质,是一种具有弹性的粉体材料,具有粉体材料的基本特征。

1) 主要利用途径

在橡胶制品中添加胶粉可以起到降低成本、改善胶料加工性能的作用,并且还可以提高橡胶制品的抗疲劳性能等。例如在载重轮胎的胎面和胎侧胶中掺用5%的胶粉不但可降低轮胎整体的生产物料成本,并且能够延长轮胎的使用寿命,增加其有效的可用行驶里程。

废旧轮胎等橡胶制品处理所得的再生胶粉不仅可以应用于诸如轮胎等橡胶材料的制造,还可以应用于塑料产品的制造,例如在塑料中掺用胶粉增加塑料的韧性,提高其抗冲击性能,将胶粉和塑料进行反应共混还可以制成热塑性弹性体用以循环利用。在建筑材料的制造方面,可以将胶粉与沥青进行混合用于地面道路的铺设,能够大大减少路面软化变形和开裂,提高轮胎与路面的抓着力。胶粉与沥青的混合产品还可以应用于屋面的防水处理中,能够延长屋面防水材料的使用年限。在混凝土中掺用胶粉作为建筑物的地基和地铁的地基还可以起到防震和减噪的作用。

废旧橡胶制品中一般都含有非橡胶成分如纤维和金属,例如废旧轮胎中便含有纤维和钢丝,所以在处理诸如废旧轮胎这样的废旧橡胶制品之前,首先要对废橡胶成分进行分离和去除,保障后续粉碎工序的正常开展。对于如轮胎、输送带等体积较大的橡胶制品还需要进行切胶、洗涤、除杂等的加工处理。传统、老旧的胶粉生产中,上述橡胶制品的分离、切胶、洗涤等加工工序是与粉碎相分开的,但随着工艺技术的进步,目前的胶粉生产已经能够一体化进行,实现连续化生产。

(1) 非橡胶成分的去除 对于废旧轮胎一般先除去胎圈,去除胎圈有两种方法:一种是把轮胎横向切断后去除胎圈,这种方法只适用于轿车轮胎规格大小以下的小型轮胎;另一种是使用旋转割胎圈机除去胎圈,具体方法是将废旧轮胎置于旋转割胎圈机上,转动固定轮胎的转盘,由刀将胎圈割除,这种方法主要用于大型轮胎(如载重车轮胎、公共汽车轮胎等)胎圈的割除。根据粗碎机生产能力的大小,有时不仅要割除胎圈,而且还要将胎侧去除,这种情况下应使用配带两把割刀的割胎圈机(即双刀割胎机)同时割除胎圈和胎侧。随后是胎面的分离,可采用胎面分离机通过割刀的左右运动剥取分离胎面得胎面胶。对于废内胎则必须将金属气门嘴或夹布的气门嘴垫去除。其他如胶带、胶管等废旧橡胶则应将其中的纤维或金属去除。

(2)切胶　经过分类和去除非橡胶成分的废旧轮胎由于胎侧、胎面等部分存在大小长短不一、厚薄不均的现象,如果不将其统一成一定的规格大小,非常不利于后续的水洗和粉碎,且对机器的使用和制造也存在不便。由于轮胎分离后的橡胶制品体积较大、质量较重,很容易影响下一步的洗涤质量,而且如果太大的胶块直接投入粉碎,会严重影响粉碎设备的安全,因此需要进行切胶处理。中小型胶粉生产厂切胶工序一般是在曲辊切胶机中进行,而大型胶粉生产厂往往采用回转式切胶机。

(3)洗涤　废旧轮胎作为生产胶粉的典型代表物,其在使用过程中长期接触地面,极易夹带许多的泥沙、尘土、黏性垃圾(如口香糖)等,这些物质如不能够及时清除,必然会在粉碎过程中导致尘土飞扬的现象,同时也会损坏机器设备,更会由于杂质的进入对生产出的胶粉质量造成很大的影响。因此在胶粉的生产过程中,洗涤是必不可少的一个重要环节,良好的洗涤工序可以降低生产环节中的二次污染,保护粉碎机器,延长其使用寿命,保障胶粉产品的纯度与可靠质量。在我国,对废旧轮胎这样的废旧橡胶进行洗涤,一般采用锥形圆筒转鼓洗涤机。先将切割好的废旧橡胶定量、定时、均匀地投入洗涤机中,同时保证充足的浸水量。洗涤后的废旧橡胶应保证基本无泥沙杂质,并保持清洁、干燥后堆放于车间内备用。由于水分对胶粉的应用性能影响较大,故洗涤后废橡胶的干燥相当重要,一般应干燥至水分含量在1%以下。

(4)常温粉碎　胶粉的生产方法一般有 3 种,即常温粉碎法、低温粉碎法和湿法或溶液法,各种方法有其自身的特点。在胶粉工业化生产中,常温粉碎法占据主导地位。常温粉碎法是指在常温下对废旧橡胶用辊筒或其他设备的剪切作用进行粉碎的一种方法。常温粉碎一般分为 3 个阶段:第一是将大块轮胎废橡胶破碎成50 mm 大小的胶块;第二是在粗碎机上将上述胶块再粉碎成 20 mm 的胶粒,然后将粗胶粒送入金属分离机中分离出钢丝杂质,再送入风选机中除去废纤维;第三是用细碎机将上述胶粒进一步磨碎后,经筛选分级,最后得到粒径为 $40\sim200\ \mu m$ 的胶粉。这种方法可生产出占废旧轮胎质量 75%~80% 的胶粉,15%~20% 的废钢丝,5% 的废纤维。常温粉碎法的生产工序主要为粗碎与细碎。粗碎工序用一台或两台粗碎辊筒粉碎机,并配有辅助装置和振动装置。对废旧橡胶制品进行粗碎后的胶粉再按要求进行筛选,对不符合粒度要求的要重新返回粗碎机,再进行粗碎,直至符合要求。粗碎后胶粉还要进行磁选以除去其中的钢丝类金属杂质。细碎工艺是对粗碎后的胶粉再处理,进一步清除废旧橡胶中的金属和纤维等杂质。细碎工序是用细碎机对粗碎后的胶粉进行进一步粉碎加工。通过细碎机细碎的胶粉放在输送带上用磁选机磁选,以进一步消除胶粉中的金属铁杂质,然后送往筛选机筛选。筛选机筛网孔径为 0.5~1.5 mm。过筛后的胶粉根据密度的不同,将胶粉粒子与金属、纤维等杂质再次分离,即制成胶粉,胶粉经包装后用输送带运往仓库贮存。筛选时的筛余物则重新返回细碎机进行第二次细碎,以此循环。常温粉碎法具有比其他粉碎方法投资少、工艺流程短、能耗低等优点,有着其他方法不可替代的作用和效能。它是目前国际上采用的最为经济实用的方法。

近年来随着生产技术与设备研发的新发展,各国沿用常温粉碎法的基本理念,开发了一系列新技术。例如日本的废轮胎连续粉碎法利用两台破碎机和两条细碎机同时进行废橡胶的破碎处理和破碎橡胶的进一步破碎处理(破碎为 50 mm 左右大小的胶块),实现了废轮胎的连续破碎;德国的挤出粉碎法利用螺杆挤出机实现了对废旧橡胶的破碎,利用正旋转、严密啮合的螺杆挤出生产胶粉,实现了粉碎改性一体化的工艺实践;俄罗斯的高压粉碎法实现了前述主要通过旋转运动、切割、剪切等粉碎工艺的作用,由于高压对橡胶的强制作用通过小孔在橡胶中产生应力,实现了橡胶的粉碎。

低温粉碎法是废橡胶在经低温作用脆化后而采用机械进行粉碎的一种方法。该方法可比常温粉碎法制得粒径更小的胶粉。废旧橡胶作为一种高弹性材料,种类繁多,性质也不尽相同,在粉碎加工时,会呈现各种塑性、黏性和弹性行为。另外,各种橡胶对热的反应也各不相同,采用传统的常温粉碎法很难达到理想的粉碎效果。一般在常温粉碎时,只有不到 1% 的机械功消耗在粉碎上,几乎大部分机械功消耗变成了热能,这就使粉碎机中产生的热量大大超过物料的耐热限度,对物料的加工性能、产品质量和生产效率都有很大影响。橡胶在粉碎过程中的典型材料特性,如杨氏模量、切变模量以及物理机械性能在很大程度上取决于温度、承受压力时间和应变速度。利用制冷剂可影响温度参数,改善粉碎状态,从而取得常温粉碎不能获得的效果。

低温粉碎的基本原理就是利用冷冻使橡胶分子链段不能运动而脆化,从而易于粉碎。如轮胎在 −80℃ 时像土豆片一样脆,在锤磨机中,轮胎的各部分很容易分离。低温粉碎法主要分为两种工艺:一种是低温粉碎工艺;另一种是低温和常温并用的粉碎工艺。低温粉碎是利用液氮冷冻使废旧橡胶制品冷至玻璃化温度以下,然后用锤式粉碎机或辊筒粉碎机粉碎。低温粉碎法又可根据工艺内容和顺序的不同分为直接冷冻低温粉碎法和在冷冻条件下先粗碎再细碎的低温粉碎法。直接冷冻低温粉碎法是指在轮胎解剖机上将轮胎的胎圈部位切下,同时将胎面分割成 2~3 小块置于冷冻(液氮)装置内,然后用锤式或辊筒式粉碎机粉碎,从而得到胶粉。在冷冻条件下先粗碎再细碎的低温粉碎法是将废旧轮胎切割后置于冷冻装置内,在锤式或辊筒粉碎机内先粗碎,粗碎后再次冷冻,再细碎,从而得到胶粉。这种生产方法因需要经过两次液氮冷冻,故生产成本较高。但用该法处理钢丝子午线轮胎时钢丝易和橡胶分离,同时可相应减少动力消耗。低温和常温并用的粉碎工艺主要是先在常温下将废旧橡胶制品粉碎到一定的粒径,然后将其运送到低温粉碎机中再进行低温粉碎。

低温粉碎工艺具有以下优点:最适用于粉碎常温下不易粉碎的物质,如橡胶、热塑性塑料等;内装的分级机可以得到明显的粒径分布粉体材料;较常温粉碎可得到更细、流动性更好的胶粉;粉碎后的物体成型性好、堆密度大。

湿法或溶液粉碎法生产胶粉最具代表性的是英国橡胶与塑料研究协会(RAPRA)开发的称为 RAPRA 法的生产胶粉新工艺。该法分三步进行:第一步是废橡胶粗碎;第二步是使用化学药品或水对粗胶粉进行预处理;第三步将预处理胶粉投入圆盘胶体磨粉碎成超细胶粉。除此之外,还有一些新的溶液方法近年也被开发出来。例如俄罗斯开发的利用可视红外线激光液压脉冲湿法粉碎胶粉工艺,可在室温下使橡胶呈脆性以利于粉碎,此方法生产时间短、能耗低,能够使橡胶粒径达到所需的绩效范围,工作液体介质能够无线循环使用。

2) 再生胶粉的特点及其应用

处理废旧轮胎等废旧橡胶材料而得到的再生胶粉与再生胶有诸多区别,突出体现在以下 4 点。从外观形状而言:再生胶多为固体块状;再生胶粉为粉末状。从内部结构而言:再生胶在生产过程通过化学方法使橡胶内部分子链断链,重新加工成可以再使用的橡胶;再生胶粉在生产过程中通常通过物理机械力粉碎废旧橡胶制品,橡胶制品只是从外观上断裂了,而内部橡胶分子链并未遭到破坏。从性能而言:再生胶属于脱硫橡胶,可以进行二次硫化;而再生胶粉属于未脱硫橡胶,不可进行二次硫化。从作用而言:再生胶可以作为主体材料生产橡胶制品,以降低生产成本;再生胶粉一般只是起到填充与辅助的作用,通常作为弹性填充材料降低成本,或作为功能化加工助剂改善工艺。

总体而言,再生胶粉与再生胶并无显著的孰优孰劣之分,主要是针对不同的应用需求通过不同的工艺手段进行废旧橡胶的资源化利用,只要通过适当的处理方法与工艺,结合技术手段的革新,都能够获得较高质量的产品应用于工业生产。再生胶粉可应用范围非常广泛,主要包括橡胶工业、塑料工业、建筑材料及道路铺装工业等。近年来,再生胶粉还能够应用在热塑体弹性体等方面,大大扩充了其工业应用的方式与途径,成为包括废旧轮胎在内的废旧橡胶制品资源化利用的重要方式之一,得到了世界各国的重视。再生胶粉典型的应用手段及方式如表 7-6 和表 7-7 所示。

表7-6 再生胶粉常见典型应用(按加工后胶粉的粒径分类)

粒 径	名 称	典 型 应 用
加工为20~30目	普通胶粉	改性沥青
		跑道、道路垫层,橡胶枕木
加工为30~40目		再生橡胶
		平铺道路
		胶板
加工为40~60目	细胶粉	橡胶杂件及替代原生胶制作橡胶填充品
		橡胶软管
		复合隔音壁
		防水卷材
加工为60~80目	精细胶粉	汽车轮胎
		建筑材料改性沥青(防水涂层)、防静电地板砖
		鞋底料
加工为80~200目	微细胶粉	汽车轮胎、刹车片、阻燃材料等
		军工产品
		保温材料塑管添加剂
		化工密封胶

表7-7 胶粉常见典型应用(按加工后胶粉所应用的不同领域分类)

领 域	分 类	典 型 应 用
橡胶工业	直接加工	制成机械垫片、路基垫、缓冲垫、挡泥板、吸音材料等
	应用于各类橡胶制品	掺用精细胶粉制造高速乘用子午线轮胎胎面胶
		掺用胶粉制造织物输送带
		添加胶粉于埋线吸引胶管的中层胶与内层胶
		低档胶鞋鞋底中掺用胶粉
		自行车脚踏板胶套
塑料工业	聚乙烯与胶粉并用的共混材料	可用于制造普通低压农用输水胶管、渗灌农用胶管、各种铺装材料、屋顶材料、地毯的背胶、窗帘、铁路垫层等各类橡塑制品
	聚氯乙烯与胶粉并用的共混材料	可用于制造屋面防水卷材、塑料地板、鞋料、管材等产品

（续表）

领　域	分　类	典　型　应　用
塑料工业	聚丙烯与胶粉并用的共混材料	可制成抗拉、有弹性、便于加工的新材料,应用于汽车和铁路行业制作罩壳和减震器等,还可将此共混材料注射成踏板
	聚苯乙烯与胶粉并用的共混材料	可应用于建筑、机电、包装等行业
	聚氨酯与胶粉并用的共混材料	可制成橡胶补强泡沫,提高泡沫产品的回弹性和均匀性
	胶粉改性不饱和聚酯	可应用于建筑工业的板材制造
	胶粉改性尼龙、酚醛树脂	制造摩擦材料,如刹车片等
建筑材料工业	防水卷材	—
	防水涂料	—
	防水密封材料	胶粉沥青嵌缝油膏
		橡塑防水胶
	胶粉沥青胶黏剂	—
铺装材料工业	道路铺装材料	铺装高速公路、飞机跑道等路面
	运动场地铺装材料	体育场塑胶地面、幼儿园走廊、游乐场所、网球场、人行道、散步道等地面
其他领域	热塑性弹性体	—
	制备离子交换剂	很适合净化含有 Cu^{2+}、Cd^{2+}、Zn^{2+} 等重金属阳离子和苯酚、氯代苯酚、硝基苯酚及十六烷基吡啶溴化物等有机化合物的废水
	土境改良	可改善沙土的保水性和黏土的透水性
	废水处理	用作废水过滤材料,烧结胶粉可制成微孔过滤器有效去除甘油水中的脂肪和脂肪酸残留物
	工程建设	制作轻质回填料

7.3　废旧轮胎热解与高值化利用

热解是对废轮胎材料利用的最佳方式,在热解过程中,废轮胎中的有机物转化为可利用的能量,附加价值高。热解是将进入"坟墓"的废轮胎制品转化为再生资源从而进行回收利用的有效途径,是废轮胎的最终处理方式。相较于再生胶生产过程中易污染环境、能耗大、效率低、生产技术水平低、生产工艺流程长等缺点,热解可以实现废轮胎全面资源化利用,且生产技术水平高、效率高。热解可以充分回用燃气、油、炭黑、钢铁等产品,热解后无废弃物浪费,二次污染少,产物应用广泛。对产生的热解炭黑进行改性处理,并使其重新应用于轮胎生产过程当中是提高热解炭黑的经济价值,提高轮胎热解过程经济可行性的重要手段,同时对构建轮胎逆向产业链具有深远意义。

7.3.1 废旧轮胎热解

废轮胎热解是在无氧或者惰性气氛中,通过外部加热打开化学键,将其最终分解成气态碳氢化合物,液态热解油以及固态的炭、钢丝等产品。这些产品经过加工处理可以转化成高价值产品,从而应用于不同场所,如炭可以转化成活性炭或者炭黑甚至碳纳米管;液态产品中富含苯及其同系物,经过提纯可以转化为燃料油和苯;气态产品可以直接作为燃料燃烧,补偿或者提供热解过程所需的热量。热解法处理技术是废轮胎处理处置的主流方向。

7.3.1.1 常压及惰性气体热解

常见的废旧轮胎热解反应在常压的惰性气体氛围中进行。该技术多以流化床作为热解反应器,惰性气体作为载气,并以一定的流速把热解反应产生的热解气体带出反应器,以减少再次裂解等反应的发生。其中,惰性气体的种类和流速对热解产物的产率与组成有较大的影响。该技术在实验研究中应用较多,常压热解的优点在于操作简便,油品的产量和质量便于控制,但在推广到工业化生产中,存在惰性气体成本较高,以及热解气中混有惰性气体成分等问题。

对于在惰性氛围或者缺氧环境下常压进行的废旧轮胎的热解反应,热解温度是关键因素,可以根据目标产物将温度设定在不同的区间,温度既决定了热解产品收率,同时也影响着产物质量。常用的惰性气体主要为氮气、氩气,惰性气体的种类和流速对热解产物的产率与组成有较大的影响。

Berrueco 等[14]研究了在氮气氛围下静态分批式反应器中废轮胎的常压热解,在加热速率为 5~80℃/min、热解温度为 300~720℃的条件下,热解温度决定了热解产物的成分,在 600℃热解时,得到了 55%(质量分数)的热解油、10%的热解气以及 35%的炭黑,同时随着热解温度的升高,热解油中芳烃的含量有上升的趋势。

Acevedo[15]在旋转烤炉中热解了废旧轮胎中的增强纤维与劣质煤(体积比 1:1),考察了烤炉转速、最终裂解温度、氮流量以及加热速率对热解结果的影响。结果发现:增加氮流量和烤炉转速、降低升温速率会增加热解油产量;热解油中芳香性烃类含量较少,含氧基团较多,从而导致轻质石油产生量较高;随着最终裂解温度的升高,产生的轻质石油与芳香族化合物增多,含氧基团减少。

GOTSHALL 公司发明了无氧高温热解制取炭黑的方法。900℃时,轮胎转化率为 55%,低温时转化率约为 30%。高温热解得到的炭黑质量好,灰分质量分数减到 6%~8%,密度降到与工业炭黑一样。费尔斯通轮胎和橡胶公司的研究显示,将废旧橡胶从 500℃加热到 900℃,液体产物的最高收率处在 500℃,气体产物最高收率处在 900℃。产品中包括 50 多种化合物,大部分为重油和轻质油。

7.3.1.2　真空热解

废轮胎真空热解在密闭的真空容器内完成反应。该技术主要采用真空泵抽真空对热解炉腔进行操作,以保障反应容器中的负压条件,减少一次产物在高温区的停留时间,减少二次反应发生的可能性,从而减少副产品,提高热解油吸收率,并且可以实现在低温条件下热解。再者,低压有利于减少热解炭上附着的含炭残留物,从而提高热解炭的表面活性,提高其作为炭黑等物质重新使用的可能性。最后,所得热解油含有较多芳香烃化合物,有利于燃料油辛烷值的提高。但要在大型热解设备中产生真空的环境必将给设计带来很大困难。

Wang 等[16]基于固定床反应器在真空条件下热解国内自行车轮胎,探索了温度对热解过程的影响,发现热解最佳温度为 450℃,在此温度下得到热解油的最大产率为 45.2%,热解值为 41~43 MJ/kg。

Lopez 等[17]在真空(25 kPa 和 50 kPa)和不同温度(425℃和 500℃)条件下,采用锥形喷动床反应器连续热解废轮胎,发现真空的主要作用是增加了热解油中的柴油份额,而且在真空条件下,异戊二烯的产率达到了 7%。同时,真空对残余炭黑有积极影响,炭黑小孔堵塞率降低,从而比表面积增大。研究发现,在 425~600℃下连续操作,可获得 1.8%~6.8%的热解气,44.5%~55.0%的 C_5~C_{10} 的烃类热解油;在 425℃下,可获得 19.3%的柠檬烯,9.2%~11.5%的焦油(大于 C_{11})以及 33.9%~35.8%的焦炭。Zhang[18]等研究了在真空(3.5~10 kPa)条件下,温度与添加剂(Ca_2CO_3 和 NaOH)对废旧轮胎颗粒热解的影响。研究发现,无论添加剂存在与否,随着温度从 450℃升至 600℃,热解油产率都是先达到最大,随后减少。NaOH 的加入对热解具有显著的促进作用,无添加剂时在 550℃得到最大为 48%的热解油产率,而添加 3%(添加剂与废轮胎颗粒的质量比)的 NaOH 后,在 480℃即可获得 50%的热解油产率。Na_2CO_3 对热解无促进作用。热解气的主要成分是 H_2、CO、CH_4、CO_2、C_2H_4 以及 C_2H_6。热解炭的比表面积与商业炭黑不相上下,但灰分较高,达到 11.5%。

加拿大 Roy 等[19]多年来一直从事废旧轮胎真空热解方面的研究,1987 年他们在 Saint-Amable(魁北克省)建立了一个处理量为 200 kg/h 的小型中试试验处理厂。废旧轮胎破碎成大片状送入加热炉。真空热解炉的工作压力为 13 kPa,分为 6 个炉膛,自上而下温度依次减小,最上面的温度控制在 510℃左右,可实现最大的油产率。热解产生的燃气配合轻质热解油燃烧放热供应热解炉所需热量。热解气、油混合物经过二级冷却分离出重油和轻油。热解的固体产物落入水中实现半焦、钢丝、帘布层的直接分离。

7.3.1.3 催化热解

废轮胎热解需要的温度高,加热时间较长(一般长于 3 h),并且原料需要事先处理为小块,而热解产品中又常含有杂质元素,降低了产品质量,使产品的应用受到限制,因此,通常附加其他反应装置以有效除去产品中的杂质。加入催化剂可以降低反应活化能,在废旧轮胎热解过程中能够实现较低温度热解,同时催化剂的加入可以有效吸收热解过程中产生的酸性气体污染物,并定向地获得更多的目标产物。因此,在废旧橡胶热解过程中加入催化剂在节能和工业经济效益上都具有研究价值。

催化反应中最关键的是能形成不稳定的中间物。在轮胎热解中,由于轮胎是一种高分子碳氢化合物,有机金属化合物在有机催化反应中起着重要作用。选用的催化剂一般是过渡金属化合物,主要是氯化物和氧化物。另外,还要考虑这些化合物的价格问题,如果太贵,经济上不合算。

东南大学王文选等[20]用氯化铁、氯化镍、氯化钴、二氧化钛、氧化钴等作为催化剂进行研究,发现氯化镍可以使热解温度降低 50℃左右。选用的催化剂虽然是可溶于水的,但由于热解炭黑亲水性很强,因此很难将催化剂和炭黑直接分离。

Ahoor 等[21]在氩气气氛中使用 $MgCl_2$ 作为催化剂热解废轮胎,考察了热解过程的响应面建模参数,包括废轮胎颗粒大小、氩气流量、催化剂、时间和热解温度。结果发现,在热解温度为 407.3℃、热解时间为 1 800 s、氩气流量为 133.7 mL/min、颗粒大小为 12.5 mm、催化剂占比为 11.5%(质量分数)的条件下热解油产品最多。热解气产品最大化时的工作条件为热解温度 475℃、热解时间 5 009 s、氩气流量 250 mL/min、颗粒大小 5.0 mm、催化剂占比 0.1%(质量分数)。

Elbaba 等[22]研究了以 Ni/Al_2O_3 或 Ni/白云石为催化剂,采用催化—气化两段式催化工艺热解废轮胎制氢。相对于 Ni/Al_2O_3,Ni/白云石有更高的理论产氢量以及实际产氢量,另外,在催化氧化过程中,Ni/白云石为催化剂时碳沉积相对较低,为 2.8%,而 Ni/Al_2O_3 为催化剂时碳沉积则达到了 18.2%。同时使用透射电子显微镜(transmission electron microscope,TEM)和能量散射 X 射线能谱仪(energy dispersive X-ray spectrometer,EDXS)分析了催化热解过程中镍、硫和碳的生成过程。结果表明,在 Ni/Al_2O_3 催化过程中,硫主要沉积在镍催化剂表面,而在 Ni/白云石催化过程中,无论是在金属簇或者镍催化剂表面都未发现硫沉积。在 2 种催化剂的氧化过程中,碳沉积具有和硫沉积一样的趋势。

Wingfield 等[23]采用质量分数为 1%的锌和钴盐作为催化剂,混入废原料中,可以使液体油、气体产品中的总硫量至少降低 40%,液体产品中的总氯量降低 50%。为提高相对分子质量较小的烯烃的收率,可在废旧橡胶中加入碱金属或碱土金属碳酸盐,该催化剂在转化相对分子质量较小的 $C_1 \sim C_4$ 烃方面,对增大异丁烯质量分数效果尤其明显。金属离子可调整催化剂活性,有利于热解产物辛烷值的提高,并有较优的产品选择性及稳定性。

7.3.1.4　熔融盐热解

熔融盐热解是在高温条件下,将熔融盐液体作为优良的传热媒介充分与废旧轮胎接触,实现废旧轮胎快速高效热解,且热解过程传热损失少。熔融盐热解技术的原料前处理简单,可实现整个或半个轮胎及粉碎轮胎的热解,该技术在国外研究较多。以熔融盐为传热媒介存在多种优势:首先,熔融盐是出色的传热介质,可使液体和橡胶充分接触,传热效率高,反应速度快。其次,熔融盐几乎可永久地循环使用,不产生任何污染环境的残余物。使用类似氯化钾等共熔混合物作为传热介质时,这些混合物在反应前后没有改变,可循环使用。再次,由于采用电加热方式,热解温度可较精确地加以控制。最后,在该技术中,热解设备一般可采用卧式结构,其安装以及密封都较其他设备简单。但该技术存在的最大问题是对操作要求较高,在操作过程中若发生像断电等事故,熔融盐发生冷却、凝固,这将导致整套裂解设备的报废。

Alexandre-Franco 等[24]使用 LiCl - KCl、LiCl - KCl - KOH、KOH 和 HNO_3 分别作为熔融盐,在相对较低的温度下实现了废轮胎的脱硫和脱钙处理,并且利用 X 射线衍射仪对热处理后的废轮胎残渣进行了分析。实验发现,废轮胎中的硫通常转化为金属硫化物或者硫的各种化合物,比如 $KAl(SO_4)_2$。废轮胎与熔融盐共热解能有效地降低产品中的灰分含量,其中尤其以与 LiCl - KCl - KOH 熔融盐的共热解效果最好,灰分从废轮胎中的 7.0%(质量分数)降低至产品中的 4.9%(质量分数);与 HNO_3 共热解的效果次之,产品中的灰分为 5.8%(质量分数)。

在英国,登录普公司在阿斯顿大学(Aston University)投资研究使用熔融技术碳酸盐作为热解的传热源。由于硫及其他污染物与熔盐进行了反应,因此气体中的硫化氢质量分数很小。

7.3.1.5　微波热解

微波是一种非离子的电磁辐射,其频率在 $300 \sim 3\,000$ MHz 之间,生活及工业中常用的频率为 915 MHz 和 2 450 MHz。日本大阪技术试验所研制的微波热解装置频率为 2 450 MHz,输入功率为 1 104 W,输出功率为 580 W。将块状废轮胎放入容器,再将容器放入微波炉,导入氮气,施加微波,废轮胎开始分解,接着生成气体由导出管冒出,经过 3 个冷凝器进行油气分离。由于施加微波时,废轮胎从内部发热,所以在数十秒至数分钟内,局部热解产生的有机气体像火山爆发似地喷射出来,炭黑残留处吸收微波形成更高的温度,继续施加微波,有机成分分解气化,炭黑局部堆积,接着炭变得炽热,有机成分急剧排出,数分钟就变成以炭黑为主体的黑色粉末。

废旧轮胎微波热解技术最大的亮点在于轮胎中含有大量的微波吸收材料,如金属氧化物、钢丝和炭等可以与微波互相作用,出现反射微波、感应电流和放电3种主要现象,从而改变微波电磁场场强的空间分布,形成局部高温。而这种局部高温可以成为热解的"内热源",加速热解过程,这是其他轮胎热解技术所不具有的。微波与轮胎中钢丝的相互作用有望实现轮胎不破碎的整体热解,省却了常规热解工艺中的轮胎预处理环节,节能降耗。

Undri 等[25]对微波热解轮胎进行了较系统的研究,尤其是针对热解气、固、液三相产物,不仅检测了热解产物工业指标,如发热量、沸点、闪点等,而且采用多种分析测试手段,如电感耦合等离子体质谱仪(inductively coupled plasma mass spectrometry,ICP-MS)、X 射线衍射(X-ray diffraction,XRD)、BET(brunner-emmet-teller measurements)等,定性、定量地分析了各相产物的具体成分。废旧轮胎微波热解技术目前尚处在探索阶段,国内的相应文献较少,国际上只有美国、意大利、加拿大、西班牙等国的学者进行了一部分研究,能产业化的目前有加拿大的 EWI 公司。EWI 公司轮胎还原系统是在常压、氮气氛围下,用微波将轮胎分解,其目的是制取燃料油和炭黑。

7.3.1.6 超临界热解

废旧轮胎超临界热解技术利用了超临界均相体系中的超临界流体,具有类似有机溶剂的良好的溶解性、流动性,同时又具有类似气体的扩散系数和低黏度的特性。常用的超临界流体有 H_2O 和 CO_2,有研究发现正戊烷、乙醇、甲苯、氮也可以作为超临界流体使用。

Toshitaka 等[26]尝试了在超临界状态下热解废轮胎,在 0.7 L 分批式操作高压釜内进行超临界反应,实验研究了废轮胎在水、正戊烷、甲苯及氮等不同超临界流体存在下热解反应的变化。通过实验发现,不同溶剂的使用并未影响产品的产率,如在 653 K、5.2 MPa 的操作条件下,油品的产率均为 57%(质量分数),固体产率均为 40%。Kershaw[27]探究了废旧轮胎在超临界介质中的萃取过程,分别考察了不同流体、温度对萃取结果的影响,发现温度对吸收率的影响超过流体种类,在特定的实验工况下产率可以高达 66%~67%。

Duan 等[28]在超临界乙醇下混合热解了微藻类和废橡胶轮胎,发现温度、废橡胶与藻类质量比是影响生物油的产量和品质的两个关键因素。在最佳反应条件下,生物油产量最高为 65.4%(质量分数)。在微藻类存在下,废橡胶轮胎更容易热解,两者之间存在显著的协同效应。在废橡胶与藻类质量比为 1∶1 时,两者之间出现最高的协同效应值(37.8%)。在共热解过程中,两者之间的相互作用也有利于脱氮和脱氧作用,从而提高生物油的品质。生物油的发热量为 35.80～42.03MJ/kg,气相中的主要组分是二氧化碳、氢气和甲烷。

7.3.1.7　其他的热解工艺

随着研究的不断深入,废旧轮胎热解又逐步发展了等离子体热解、生物质与废旧轮胎共热解等新型技术,并成为热解技术发展的方向。

等离子体热解技术是将废轮胎加入等离子体发生器中发生热解。这种技术操作方便、工艺简单、无二次污染、设备维护容易,可对废弃物进行最大体积减容时还回收化工原料和能源,但其产物只有气体和固体产生,没有液体。

废旧轮胎与生物质共热解时,进料物质的碳、氢、氧比例可通过调节原料的不同配比实现,从而改变产物的组成结构。由于废旧轮胎含碳较高(质量分数为82%)、含氧极低,生物质本身含氧较高(质量分数为 34%～38%)、含碳较低(质量分数为 39%～47%)[27],两种物质单独热解得到的热解油的品质都不高,所以就有学者考虑将这两种物质与催化剂按一定比例混合后共热解,以生物质热解产生的含氧自由基破坏废旧轮胎热解产生的碳氢自由基,使某些不希望生成的化合物受到抑制,进而提高热解油品的品质。

曹青等[29]将稻壳与废旧轮胎按不同比例组混合,以 MCM-41 和 SBA-15 为催化剂在管式热固定床反应器下段内共热解,发现共热解过程中组分间可以产生一定的相互作用,具有协同效果,主要体现在柠檬油精组分的含量低于加权后的浓度,氧含量大于加权后的数值。与没有催化剂的情况相比,MCM-41 和 SBA-15 的存在能显著降低热解液体的密度,其中 SBA-15 的降低效果更为明显。靳利娥等[30]对生物质与废旧轮胎共热解催化热解油的蒸发过程进行了研究,认为催化剂 SBA-15 和 MCM-41 的存在对降低高沸点馏分物质的产量具有一定作用,而SBA-15 催化作用强于 MCM-41。

7.3.2　热解产物及其特性

废旧橡胶在高温下可以分离提取出燃气、炭黑、钢铁等资源。热解过程是将粉碎后的胶粒送入热裂解炉中,使其处于高温高压状态下发生裂变分解,其中气体经过分流进入冷凝设备,被凝结的部分作为油品回收,不可凝的部分作为燃气回收。热裂解产生的炭粉可以作为炭黑使用,这种经过再加工的炭黑可以作为吸附剂,其对水中的重金属污染物有极强的吸附作用。此外热裂解的产物还有钢铁成分,可以回收利用轮胎中的钢丝。但热裂解技术在高温高压的环境下会产生有毒气体,对环境造成严重威胁。这种方法由于投资大、回收费用高且回收物质质量不高而难以推广,有待改进。常见的热解工艺流程如图 7-9 所示。

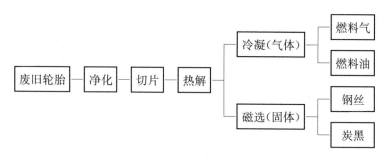

图7-9　常见的热解工艺流程

7.3.2.1　热解气

热解气体富含 H_2、CO 和碳氢化合物,其指标(气体成分、气体产率)主要受热解温度的影响,正常产率在 8% 左右,平均相对分子质量在 31%~32% 之间。热解气作为废轮胎热解回收的副产品有着较高的经济价值,是一种高热值的能源。热解气比天然气的热值要高出约 50%。热解气主要成分如表 7-8 所示。

表7-8　热解气主要成分分析[31]

成　分	CO	CO_2	H_2	CH_4	C_2H_4	C_2H_6	C_3H_8	其他
数量/%	6	6.6	11.6	27.6	10.3	7.2	7.6	23.1

传统的窑炉式废橡胶热解工艺以燃煤加热为主,燃煤产生的二氧化硫和粉尘造成环境污染,国家已严格控制使用燃煤加热,因此这种方式不适应废橡胶的热解回收利用。现在热解热源一般为天然气、石油液气或燃料油,主要在回转炉点火时使用,本工艺对烟气采用强力雾化塔进行降温除尘净化处理,热烟气余热可连接余热锅炉充分利用,烟气净化后达到排放标准外排。传统的燃煤废橡胶热解 150℃ 以上会裂解出少量油气,经油气分离产生废气(不凝热解气)后,停止烧煤,再手动打开废气燃烧器继续加热物料,这样很难使热解炉内废橡胶按一定的升温速率达到热解终温要求。燃煤加热工艺操作烦琐不便,对升温很难控制。另外废气(不凝热解气)由于压力不稳易造成燃烧器火力忽大忽小,不仅易产生异味,而且热解炉内升温速率很难控制会影响热解炭黑结构和表面性能。热解过程中如不能按已定升温速率控制温度和热解终温,热解炭渣后处理就达不到工业炭黑产品使用要求,还会给环境造成二次污染,低品质的热解炭黑最终会影响废轮胎热解回收利用的经济性。新工艺废气(不凝气)的循环利用生产已经采用节能环保式废气循环利用系统。热解气形成后用罗茨风机将其输入储气柜,气柜稳压后自动控制压力,此工艺和装置能使天然气、废气自动转换,并通过控制压力使废气符合燃烧器条件,然后自动打开废气控制阀燃烧,天然气控制阀自动关闭,达到充分利用能源的目的。

7.3.2.2 热解油

废轮胎热解油是一种组成复杂的化合物,其沸程很宽(从几十度到五百多度),热解反应条件的改变将会改变热解油产率,同时也会对热解油性质和具体组成产生重大影响。众多学者对废轮胎热解油的基本物性进行了分析,为其进一步的加工利用提供了依据。目前对热解油的研究更加详细化,采用多种方法对热解油进行精制,使其符合作为燃料和化工原料的要求。

热解油的轻质馏分含有许多化学工业重要的原料成分,如何将这些组分分析并分离出来,对热解油的应用具有重大的指导意义。Roy[32]、Kaminsky[33]等研究者发现石脑油中轻质单环芳烃,如苯、甲苯、二甲苯的含量相当高,而二甲苯的工业应用价值很高。Pakdel 等[34]在真空热解油中检测出了 4.0% 的 DL-柠檬烯和 4.1% 的轻质芳烃(BTX),而且尝试使用小型装置从热解油中分离出含量较高的 DL-柠檬烯。

通过质谱联机分析,发现油品中有 140 多个组分,除 10% 左右的低碳烯烃外,主要是芳香族化合物,其中苯、甲苯、二甲苯及乙苯占 10%~15%;三甲苯、四甲苯、甲基-丙烯基苯等占 23%~28%;萘、一甲基萘、二甲基萘、三甲基萘等占 7%~12%;苯甲酸占 1%~2%,以及少量的两个环以上的稠环芳烃化合物。从油品分析结果发现,这种回收油品与煤焦油成分相似,能够分馏成多种芳香族化合物。这些化合物均能在染料、医药、制革、农药、轻化工、石油化工等各种行业中起到重要作用。如萘经氧化后可作为染料中间体、塑料增塑剂、糖精防虫剂、涤纶树脂、电影胶片、醇酸磁漆等。甲基萘氧化皂化后可以合成植物生长刺激素,土豆抑制发芽剂,抗口、鼻、喉黏膜出血和肿胀的脉管收缩剂等。因而与其把它们作为燃料付之一炬,不如将其进行深加工获得更为有价值的产物,从而获得更好的经济效益。

Williams 等[35]除了对氮气吹扫固定床热解油进行了基本的组成分析外,还分析了热解油中的多环芳烃。他们对 30 多种主要的多环芳烃进行了定性、定量测试,发现了一些具有致癌性或者变异性的多环芳烃。他们还对芳香化反应生成的含氮的杂环芳烃 PANH 和含硫的杂环芳烃 PASH 进行了研究,发现 PASH 主要为甲基、二甲基、三甲基二苯并噻吩,还有少量的甲基衍生物和苯并咚吩,同时在轻质馏分中检测出了 30 多种含氮物质 PANH,如吡啶、苯胺、己内酰胺、苯并噻唑和多种烷基喹啉等。

张志霄[36]用回转窑中试试验装置对废轮胎的热解机理和产品性质进行了较为全面的研究,得到了产率为 43%~45% 的热解油,总结了废轮胎热解油和柴油在空气气氛及氮气气氛下的热解行为,对废轮胎热解油和柴油的燃烧性能进行了研究,同时对热解油的重质馏分(i. b. p. >350℃)开展了实验室规模的延迟焦化试验,并全面评估了热解油焦的品质。

　　华中科技大学的戴贤明等[37]分析了热解油特性及其燃烧应用,结果表明废轮胎热解油具有灰分低、热值高、黏度低和残炭值低的性质,这些特性有利于其作为燃料油使用,但是高含量的水分又会对其燃烧性能产生一定的影响,较低的闪点也不利于其储存和运输。

7.3.2.3　热解炭黑

　　炭黑是人们最早知道的石油化工原料之一。我国是世界上生产炭黑最早的国家。炭黑是橡胶的补强填充剂,是仅次于生胶的第二位橡胶原材料。据世界范围的统计,橡胶用炭黑耗用量占炭黑总量的89.5%,其中轮胎用占67.5%,非轮胎汽车橡胶制品用占9.5%,其他橡胶制品占12.5%。非橡胶用炭黑占10.5%,其中油墨和涂料用占4.7%,塑料用占4.5%,其余的1.3%用于干电池、电子元件和造纸等方面。

　　炭黑的产品质量对轮胎、汽车用橡胶制品及其他各种最终制品的应用性能影响很大,不同行业、不同制品,甚至同一制品(如轮胎)的不同部位对炭黑的性能要求均不同,为了适应这些不同的要求,目前橡胶用炭黑和非橡胶用炭黑各有数十个品种,并且有许多新的品种系列正在发展。

　　热解炭黑是废旧轮胎热裂解的产物之一,它主要来自轮胎生产过程中添加的炭黑、其他无机填充物,以及热解过程中由于焦化反应而形成部分沉积在热解炭黑表面的焦炭物质。热解炭黑为黑色固体,并较易被粉碎成粉末状物质。由于热解炭黑的收率较高,其品质的高低对热解工艺的经济效益将产生重要影响,高品质热解炭黑产品的收益甚至会远远超过热解油。热解炭黑用作炭黑或经活化后制成活性炭具有较高的使用价值。

　　从原料来源看,废轮胎热解炭黑与工业炭黑原料完全不同。工业炭黑原料通常为天然气和富含芳烃的重油,如催化裂化澄清油、乙烯焦油、煤焦油及其馏出物等。炭黑生产对原料油的主要要求是芳烃含量高,沥青质和杂质要少。废轮胎热解炭黑则是轮胎加工过程中添加的补强剂(炭黑)以及无机填料在废轮胎热解过程中的再生产物。这就决定了废轮胎热解炭黑的生成机理与工业炭黑有所不同,它并不是由小分子到聚集体的生长过程,而是由固体轮胎到炭黑聚集体的热解过程。

　　废轮胎热解炭的主要成分是轮胎生产过程中添加的炭黑,将废轮胎热解炭制取的热解炭黑替代工业炭黑重新应用于橡胶制品生产中受到关注。根据使用要求不同,不同规格的轮胎、轮胎的不同部位添加的炭黑品种不同,其性质有较大的差别,表7-9中列出了轮胎中常用炭黑及其使用部位。这些炭黑的混合物加上少量热解过程中产生的焦状沉积物、吸附的热解油以及轮胎中添加的无机填充物构成了热解炭。因此,废轮胎热解炭和橡胶中添加的工业炭黑性能有一定的差别,但废轮胎热解炭黑的组成和结构与工业炭黑基本相似。

表 7 - 9　轮胎常用炭黑

用　途	胎　面	胎　侧	帘布层及内胎
炭黑品种	N110，N220，N330	N330，N550，N660	N550，N60

热解炭黑表面碳元素的结合状态有 6 种,分别为石墨化碳、脂肪族和小芳环化合物中的碳、碳的 3 种氧化价态($C—OH$、$C—O$、$COOH$)以及胞质团碳。不同的炭黑表面上不同结合状态的碳含量也是不同的,商业炭黑表面主要是石墨化碳,而热解炭黑与商业炭黑相比主要是多了脂肪族和小芳环化合物中的碳。热解炭表面的这些脂肪族和芳环物质主要来自热解中产生的沉积物以及热解炭表面吸附的部分热解产物。光谱显示,较高温度和压力下的热解炭表面的非石墨化碳含量也较多,说明热解炭黑表面的沉积物等增多。热解炭黑的反气相色谱(IGC)则进一步表明,由于热解炭黑表面沉积物的存在覆盖了部分活性点,其表面活性点强度要低于商业炭黑,而且随热解温度和压力增高,活性点强度减弱。

Lee 等[38]利用化学分析用电子光谱仪(ESCA)分析了炭黑的化学结构及表面元素的分布和浓度。结果表明炭黑的表面有少量的 CS_2 存在,样品表面碳元素的主要组成形态为 $C—H$、$C—C$,亦有少数其他类型的结合态,如 $C=O$、$C—O$ 键。

阳永荣等[39]通过对炭黑的表征提出"核壳模型",并首次利用固体高分辨核磁共振(NMR)技术就化学交联结构、偶极相关效应、弛豫和自扩散等 4 个方面研究了炭黑在硫化胶中的补强性能。

Darmstadt 等[40]通过 ESCA 和二次离子质谱仪(SIMS)分析研究了炭黑的结构认为:炭黑与市售商用炭黑仅表面化学成分不同,整体结构是相同的,热解过程中只有表面元素改变了。常压热解时,橡胶产生的一些烃类物质吸附在炭黑表面并聚合形成了碳质沉积物,覆盖了一部分表面活性位;而真空条件下,形成的碳质沉积物很少。

Huang 等[41]研究发现热解温度越高,炭黑表面化学形态与市售商用炭黑越相似。他们用 XPS 方法分析工业炭黑与不同温度热解得到的炭黑的表面基团,从结合状态上看炭黑表面羟基和羧基数量极少,多了脂肪族和小芳环化合物的碳,同时含有较多酯基、链烃接枝,这说明炭黑的表面极性低。该特性增加了回收炭黑的表面亲油性能,使炭黑作为一种新型炭黑应用到非极性橡胶、油墨等材料中将具有更好的分散性。

7.3.3　热解炭黑的高值化利用

热解炭黑的市场价值高低是衡量废旧轮胎热解(裂解)过程经济可行性的重要参考指标。对热解炭黑进行改性处理是提高其经济价值的重要途径。改性后的炭黑重新应用在橡胶轮胎生产过程中是实现热解炭黑资源化和高值化的一条可行之路,对轮胎逆向产业链的建立有着重要意义。

7.3.3.1 热解炭黑的改性

作为轮胎工业生产中主要的补强剂,炭黑的消耗量约占世界炭黑总产量的90%以上。随着橡胶工业的发展,轮胎的产量和质量不断提高,而未改性的炭黑表面官能团少,表现为疏水性,很难在橡胶基体中均匀分散,因此需要通过改性使炭黑表面具有更多的活性基团。目前对热解炭黑进行改性是国内外关注和研究的重点和热点。热解炭黑的表面改性是指根据需要有目的地利用物理、化学、机械等方法对炭黑表面进行处理,以改变其表面物化特性。炭黑的改性方法主要分为物理改性和化学改性两大类,化学改性又包含氧化改性、接枝改性、卤化改性、偶联改性和机械力改性等。

1) 物理改性

物理改性是指通过色散力、极化力、氢键和酸碱作用等将特定的化学物质吸附于热解炭黑表面,常见的物质有表面活性剂等。通常这些物质的极性基团向着填料表面,而非极性基团向着材料基体,从而改善了两者之间的相容性,同时其本身所具有的位阻效应进一步降低其表面张力,填料在聚合物基体中的分散效果相应提高。分散热解炭黑常用的表面活性剂包括 3 类:非离子型表面活性剂、阴离子型表面活性剂、阳离子型表面活性剂。值得注意的是,通过物理方式将化学物质吸附于填料表面的改性方法,改性剂与热解炭黑之间仅形成一种较弱的范德华力或氢键,在遇到较强的外力作用或严苛的外界环境条件变化时会被破坏,所以在高强材料中此法较少应用。

2) 氧化改性

热解炭黑经过表面氧化处理,表面被大量引入羟基、羧基、环氧基等基团。这些基团使表面含氧官能团的种类和数量增加,挥发分和含氧量增大,pH 值降低,表面的活性和极性增加,分散性明显提高。炭黑的氧化方法分为液相氧化、气相氧化、催化氧化和等离子体氧化。

(1) 液相氧化 液相氧化法是色素炭黑最早使用的表面氧化改性的方法,可用下列试剂对炭黑进行液相氧化:硝酸、高锰酸钾、氯酸钠、次氯酸钠水溶液和溴水溶液等。硝酸酸洗可以去除热解炭黑中的大量金属杂质。其中硝酸浓度、酸洗时间、酸洗温度、原料热解炭黑的物性等对脱灰效果会产生影响。Choi 等[42]研究了盐酸处理热解炭的效果,他们将热解炭样品浸入 70℃的 2 mol/L HCl 溶液中并将溶液搅拌 3 h,获得的样品中灰分和硫的质量分数含量从 12.2% 和 4.0% 分别下降至 2.8% 和 1.0%。Cunliffe[43]的研究表明,与未加工的样品相比,酸处理后热解炭的反应性能有所降低,这可能是因为先前堵塞了孔隙的灰分被去除导致微孔和中孔体积的增加。

以硝酸为代表的液相氧化法虽然能使羧基官能团增加,显著提高炭黑在水中的分散性,但在实际的工业化生产中,由于氧化效率低、成本高、工艺过程复杂,尤其是氧化后的炭黑需用水进行二次洗净处理,容易造成环境污染,因此,此方法的应用受到很大限制。

(2) 气相氧化　气相氧化法是当今世界色素炭黑表面氧化改性工业化生产普遍采用的方法。气相氧化往往使用氧化性气体如空气、氧气、氮氧化合物及臭氧等对炭黑进行表面氧化改性处理。用空气、氧气等气体为氧化剂进行气相氧化得到的炭黑产品表面含氧官能团含量相对较低,主要原因是氧化反应一般要在 400℃以上进行,而处于该温度下的部分含氧官能团已不稳定,分解生成 CO 和 CO_2。因此,以空气、氧气等气体为氧化剂氧化炭黑的方法已基本停止使用。同样,以氮氧化合物为氧化剂,由于气源限制、成本高及环境污染等缺陷,也很少采用。而以臭氧为氧化剂,因具有气体来源方便、氧化效率高、反应条件温和(室温下)、有利于环境保护、成本低等优点被普遍使用。遗憾的是,迄今为止尚未发现有令人满意的氧化炭黑工艺技术的文献报道。因此,开发适宜于炭黑臭氧氧化的高效流化床反应器成为目前各国生产色素炭黑的研究方向之一。

(3) 催化氧化　催化氧化法是利用催化剂对炭黑进行催化氧化的方法。文献报道了使用 $TiCl_4$、$VOCl_3$、$CrOCl_4$ 等金属催化剂对炭黑进行气相催化氧化实验[44],结果表明,利用催化剂氧化炭黑可以提高炭黑表面含氧官能团含量,尤以 Cr 为佳,其最佳反应温度为 250℃左右。当氧化温度再高时,炭黑表面的含氧官能团就会分解,生成 CO 和 CO_2,导致含氧官能团含量下降。目前催化剂氧化炭黑的研究还处于实验室水平,关键因素是未研究出价格便宜,反应温度低(室温下),氧化效率高,便于工业开发的高效能、低消耗的催化剂。

(4) 等离子体氧化　等离子体表面氧化改性技术是 20 世纪 80 年代发展起来的一项新技术,目前在材料表面改性中已得到较为广泛的应用,如改进材料的粘接性能、亲水性能和亲油性能等。而对炭黑粉体表面氧化改性最常见的文献报道是对炭黑进行低温等离子体氧化,其主要过程是将极性基团引入炭黑表面,使其表面极性化。如以高频电晕放电,制造以 O_2 为主的等离子体处理炭黑。经此处理后的炭黑显酸性且在水中的分散性优良,而未经改性的炭黑在水中的分散性不佳且易产生沉降。常用的等离子体有空气、氧气等离子体,NO 低温等离子体等。炭黑等离子体氧化法目前也处于实验研究阶段,其工业化的主要技术难点在于如何降低能耗、使炭黑在反应器内均匀氧化以实现连续化生产等问题。

3) 接枝改性

接枝改性是一种常用且有效的化学改性手段,即将炭黑粒子看作聚合物主链,在其表面依靠不可逆的化学反应连接高分子支链,这种方法得到的炭黑称为聚合物接枝炭黑。

炭黑是由粒径 $10\sim400$ nm 的炭原生粒子聚集而成,其表面含有大量的含氧极性基团,作为涂料中颜料或是复合材料的填料使用时,存在难分散、易絮凝等缺点。表面接枝不但可以提高无机材料与有机高聚物基体间的界面相容性和改善复合材料的力学性能,还可以用来制备高分散性颜料、具有偶联功能的无机填充剂、高性能的固体润滑剂和改性色谱单体。对于炭黑这种自聚性很强的颜料,接枝改性能显著地改善炭黑在溶剂和有机基质中的分散稳定性。炭黑表面接枝有以下 3 种途径。

① 增长的活性聚合物向炭黑表面转移的接枝(graftingonto carbon black),即增长的活性物自由基(也可为聚合物阳离子或阴离子)与炭黑表面的活性官能团之间发生链转移或链终止反应接枝。

$$CB—X+*C→CB—X—C$$

② 从炭黑表面开始引发的接枝聚合(grafting from carbon black),即先在炭黑表面导入具有引发能力的基团,使其引发单体接枝聚合。

$$CB—X*+单体→CB—X—单体$$

其中,CB—X 为引发基团(initiating group)

③ 炭黑与聚合物的偶联反应接枝(reaction of carbon black with polymer),即炭黑表面的活性基团和具有反应性基团的聚合物进行反应。

$$CB—X+Y—C→CB—Z—C(X+Y=Z)$$

途径①虽然能在炭黑表面接枝,但由于生成非接枝物或均聚物的倾向较大,因而接枝率较低(小于 10%);途径②可以得到高接枝率的炭黑,但是其接枝聚合物的相对分子质量和数目不易控制;途径③最重要的特点是接枝聚合物的相对分子质量和数目容易控制,而且可以将一些特殊结构的聚合物接枝到炭黑上。接枝聚合的方式又可分为自由基接枝聚合、阴离子接枝聚合和阳离子接枝聚合。

4) 卤化改性

炭黑的表面含有 C—H 键及其他诸如羧基、醌基等有机官能团,这些都是炭黑产生卤化反应的基础。目前,常用的炭黑氯化方法有溶液法、水相悬浮法和固相法。溶液法是将被氯化的物质溶解在溶剂中,然后通入氯气进行反应,反应结束需将溶剂从产物中除去。水相悬浮法是将被氯化的物质分散在由水、悬浮剂等组成的悬浮液中,然后通氯气进行氯化反应,反应中生成的盐酸及部分氯气溶解在水中形成稀盐酸和次氯酸,这两种酸对设备均有腐蚀性。固相法是将被氯化的物质与氯气直接接触进行氯化反应,工艺比较简单,基本无"三废"产生,是一种非常有发展前景的氯化方法。

5）偶联改性

偶联剂的研究和应用开始于第二次世界大战后,出于军事和航天对高性能增强材料的迫切要求,各国开始研究以烯炳基三氯硅烷、乙烯基三氯硅烷和氨基硅烷为代表的硅烷体系偶联剂,主要用于玻璃纤维增强塑料和橡胶工业,效果显著,至今硅烷系列已有近百个品种,主要生产厂家有美国的 Union Carbide Crop(联合碳化公司)、Dow Coning Co.(道康宁公司)、Hercules Inc.(美国劲力宝科技有限公司)和 General Co.(美国通用公司),德国的迪高沙和瓦克公司,日本的信越、东丽公司等。

高级脂肪酸的改性机理与偶联剂非常相似,它属于阴离子表面活性剂,其分子通式为 RCOOH。分子一端为长链烷基($C_{16} \sim C_{18}$),其结构与聚合物结构类似,因而与聚合物基料有一定的相容性;分子另一端为羧基,可与无机填料发生物理化学吸附,改善填料与基料的亲和性,提高其在基料中的润滑作用,还可使复合体系内摩擦力减小,改善复合体系的流动性能。

6）机械力改性

固体颗粒在机械力的作用下将产生各种物理及化学变化,除了物料颗粒的尺寸变小、颗粒的比表面积增大等物理效应外,颗粒的内部结构(包括晶格畸变、晶格常数变化等)、颗粒的物理化学性质和化学反应等与化学性质有关的特性也会发生相应的变化,后者就是所谓的机械力化学。

20 世纪初,Ostwaid 首次使用"机械力化学"这一术语。他从化学的角度出发,认为机械力化学如同电化学、光化学、放射化学和磁化学一样,是一个独立的化学分支。1933 年,Smekal[45] 在机械力诱发化学反应方面做了大量研究,提出机械力化学反应是由机械力诱发的化学反应。Tacov 更系统地论述了机械力化学的原理、工艺和应用,使之在 20 世纪 90 年代成为一门新兴学科。我国学者杨南如[46]从机械力的化学过程、效应及应用方面对此进行了详细的研究。球磨法作为机械力化学改性最常采用的方法是指固体或粉体在高能球磨过程中受到强烈的机械力作用,组织不断细化、内部缺陷不断增加,导致材料体系自由能大幅度提高,在球与粉末颗粒碰撞的瞬间诱发固-固、固-液和固-气态化学反应的方法。机械力化学的工艺可广泛用于制备纳米晶材料、复合纳米材料、纳米粒子、弥散强化材料、高分子聚合物以及进行矿物、废物处理和金属精炼,对此国内外学者均进行了详细研究。

7.3.3.2　新型碳系材料制备橡胶纳米复合材料

新型碳材料的用途非常广泛,包括电子、光电、储能和高性能复合材料。碳纳米管或石墨烯材料可以用作附加填料或传统补强填料,如炭黑的替代品。此外,它们在低载入量(质量分数小于 1%)下加强热和电导率上被寄予厚望。

1）碳基纳米填料简介

石墨烯是一种具有二维单原子厚度的蜂巢状结构的新型碳纳米材料,碳原子与碳原子之间是以 sp^2 杂化的形式紧密堆砌在一起。石墨烯可作为其他碳材料的基本结构单元,如单层石墨烯卷曲可形成一维单壁碳纳米管(SWCNT),多层卷曲形成一维多壁碳纳米管(MWCNT),完全包裹形成零维富勒烯,多层石墨烯紧密堆叠可重新形成石墨。石墨烯具有其他碳系材料无可比拟的独特的物理化学特性,如超高的比表面积($2\,630\,\mathrm{m^2/g}$)、超高的电导率(极限值可达 $6\,000\,\mathrm{S/m}$)、优异的物理机械强度(模量可达 $1.1\,\mathrm{TPa}$,拉伸强度可达 $130\,\mathrm{GPa}$)、高导热性[热导率为 $4\,840\sim5\,300\,\mathrm{W/(m \cdot K)}$]和高电子迁移率[$15\,000\,\mathrm{cm^2/(v \cdot s)}$]等。石墨烯优异的综合性能使其在许多领域具有广泛的应用前景,例如可用于制备传感器、锂离子电池、微电子器件、透明电极、超级电容器,以及高性能复合材料等。在复合材料制备领域,石墨烯可以赋予复合材料优异的力学性能、导电性、导热性以及气密性等。

微机械剥离法是最早用来制备单层石墨烯的方法,它是由英国曼彻斯特大学 Geim 教授首先发现的[47]。外延生长法和化学气相沉积法可以获得高品质石墨烯,但是它们并不适用于制备溶液可加工状态的石墨烯,并且它们需要昂贵的高温工艺。此外,液相剥离法和还原氧化石墨烯法等也被相继开发。在这些方法当中,还原氧化石墨烯法是目前最受关注和最有效的方法,因为它可以用相对简单的制备工艺低成本和大批量地制备还原氧化石墨烯(RGO)。氧化石墨烯(GO)是首先将石墨在强氧化剂下氧化制得氧化石墨,然后通过超声剥离制得的。它的表面含有丰富的—OH、—C—O—C—、—COOH 以及 C=O 等含氧基团。氧化后,石墨的典型 sp^2 共轭结构遭到破坏,导致其导电导热性能显著降低,石墨烯的 sp^2 共轭结构在还原后可得到一定程度的恢复。

碳纳米管(CNT)可以被认为是单层或多层石墨烯片层根据特定的螺旋角度卷曲形成的一维圆柱管状碳材料。CNT 主要通过电弧法、激光烧蚀、催化化学气相沉积等工艺制备。在 CNT 制备生长的过程中,由于制备方法的不同,可以组装形成单壁碳纳米管或者多壁碳纳米管。它们的直径从一纳米到几十纳米,长度从几微米到几毫米不等,甚至到厘米级。CNT 独特的一维取向结构赋予了其很多独特的性能。

CNT 是迄今为止发现的强度和韧性可以与石墨烯相匹敌的材料,其杨氏模量为 $1\sim1.8\,\mathrm{TPa}$,拉伸强度在 $50\sim200\,\mathrm{GPa}$ 之间。CNT 还具有远远高于其他材料的导电导热性能,电导率大约为 $1.85\times10^3\,\mathrm{S/cm}$,SWCNT 的热导率约为 $6\,000\,\mathrm{W/(m \cdot k)}$,MWCNT 的热导率约为 $3\,000\,\mathrm{W/(m \cdot k)}$。这些优异的理化性能使得 CNT 在传感器、储氢材料、催化剂载体、高导电导热复合材料等领域具有广泛的应用前景。

CNT 优异的理化性质使其成为制备多功能聚合物基复合材料的首选。尽管如此,CNT 也存在若干缺点:① CNT 相互之间存在强烈的 π‐π 键和范德华力相互作用,极易高度缠结,很难实现在聚合物基体中的良好均匀分散;② CNT 表面的反应基团较少,呈现明显的化学惰性,导致 CNT 与基体之间的相互作用较弱。因此,实现 CNT 在基体中的均匀分散和提高 CNT 与基体之间的界面强度是两个需要解决的问题。对 CNT 进行表面化学改性可以同时解决这两个问题。

2)橡胶纳米复合材料的制备方法

(1)溶液混合　作为研究中最常采用的方法,溶液混合是指将橡胶溶解在适当的溶剂当中然后向其中添加碳基填料和各类添加剂的方法。溶液混合通常可以使碳基填料在橡胶基体中均匀分散,但也带来了两个在工业实际应用中很难回避的问题:弹性基体在溶剂中的溶解需要较长时间(一般要几个小时);大量有毒有机溶剂的使用在后续工艺中难以彻底去除,并将会对环境和人体健康造成严重威胁。实验室研究证明了溶液混合方法的可行性,但在碳基填料存在的情况下进行橡胶合成的相关工作少之又少。此外,原位聚合相关研究近来亦有所报道,在此不再赘述。

(2)直接共混　目前工业上制备橡胶纳米材料采用较多的方法仍是直接共混,也称为“机械混合”。第一步是在一个由柱塞封闭并包含切向或互穿转子的双圆柱形腔室内进行混合。第二步是在开炼机上对上一步的混合物进行进一步的均化和冷却。设备如图 7‐10 所示。密炼时,橡胶和其他添加剂从料斗口处加入,柱塞将内含转子的腔室堵住以形成密闭空间。制备完成后,混合物从机器底部排出。

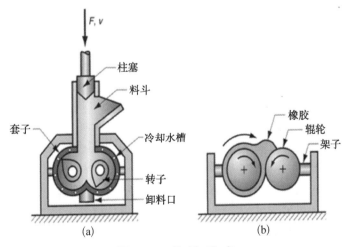

图 7‐10　炼 胶 设 备

(a)密炼机　(b)开炼机

双辊开炼时,橡胶黏在一个辊上并在两个反向转动的辊之间形成一层胎圈。进行交联之前,这层胎圈一样的薄片将会被制成带状或某种产品最终成型前的预成型体。直接混合法所带来的主要问题是难以如溶液混合法一样使碳基填料在橡胶中均匀分散,并且通常高黏度的橡胶成型所需要的高剪切力会导致石墨烯片的破碎。

(3)乳液混合　天然橡胶(NR)通常以固含量为 30%~40% 的胶乳形式存在,其他如丁腈橡胶(nitrile butadiene rubber,NBR)也可以以胶乳的形式合成,因此在乳液中进行混合是工业中常用的方法。通过选取合适的设备(如高剪切力混合设备)可以在液相中进行碳基填料和其他添加剂的分散。实验室内,通常在搅拌、超声或高剪切力混合设备中采用向胶乳中添加碳基填料分散液的方式进行橡胶和填料的混合。而在实际的工业应用中,一般采用高速混合机械单元进行橡胶和填料的混合。卡博特(Cabot)公司在专利中描述了一种将弹性体胶乳与炭黑和添加剂混合的方法:首先,制备浆料状的炭黑水性悬浮液,并在几个混合单元中均化;在大气压下向凝结反应器中缓慢加入胶乳(1.5 m/s)及其他添加剂,然后在高压(70 bar①)和高速(150 m/s)下将炭黑浆料推入混合物中发生胶乳的自发凝固,在一些其他报道中,常需要加入酸或盐水溶液以使胶乳凝聚;最后将凝结物在挤出机中干燥除水,然后压实打包。

(4)喷雾干燥　喷雾干燥是最早应用于蛋品处理,现如今在化工、食品、微电子和医药等领域广泛应用的一种物料干燥方法。这种方法可以直接将溶液或乳浊液干燥成粉状或颗粒状制品,以省去蒸发、粉碎等工序,目前研究人员在橡胶的湿法制备方面进行了一些尝试。如图 7-11 所示,喷雾干燥装置主要由 4 部分组成:空气加热系统、物料系统、雾化干燥系统、气固分离系统。稀物料首先从物料系统进入喷雾干燥器内,经雾化系统雾化后与热空气在加热系统中充分接触,此时稀物料中的水分迅速气化散失,经旋风分离后在料斗中收集最终产品。虽然该法目前尚有设备体积较大、干燥塔内物料易挂壁的缺点,但由于其生产效率较高,制得的填料在橡胶复合材料中的分散效果较好,因而受到了广泛的关注。

王敬东等[48]通过球磨法处理炭黑制备炭黑悬浮液,并使用阴离子表面活性剂对炭黑表面进行改性,双亲结构使表面活性剂吸附在炭黑表面,当表面活性剂的添加量为炭黑质量的 10% 时即可达到良好的分散效果,之后的超声处理使炭黑分散性进一步提高,最后与天然胶乳混合后采用喷雾干燥的方式制备炭黑天然橡胶复合材料。与干法混炼胶对比发现,喷雾干燥法制备的粉末橡胶硫化性能提高明显,硫化曲线转矩峰值约为普通机械混炼的 3 倍。Zhou 等[49]通过喷雾干燥法对比了不同填充份数的炭黑和 CNT 制备的丁苯橡胶复合材料的性能。喷雾干燥法是胶乳和胶液

---

①　1 bar＝10^5 Pa。

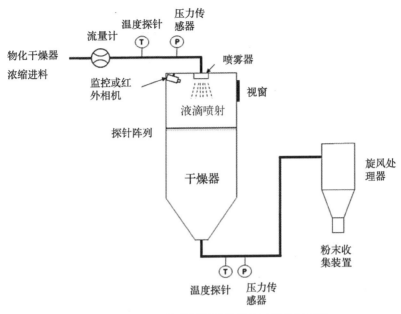

图 7‐11　喷雾干燥装置及其相关的过程控制系统

成粉的重要方法,所成粉末颗粒细小、圆整。研究发现经过喷雾干燥制备的橡胶复合材料与干法制备的橡胶相比,炭黑和碳纳米管材料在橡胶基体中的分散性明显提升。随着填料用量的增加,橡胶的电导率不断提升,当填充 CNT 60 phr[①] 时,CNT 电导率提高了近 10 个数量级。采用喷雾干燥法制备的橡胶复合材料在抗静电、介电以及电磁屏蔽等方面具有显著作用。

参 考 文 献

［1］刘海清,方佳,张慧坚,等.中国天然橡胶产业现状研究[J].广东农业科学,2009,9:240 - 243.

［2］Danon B, Görgens J. Determining rubber composition of waste tyres using devolatilisation kinetics [J]. Thermochimica Acta, 2015, 621:56 - 60.

［3］施晓佳,梁栋,汝绍锋,等.中国天然橡胶割胶产业的发展与探索[J].价值工程,2018,37(30):275 - 277.

［4］Williams P T. Pyrolysis of waste tyres:A review [J]. Waste Management, 2013, 33(8):1714 - 1728.

［5］Shulman V L, Letcher T M, Vallero D A. Tyre Recycling [M]. Boston:Academic

---

　① phr(parts per hundreds of rubber or resin),表示对每 100 份(以质量计)橡胶或树脂添加其他物质的份数。

Press，2011.

［6］Guo P，Zhang Q，Chen Y，et al. An ensemble forecast model of dengue in Guangzhou，China using climate and social media surveillance data［J］. Science of the Total Environment，2019，647：752－762.

［7］王丕玉，周红宁，吴超，等.云南省登革热媒介埃及伊蚊的分布调查[J].中国媒介生物学及控制杂志,2006,17(6)：507－508.

［8］徐婧,崔雯,闻毅,等.儿童玩具中有害化学物质的危害及其检测研究进展[J].环境与健康杂志,2010,27(05)：465－469.

［9］Etrma. End of life tyre report［M］. Brussels：European Tyre and Rubber Manufacturers Association，2015.

［10］李自托.我国废旧轮胎资源利用[J].化学工业,2008,6：23－25.

［11］许冠英,彭晓春,周少奇,等.废旧轮胎回收利用对策[J].广州环境科学,2009,4：25－31.

［12］周洁.热解炭黑的表面特性及其资源化应用研究[D].杭州：浙江大学,2006.

［13］张玉龙,闫军.废旧橡胶回收利用配方与工艺[M].北京：中国纺织出版社,2011.

［14］Berrueco C，Esperanza E，Mastral F J，et al. Pyrolysis of waste tyres in an atmospheric static-bed batchreactor：Analysis of the gases obtained［J］. Journal of Analytical and Applied Pyrolysis，2005，74(1－2)：245－253.

［15］Acevedo B，Barriocanal C. The influence of thepyrolysis conditions in a rotary oven on the characteristicsof the products［J］. Fuel Processing Technology，2014，131：109－116.

［16］Wang L，Fu B，Xiao G，et al. Production of liquid fuelsfrom vacuum pyrolysis of chinese bicycle tire wastes［J］. Asian Journal of Chemistry，2011，23(10)：4578－4582.

［17］Lopez G，Olazar M，Aguado R，et al. Vacuum pyrolysis of waste tires by continuously feeding into a conicalspouted bed reactor［J］. Industrial & Engineering Chemistry Research，2010，49(19)：8990－8997.

［18］Zhang X，Wang T，Ma L，et al. Vacuum pyrolysis of waste tire with basic additives［J］. Waste Management. 2008，28(11)：2301－2310.

［19］Roy C，Chaala A，Darmstadt H. The vacuum pyrolysis of used tires：End-uses for oil and carbon black products［J］. Journal of Analytical & Applied Pyrolysis，1999，51(1－2)：201－221.

［20］王文选,仲兆平,陈晓平,等.废轮胎热裂解技术[J].燃烧科学与技术,1999,3：331－336.

［21］Ahoor A H，Zandi-Atashbar N. Fuel production based on catalytic pyrolysis of waste tires as an optimized model［J］. Energy Conversion and Management，2014，87：653－669.

［22］Elbaba I，Williams P. Deactivation of nickel catalystsby sulfur and carbon for the pyrolysis-catalytic gasification/reforming of waste tires for hydrogen production［J].Energy & Fuels，2014，28(3)：2104－2113.

［23］Wingfield JR R C，Braslaw J，Gealer R L. Use of zinc and copper (I) salts to reduce sulfur and nitrogen impurities during the pyrolysis of plastic and rubber waste to hydrocarbons：U.S.，4,458,095［P］. 1984－7－3.

［24］Alexander-Franco M，Fernández-González C，Alfaro-Dominguez M，et al. Devulcanization and demineralization of used tire rubber by thermal chemical methods：A study by Xraydiffraction [J]. Energy & Fuels, 2010, 24: 3401 - 3409.

[25] Undri A, Sacchi B, Cantisani E, et al. Carbon frommicrowave assisted pyrolysis of waste tires [J]. Journal ofAnalytical and Applied Pyrolysis, 2013, 104: 396 - 404.

[26] Toshitaka F, Tetsuya T, Noriaki W, et al. Supercritical and supercritical extraction of oil from used automotive tire samples[J]. Journal of Chemical Engineeringof Japan, 1985, 18(5): 455 - 460.

[27] Kershaw J R. Supercritical fluid extraction of scrap tyres [J]. Fuel. 1998, 77(9 - 10): 1113 - 1115.

[28] Duan P, Jin B, Xu Y, et al. Co-pyrolysis of microalgaeand waste rubber tire in supercritical ethanol[J]. Chemical Engineering Journal, 2015, 269: 262 - 271.

[29] 曹青,刘岗,鲍卫仁,等.生物质与废轮胎共热解及催化对热解油的影响[J].化工学报,2007, 58(5): 1283 - 1289

[30] 靳利娥,刘岗,鲍卫仁,等.生物质与废轮胎共热解催化热解油蒸发过程及其动力学研究[J]. 燃料化学学报,2007,35(51): 534 - 538.

[31] 徐宗平,郭庆民.废轮胎热解回收中的废气综合利用[J].再生资源与循环经济,2017,4: 34 - 37.

[32] Roy C, Darmstadt H, Benallal B, et al. Characterization of naphtha and carbon black obtained by vacuum pyrolysis of polyisoprene rubber[J]. Fuel Processing Technology, 1997, 50(1): 87 - 103.

[33] Kaminsky W, Mennnerich C. Pyrolysis of synthetic tire rubber in a fluidized-bed reactor to yield 1, 3 - butadiene, styrene and carbon black[J]. Journal of Analytical and Applied Pyrolysis, 2001,58(2): 803 - 811.

[34] Pakdel H, Panted D M, Roy C. Production of dl-limonene by vacuum pyrolysis of used tires [J]. Journal of Analytical and Applied Pyrolysis, 2001,57(1): 91 - 107.

[35] Williams P T, Besler S, Taylor D T. The batch pyrolysis of tyre waste-fuel propelies if the derived pyrolytic oil and overall plant economics [J]. Journal of Power and Energy,1999, 207(1): 55 - 63.

[36] 张志霄.废轮胎回转窑热解特性及应用研究[D].杭州：浙江大学,2004.

[37] 戴贤明,陈汉平,杨海平,等.废轮胎热解油特性及其燃烧应用[J].可再生能源,2009,2(27) 1: 16 - 20.

[38] Lee W H, Kim J Y, Ko Y K, et al. Surface analysis of carbon black waste materials from tire residues [J]. Applied Surface Science, 1999, 141(1 - 2): 107 - 113.

[39] 阳永荣,吕杰,陈伯川.废轮胎热解回收炭黑的表面特性研究[J].环境科学学报,2002, 22(5): 637 - 640.

[40] Darmstadt H, Roy C, Kaliaguine S, et al. Solid state 13 C-NMR spectroscopy and XRD studies of commercial and pyrolytic carbon blacks [J]. Carbon, 2000, 38(9): 1279 - 1287.

[41] Huang K, Gao Q H, Tang L H, et al. A comparison of surface morphology and chemistry of pyrolytic carbon blacks with commercial carbon blacks [J]. Powder Technology, 2005, 160(3): 190 - 193.

[42] Choi G G, Jung S H, Oh S J, et al. Total utilization of waste tire rubber through pyrolysis

to obtain oils and CO_2 activation of pyrolysis char[J]. Fuel Processing Technology, 2014, 123: 57 - 64.

[43] Cunliffe A M, Williams P T. Influence of process conditions on the rate of activation of chars derived from pyrolysis of used tires [J]. Energy & Fuels, 1999, 13(1): 166 - 175.

[44] Sadrani S A, Ramazani S A A, Khorshidiyeh S E, et al. Preparation of UHMWPE/carbon black nanocomposites by in situ Ziegler-Natta catalyst and investigation of product thermo-mechanical properties [J]. Polymer Bulletin, 2016, 73(4): 1085 - 1101.

[45] Smekal A G. On the Theory of Real Crystals [J]. Physical Review, 1933, 44(4): 386 - 399.

[46] 杨南如.机械力化学过程及效应(Ⅰ)——机械力化学效应[J].建筑材料学报,2000,1: 19 - 26.

[47] Geim A K, Macdonald A H. Graphene: Exploring carbon flatland [J]. Physics Today, 2007, 60(8): 35 - 41.

[48] 王敬东,朱跃峰,周湘文,等.喷雾干燥法制备粉末橡胶及其硫化性能研究[J].橡胶工业, 2005,9: 535 - 539.

[49] Zhou X, Zhu Y, Liang J. Preparation and properties of powder styrene-butadiene rubber composites filled with carbon black and carbon nanotubes [J]. Materials Research Bulletin, 2007, 42(3): 456 - 464.

第8章 废物管理与循环利用的展望

本章将阐述废物管理的历史和现状,从固体废物循环利用的方式方法出发,联系我国实际,通过两网融合满足新形势下的废物管理和循环利用的需求,实现废物的减量化、资源化和无害化。

由于我国经济条件的限制,我国对废物中高价值资源的回收利用率一直处于较高水平,但是随着城市建设的快速推进和经济的高速发展,我国的资源回收利用网络与垃圾清运网络之间产生了割裂,垃圾产生的速度又大大加快,大量的垃圾只能用于填埋,造成垃圾围城的困局。同时由于废物的组分日趋复杂,回收时造成的二次污染也越来越得到政府和公众的重视。如何使快速增多的城市废物得到妥善处置?如何使废物中的资源得到高效回收?如何避免回收过程中的二次污染?我们期待将具有中国特色的资源回收网络和垃圾清运网络合理地融合起来,使之能够满足我国废物管理和循环利用的需要。

8.1 废物管理概述

在人类文明刚刚出现时,各种废物仅仅只是简单地丢弃在地上,没有人会专门处理它们,而任凭废物自行积累、降解。大约在公元前 320 年,雅典出台第一个禁止随意丢弃废物的法律。与此同时,废物的清除系统开始在地中海东部的几个城市发展起来。在古罗马,房产的拥有者有义务处理自己房屋前面的街道,但是清理废物的方法还十分原始落后,比如将所有废物集中堆放在城外的露天坑洞中。随着城市的人口扩张,城市产生的废物需要运送到更远的地方,于是城市垃圾填埋场开始出现。

8.1.1 废物管理发展的历史

在美国,一直到 18 世纪晚期,城市废物的收集、管理工作才开始在波士顿、费城和纽约出现。尽管如此,当时的废物处置方法仍然十分落后。事实上,费城处置垃圾的方法仅仅只是将这些垃圾直接弃置在城市下游的河道中。

世界上第一个城市垃圾焚化炉是 1875 年左右在英格兰建成的,而在美国,一些城市直到 20 世纪初才开始使用焚烧的方法处理废物。当时,世界上绝大多数大城市依然采用直接堆放或者弃置水中的方法处理废物。

初期的垃圾焚化装置会造成十分严重的空气污染,在此背景下,在一些土地资源比较充足的地区,成本更加低廉的卫生填埋开始发展起来。但是,当没有设置专门的防渗层时,卫生填埋也会引起环境安全问题。发展到今天,所有的垃圾焚化厂都被要求配备废气处理装置,而城市垃圾填埋场也都必须设置防渗层和其他配套环保设施。

目前,废物的管理已经形成了系统,从废物的收集、处理加工,到回收利用和最终处置,各个环节都应相互配合以达到最佳的效果。随着人们环保意识的加强,废物的回收和循环利用开始得到学者的重视,废物的资源化技术从 20 世纪 70 年代开始已经得到长足发展。到今天,几乎所有的废物管理规划中都或多或少地包含资源循环利用的内容。

8.1.2 我国废物管理的现状

我国的固体废物污染控制已成为环境保护领域的突出问题之一。近年来,我国城市生活垃圾的产生量不断增加,到 2013 年全国城市生活垃圾的清运量达到 1.73 亿吨(见图 8-1)[1]。2012 年,全国一般工业固体废物产生量为 32.9 亿吨。通过推行一系列的废物综合利用计划,2012 年我国固体废物的综合利用量达 20.2 亿吨,综合利用率为 61.4%。但是,我国的固体废物资源化水平普遍不高,许多地

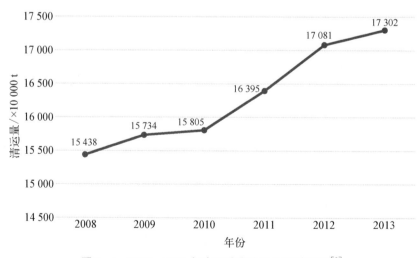

图 8-1　2008—2013 年我国城市生活垃圾清运量[2]

方都存在非法拆解、加工、焚烧、酸洗、冶炼各种废物的现象,造成了土地的废弃及水源和大气的污染。而资源化产品所存在的环境风险问题也由于其隐蔽性和长期性往往被忽视,极易造成污染事件。

我国固体废物管理的重要基础和主要依据是 1996 年开始实施的《中华人民共和国固体废物污染环境防治法》。该法的实施对我国固体废物污染防治工作发挥了积极作用,各项管理制度不断建立和完善,工业固体废物的综合利用水平、城市垃圾和危险废物无害化处置水平得到明显提高。经过多年的努力,特别是进入 21 世纪后,我国的固体废物无害化处理水平得到了大幅提高。到 2013 年底,我国城市生活垃圾的无害化处置率达到 80%;工业固体废物综合利用率达到 60%,处置率达到 22%;危险废物综合利用率达到 52%,无害处置率达到 26%[3]。

8.1.2.1　生活垃圾

目前我国的生活垃圾处理以填埋为主,到 2014 年仍有 75.5% 的生活垃圾通过填埋进行处置,焚烧比例增长较快,堆肥处理比例则有所下降[4]。我国垃圾填埋所面临的主要问题如下[5]:填埋方式单一,绝大部分采用卫生填埋,导致垃圾降解速率慢,填埋场库容利用率低,渗滤液处理压力大;在填埋过程中,作为垃圾渗滤液污染控制主要措施的防渗膜经常会出现破损,导致渗滤液渗漏的事件发生,严重污染地下水;对矿化垃圾的再利用技术开发和应用明显不足,对老垃圾填埋场库容的再利用率低,无法缓解我国面临的新建填埋场选址困难的压力。

8.1.2.2　工业废弃物

我国冶金、能源、化工和矿山采掘等行业的工业固体废物的产生量占工业固体废物总生产量的 90%,这些废物的总利用率约为 56%。工业固体废弃物的堆存除了占用大量土地外,已经严重影响到堆存地周围的环境。近年来,我国大宗工业固体废物综合利用得到了长足发展,综合利用量逐年增加,综合利用技术水平不断提高,综合利用产品产值、利润均得到较大提升,取得了较好的经济效益、环境效益和社会效益。"十一五"期间,我国共利用大宗工业固体废物 36 亿吨,实现产值过万亿元,新增就业岗位 40 万个,减少占用土地超过 1.2 万公顷,初步形成经济效益、社会效益和环境效益的统一[6]。

8.1.3　固体废物的管理方法

固体废物的管理是一个复杂的过程,要求从废物的产生点考虑其最终的处置点。一般来说,固体废物管理的流程如图 8-2 所示。

固体废物管理的第一步是废物的产生及其现场处理、储存。材料一旦对生产过程不再有利用价值,就被认为是废物。废物一旦在现场产生,就必须要以适当的方式处理,比如清洗、分离和储存,以便对废物的某些部分进行回收利用。

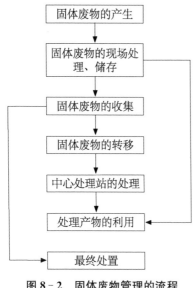

图 8-2　固体废物管理的流程

废物管理的下一个步骤是废物的收集。收集包括废物的集中,将废物从垃圾箱转移到运输车辆上。在这步中,还可以进行可回收材料的收集。事实上,废物的收集和运输在废物管理的总成本中占据非常大的一部分。

收集的废物被转移到中心储存设施或处理场所。在这些地方的处理方法一般涉及减少废物的质量和体积,并且将可以回用的不同组分分离开来,被分离出的废物将变成有价值的材料。废物中的有机组分可以通过化学手段,比如焚烧,转化为热,或通过生物手段,即生物催化的反应,转化成可燃气体或混合肥料。

最后一步的最终处置中,目前最常用的手段是填埋。

8.1.4　固体废物的收集

正如前文所述,废物收集所花费的资金占整个废物管理过程的大部分,在美国,每年用于固体废物管理的资金中三分之二用在废物收集工作上。这是因为废物的收集工作需要大量的劳动力。固体废物的收集工作包括废物的暂时性储存或装箱,转移至垃圾运输车上,然后由运输车运送这些废物到处理地和最终处置地。

对于含有大量有机物的垃圾来说,合理的就地储存方式显得十分重要。一般可以采用带有盖子的防水、防锈储存容器来减少啮齿动物以及害虫的影响。同时,通过定期清洗垃圾储存容器和存放地点来尽可能消除异味,减轻垃圾对城市的影响。确定垃圾收集的频率是废物收集的前提,最佳的收集频率与废物的数量、当地的气候、收集成本以及民众的需求等因素相关。

垃圾车和收集工人是收集系统中最重要的组成部分。垃圾车的压缩功能可以显著地减小松散垃圾的体积,通常原始松散垃圾的密度约为 $0.75 \sim 1.5 \ kN/m^3$,经过垃圾车的压缩后,垃圾的密度可以达到 $2 \sim 4 \ kN/m^3$,体积缩减达 80%。多数的垃圾车的装载压缩装置在车辆的前部、侧面或者尾部,有时也会用到一些非压缩式密闭垃圾车。垃圾收集工人的数量为 $1 \sim 4$ 人不等。单人装卸式垃圾车通常为专门的侧面装卸式垃圾车或者机械式垃圾车,这类垃圾车可以尽量缩短工人的步行时间[7]。

在固体废物收集的技术方案中,必须确定出各个废物产生点废物的收集频率和废物收集点的位置(路边、巷子、后院或者其他地点)。这主要取决于社区类型、废物种类(混合或者分类)、人口密度以及收集地区的土地使用情况。固体废物的收集成本也是一个重要的考虑因素。为了降低收集成本,可以降低废物的收集频率,同时增加与标准废物存储容器配套的机械收集装置。

由于改进了的街边式垃圾存储容器布置美观,并且这种方式收集成本比较低廉,所以机械收集系统正在越来越多的社区得到应用。这类收集系统由标准化的垃圾存储容器以及车载式起重装置构成。在全自动收集系统中,垃圾车上设置着关联杆装置,可以在完全不需要人工协助的情况下举起、清空和替换存储容器。半自动系统需要人工将垃圾筒放在指定位置,然后机器才自动举起垃圾筒,将垃圾倒进垃圾车,最后由人工将垃圾筒放回指定位置。所有的垃圾储存容器都需要带滚轮,以便于移动。

最有效的减少废物收集成本的方法之一是优化收集路线,优化收集路线可以最有效地利用人员和设备。优化路线的选择依据如下:垃圾收集车不应该经过同一街区两次,也就是说收集路径不应交叠;在上午和下午的交通高峰期时间段内,垃圾收集车不应该在拥挤的街道出现;垃圾收集应当尽可能沿车辆下坡方向进行,以节省燃料;垃圾收集的起始点应当接近垃圾车的车库,终点应当尽可能靠近装满垃圾的终点(如中转站、焚烧炉、处理厂或者卫生填埋场)。

这些原则看起来简单,实际上却极大地限制了收集路线,尤其是在城市规模大并且人口密集的情况或条件下。可用数学上的系统分析或运筹学理论解决这类复杂的问题,日常可以应用计算机进行分析,为工程师和管理人员提供收集路线,以便定期修改路线,适应社区的发展。

每个垃圾车都将垃圾送至废物处理厂或者最终处置地点,这种方法并不总是可行的,尤其当垃圾最终处置点不在所收集社区附近时,分别收集的方式不可行。为了解决有效转运废物的问题,可以采用一个或多个中转站的方法。

中转站是一座中转设施,在那里可以将单个垃圾车中的垃圾统一集中到大型车辆中,如拖车等。采用大型拖车集中将垃圾统一长距离输送至处理或者处置地点,比单个垃圾车运送要经济。对于单个垃圾车来说,单程形式运送距离典型的上限值是 20 km,通过工程和费用效益比较学可以确定是否需要设置中转站和设置中转站的优势。

单个中转站的容纳范围有每天小于 100 吨或超过 500 吨不等,这主要取决于社区的规模。中转站有两种运行模式:存储式转运(storage discharge)和直接转运(direct discharge)。存储式转运中转站中,垃圾首先从垃圾车中清空倒入存储坑或者大型的存储平台,然后由压实设备从前往后将垃圾压实,推入大型拖车中。垃圾直接转运站中,每个垃圾收集车将所载垃圾直接倒入更大些的垃圾转运箱中。典型的拖车容量为 75 m³,可以容纳 4 个未压缩垃圾车的垃圾;如果对垃圾进行压缩,可以容纳多达 8 个垃圾车的垃圾。垃圾直接转运中转站需要两层建筑,如图 8-3 所示。带压实装置的锄耕机用来压实直接倾倒进敞开式拖车里的垃圾。转运过程中,机械顶部封闭板引导垃圾车辆的运输[8]。

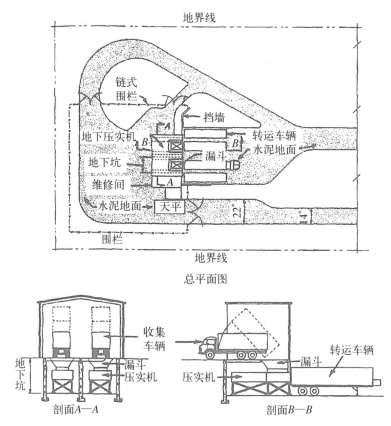

图 8-3 在垃圾直接转运站中,垃圾收集车将所收集垃圾倒入较大的运输车辆,然后送至远距离外的垃圾处置场[9]

除了顶部敞开的拖车外,还有两种密闭带压缩装置的拖车。第一种是压缩装置设在车内,然后在垃圾场或者处置地点对垃圾进行压缩。第二种拖车是在装载过程中有独立的压缩装置,这种拖车必须配备用来卸载压缩垃圾的传送带和卸载装置。

另一种垃圾中转站设计称为"推坑式垃圾站",包括一个垃圾储存坑,此垃圾坑的一端有挤压器,另一端为漏斗。当储存坑满了后,挤压器就把垃圾推入漏斗中,垃圾进入装载拖车。

目前,还出现了一些固体废物收集和转运的其他方式,例如,一些家庭用垃圾粉碎装置来减少垃圾中食品残渣的量。如果每个房屋都有一个家庭用的粉碎装置,那么收集频率可以减半。经过粉碎装置后的垃圾进入下水道,然后流入污水处理厂。由于这些垃圾都是在污水处理厂可快速降解的物质,大部分污水系统和污水处理厂都可以承受这样额外增加的负荷,工程研究也证实了这一点。

目前已对一些新的垃圾收集系统,如空气管道输送系统,进行了尝试性应用。在空气管道输送系统中,采用抽吸或真空系统使垃圾通过地下管道进入中心处理厂。例如,佛罗里达的迪士尼世界游乐园就是采用这样的系统装置。这种系统减少了噪声并且没有垃圾收集车出现,但系统需要复杂的控制阀门和高速风机,并且基建安装成本高。瑞典和日本的一些小型社区也安装了这种空气输送收集系统。瑞典首先采用大管径(300 mm)的空气输送收集运送垃圾,收集系统将垃圾由每家每户输送到提供热能的焚烧炉。尽管空气管道输送系统借助了高新技术,但这种方式仅仅适用在一些特殊的地方,在今后的一段时间内无法替代传统的收集模式。

8.1.5　固体废物的处理

城市垃圾在最终处置前可进行必要的处理。城市固体垃圾处理有几个优点:首先,能减少最终需要处置的垃圾的总体积和质量,由于土地是大多数废物的最终归宿,因此体积减小有利于节约土地资源;此外还能减少垃圾转运到最终处置地点的转运成本。

除了减小体积之外,城市固体垃圾处理还能够改变废物的形式,同时改善废物的可处理性质。处理过程可以使自然资源和垃圾中的能量回收或循环利用。接下来将讨论城市垃圾处理中最广泛使用的焚烧、破碎、粉碎、压实和堆肥这几种工艺。虽然焚烧可以大大减少废物的体积,但焚烧并不是最终处置,因为焚烧后的灰以及焚烧残余等不可燃物质仍然需要土地填埋作为最终处置。

8.1.5.1　焚烧

有效减少城市垃圾体积和质量的处理方式之一是合理设计垃圾焚烧炉,以一定的温度和操作条件进行垃圾燃烧。因为焚烧过程需要提供配套的空气污染控制系统,因此这种处理方式比较昂贵。此外,焚烧炉还需要高水平的技术员和熟练的操作员进行正确的操作和维护。尽管如此,焚烧处理方式仍然是优点多于缺点。

焚烧是一种化学处理过程,该过程中废物中的易燃物质与氧气混合,生成二氧化碳和水释放至大气中,同时释放出能量,即热量。为充分完全燃烧,废物必须与一定量的空气混合,在适宜的温度下保持足够的混合时间。一般而言,焚烧炉的温度约815℃,废物须在焚烧炉内停留约1 h。某些类型的废物燃烧时温度需要高达1 400℃[10]。

焚烧能够使城市垃圾体积减小90%,减重75%左右[11]。在人口密集的城市,很难找到满足合理运送距离的大型卫生填埋场建设场地,此时,焚烧炉是最经济的选择。不少实例表明,设计和运行焚烧炉是切实可行的,燃烧过程中产生的热量可以用来发电和产生蒸汽,这种系统称为资源回收利用系统或者废物能源工厂。

8.1.5.2 焚烧残渣和排放

焚烧并不能完全处理所有的固体废物。燃烧后残留的固体废物——炉底灰包括玻璃、金属、矿物颗粒和其他的不可燃物质。城市垃圾的炉底灰体积约为原始投料废物体积的5%。另一种类型的焚烧灰烬称为飞灰,存在于燃烧的空气气流中(或燃料气体里)。飞灰细分为颗粒物,包括煤渣、矿物粉尘和煤烟等。城市垃圾的焚烧灰烬中多数为炉底灰(占80%左右的质量),其余是飞灰。

垃圾焚烧的灰烬中还需要考虑重金属存在的可能,通过燃烧垃圾中可燃组分,灰烬中的金属浓度升高。金属如铅和镉的浓度如果高达一定值是有害的。灰烬中还会存在一些有害有机物质,如二噁英。为了尽量避免产生此种潜在问题,需要在城市垃圾源中剔除含有重金属的有毒产品和物质(如电池和塑料)[12]。

飞灰的有毒物质浓度通常比炉底灰更高。对飞灰和炉底灰进行检测来决定是否将它们看作有害物质管理。焚烧灰烬在敷设内衬的填埋场处置非常重要,填埋时需要与其他固体废物分开处置。在最终处置和回收前,灰烬需采用化学或者物理方式预处理。例如,将灰烬与石灰和水混合能够形成水泥状的物质,可以将金属固化在其中,采用这种方法可以使燃烧灰烬用于建筑的路基或其他方面。

目前所有城市垃圾焚烧炉都装有现代的空气污染控制装置,以去除飞灰和潜在的有害气态污染物。这种装置安装在焚烧炉之后,烟囱或烟道之前。焚烧炉烟道的高度在60～180 m之间,被净化的燃气可以通过这个高度稀释和扩散后,进一步降低空气污染。焚烧炉烟道或者烟囱的高度由几个因素决定,包括当地的地形条件、土地利用情况、气候和平均风力,以及航空管理机构的有关规定。

焚烧炉的有效操作管理是控制空气污染的关键。足够高的燃烧温度、充分的燃烧时间和有效的空气供给是去除垃圾中有害有机物的必需条件。经常性的烟道检测对确保整个系统运行良好、预防空气污染极其重要。

与间歇式或批式操作相反,大多数大型现代化的城市垃圾焚烧炉都设计为连续运行方式。垃圾的连续进料可以保持稳定的炉内温度,使燃烧更充分,并且更有效地减少因为温度振荡对焚烧炉炉体可能造成的潜在危害。

典型的焚烧炉厂包括底部垃圾存放坑或垃圾倾卸台,容积至少可容纳1天的垃圾储量,足够的容积是连续操作的保证。垃圾由带铲斗的起重机从垃圾储存池中提出装入炉料储料斗和斜坡进料道内,然后由进料道滑入炉内。在焚烧炉内用旋转装置使燃烧的物料混合并保持气体的流通。

城市垃圾焚烧炉可以建成各种形状,包括矩形焚烧炉和回转窑焚烧炉(见图8-4)。矩形焚烧炉中,各层安装两个或多个炉排;回转窑焚烧炉内,在充分燃烧的

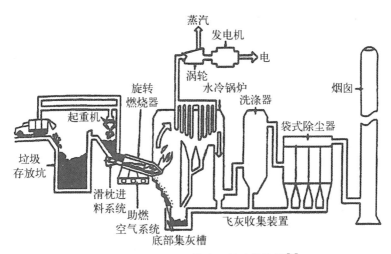

图 8 - 4　城市垃圾焚烧回转窑焚烧炉[9]

旋转炉之前设有一个干式炉排。

　　焚烧炉采用两段式燃烧,即一次燃烧阶段和二次燃烧阶段。一次燃烧中首先对固体废物进行除湿,然后将可燃烧的固体悬浮并点燃。二次燃烧阶段中初级燃烧后被气流带走的不可燃的烟气和颗粒物被氧化。二次燃烧阶段有助于减轻排放气体中难闻的气味和减少不可燃颗粒的总数。有时也使用辅助气体或者燃油加热焚烧炉,或者在垃圾湿度大时用以引发一次燃烧过程。辅助燃料还可以促进二次燃烧反应完全,并对最终排放气体中的烟气和气体起到控制作用。

　　为了使空气量满足一次燃烧和二次燃烧阶段的要求,必须提供足够的空气与垃圾混合。在矩形焚烧炉内,空气可以从炉底的开口中进入(下方加热式),也可以从炉腔的上方进入(过热空气)。下方和上方进入的空气相对比例由焚烧炉的操作者从有效操作的角度决定。通气方式可以采用烟囱自然通风或者强制的风机通风。

　　不用作能源回收的焚烧炉常用耐高温材料制成,这样可以抵挡燃烧高温的影响。耐高温砖主要由氧化铝、氧化镁、氧化硅和黏土矿物质高岭土构成,这种焚烧炉炉壁只有 225 mm 厚。垃圾焚烧所产生的热的回收利用可以在焚烧炉后面的锅炉实现,锅炉能够将燃烧产生的热转化为蒸汽或者热水。垃圾的热能可循环利用或者进行其他有效利用。

　　另一种类型的能源回收装置是水墙式焚烧炉。在这种焚烧炉中,炉内壁设置紧密焊接在一起的钢管,这些钢管垂直排列形成连续密闭的墙体。管墙外侧隔热以减少热损失。管内循环的水吸收热量,被加热用来产生蒸汽。这种装置的优点是管道中的水还能够起到控制炉温的作用,减少控制炉温的过剩空气需求量。因此,相对用耐高温的材料建造的焚烧炉而言,水墙式焚烧炉由于空气量的减小,降低了空气污染治理的成本。

8.1.5.3 热解

热解是一个高温处理过程,它是与焚烧不同的一种处理技术。热解发生在缺氧或无氧环境中,而且能产生可用作燃料的副产品。这个过程可从燃烧天然气开始。与氧化作用不同,热解发生一系列复杂的分解和其他的化学反应。热解带来的空气污染相对于焚烧要小得多。热解可以用来加工废弃橡胶轮胎,将橡胶还原成能够出售的油或沼气(橡胶同样可以粉碎添加到道路建设的沥青铺设材料中)[13]。

8.1.5.4 破碎与粉碎

城市固体废物粒度的减小是通过破碎与粉碎的物理过程实现的。破碎是指切割与撕裂的动作,而粉碎是指碾压与研磨。在固体废物管理中,这两个词常常作为同义词。需要指出的是,通过破碎和粉碎使自身尺寸减小的固体废物是指那些独立成块或成片的固体废物。然而,破碎和粉碎也能减小原始或未处置的废物材料的总体积。

减小城市固体废物的粒度有许多原因。垃圾衍生燃料的生产要求对未经处理的固体废物进行加工,其中典型的过程包括破碎和粉碎。下一节要讨论的堆肥也常常需要减小固废尺寸。固体废物尺寸的减小和均匀化提高了机械分离机器的性能。土地填埋之前垃圾的破碎将提高土地填埋的处理容量,同时降低啮齿动物破坏的潜在可能,因为动物在均匀材料中很难找到食物或生存空间。

8.1.5.5 压实

把固体废物压紧成长方形块或打包称为压实。通常城市固体废物压实后的单件体积大约为 1.5 m³,重约 1 kN。固体废物能在水平或竖直方向的高压下(约700 kPa)被压实,通常用钢丝网捆扎以利于在运输过程中保持长方形的形状。根据预定的用途或处置方法,固体废物也可能用热沥青、塑料、水泥进行封闭或用金属带捆扎。如果湿度和压实压力足够大,不用钢丝网捆扎或装箱,固体废物就能保持形状不变[14]。

城市固体废物压实最基本的优点主要是使固体废物的体积显著减小,压实后的废物容易运输,垃圾体积量和潜在危害降低。另外,压实后废物能用普通的运输工具拖到填埋场,由于待填埋废物体积减小,填埋场的服务年限就能够明显增加(增加 60%)。在填埋场,压实的垃圾块能整齐地堆放而不用担心风吹的影响,动物或虫害影响的可能性减小,覆盖垃圾的用土量减少,也不需要就地进行压实。有时压实的垃圾块暂时可能不会被填埋,待压实的垃圾积累到一定数量后统一填埋。

8.1.5.6 堆肥化

堆肥化是指城市固体废物的有机物部分在控制的环境下分解的过程,它是一个生物过程而不是化学或机械过程。在细菌、真菌和其他微生物的作用下,有机固体废物完成分解和转变。堆肥化工艺只是完整的固体废物管理系统的一个组成部分,固体废物管理系统还需处理固体废物中的其他组分和有机物。在一些应用场合,污水处理的剩余污泥和农业垃圾与城市固体废物的有机物部分混合后进行堆肥化处理。

在适当的控制湿度、温度和通风条件下,堆肥化能够将有机物垃圾的体积减小50%。此外,堆肥化能将有机废物稳定,并产生有利用价值的、能再利用的最终产品。堆肥化的最终产品称为堆肥或腐殖质。在结构和气味上,这类产品与陶土类似,并且可以用作土壤调节剂或覆盖物。

堆肥能增加土壤的有机质和营养,并改善土壤结构和提高蓄水能力。但是,如果缺乏技术或者堆肥化设施管理运行落后,堆肥化过程会存在负面影响。如果堆肥的湿度太高(大于65%),会存在潜在的水污染,应该使用设备引导和转移露天料堆周围的径流,同时要采取必要的措施减少啮齿动物和昆虫问题。在许多堆肥化系统,特别是露天设施,气味控制是一个很大的问题。如果由于运行管理差引起厌氧情况发生,气味问题会变得特别严重。对废物进行适当的翻动和通风能减少气味产生[15]。

8.2 固体废物的循环利用

地球上主要的矿物蕴藏量有限,在有限的资源环境中,高品位矿石消耗殆尽后,必须利用低品位矿石。但提取低品位矿石相对来说需要更多的能量和投资。从整体的经济学观点来看,我们应该建立一个长期、合理的经济系统,以合理的开发成本可持续地开发利用不可再生的天然资源,如铝、铜、铁及石油等。固体废弃物等的高速产生意味着原始资源正在被快速地开发使用。进一步说,天然资源利用中采取的高废弃和低回收的方式会在很大程度上使自然资源浪费掉。可再生资源,主要是木材,也处于过度开采和使用状态。人类社会崇尚的包装文化已造成森林的过度开采。欧洲、印度和日本长期以来消耗了大量的木材[16]。

预防废弃物等产生(资源保护)和废弃物再利用(资源回收)是固体废弃物管理中的重要问题。过去,资源回收利用在工业生产中扮演了非常重要的角色。直到20世纪中期,从家庭废物中收集、循环和回收的物质一直是一种日益重要的资源。在我国,从2011年到2015年,工业固体废物的倾倒丢弃量从433万吨下降到了56万吨(见表8-1)[17]。

表 8-1 全国一般工业固体废物产生及处理情况 单位：万吨

年份	产生量	综合利用量	贮存量	处置量	倾倒丢弃量
2011	322 772	195 215	60 424	70 465	433
2012	329 044	202 462	59 786	70 745	144
2013	327 702	205 916	42 634	82 970	129
2014	325 620	204 330	45 033	80 388	59
2015	327 079	198 807	58 365	73 034	56

8.2.1 固体废物的源头分离

当固体废物被市场利用之前,可回收材料应当从废物堆中分离出来,并同其他类型的可回收材料分拣或者分类开来。回收材料的分离可以在源头或产生废物的家庭或企业处完成,也可以在集中废物处理厂完成。

在 20 世纪 70 年代,我国建造了许多大型的集中废物处理厂。人们认为回收材料能够从混合的城市废物流中回收,并二次出售给材料卖主。但是回收材料的质量低于市场预期。例如,报纸和波状纸板由于垃圾中的食物废物而变得潮湿并被污染。玻璃瓶破碎并与其他废物混杂在一起,使它们几乎不可能分离。尽管一些材料成功地从废物流中分离出来,但是交叉污染非常严重,以致回收的材料几乎没有经济价值。

现在的看法是从混合城市固体垃圾回收的材料不适宜用来生产市场产品。从 20 世纪 80 年代到 90 年代早期的回收情况看,末端市场影响了废物的回收利用。由于回收材料的质量差,无法满足市场需要,许多回收计划因此失败,而且最后这些用来进行回收加工的处理厂都转变成垃圾处理厂。

在这个时期,家庭和商业源头分离计划在许多社区得到发展。源头分离的意思是家庭或企业在家或企业就把可回收材料从垃圾分离出来,因此显著提高了材料的清洁度和市场销路。源头分离处最初包括当地公共车库的垃圾处理中心,人们带来垃圾材料并放置到这里的分离箱中。

8.2.2 回收处理

对已经进行生活垃圾混合收集的社区,回收材料在出售之前必须按照类型分拣。最常用的预处理系统称为物质再生设施或材料回收站,这种系统对采用了源头分离但仍为混合的垃圾进行必要的处理。

在物质再生设施中,分离和分拣提供了一种有效并可靠的方法对可回收的材料进行处理,同时这种方法也考虑到量大且高质量回收材料的市场因素。位于多个社区中心位置的大型物质再生设施如规模适当可相对经济地完成对回收材料的分离和分拣。典型的物质再生设施中的回收流程如图 8-5 所示。

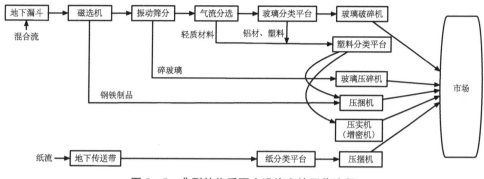

图 8-5 典型的物质再生设施中的回收流程

驶进物质再生设施的卡车称重后,把废物卸在混凝土倾卸台上。在倾卸台地面上将任何可见的不合适的材料手工捡出放在容器中运到垃圾填埋场。前置式装载机把材料推到倾斜的橡胶传送带上,一个或多个工人从传送带上挑出有害材料,如大金属罐、砖块或垃圾等。之后传送带通过一个电磁分离器,从混合废物流中分离铁罐和其他含铁金属材料。运到钢厂之前,这些金属材料传送到打包机进行压实并打包。

剩余的混合废物要在振筛工作台上过筛去除泥土和碎玻璃。碎玻璃几乎没有回收的价值,通常用来制造铺路材料,如玻璃沥青。对余下的材料用大型鼓风机把塑料和铝罐与剩余的没有破碎的玻璃瓶分离。这些玻璃瓶传送到分拣室,在这里工人根据颜色将瓶子分类,如果玻璃不以颜色进行分拣,就没有回收价值。在大多数物质再生设施中,玻璃瓶进一步粉碎成直径约 12 mm 的颗粒,然后在转鼓筛分机中分离瓶盖和其他类似材料。最后的玻璃产品就作为可用熔炉加工的碎玻璃在市场销售。

塑料和铝罐同样也传送到分拣区。典型的塑料分离过程是由熟练的分拣工人手工完成的,他们能根据经验鉴别塑料类型。最近新研制出的机器能根据化学性质鉴别塑料,并能自动完成塑料分拣工作。虽然机器价格昂贵,但能减少 3~4 个分拣材料工人的工作量。分拣后的塑料打包或粉碎运输到市场,其他类型的塑料如聚苯乙烯或泡沫聚苯乙烯,由于每辆车的运输量低以及加工处理成本高,通常不回收。

铝通常采用旋流分离器进行分离,利用相关设备在传送带上将塑料或其他剩余的不回收材料分离。铝分离至传送带,收集后压实或打包运送到市场。当铝占混合废物流总量的 5% 时,它产生的回收价值占混合废物回收价值的 80% 左右。

质量控制检查员认真监视着机械化分离操作,以确保工厂中的各种材料不被混合,进而确保各种材料的清洁和纯度。通过机械化操作和高质量控制,大型的物质再生设施可以很容易地每天加工处理300吨混合垃圾。

物质再生设施中,纸加工处理过程是在一个单独的传送带上进行的。旧报纸一般在路边打包,不允许与收集车中的其他纸混合。旧报纸在传送到质量控制工人之前堆放在单独的区域,质量控制人员负责挑拣出被污染的纸。纸打包后转入拖拉机牵引车上运输到造纸厂用来生产新闻纸,大部分剩余的纸出售给棉纸厂。

8.3 废物管理与循环利用的发展前景

广州是国内第一个立法实施城市生活垃圾分类的城市,2011年4月7日,《广州市城市生活垃圾分类管理暂行规定》(简称《规定》)正式施行。该项工作的目标是垃圾分类率力争达50%,资源回收率达16%,资源化处理率达90%,末端处理率低于75%,无害化处理率达85%。2012年广州建立了完善的垃圾分类收集处理系统。依照《规定》,广州的生活垃圾分为可回收物、餐厨垃圾、有害垃圾和其他垃圾4类,垃圾分类将贯穿垃圾产生、投放、收运和处理的全过程。

2017年5月19日,深圳召开"深圳市推进生活垃圾强制分类工作现场会",正式宣布进入全面推行生活垃圾强制分类阶段。同年6月3日,深圳又发布了全国第一份生活垃圾分类投放指引。2017年10月底,由政府出资,深圳实现了物业管理住宅区(城中村)垃圾分类设施配置全覆盖,初步建立起大件垃圾、餐厨垃圾、有害垃圾、绿化垃圾等八大类垃圾分流处理体系,为全面推行生活垃圾强制分类工作提供了扎实基础保障。2018年1月8日,深圳在全市范围首次开展为期一周的物业小区(城中村)生活垃圾强制分类专项执法检查,正式开启生活垃圾强制分类专项执法。

2019年1月31日,上海市十五届人大二次会议表决通过了《上海市生活垃圾管理条例》,该条例于2019年7月1日起施行。条例第一章第四条显示,上海市的生活垃圾分为可回收物、有害垃圾、湿垃圾和干垃圾。废电池、废灯管、废药品、废油漆及其容器等属于有害垃圾。湿垃圾指易腐垃圾,如食材废料、剩菜剩饭、过期食品、瓜皮果核、花卉绿植、中药药渣等。条例第九章详细规定了各类主体的法律责任。例如,对垃圾处置单位而言,"未保持生活垃圾处置设施、设备正常运行,影响生活垃圾及时处置的,责令限期改正;逾期不改正的,处五万元以上五十万元以下罚款"。针对个人违反该条例相关条文的情况,可处以人民币五十元以上二百元以下罚款。条例还明确,"餐饮服务提供者应当在餐饮服务场所设置节俭消费标识,提示消费者适量点餐。餐饮服务提供者和餐饮配送服务提供者不得主动向消费者提供一次性筷子、调羹等餐具""旅馆经营单位不得主动向消费者提供客房一次性日用品"。

纵观 60 年来我国垃圾分类的历程,第一阶段从 1957 年到 20 世纪 80 年代,由供销社体系主导废旧物资回收,形成了遍布城乡的废旧物资回收网络,其与生活垃圾收运网络的并行运转在客观上起到了垃圾分类的作用。这一时期垃圾中的有害成分较少,废旧物资的资源属性显著,环境污染并不突出。

第二阶段从 20 世纪 80 年代中国由计划经济正式向市场经济转型、供销社体系推出废旧物资回收市场开始到 21 世纪初国家开始建设垃圾分类试点城市结束。这个阶段,小商小贩和"拾荒大军"成为废旧物资回收的主体,一定程度上通过市场调节的手段实现了垃圾分类的作用。但同时市场的逐利性使这些商贩采取了将"值钱"的废旧物资分出来,"不值钱"的要么低价出售给工业小作坊,要么随意丢弃,要么又将其混淆到生活垃圾中的做法,造成垃圾治理困难。这个阶段政府集中关注的是生活垃圾处理领域,废旧物资的回收过度依赖市场调控使废旧物资回收网络与垃圾收运网络出现脱节,两者虽然仍并行运转,但内在联系依然割裂,两个体系出现不协调,自发形成的垃圾分类组织体系在市场自由调节下逐渐失灵。

第三阶段从 21 世纪初国家开始建设垃圾分类试点城市开始至今。这一阶段,受到大宗商品行情的影响,废旧物资的市场价格不断走低,流通领域的赋税、人工、物流等成本不断上升,城市生活成本也不断提高,倒逼小商小贩和"拾荒大军"逐渐退出废旧物资回收领域,废旧物资回收网络开始瓦解,这让原本应该进入废旧物资回收网络的垃圾进入了生活垃圾收运网络。这一阶段,不仅垃圾产生量快速增长,垃圾组分也越来越复杂,有害成分不断增加,废旧物资的环境污染属性越来越突出,垃圾处理的难度越来越大。

由于我国总体上属于发展中国家,与发达国家经济水平差距较大,农村剩余劳动力多,劳动成本低,在我国还存在着大量的"拾荒人员",这些人员以收废品为谋生手段,因此我国生活垃圾回收利用水平实际上已高于任何一个发达国家。以废纸、废塑料为例,我国人均进入生活垃圾最终处理厂(场)的废弃物量约为日本、德国的 50%,不到美国的三分之一。但是随着中国人生活水平的迅速提高,人们不再看重卖废品的那点钱,中国的废品回收率开始下降,同时,中国自身产生的垃圾越来越多,垃圾处理危机和城市病的加重促成了"两网融合"的理性回归。

8.3.1 "两网融合"的概念和障碍

"两网融合"是指城市环卫系统和再生资源回收系统两个网络克服不配套的短板,实现有效衔接,融合发展,其目的是实现垃圾分类后的减量化和资源化。据住建部统计,我国目前城市年产垃圾 1.68 亿吨(环保部《2015 年全国大、中城市固体污染废物污染环境防治年报》,中国可再生资源回收利用协会估算全国城乡年产垃圾量为4.96亿吨),并且以每年7%~9%的速度增加。中国70%的城市陷入垃圾难治理的困境,大量的城市垃圾得不到有效处理,对城市生态环境及其周边的水、大气、土壤等造成严重的污染,并造成垃圾中大量有用资源的浪费。

目前我国大部分地区再生资源回收站(点)与生活垃圾收集站分别设立。垃圾收集站属于公共设施,纳入城市建设管理,按规划统一布局设置。而再生资源回收站点未纳入城市建设规划,进社区设点存在很大障碍,已设置的回收站(点)甚至因为不符合规划而拆除,造成居民投放不便,增加了垃圾清运量。随着城市管理的加强,很多地方对回收人员哄赶驱逐,也给居民交投废品造成影响。从"两网"资源共享的角度来看,全国环卫垃圾房、垃圾清运车等设施不适合资源回收用途。比如上海松江区城镇化地区有公共垃圾房250座,小区有垃圾房500余座,但这些垃圾房空间小、面积窄,无法展开可回收物的中转与分拣;松江区垃圾清运车也是以压缩车为主,与废品回收车辆型号不匹配。

在管理机制上,资源回收属于商务部门主管,而环卫系统属于城管部门管理,两部门互不协调,都有自己的着眼点与出发点,使"两网融合"形成体制上的障碍。此外,生活垃圾的回收处理还涉及环保、发改、财税、街道、居委会、物业管理企业等多部门。

在政策支持上,低值可回收物作为最终进入填埋场的垃圾中的大头,其回收处理价值太低,如果没有合适的政策支持,仅靠市场价值规律难以驱动。目前,只有广州市明确了对低值可回收物的财政资金补贴。珠海横琴、深圳宝安、上海松江区等试点地方还在摸索对低值可回收物的支持办法。在用地政策方面,全国都没有对再生资源回收站(点)的设置给予用地规划政策的支持,导致回收网点没有生产空间,不可持续经营。

8.3.2 "两网融合"的原则和目的

"两网融合"要遵循以下几方面的原则。

(1)统筹协调原则 加强各部门协同建立联合推进机制,明确行业监督、属地管理、主体实施的各方责任,在网络布局规划、设施设备共享、分拣回收清运服务、激励机制、宣传活动等方面加强资源共享和统筹协作。

(2)因地制宜原则 各地区根据当地再生资源回收与生活垃圾清运体系实际情况选择适合地情的融合方式、运营模式先行先试,取得成熟经验后再全面推广,切忌一刀切。

(3)政策扶持和市场驱动原则 低值垃圾由政策驱动,高值垃圾由市场驱动。要建立针对低值可回收物和厨余垃圾的政策支持保障体系,以此撬动市场力量,形成低值垃圾长效运作机制。

（4）政府推动、市场运作、全民参与原则　政府在行业规划、行政措施、政策机制保障方面发挥推动和引导作用；企业根据政府规划进行产业化运营；垃圾是社会公共问题，全民有义务参与垃圾分类和垃圾回收。

通过再生资源回收网络与生活垃圾清运网络在分类投放、分类收集、分类运输和分类处理各环节的融合运行，达到以下 3 个目的。

（1）实现生活垃圾的减量化和资源化，减轻生活垃圾终端处理压力，促进资源循环利用，保护环境，助推生态文明建设。

（2）通过整合环卫保洁和资源回收网络的人力资源、场地设施，收编整合拾荒保洁人员，布设资源回收网点和加工中心，形成完善的、规范的、限进的资源回收体系。

（3）通过两网融合，促进再生资源企业向环境服务端转型发展，促进环卫企业向后端延伸打造垃圾全产业链，形成生活垃圾和城市固废一体化综合运营体系，实现环境效益、社会效益和资源效益的多赢。

8.3.3　废物管理的主体和职责界定

政府是生活垃圾分类和减量化的管理主体，其职责是立法、规划、推动和监督。完善市、区、街道（社区）三级组织管理架构：市级层面抓好立法、规划、统筹协调和建立政策支持体系；区级层面依据市政府的规划和统筹，抓好组织实施和推动，负责管理工作；街道（乡镇）落实管理主体责任，负责将垃圾分类工作具体落实到社区和户，负责本区内回收站点和交投中转站的建设和管理，负责分类回收工作的宣传，整合区域内各方力量，充分发挥居委会、社区、物业企业的作用，具体协调组织实施，推动垃圾分类有效落实。

垃圾分类涉及千家万户居民行为习惯的改变，是"两网融合"中最复杂的环节，因此，各地必须明确垃圾分类管理的责任主体。城市居住区实行物业管理的，街道和物业服务单位为分类管理责任主体；单位自管的，自管的单位为分类管理责任主体；对于机关、团体、企事业单位，单位为分类管理责任主体；对于车站、码头、文化园区、体育场馆、公园、旅游景点等公共场所，经营管理单位为分类管理责任主体；对于施工现场，施工单位为分类管理责任主体；在农村，村委会或农村集体经济组织为分类管理责任主体。

企业是生活垃圾的运营主体，承担生活垃圾分类、回收、清运、处理责任，建立生活垃圾全产业链条，促进生活垃圾的减量化、资源化和无害化。各地可通过招投标或其他方式选择再生资源行业管理规范、经营诚信的回收企业，或引进其他行业企业作为本地（本市、本区、本街道社区）承担"两网融合"的运营主体对接可回收垃圾、厨余垃圾和有害垃圾的回收和资源化利用，打造资源回收网络和垃圾全产业链条。在同等条件下,各地要优先选择再生资源企业承担"两网融合"任务,以此推动再生资源行业转型升级。在各地实施"两网融合"和垃圾分类运营的过程中,应当根据各地情况和企业自身条件采用因地制宜的运营模式,比如环卫回收一体化模式、环卫企业向后端延伸模式、传统再生资源企业转型升级模式、政府全面介入模式、分布式处理模式、单品种全产业链模式。

居民(包括产生垃圾的单位)是生活垃圾的产生者,是生活垃圾分类投放的责任主体,其职责是按政府相关要求分类投放垃圾,并监督政府和企业行为。

8.3.4 推动五个方面的融合

为实现"两网融合",还需要推动管理机制、人员、物流运输、场地设施以及平台这五个方面的融合。

(1) 推动管理机制的融合 各地根据实际情况,把相关管理部门职能整合到一起,改变多头、分块管理模式,组建新的主管部门对城市垃圾全产业链进行统一协调和管理。也可以采用政府联席会议(或领导小组)机制,建立由商务行政部门和城管行政部门主导、相关部门(环保、发改、财政、住建、街道、物业等)参与的政府联席会议制度,促进管理机制的融合,统一制定规划和政策举措。

(2) 推动人员融合 各地商务部门和城管部门要充分统筹,搭建"一岗双职"制度,鼓励环卫保洁工人同时兼职可回收垃圾的分类回收(或回收人员同时兼职环卫保洁),负责小区内废品回收、垃圾分类、台账记录、分类统计等日常工作。回收企业应当按照市场行情接收环卫保洁工人收集的废品。一岗双职的环卫保洁工人的回收工作应当按照商务部再生资源回收体系建设的有关要求进行规范化操作。

(3) 推动物流运输融合 各地根据实际情况,推动环卫清运和回收物流两类运输资源的融合。利用环卫清运车辆运送可回收物,尽可能调整、优化环卫清运路线,与再生资源物流线共享共用。或者采用市场化方式委托专业公司将废品回收交投站、分拣点、中转站的可回收物集中运输至区级再生资源综合利用中心。

(4) 推动场地设施共享 各地回收站点的设置应当与生活垃圾分类收集点或环卫垃圾房相衔接。环卫系统的垃圾箱房、垃圾压缩站、中转站等场地设施有条件进行空间布局调整和扩建改造的,应当进行调整改建,设立可回收物回收、分选、初加工站点或可再生资源中转站,做到"一场两用",并由再生资源运营主体经营,将环卫保洁人员纳入资源回收基础网点统一管理,实现叠加回收服务功能。有条件的地方,回收企业和环卫企业应当协作,统一规划可回收垃圾分拣中心,集中分拣可回收垃圾,节约土地,提升效率。

(5) 推动平台融合 资源回收数据与环卫分类数据共享共用。鼓励建立基于互联网、物联网、云计算的垃圾智慧分类与资源回收相融合的信息平台,融合源头分类、资源回收、环卫清运、加工利用、终端处理全流程数据信息采集,形成垃圾全产业链大数据分析,为政府的决策施政提供数据支撑。

8.3.5　"两网融合"的工作要点和支撑政策

在废物产业链条中,前端源头分类和后端加工利用(尤其是低值可回收物加工处理)的布局是两大难点。源头分类不到位给后端分类加工利用造成困难;后端加工利用链条缺失,前端分类难以持续下去。因此实施"两网融合",这两大难点应当着重解决。

厨余垃圾在我国垃圾填埋中占据了绝对大头,低值可回收物是减量化的重点。通过推进"两网融合",提高可回收垃圾的回收量和厨余垃圾的资源化利用量,能够有效减少垃圾清运量,减轻终端压力。

在推广垃圾分类投放、分类收集的过程中,城管、商务、环保、街道(乡镇)、社区、物业以及运营主体等有关部门和单位要统筹协作,采用多种方式、通过多种渠道加强垃圾分类和资源回收公益宣传,提高市民资源回收和垃圾分类意识,发挥社会舆论导向作用,营造垃圾分类和资源回收的良好社会氛围。鼓励有条件的运营主体采用智能垃圾分类系统,通过对垃圾投放源头的追溯和数据采集建立类似"绿色账户""环保档案""绿色银行"和积分兑换制度,并整合或联合社区超市、商场等商业设施,对居民分类投放行为进行积分兑换等经济激励,调动居民垃圾分类的积极性,并为政府建设智慧城市提供大数据支撑。设置回收站点时,要充分照顾居民投放垃圾的习惯,即低值垃圾投放垃圾容器,高值废品交投回收站点,因此每个小区至少设置一个废品(再生资源)交售站点,并且要纳入区域城市建设与管理整体规划,街道、社区、物业公司应予以支持。应鼓励运营主体收编整合区域内拾荒人员,按照商务部回收体系建设规范,建立"五统一""五公开"的正规化、规范化回收队伍,街道、社区、物业公司应予以大力支持。对"一岗双职"的环卫保洁人员,运营主体也要按照商务部回收队伍建设要求进行规范化管理。

运营主体的回收网络要进社区、进企业、进学校、进机关,通过线下回收站点的铺设和线上回收平台的搭建以及对环卫保洁人员、拾荒人员的收编整合完善再生资源中转场站的布局,取缔违法占道、私搭乱建、环境卫生不符合要求的违规站点,建立起完整的、先进的、规范化的再生资源回收网络。

在垃圾分类运输的过程中,各地应根据垃圾产生量及分布情况因地制宜,科学规划设计生活垃圾分类回收、压缩转运设施及运输线路,逐步推进大型多功能生活垃圾压缩转运站的建设。禁止将已分类的垃圾混合运输:可回收垃圾由再生资源运输车辆运输,进入资源循环利用体系;厨余垃圾使用具有防漏防冒、密闭性好的专用车辆运输,进入厌氧生物发酵中心,进行资源化利用;餐厨垃圾运输、处置单位必须取得政府许可,由相关单位统一对运输、处理全过程进行有效监控;不可回收垃圾由环卫车辆清运,进入终端处理场(厂);有害垃圾的运输应当遵守环保部门有关危险废物转移和危险货物运输管理的相关规定。鼓励回收主体和环卫系统整合,实施垃圾分类、收集、运输和处理处置全过程统筹。

在分类处理工作中,生活垃圾处理按照资源化、无害化的原则,采用国内外先进的、成熟的、环境友好的处理技术。可回收垃圾由再生资源企业进行加工利用,厨余垃圾由生物厌氧中心进行资源化加工利用;餐厨垃圾应当由取得餐厨垃圾经营性处置许可证的服务单位进行生化处理;对不可回收垃圾采用焚烧发电、卫生填埋等方式利用能量,最大限度降低原生垃圾填埋量;有害垃圾应当交付具有危险废物处置资质和危险废物经营许可证的企业进行无害化处置。

在适当的范围内建立再生资源分拣中心,每个区(或小城市、县城)至少建立一个。按照城市管理、环境保护和消防安全等要求配置必要的实施设备,满足再生资源集中回收后的称重、分拣、整理、拆解、打包、临时储存和初加工等要求。各社区分类出来的可回收垃圾集中到分拣中心进行分拣、整理、打包和初加工,便于对接综合利用链条。鼓励运营主体根据当地资源量和自身条件取得当地政府支持,采用政府购买服务方式(PPP模式),布局低值可回收垃圾的加工处理链条,建立废玻璃、废纺织品、废塑料袋、废软包装类、废旧家具和厨余垃圾等资源化利用中心,保证前端分类出来的低值资源有去处、能利用。鼓励有条件的运营主体取得当地政府的支持,探索建立生活垃圾协同处理综合利用体系,统筹规划建设垃圾焚烧、卫生填埋、厨余垃圾资源化利用、再生资源加工利用、有害垃圾无害化处置的协同处置综合性基地,实行基地内消防、安全、环保等基础设施的共建共享,清洁化、集约化、集成化、高效化配置相关设施,实现垃圾处理、资源利用、危废处置的无缝高效衔接,降低"邻避"效应,提高土地资源集约利用水平。

在推进"两网融合"和废物资源化的过程中,各地要不断探索和建立相应的支撑政策,形成可持续的废物管理和循环利用体系。

建立低值垃圾保障机制:各地要探索针对低值可回收物的财政支撑政策,对低值可回收物(包括厨余垃圾)的回收处理进行专项资金补贴,形成低值垃圾长效运作机制。各地要根据实际情况测算专项补贴标准,补贴标准可以按垃圾处理费加清运费倒推。各地生活垃圾处理清运费每吨为160~300元,其中处理费占30%左右,清运费占70%左右。建议各地针对低值可回收物(包括厨余垃圾)设立专项回收处理的资金补贴,每吨补贴标准定为150~300元。各地也可以按低值垃圾的回收、储运、处理成本测算补贴标准。

探索生产者责任延伸制:各地要针对不同种类的低值可回收物,研究探索引入生产者责任延伸制度,以便促进低值垃圾(如快递包装物、利乐包等品种)的回收处理。同时,有条件的地方,可以探索生活垃圾收费制度,谁产生垃圾,谁付费处理。

　　探索相关法律法规标准建设:各地要加快探索垃圾强制分类的法律要求,明确奖励和处罚措施;探索建立生活垃圾分类相关标准体系,细化垃圾类别,明确标识标志,发布生活垃圾分类指导目录。

　　探索政府购买服务方式:各地要大力探索政府购买服务方式,引导社会各行业开展生活垃圾分类回收处理。生活垃圾分类、清运、保洁、回收、处理原则上都要通过政府购买服务的方式撬动市场的力量。

参 考 文 献

[1] 冯文杰.城市生活垃圾处理的 PPP 问题研究——以伟明环保为例[D].济南:山东财经大学,2017.

[2] 国家统计局.中国统计年鉴 2015[M].北京:中国统计出版社,2015.

[3] 李菊娜.生活垃圾处理方式选择及环境影响——以乌海市为例[D].内蒙古:内蒙古大学,2013.

[4] 中国物资再生协会.我国固废治理行业现状分析[J].中国资源综合利用,2016,34(08):17-19.

[5] 周春明.论宁夏固原市垃圾填埋处理的有效路径[J].城市建设理论研究,2012.

[6] 工业和信息化部.大宗工业固体废物综合利用"十二五"规划[EB/OL].(2012-03-02)http://www.miit.gov.cn/newweb/n1146290/n1146397/c4240946/content.html.

[7] 秦燕.重庆市巴南区垃圾收集转运现状及发展趋势研究[J].大科技,2014,12:367-368.

[8] 沈佳璐.上海城市生活垃圾处置对策研究及其评价[D].上海:东华大学,2006.

[9] Salvato J A. Solid waste management [J]. Environmental Engineering and Sanitation, 1992(4):662-766.

[10] 杨宏毅,卢英方.城市生活垃圾的处理和处置[M].北京:中国环境科学出版社,2006.

[11] 王正宇.垃圾焚烧飞灰的复合稳定化/固化研究[D].上海:同济大学,2007.

[12] 陈平,程建光,陈俊.垃圾焚烧过程中的烟气污染及其控制[J].环境科学与管理,2006,31(5):116-118.

[13] 鲁锋.废旧轮胎热解相关实验研究[D].天津:南开大学,2010.

[14] 路瑞娟.固体废物资源化、无害化利用技术浅析[C].河北省固废污染防治与开发利用研讨会,唐山:2012.

[15] 郑国砥,陈同斌,高定,等.城市污泥堆肥过程中不同类型有机物的动态变化[J].中国给水排水,2009,25(11):117-120.

[16] 戴维斯,康韦尔.环境工程导论[M].第 4 版.北京:清华大学出版社,2010.

[17] 中国环境保护产业协会固体废物处理利用委员.工业固体废物处理利用行业 2014 年发展综述[J].中国环保产业,2015,9:15-20.

索　引